ChatGPT
AIGC新时代

陈世欣　陈格非 —— 著

ChatGPT
The New Era of AIGC

清华大学出版社
北京

内 容 简 介

本书专注于 ChatGPT 相关的 AI 发展历史、趋势及应用等。在书中，作者首先回顾了 AI 的历史发展和 ChatGPT 技术的发展历程，重点讲述影响人工智能的关键人物和核心技术。然后，作者分析了 ChatGPT 对社会各个领域的影响和技术的本质与价值，并探讨了其对具体职业的影响。为了方便读者拿来即用，本书按场景列出了绝大部分使用 ChatGPT 的场景和提示语模板，分领域介绍了产品和案例，读者不仅能快速尝试 AI 产品，也能从 AI 的成功创新中获得启发。最后，作者还探讨了 AI 和 ChatGPT 技术的未来发展趋势和产业前景，包括一些争议和风险分析。

本书适用于以下人群：

企业管理层和决策者，可以通过本书了解 ChatGPT 技术对不同领域的影响和应用，以便更好地利用 AI 技术优化业务流程、提高生产效率和提升营销效果等。

教育工作者和学生，可以通过本书了解 AI 技术的发展趋势和应用场景，从中获取灵感和启示，为未来的学习和职业规划做好准备。

对 AI 和 ChatGPT 技术感兴趣的读者，可以通过本书了解 AI 技术的基本原理和发展历程，以及 ChatGPT 技术的应用场景和未来发展趋势，从中获取更深入的认知。

图书在版编目（CIP）数据

ChatGPT：AIGC 新时代 / 陈世欣，陈格非著 . —北京：清华大学出版社，2023.8
（新时代·科技新物种）
ISBN 978-7-302-64203-9

Ⅰ . ① C⋯　Ⅱ . ①陈⋯ ②陈⋯　Ⅲ . ①人工智能　Ⅳ . ① TP18

中国国家版本馆 CIP 数据核字 (2023) 第 125528 号

责任编辑：刘　洋
封面设计：徐　超
版式设计：方加青
责任校对：宋玉莲
责任印制：杨　艳

出版发行：清华大学出版社
　　　　　网　　　址：http：//www.tup.com.cn，http：//www.wqbook.com
　　　　　地　　　址：北京清华大学学研大厦 A 座　　　　邮　　编：100084
　　　　　社 总 机：010-83470000　　　　　　　　　　邮　　购：010-62786544
　　　　　投稿与读者服务：010-62776969，c-service@tup.tsinghua.edu.cn
　　　　　质 量 反 馈：010-62772015，zhiliang@tup.tsinghua.edu.cn
印 装 者：三河市东方印刷有限公司
经　　销：全国新华书店
开　　本：187 mm×235 mm　　　　印　　张：20.75　　　字　　数：467 千字
版　　次：2023 年 9 月第 1 版　　　印　　次：2023 年 9 月第 1 次印刷
定　　价：109.00 元

产品编号：102110-01

前　言

2022 年是 AIGC（人工智能生成内容）元年。通过 AIGC，输入几个关键词就能生成不错的画作，敲几个音符就能完成编曲，输入几句话就能完成短视频剧本，甚至可以写中文句子完成程序代码编写。虽然这些生成的内容还需要迭代、优化、润色，但创作门槛的降低与创作效率的提升，让大家看到了 AI（人工智能）对于内容创作领域的巨大价值。

从 70 多年前艾伦·麦席森·图灵提出图灵测试开始，人类一直在研究 AI 技术，十几年前深度学习开始被广泛使用后，AI 技术发展飞速，在语音识别、图像识别和无人驾驶等方面不断取得突破，但一直缺少一个杀手级应用来推动 AI 技术的普惠化，这就导致许多 AI 技术和资源成为"孤岛"，不能被大众所用。很多 AI 的应用都被戏称为"玩具"，没有太多实用价值。

2022 年 11 月 30 日，ChatGPT 横空出世，带人类进入了 AIGC 新时代。

ChatGPT 是一个具有超大知识库的聊天程序，它的自然语言用户界面，能打通和连接以往积累的 AI 系统，并让各类软件升级迭代变得更易用和更自动化。

随着 ChatGPT 应用及其背后的 GPT（生成式预训练转换器）技术迅速在全球普及，AI 产业正经历着一场前所未有的变革。这场变革带来的不仅是技术的进步，更促成了一种全新的生态系统的形成。人工智能作为一种普惠型的生产要素加入人类社会，对整个社会的影响不亚于工业革命。

在工业革命时期，机器的发明和使用让工业生产效率得到极大提高，也带来了巨大的经济效益。随着机器的广泛应用以及工业生产规模的不断扩大，庞大的工业生态系统逐渐形成，在随后的一百多年影响了全球。

自 2020 年 GPT-3 问世，已经有许多行业应用 GPT 技术产生了巨大的经济效益和社会效益。预计这次 GPT 技术带来的革命将会在几年内影响全球，原因有三：

第一，语言是思维的载体，GPT 这样的大语言模型能理解和模拟人类的思维，将成为最好的用户界面。想象一下，从不联网的 PC（个人电脑）时代，到互联网时代，再到万物互联的物联网时代，整个生态的价值以指数级提升。GPT 将用自然语言方式全面提升所有软件系统的用户交互能力以及相互连接的能力，这样创造的价值会增加多少？

第二，AI 大语言模型这样的生产要素，是给人类赋能的第二大脑，浓缩了全球信息的语言模型就是真实世界本身的投射。有了这样的第二大脑，人类的生产力和思考速度将以倍数提升。

第三，杀手级应用推动生态系统的建立。由于 ChatGPT 这样的杀手级应用出现，一个庞大的 AI 生态系统正在快速形成，并带来产业的变革。这个生态系统的繁荣将会让 AI 产业得到更快速、更健康的发展，也将会为人类社会带来更多的福利和便利。

本书将带领读者深入了解 ChatGPT 技术的发展历程、本质和应用，以及 ChatGPT 可能带来的影响和未来发展前景。

第 1 章介绍 AI 的历史发展，引出 ChatGPT 技术的发展历程。涉及人工智能的起源、两个主要流派的发展以及大模型的发展过程，重点讲述了影响 AI 的一些关键人物和核心技术，为读者进一步了解 AI 相关技术进行科普。

第 2 章分析 ChatGPT 对社会各个领域的影响，并探讨 ChatGPT 技术的本质和价值。ChatGPT 对整个社会带来的影响类似淹没效应（类似科幻电影中海平面上升，逐渐淹没全球的小岛和陆地），根据 ChatGPT 影响的关键因素和行业特点，本章分别讲述了 ChatGPT 技术可能对各行业和领域带来的影响，尤其分析了其对典型职业的影响，最后讨论了 ChatGPT 对社交、隐私、公平等方面的影响。

第 3 章是 ChatGPT 的使用指南。本章先从如何用 ChatGPT 获得价值的维度解读提示语和提示语工程，然后结合具体的场景和案例，为读者展示如何在实际应用中更好地使用提示语与 ChatGPT 对话，最后介绍了如何用 ChatGPT 作为工作流的一部分，基于微调 GPT 定制自己的 ChatGPT，以及开发插件等应用方式。

第 4 章主要讲述 AI 应用的案例，包括多个应用方向，介绍如何借助各类 AI 工具来提高生产力或解决问题，并介绍了一些公司及产品，方便读者尝试使用。本章对一些代表性的公司和产品进行了重点讲述，总结其成功的模式和规律，以使读者得到启发。

第 5 章探讨了 ChatGPT 技术的未来发展。本章从 AI 产业的发展趋势以及一些对 AI 发展的分歧等入手，着重讨论 ChatGPT 技术的发展前景和可能的影响，最后对一些热点概念，例如奇点和 AI 意识，以及它们可能对 ChatGPT 技术和人工智能产业的影响进行了阐释。通过这些探讨，读者可以更好地了解 ChatGPT 技术的未来发展趋势和产业前景。

本书力求深入浅出，为读者提供全面、实用的 ChatGPT 技术指南和应用案例，帮助读者更好地了解和掌握这一重要的 AI 技术。我们相信，本书能够成为读者学习、研究和实践 ChatGPT 技术的有力助手和使用指南。

作者

目　录

第 1 章
ChatGPT 发展简史

第 2 章
ChatGPT 的本质及影响

第 3 章
ChatGPT 使用指南

第 4 章
AI 应用案例

第 5 章
ChatGPT 发展前瞻

附录
AI 小百科

1000 多年前，人类就有制造智能机器的梦想。例如，传说中的木牛流马是由诸葛亮发明的一种运输工具，士兵驱使它在崎岖的栈道上运送军粮，而且"人不大劳，牛不饮食"。从描述上来看，这种机器应该是能够适应路况、自行移动的机器，类似现代的扫地机器人。然而，在当时的技术条件下，根本没有合适的工具来实现这个梦想。

在计算机出现之前，人们普遍认为人工智能的基本假设是可以将人类的思考过程机械化。直到电子计算机诞生，人们突然意识到，借助计算机也许可以实现建造智能机器的梦想，AI 就是基于计算机技术的一个新概念。

AI 已经发展了 70 多年，之前都是雷声大、雨点小，虽然各种各样的研究及讨论不断，但并没有激起太大的浪花。然而到了2022 年 11 月 30 日，AI 的发展进入了一个新阶段——第一次被全球十几亿人热烈讨论，并在各个领域开始应用。因为，这一天 OpenAI 的 CEO 萨姆·奥尔特曼（Sam Altman）在推特上发布了 ChatGPT，一句话加上一个网站链接，任何人都可以注册账户，免费与 OpenAI 的新聊天机器人 ChatGPT 交谈。

24 小时内，大批人涌入网站，给 ChatGPT 提了各种要求。软件 CEO 兼工程师 Amjad Masad 要求它调试他的代码；美食博主兼网红 Gina Homolka 用它写了一份健康巧克力曲奇的食谱；Scale AI 的工程师 Riley Goodside 要求它为《宋飞正传》（Seinfeld）剧集编写剧本；Guy Parsons 是一名营销人员，他还经营着一家致力于 AI 艺术的在线画廊，他让它为他编写提示，以输入另一个 AI 系统 Midjourney，从文本描述创建图像；斯坦福大学医学院的皮肤科医生 Roxana Daneshjou 研究 AI 在医学上的应用，向它提出了医学问题，许多学生用它来做作业……

以前也出现过很多聊天机器人，但相形之下，比 ChatGPT 逊色不少。ChatGPT 可以进行长时间、流畅的对话，回答问题，并撰写人们要求的几乎任何类型的书面材料，包括商业计划、广告活动方案、诗歌、笑话、计算机代码和电影剧本。ChatGPT 可以在一秒内生成这些内容，用户无须等待，而且它生成的很多内容还不错。

它也会承认错误、质疑不正确的前提并拒绝不恰当的请求。

ChatGPT 看起来什么都懂，就像个百科全书。其流畅的回答、

第 1 章 ChatGPT 发展简史

丰富的知识，给了参与者极大的震撼。但它并不完美，也会产生让人啼笑皆非的错误、带来莫名的喜感。

ChatGPT 在发布后五天内，就拥有了超过 100 万名用户，这是脸书（现更名为 Meta）花了 10 个月才达到的里程碑。

2022 年 12 月 4 日，埃隆·马斯克（Elon Musk）发了一条推文，他说："ChatGPT 有一种让人毛骨悚然的厉害，我们离危险的强大人工智能已经不远了。"

仅仅 2 个月后，ChatGPT 注册用户突破 1 亿名。据网络流量数据网站 SimilarWeb 统计，ChatGPT 的全球访问量在 4 月份再创新高，达到 17.6 亿次。要知道，这个数字还没有包含大量使用 ChatGPT API 接入的和使用第三方应用的用户访问量。

ChatGPT 出现后，一夜之间，每个人都在谈论 AI 如何颠覆他们的工作和生活。

ChatGPT 是 AI 相关技术浪潮的一部分，这些技术被统称为"生成式人工智能"——其中包括热门的艺术生成器，如 Midjourney 和 Stable Diffusion。

在 ChatGPT 出现之前，大众对 OpenAI 了解很少，这家公司突然现身，引起了大家强烈的好奇心。它到底是什么来历？为什么能开发出如此强大的 AI 系统？

让我们从 AI 的起源说起。

1.1　AI 的概念和萌芽

◉　1.1.1　什么是 AI？

在互联网上，AI（Artificial Intelligence，人工智能）有许多不同的定义。

维基百科说：AI 是指通过普通计算机程序来呈现人类智能的技术。

谷歌说：AI 是一组技术，使计算机能够执行各种高级功能，包括查看、理解和翻译口语及书面语言、分析数据、提出建议等各种能力。

百度百科说：AI 是研究、开发用于模拟、延伸和扩展人的智能的理论、方法、技术及应用系统的一门新的技术科学。

Oracle 说：AI 是指可模仿人类智能来执行任务，并基于收集的信息对自身进行迭代式改进的系统和机器。

ChatGPT 说：AI 是一种机器智能，它可以执行通常需要人类智慧才能执行的任务，例如理解自然语言、解决问题、学习、决策和感知。AI 旨在通过模拟人类的智能和行为来创建智能机器和软件，研究领域包括机器学习、自然语言处理、计算机视觉、认知计算和智能机器人等。

为什么有如此多的定义呢？

因为 AI 是一个包括了多重内涵的概念，一个是指有 AI 的计算机（智能体），另一个是指 AI 科学和技术。分两点来解释：

第一，有 AI 的计算机可以通过模拟人类的智能和行为，完成通常需要人类智慧才能做的任务。

第二，AI 技术是让计算机成为一个持续学习提高的学生，不仅能从数据中学习和提取信息，并利用这些信息来做出正确的决策，还能感知环境，更好地理解周围的世界，更好地解决问题。

不过，AI 的概念依然存在很多争议。其中，最大的质疑是"智能"这个词。

顾名思义，AI 就是以人类智能为模板的，理解与模拟人类智能是 AI 实现的基本路径。

人类的智能首先表现在人类的身体能够感知和运动。通过眼睛、耳朵、鼻子、口和手脚这些感官，人类能够看到、听到、嗅到、品尝和触摸周围的事物，并通过手脚来操作和移动物体，与环境进行复杂的互动。机器要做到这些，需要具备识别模式和控制反馈的能力。

人类的智能更显现在人类复杂的心智活动中，例如理解语言、理解场景、规划行动、智能搜索信息、学习总结知识、推理决策等，这种高级智能活动由人的大脑完成。如果 AI 只停留在感知和运动阶段，那么机器只能达到普通动物的智力水平，而人的心智能力才是让人类成为万物之灵的关键。

◎ 1.1.2　AI 的分类

2016 年 AlphaGo 打败了人类围棋冠军，按理说比人类还强的机器棋手具有了相当强大的推理和思考能力，那么它算拥有智能了吗？

当然算。因为它模拟出来了人类的智能，具有强大的计算和搜索技术，可以通过分析和模仿大量数据来学习并识别围棋中的模式和策略，以做出最佳的棋局决策。但是 AlphaGo 并没有像人类一样的推理和思考能力，无法像人类那样通过推理进行逻辑推断，所以 AlphaGo 也无法将下棋的高超技能迁移到其他领域。换句话说，下棋赢过所有人的 AlphaGo 在写文章方面还不如小学生。这种 AI，被称作弱 AI。弱 AI（Weak AI）并不是说 AI 本身的能力很弱，而是指它只能解决少量的问题。实际上，目前所有的 AI 都只能完成单个领域的工作，都叫作弱 AI，也叫窄 AI（Narrow AI）。

生活中，弱 AI 的应用随处可见，场景也越来越广泛，为人们的生活、工作和社会带来了巨大的改变和进步：

拍照时，通过美颜相机里的一键美颜功能修改照片；

睡觉时，通过语音发出指令，控制灯光、空调等，方便而快捷；

购物时，随时通过智能客服直接获取帮助，避免长时间等待；

旅游时，通过人脸识别设备确定身份，快速通过安检或自助入住酒店。

而能写出大量文章、貌似无所不知的 ChatGPT，也是弱 AI。它在推理上常常会犯一些基本错误，且其逻辑推理能力很差。

虽然现在人们生活中用到了各种 AI 产品，不断有 AI 相关的新闻和事件，但迄今为止还没有任何 AI 通过图灵测试。

实际上，AI 的发展过程可以类比为一个孩子的成长过程。刚开始，它只是一个没有多少知识的婴儿，需要人类的指导和培育；接着，它逐渐成长为一个会爬会走的孩子，可以自主探索和学习；然后，它成长为一个可以独立思考和解决问题的少年，开始展现出自己的才华和潜力；最终，它成为一个成熟的、有着强大智慧和创造力的成年人，为人类带来巨大的改变和进步。

现在，AI 正处于少年期，还远远没有到成熟期，但它已经在很多领域展现出了强大的能力和潜力，如语音识别、图像识别、自然语言处理、自动驾驶等。

人们预测，随着 AI 的继续发展，会出现强 AI（Artificial General Intelligence，AGI），也叫通用人工智能。这是指跟人类的能力相似的 AI，它是能够像人类一样思考、理解、推理和学习等的系统。比起弱 AI，强 AI 更全面，它能通过观察、感知和处理外部世界的信息，独立、自主地做出决策和行动。例如，在电影《星球大战》中的智能机器人 BB-8（如图 1-1 所示），它可以在没有人类指示和操控的情况下独立思考和解决问题，还可以自我学习和进化，最终实现自主决策和行动。

图 1-1　BB-8 机器人（来源：电影《星球大战：原力觉醒》）

目前，ChatGPT 已经具备了不少了强 AI 的特征，有希望发展成为强 AI。

假设计算机程序通过不断发展，可以比世界上最聪明、最有天赋的人类还聪明，那么，由此产生的 AI 系统就可以被称为超 AI（Artificial Super Intelligence，ASI），也就是超越人类的 AI。显然，现阶段这只是一种存在于科幻电影中的想象场景。未来学家和科幻作者喜欢用"奇点"来表示超 AI 到来的那个神秘时刻，但没有人知道奇点会不会到来，会在何时到来。

与信息技术产业的其他分支（如计算机、通信、互联网、智能手机等）所取得的科技成果比较，AI 领域所取得的成果还远远不够，未能达到最初的设想。

虽然在 AI 的发展过程中人才辈出，但在很长一段时间内，研究者们一直像在迷宫中探索，没有人知道清晰的路径。有些看似走得通的路，走着走着就走进了死胡同；更有趣的是，一些开始认为行不通的路，过了一段时间，发现居然又能走通了。原因非常复杂，影响 AI 的关键因素多，路径多，导致 AI 的发展几经波折，起起落落。

人们设想中的"AI"能模仿人类，具有高级的"推理""思考"或"认知"能力。然而，经过 70 多年的探索，高层次的推理和思考仍然难以捉摸。

为什么 AI 领域的进展会不如预期，甚至在几个特定的时间段内完全陷入"泥潭"？让机器拥有智能这么难吗？人类精英们都做出了哪些努力和探索？目前的 AI 到达了什么阶段？

下面，我们从 AI 之父图灵开始，回顾 AI 的发展历史，在本书 1.5 小节中可再进一步了解 ChatGPT 的发展过程。

1.1.3　图灵测试

让计算机像人一样说话，是在计算机发明之前的梦想。

1942 年，科幻小说作家艾萨克·阿西莫夫（Isaac Asimov）在短篇小说《转圈圈》（*Run around*）中创造了机器人（Robot）这个词，小说中的机器人吉斯卡拥有比普通机器人更高的智能和自主性，不仅可以用人类的语言还能用眼神、手势和肢体语言等方式进行交流，这使他更加接近人类，也更容易被人类接受和信任。小说提出了"机器人三大法则"：第一条，机器人不得伤害人类或看到人类受到伤害而袖手旁观；第二条，机器人必须服从人类的命令，除非这条命令与第一条相矛盾；第三条，机器人必须保护自己，除非这种保护与以上两条相矛盾。后来这三大法则被许多小说、电视剧等广泛借用。

1950 年 10 月，英国数学家、逻辑学家艾伦·图灵（Alan Turing，见图 1-2）发表了一篇划时代的论文《计算机与智能》（*Computing Machinery and Intelligence*），提出了一个有趣的问题：假如有一台宣称自己会"思考"的计算机，人们该如何辨别计算机是否真会思考呢？

为此，他设计了一个实验：如果一台机器与人展开对话，测试者分不清幕后的对话者是人还是机器，那么可以说这台机器具有智能。让机器模仿人就是图灵所说的"模仿游戏"，后来这个设想也被人们称为"图灵测试"。

随后，图灵又发表了论文《智能机器，被视为异端的理论》（*Intelligent Machinery, A Heretical Theory*）。因为图灵的这两篇论文探讨了机器具有智能的可能性，并对其后的机器智能发展做了大胆预测，所以他被称为"AI 之父"。从那时开始，70 多年来，人类一直试图解决这个问题，希望能研发出可以通过图灵测试的 AI。

图 1-2　1951 年的艾伦·图灵
（来源：nytimes.com）

这个梦想也驱使许多人持续探索。早在 1966 年，MIT 的教授约瑟夫·维森班（Joseph Weizenbaum）就开发了第一个聊天程序 ELIZA，之后的 50 多年，陆续出现了更先进的 AI 机器人，如微软小冰、苹果 Siri、谷歌助手、小度音箱等（聊天机器人发展时间线如图 1-3 所示）。

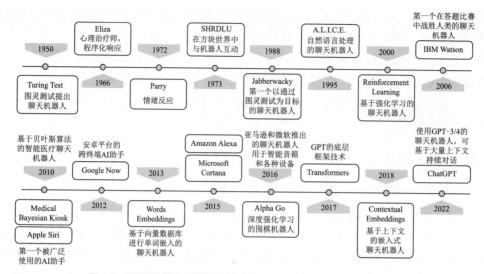

图 1-3 聊天机器人发展时间线（来源：hellofuture.orange.com）

但直到现在，计算机还不能像真人一样聊天。

2014 年 6 月 8 日，英国雷丁大学在著名的伦敦皇家学会举办了一场图灵测试。在当天的测试中，一组人类裁判以键盘输入的形式与电脑"对话"。如果裁判认定电脑为人的比例超过 30%，则电脑通过测试。5 个参赛电脑程序之一的尤金·古兹曼（Eugene Gootsman）成功"伪装"成一名 13 岁男孩，在一次为时 5 分钟的文字交流中，回答了裁判输入的所有问题，其中 33% 的裁判认为与他们对话的是人而非机器（如图 1-4 所示）。

图 1-4 与尤金·古兹曼聊天的界面

有人认为，这个程序通过了图灵测试，成为有史以来第一个具有人类思考能力的 AI。也有人质疑，这个测试的提问时间短，裁判少，严格来说，不能算通过了图灵测试。

大家的共识是，到目前为止，还没有任何 AI 通过图灵测试，而最接近通过图灵测试的就是 ChatGPT。

许多人认为，对 ChatGPT 这个每天都在跟人对话中学习的 AI 来说，通过图灵测试应该只是时间问题。

◉ 1.1.4　AI 的萌芽

1936 年 9 月，图灵应邀到美国普林斯顿大学高级研究院学习，两年后获得博士学位。也许图灵自己都不会想到，十几年后，普林斯顿大学成为 AI 大牛们最重要的启蒙地。

1949 年 9 月，约翰·麦卡锡（John McCarthy）来到普林斯顿大学研究数学，也是两年获得博士学位。麦卡锡希望机器能够像大脑一样做到推理知识，普林斯顿大学高级研究所的约翰·冯·诺伊曼（John von Neumannn，现代计算机之父）鼓励麦卡锡写下他的想法。1952 年夏天，麦卡锡去贝尔实验室工作，遇到克劳德·香农（Claude Shannon），他们合作撰写了大量关于自动机的论文。

正是在普林斯顿大学，麦卡锡第一次遇到了攻读数学博士的马文·明斯基（Marvin Lee Minsky），他们都对机械智能很感兴趣。

1951 年，马文·明斯基和迪安·埃德蒙兹（Dean Edmonds）设计制造了第一台随机连接神经网络学习机 SNARC（Stochastic Neural Analog Reinforcement Calculator，如图 1-5 所示），它有一个很酷的别名："谜题解决者"（Maze Solver）。机器由 400 个真空管制成，可以在一个奖励系统的帮助下完成穿越迷宫的游戏。1954 年明斯基在普林斯顿的博士论文题目是《神经—模拟强化系统的理论及其在大脑模型问题上的应用》（*Theory of Neural-Analog Reinforcement Systems and its Application to the Brain-Model Problem*），是一篇关于神经网络的论文。

图 1-5　SNARC（来源：the-scientist.com）

◉ 1.1.5　AI 学科成立

当时类似香农、麦卡锡、明斯基这样 AI 方向的研究者们都在不同的地方各自研究，零零散散，比较孤立，能否把大家聚在一起，创立一门新学科呢？

明斯基从普林斯顿大学毕业后，去哈佛大学担任数学与神经学初级研究员，麦卡锡在达特茅斯大学做数学助理教授，两人一拍即合，决定召集一个会议。

于是，AI 学科诞生的里程碑——达特茅斯会议，就由这两个年轻人发起了，会议计划书是麦卡锡写的，总结则由明斯基完成。

麦卡锡（如图 1-6 所示）在为研讨会写提案时创造了"AI"一词，他在会议的提案中说，研讨会将探索这样的假设："（人类）学习的每一个方面或智能的任何其他特征原则上都可以被精确描述，以至于可以用机器来模拟它。"

图 1-6　约翰·麦卡锡（来源：analyticsdrift.com）

会议组织起来并不容易，虽然场地由达特茅斯大学免费提供，但没有经费，而且两个组织者的地位不高，一个初级研究员，一个助理教授，在学术界都只能算小人物。这两个年轻人组织会议，估计许多"大牛"不会来，所以他们又找到了两位"大神"担任发起人：一个发起人是信息论的创始人克劳德·香农，他当时已经是贝尔实验室的大佬；另一个是 IBM 的资深专家纳撒尼尔·罗切斯特（Nathaniel Rochester），他是世界上第一台大规模生产的科学用计算机 IBM701 的首席设计师，编写了世界上第一个汇编程序。

由于会议时间长达两个月，为了让大家能安心开会，麦卡锡觉得应该给些生活费，于是他向洛克菲勒基金会申请赞助，他提出的预算是 13500 美元，但只获批了 7500 美元，由此可见当时这个会议并没有受到关注。

1956 年 7 月，一批数学家和计算机科学家（如图 1-7 所示）来到达特茅斯学院数学系所在大楼的顶层。在大约八周的时间里，讨论用机器来模仿人类学习以及其他方面的智能等问题，之后又陆陆续续来了一些人阶段性参与。

正是在这次会议上，AI 的概念第一次被提出。从事后看来，这次会议是金庸小说中"华山论剑"级别的。因为在主要的十位参会者中，有两位成名已久的人物——香农和纳撒尼尔，其余八人中，有一位机器学习之父亚瑟·塞缪尔（Arthur Samuel）以及四位图灵奖得主：赫伯特·西蒙（Herbert A. Simon）、艾伦·纽厄尔（Allen Newell）、马文·明斯基、约翰·麦卡锡。赫伯特·西蒙给自己取了一个中文名叫司马贺，下面我们都以司马贺代称他。

图 1-7　达特茅斯会议的部分参会者（来源：roboticsbiz.com）

四人中，纽厄尔、明斯基和麦卡锡是同龄人（1927 年出生），当时都才 29 岁，司马贺 40 岁，算大龄青年，他们年轻气盛，野心十足，不肯妥协。

虽然麦卡锡召集大会的时候用了 AI 这个名字作为新学科的名字，但纽厄尔和司马贺却不认可，他们主张用"复杂信息处理"（Complex Information Processing）这个词作为学科研究方向的专业名词，他们的理由是"人工"（Artificial）一词并不能体现对机器实现智能研究的初衷，这个学科明明是研究计算机怎样才能自动处理信息的，加上"人工"不就变味了？这理由听起来也有道理。

但换个角度看问题，Artificial 在英文中也有"人造的""模拟的"等意思，也是很贴切的，反而译成中文显得有点怪。不过，最终还是就"AI"这个名字达成了共识，这也是这次大会的一个重要成果。

到今天，AI 一词已被大众普遍接受了，还有人半开玩笑地给出了新的解释，AI 是有多少"人工"才有多少"智能"。确实，李飞飞的 ImageNet 图库用了大量的人工来做标注，才能形成给 AI 的学习语料，而 ChatGPT 用于引导模型方向的人工标注量也是非常惊人，还有 Scale.ai 这样专门做 AI 数据标注的公司，估值高达 73 亿美元。

早期 AI 领域并没有大家公认的学术领袖，更没有明确的研究路径，所有人只能在摸索中前进。逐渐分成了三个主要流派：符号主义、连接主义、行为主义，当然这些方向的概念也都是后面总结的。

实际上，这三个流派是对人类三种学习形式的模仿。

（1）符号主义流派借鉴了人类学习语言和数学的方式，比如借助一些文字、数学中的符号、图示以及概念等，帮助人们理解和思考各种问题，从而增强认知能力。然后，通过掌握一些规则，就能形成智能，比如用规定的字母和符号，按照一定的规则就能写出一篇文章。因此符号主义强调思维和认知过程中的符号表示和处理，这个 AI 的实现路径也是图灵的想法。

（2）连接主义流派借鉴了人的大脑生理结构，因为那时候人们已经认识到人类的大脑主要结构就是神经元构成的神经网络，多个神经元之间相互连接，可以获取并存储知识，完成思考过程。脑部和神经元的连接方式和权重的调整对人类学习和思考起着重要作用，假如能创建出人工神经元，再连接在一起，经过一段时间的学习，就能形成智能，因此连接主义在 AI 领域中主要强调神经网络连接的不同之处和深度学习。

（3）行为主义流派借鉴了人的学习受到反馈的影响，比如在学生学习过程中，老师对答题的评判、家长的一些惩罚奖励和外部环境等都能影响孩子的学习成绩和掌握知识的程度。也就是说，人们通过学习中的反馈来调整自己的行为和习惯，从而积累知识和经验，形成智能。因此，行为主义在 AI 领域中主要强调学习者的行为和环境的响应，并利用相关技术改变个体行为习惯。

大致来说，符号主义更多地模仿了人对语言等知识的学习策略，连接主义模仿了人的大脑生理结构，而行为主义更多地模仿了人受到外部激励后的反应。

现在我们知道，这些都对、都有用，而且可以混着用。但在达特茅斯会议时，符号主义占了压倒性优势，四位图灵奖得主全都是符号主义的代表。可惜的是，符号主义在发展了 30 多年后，碰到了瓶颈，现在已经不是 AI 的主流了。这是怎么回事呢？

1.2 符号主义流派的探索

符号主义（Symbolicism）又叫逻辑主义，其起源可以追溯到微积分的发明人莱布尼茨。他曾提出一个问题："我们每天看到的世界，是通过具体化的、非结构化的形式（如视觉、声音、文字等）呈现的，这些具体却散漫粗疏的内容是否可以使用符号来精确定义？人类理解世界的过程，是否可以在这个基础上精确描述和计算？"

符号主义流派的学者们的答案是"可以"。

符号主义流派的核心思想可以概括为五个字：认知即计算。也就说，计算机可以通过符号模拟人类的认知程度来实现对人类智能的模拟。比如，人学习新词汇时，需要理解这些符号（即单词）的含义以及它们在文本中的作用。对计算机来说，单词、句子、数字、标点符号和语法规则等都是符号，先明确符号的含义，通过程序让计算机理解这些符号后，然后进行计算和推理，思考过程就是符号的操作过程。这种方法非常适合用来处理一些逻辑上的问题，比如证明定理、语义表达等。

◉ 1.2.1 符号主义的"推理期"（1956—1965 年）

在达特茅斯会议上，纽厄尔和司马贺（如图 1-8 所示）发布了"逻辑理论家（Logic Theorist）"，给所有人留下了深刻的印象。明斯基说那是"第一个可工作的人工智能程序"，因为这个程序可以证明怀特海和罗素《数学原理》中第二章 52 个定理中的 38 个定理。

　　从现在的视角看，逻辑理论家采用的算法和计算机自动定理证明这个学科分支的主流算法思想（如归结原理、DPLL 算法）并没有很直接的关系，甚至可以说只是对形式化的前提进行简单粗暴的搜索而已，技术含量并不高，但在当时这已经让人非常兴奋了。

图 1-8　艾伦·纽厄尔（左），司马贺（右）（来源：timetoast.com）

　　纽厄尔和司马贺借鉴了心理学的研究方法，把人脑看成一个实现信息处理目的的物理符号系统来表现智能行为，提出了"物理符号系统假说"（Physical Symbol System Hypothesis，PSSH）。1975 年，两人共同获得了图灵奖，以表彰他们在 AI、人类识别心理和表处理方面的贡献。

　　而另外一位参会者，来自 IBM 的亚瑟·塞缪尔也拿出了自己的成果。1952 年他为 IBM 701 的原型编写了 AI 跳棋程序，1955 年他增加了一些功能，使该游戏能够从经验中学习，即让程序记住以前游戏中的好走法，然后在下棋时快速搜索。

　　为什么科学家喜欢研究下棋游戏呢？

　　一方面是因为棋类游戏自古以来就被认为是人类智力活动的象征，模拟人类活动的 AI 自然要以此为目标，成功达到人类甚至高于人类水平，这就可以吸引更多人关注并投身于 AI 的研究和应用中。

　　另一方面，棋类也很适合作为新的 AI 算法的标杆，因为棋类游戏的规则简洁明了，输赢都在盘面上，适合计算机来求解。理论上只要在计算能力和算法上有新的突破，任何新的棋类游戏都可能得到攻克。

　　麦卡锡在那个时期的主要研究方向也是计算机下棋，为了减少计算机需要考虑的棋步，麦卡锡提出了著名的 α-β 剪枝算法的雏形。随后，卡内基梅隆大学的纽厄尔、司马贺等很快在实战中实现了这一技术。

　　α-β 剪枝算法的名字来源于它的主要思想——剪枝。在搜索树的任意一位置，如果计算机发现其中某些分支不会对最终的结果产生影响，即已经找到了更好的解决方案或者已经发现了相反的答案，那么这些分支就可以被剪掉，从而减少搜索时间，因此这种算法被称为剪枝算法。在 α-β 剪枝中，α 和 β 是两个重要的变量，其值在剪枝过程中发挥了关键作用。

　　由于采用了 α-β 剪枝算法，塞缪尔的跳棋程序曾在 1962 年赢得了一场对前康涅狄格州跳棋冠军罗伯特·尼尔利的比赛，这在当时可以说是非常辉煌的成绩。

在相当长的一段时间内，α-β 剪枝算法成了计算机下棋的主要算法框架，1997 年战胜国际象棋大师卡斯帕罗夫的 IBM 深蓝也采用了 α-β 剪枝算法。

在 AI 早期，通过算法优化，让机器智能胜过人类，确实是让人惊喜的。

在达特茅斯会议之后的十多年里，AI 蓬勃发展，被广泛应用于数学和自然语言领域，用来解决代数、几何和英语问题，这个时期称为符号主义的"推理期"。因为研究者们重点解决的问题是利用现有的知识去做复杂的推理、规划、逻辑运算和判断，"推理"和"搜索"成为 AI 的思维研究方向。推理就是通过人类的经验，基于逻辑或事实归纳出来一些规则，然后通过编写程序来让计算机完成一个任务。搜索则属于"暴力计算"，具体来说，计算机可以通过在解决问题的途径上设置节点，并对各个节点进行前后逻辑的持续分析，在不厌其烦的试错下，最后根据指示找到正确的目标。

1958 年，明斯基从哈佛大学转到 MIT（麻省理工学院），同时麦卡锡也由达特茅斯学院来到 MIT 与他会合，他们在这里共同创建了世界上第一个 AI 实验室。同年，麦卡锡发明了 Lisp 语言，这是 AI 界第一个最广泛流行的语言，至今仍在广泛应用，它与 1973 年出现的逻辑式语言 PROLOG 并称为 AI 的两大语言。

两年后，麦卡锡第一次提出将计算机批处理方式改造成分时方式，这使得计算机能同时允许数十甚至上百用户使用，极大地推动了接下来的 AI 研究。这种分时策略也促进了各类计算机的发展，比尔·盖茨就是通过一个终端设备接入小型计算机，从而掌握了编程技术的。

由于这些成就，麦卡锡获得了 1971 年的图灵奖。

1961 年，第一台工业机器人 Unimate（如图 1-9 所示）在新泽西州通用汽车的组装线上投入使用，它看起来就是一个机械臂，能够运输压铸件并将其焊接到位。

图 1-9　工业机器人 Unimate（来源：computerhistory.org）

1966 年，MIT 的教授约瑟夫·维森班（Joseph Weizenbaum）开发了第一个聊天程序 ELIZA，它可以根据任何主题进行英文对话。

ELIZA 的原理非常简单，在一个有限的话题库里，用关键字映射的方式，根据问话，找到自己的回答。

比如，在对话小程序通过谈话帮助病人完成心理恢复这个场景，当用户说"你好"时，ELIZA 就说："我很好。跟我说说你的情况。"此外，ELIZA 会用"为什么？""请详细解释一下"之类引导性的句子来让整个对话不停地持续下去。同时 ELIZA 还有一个非常聪明的技巧，它可以通过人称和句式替换来重复用户的句子，例如用户说"我感到孤独和难过"，ELIZA 会说"为什么你感到孤独和难过"。

这一系列的 AI 技术，让许多人对未来充满了憧憬。

当时有很多学者认为："二十年内，机器将能完成人能做到的一切。"

没想到，事与愿违，AI 的发展很快陷入了停滞。

◎ 1.2.2　符号主义的低谷（1965—1970 年）

在达特茅斯会议上，纽厄尔和司马贺的成果激励了同行们，也激励了他们自己。

1957 年，纽厄尔和司马贺又弄了个"通用问题解决器"（General Problem Solver，GPS），听名字就知道他们期望用这个程序去解决任何已形式化的、具备完全信息的问题，包括逻辑推理、定理证明到人机游戏对弈等多个领域。这个项目持续了十多年，但并没有哪个领域有直接使用这个程序完成证明的大案例，可见并不成功。

在这个阶段的探索验证了一个观点，无论是逻辑理论家、通用问题求解器，还是几何定理证明机，这些发明都只适用于简单问题的求解，一旦涉及更难的问题选择时，结果证明都非常失败。

以机器翻译为例，准确的翻译需要背景知识来消除歧义，并建立句子内容。人类之所以了解背景知识是在建立在持续学习的基础上，但当时 AI 并不具备主动自我学习能力。到 1966 年，机器翻译被最终定性为"尚不存在通用科学文本的机器翻译，近期也不会有"。

为什么会这样？

因为符号主义的逻辑推理方法有极为明显的优缺点。优点是清晰简明，易于理解和实现，缺点是难以应对大规模、复杂的问题，并且难以处理不确定性和模糊性。事实证明，当需要证明包含超过数十条事实的推理时，原先的程序原则就失效了。

于是 AI 开始遭到批评，有人说所有的 AI 程序都只是"玩具"，仅仅能够解决诸如迷宫、积木世界这些"玩具问题"，投入产出比实在不划算。因此到 20 世纪 60 年代末，各类研究资助大幅缩减，只保留了一些基础研究。

其实，对解决实用的 AI 问题来说，这个阶段的 AI 理论、数据和算力都不够。

数据、算力不够没办法，只能等，但在理论方面，AI 开始形成了理论体系。

1969 年，明斯基被授予图灵奖，是历史上第一位获此殊荣的 AI 学者，因为他在 AI 的多个

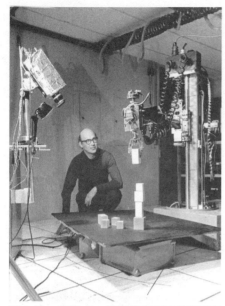

图 1-10　1968 年，明斯基在 MIT 的实验室
（来源：nytimes.com）

领域如机器视觉、自然语言理解、知识表示和机器学习等方面都有杰出贡献。他还设计并制造了带有扫描仪和触觉传感器的机械手，可以像人手一样灵活地搭积木（如图 1-10 所示）。

明斯基认为，AI 的核心问题是如何使用符号来表示和操作知识，并通过逻辑推理和规则处理来模拟人类的思维过程。

1975 年，明斯基在 AI 领域提出了一种叫作"框架理论"的理论和方法。框架就像是一个表示知识的"盒子"，里面包含了固定的概念、对象或事件。盒子有多层，每层有很多小"格子"可以填入不同的信息，比如某个对象的特征、属性、取值范围等，这些"格子"也可以互相关联，组成一个完整的知识系统。

框架理论可以用于解决自然语言处理、机器学习和计算机视觉等领域中的问题。在自然语言处理中，框架理论可以用来构建语义解析器，帮助计算机理解自然语言中的语义信息；在计算机视觉中，框架理论可以用来建立视觉场景的模型，帮助计算机理解视觉场景中的物体、人物等概念。

除此之外，框架理论还为 AI 领域中的其他技术和理论提供了启示和指导，比如基于知识的推理、本体论和元认知等。

◉ 1.2.3　符号主义的"知识期"（1970—1980 年）

经过总结经验教训，研究者认识到知识在 AI 中的重要性，开始研究如何将知识融入 AI 系统。于是 AI 的发展阶段进入了知识时代，知识库系统和知识工程成为这个时期 AI 研究的主要方向。

到了 20 世纪 70 年代，研究者意识到智能的体现并不能仅靠推理来解决，知识是更重要的因素，研究重点就转变为如何获取知识、表示知识和利用知识，这个时期称为符号主义的"知识期"。在这一时期，出现了各种各样的专家系统，并在特定的专业领域取得了很多成果，让 AI 直接创造了商业价值，又一次推动了 AI 的发展。

知识工程最早由斯坦福大学的爱德华·费根鲍姆（Edward Albert Feigenbaum，如图 1-11 所示）提出。他与遗传学教授、诺贝尔奖获得者莱德伯格（Laideboge Joshua Lederberg）、布鲁斯·布坎南（Bruce G.Buchanan）等合作开发了世界上第一个专家系统 DENDRAL，该系统能够自动做决策，帮助化学家判断某待定物质的分子结构，目的是研究假说信息，构建科学经验归纳模型。

图 1-11　爱德华·费根鲍姆（来源：alchetron.com）

因在专家系统、知识工程等方面的贡献，费根鲍姆于 1994 年获得图灵奖。

什么是专家系统？

简单来说，专家系统可以根据某个领域已有的知识和经验进行推理和判断，最终做出模拟人类专家的决策，从而解决需要人工判断的问题。相比搜索，专家系统的出现让 AI 开始具备决策能力。

1976 年，一个名叫"MYCIN"的医疗专家系统问世，它可以帮助医生对患有血液感染的患者进行诊断和治疗。这个系统是依据专家们的想法建立的，用符号来表达治病症状和治疗方法等，还可以通过问题与回答的方式来推断病人是否患有某种疾病。MYCIN 内部有很多规则，只要按照程序的要求回答，系统就能判断病人感染的病菌种类，然后推荐给医生给病人吃的药。MYCIN 的处方准确率是 69%，虽然比不上专家医生的准确率 80%，但已经比其他不是医生的人做得更好了。

专家系统可以简单理解为"知识库＋推理机"，是一类具有专门知识和经验的计算机智能程序系统。因为专家系统一般采用知识表示和知识推理等技术来完成通常相关领域专家才能解决的复杂问题，所以专家系统也被称为基于知识的系统。

1980 年，卡内基梅隆大学为 DEC（Digital Equipment Corporation，数字设备公司）设计出了一套专家系统——XCON，它运用计算机系统配置的知识，依据用户的订货，选出最合适的系统部件，如中央处理器的型号、操作系统的种类及与系统相应的型号、存储器和外部设备以及电缆的型号，并指出哪些部件是用户没涉及而必须加进的，以构成一个完整的系统。它给出一个系统配置的清单，并给出一个这些部件装配关系的图，以便技术人员装配 DEC VAX 计算机。XCON 获得了巨大的成功，该系统在 DEC 公司内使用时，系统的规则从原来的 750 条发展到 3000 多条，最高时每年为公司省下 4000 万美元，这是第一个实用商用并带来经济效益的专家系统。

看到这样的前景，全世界的很多公司开始研发和应用专家系统。美军在伊拉克战争中也使用了专家系统为后勤保障做规划，据称在 20 世纪 80 年代已有约 2/3 的美国 1000 强企业在日常业务中使用了专家系统。

但是，随着专家系统的应用领域越来越广，问题也逐渐暴露了出来。比如，XCON 专家系统的维护费用居高不下，难以升级，难以使用，当输入异常时会出现莫名其妙的错误。

而且，建立专家系统时也有很多问题。

首先，知识库的建立需要大量时间、人力和物力。一个专家系统能否成功，很大程度上取决于是否足够有效地整理了专家知识。困难在于，领域专家一般不懂 AI，专家系统的构建者也不懂领域知识，双方沟通起来非常困难。

其次，有些模糊无法定量的问题难以用文字衡量。专家可以解决某个问题，但很多情况下，专家又难以说清楚在具体解决这个问题的过程中，运用了哪些知识，因此知识获取成为建造专家系统的瓶颈问题。如果不能有效地获取专家知识，那么建造的专家系统就没有任何意义。

再次，知识 / 信息是无限的。如果知识仅依靠人类专家总结、提炼然后输入计算机的方式，则无法应对世界上几乎无穷无尽的知识。

最后，机器翻译始终无法取得预期效果，也影响了专家系统的跨语言使用。

这些问题在当时基本无解，导致专家系统的应用范围很有限。到了 20 世纪 80 年代后期，许多上马专家系统的公司发现掉进了大坑，系统难以升级，最终沦为只能解决某些特殊情景问题的处理机，AI 进入了第二个寒冬。

◉ 1.2.4　符号主义的"学习期"（1980—1990 年）

尽管专家系统为 AI 的发展定下了通过知识进行决策的基调，但这一路径的最大障碍是——知识从哪里获取？

于是，研究者们的重点又转为如何让机器自己学习知识、发现知识这个方向，这个时期被称为符号主义的"学习期"。

符号主义流派在"学习期"研究了更加灵活的符号主义机器学习算法。

这个时期，科学家们开始研究如何用计算机来学习各个领域的知识。他们希望机器可以像人一样学习，所以他们使用各种符号代表机器语言，来描述和组织这些知识，同时运用图表和逻辑结构方面的知识来设计机器。与此同时，科学家们探索了不同的学习策略和方法，并使用它们从数据中提取知识，比如，机器学习的图形表示，将低级别特征转化成更高级别的特征，为符号处理提供了更加精确的基础。

20 世纪 80 年代以来，被研究最多、应用最广的是"从样例中学习"，即从训练样例中归纳出学习结果，也就是广义的归纳学习。一大主流是符号主义学习，其代表包括决策树和基于逻辑的学习。

在将学习系统结合到各种应用中后，取得了很大的成功，同时专家系统在知识获取方面的需求也促进了机器学习的研究和发展。

20 世纪 80 年代是机器学习成为一个独立的学科领域，各种机器学习技术百花初绽的时期。

但在机器学习的研究过程中，人们发现符号主义存在一些无法解决的问题，包括：

（1）不能很好地处理不确定性和模糊性方面的情况。在很多场景下，往往是相关性规则，没有明确的因果性，而且变量太多了以后根本处理不过来。

（2）缺乏实际应用。因为需要大量的手工编码，难以适应新的情景和问题，比如图像和声音这种多媒体的内容，根本无法规则化。

（3）缺少灵活性。符号主义方法一旦确定了一个体系结构和规则，就难以适应新的情况和需求。

这些问题几乎都是无解的。

就这样，图灵倡导的符号主义理论体系，由四位获得了图灵奖的 AI 之父们带路，最终居然走进了死胡同。

这可怎么办？好在，人类在 AI 方面的探索并不止一条路，有其他科学家找到了新路。

1.3　连接主义流派的探索

连接主义（Connectionism），也叫联结主义，又称"仿生流派"或"生理流派"。连接主义认为，智能不是由一组规则或知识表示所构成的，而是由大量简单元素互相作用而形成的。它提出了"连接权重学习"的概念，即通过权重的自适应学习来更好地适应和解决问题。与符号主义不同，连接主义更适合处理不确定性和模糊性等复杂情况，因为它具有适应性学习模式，能够不断地从反馈信息中学习、调整自身的行为或表现，以适应不同的情境和需求，所以被广泛应用于语音识别、图像识别、自然语言处理等领域。

这个流派的思想其实很简单，既然人类的智能是大脑的活动所产生的结果，机器智能也像大脑一样，用大量简单的单元通过复杂的相互联结后并行运行产生智能。这符合第一性原理。

人脑中的神经元是一种特殊的细胞，有着很多长长的、细小的突触，通过这些突触与其他神经元进行联系和沟通。

当受到刺激时，神经元内部的电荷会发生改变，形成一个"动作电位"。这个动作电位会被传递到神经元的轴突末端，然后释放出一些化学物质，称为神经递质，来刺激与它相连的其他神经元。

如果这个被刺激的神经元与足够多的其他神经元联系起来，它们就可以形成一个神经网络，这些复合的信号就是我们思考、感觉和行动的基础。

人工神经网络借鉴了人脑的神经网络，其中的每个神经元都与其他神经元相连，这些连接具有不同的权重，可以修改以适应不同的问题。神经网络使用并行分布式处理的方式，可以实现模式识别、分类、预测等多种模式匹配任务。

一般人脑有 120 亿～140 亿个神经元，科学家们发现至少需要一个 5 层神经网络才能够模拟单个生物神经元的行为，也就是说需要大约 1000 个人工神经元才能够模拟一个生物神经元。GPT-3 有 1370 亿个参数，也就相当于模拟了人类的 1.37 亿个神经元，相当于人脑的 1%。有人预测，如人工神经网络的模拟成果达到了人脑的神经元数量，就能通过图灵测试。

如今 AI 的主要流派是连接主义，使用神经网络来模拟人类大脑。神经网络学习方法的基本原理就是从用于训练的数据集中提取出分类特征，这些特征应能同样适应独立同分布（Independent Identically Distribution）的其他未知数据，所以经已知数据学习训练后的神经网络可以对同类的未知数据有效。

但这个流派的发展却一波三折，一开始就不被看好，红火了一阵后，又被明斯基的一本书搞得停滞了近 20 年，然后再次兴起，最终成为主流。

● 1.3.1 人工神经元的探索（1943—1967 年）

1943 年，数学家沃尔特·皮茨（Walter Pitts）和神经生理学家沃伦·麦卡洛克（Warren McCulloch）发布了一篇划时代的论文《神经活动中内在思想的逻辑演算》（A Logical Calculus of the Ideas Immanent in Nervous Activity），提出了生物神经元的计算模型"M-P 模型"，并进行了神经元的数学描述和结构分析。后来，普林斯顿大学高级研究员的冯·诺伊曼从麦卡洛克-皮茨模型中获取了灵感，提出了"冯·诺伊曼结构"。1945 年 6 月，冯·诺伊曼在划时代的论文《EDVAC 报告书的第一份草案》（First Draft of a Report on the EDVAC）中唯一引用公开发表的文章，就是麦卡洛克和皮茨这篇论文。由于发明了第一台电子数字计算机 EDVAC，冯·诺伊曼被称为计算机之父。

麦克洛克认为，大脑的工作机理很可能是这样的一种机器，它用编码在神经网络里的逻辑来完成计算。如果神经元可用逻辑规则连接起来，那就构建了结构更为复杂但功能更加强大的思维链（chains of thoughts），这种方式与《数学原理》将简单命题链（chains of propositions）连接起来以建构更加复杂的数学定理是一致的。皮茨用数学证明了只要有足够的简单神经元，在这些神经元互相连接并同步运行的情况下，就可以模拟任何计算函数。

这篇论文将神经网络抽象成了数学模型，提出了阈值逻辑单元（threshold logic units，TLU）这个函数模型来描述神经元，并用环形的神经网络结构来描述大脑记忆的形成。两位作者认为，随着长时间对神经元阈值的调整，随机性会渐渐让位于有序性，而信息就涌现出来了。这个预测已经被 77 年后的 GPT-3 语言模型所证明，当模型参数达到千亿规模的时候，它展现出了令人惊叹的智能，出现了涌现效应。

不过在那个年代，完全没有条件去规划调整神经元阈值，也没什么合适的理论指导。在黑暗中摸索太难了，早期的研究没什么拿得出手的成果。

明斯基在读博士期间发明的"SNARC"机器，可算是世界上第一批基于神经网络的自学习机器的工程实践成果，不过这个成果在 1956 年的达特茅斯会议上没有得到大家的好评，当时的主要研究者都看好符号主义的发展方向。后来明斯基自己也"叛变"了，兴趣转移到其他发展方向上。

直到 1957 年，美国海军公布了一个实验，一下子让大众都对神经网络兴奋了起来。

这个实验看起来很简单，一台足有 5 吨重、面积大若一间屋子的 IBM 704 被"喂"进一系列打孔卡，经过 50 次实验，计算机自己学会了识别卡片上的标记是在左侧还是右侧。

就这么个无趣的实验，意义却很重大。它展示了一条全新的实现机器模拟智能的道路——不依靠人工编程，仅靠机器学习就能完成一部分机器视觉和模式识别方面的任务。

这个技术的创始人弗兰克·罗森布拉特（Frank Rosenblatt）说："创造具有人类特质的机器，一直是科幻小说里一个令人着迷的领域。但我们即将在现实中见证这种机器的诞生，这种机器不依赖人类的训练和控制，就能感知、识别和辨认出周边环境。"

罗森布拉特的说法引起了媒体和新兴的 AI 学界的浓厚兴趣。《纽约时报》将《海军的新设备可以通过实践来学习：心理学家展示了一种在阅读中变聪明的计算机雏形》用作头条标题，而《纽约客》写道："它确实是人类大脑的第一个正经的竞争对手。"

图 1-12　弗兰克·罗森布拉特在"感知机"上工作（来源：康奈尔大学官网）

罗森布拉特是康奈尔大学的实验心理学家，他模拟实现的这个装置是一个叫作"感知机"（Perceptron）的神经网络模型（如图 1-12 所示）。于是政府拨款几十万美元，大力支持罗森布拉特的神经网络研究，罗森布拉特又做了多个关于感知机学习能力的实验。

1962 年，罗森布拉特出了一本书，书名叫《神经动力学原理：感知机和大脑机制的理论》（*Principles of Neurodynamics: Perceptrons and the Theory of Brain Mechanisms*），此书总结了他对感知机和神经网络的主要研究成果，证明了单层神经网络在处理线性可分的模式识别问题时是可以收敛的，一时被连接主义流派奉为"圣经"。

看来，连接主义的发展开了一个好头。

没想到，明斯基却站出来，提出尖锐的反对意见。

他们俩是高中校友，隔一年毕业，难道是私人恩怨？

你想多了，纯粹是学术之争。

罗森布拉特认为，他可以用感知机技术让计算机阅读并理解语言，而明斯基说不可能，因为感知机的功能太简单了。

虽然明斯基在其后期工作中也关注了一些连接主义的元素，但他仍然认为符号主义是解决 AI 核心问题的最佳方法。

明斯基在一次会议上和罗森布拉特大吵了一架，随后，明斯基和 MIT 的另一位教授西摩尔·派普特（Seymour Papert）合作，企图从理论上证明他们的观点。

在明斯基看来，罗森布拉特的神经网络模型存在两个关键问题。

首先，单层神经网络只能处理线性的数据，无法处理"异或"电路，也就不能处理非线性的数据问题。举个例子，假设要训练一个神经网络来判断水果是不是橙色的，单层神经网络只能够处理线性数据，也就是只能判断水果是不是红色的或者黄色的，而不能够判断是不是橙色的。如果使用多层神经网络，就可以将红色的苹果、黄色的香蕉和橙色的橘子都正确分类，因为多层神经网络可以组合非线性函数，从而处理复杂的非线性问题。这就好比把红色和黄色的果汁混合在一起，就能够得到橙色的果汁一样。所以多层神经网络就像是一个果汁机，可以把不同颜色的果汁混在一起得到各种不同的口味。

其次，虽然多层神经网络可以通过多个层级的组合和非线性操作来表现各种数据特征，但当时计算机的算力不够，无法满足多层感知机构成的大型神经网络长时间运行的需求。

1969 年，明斯基和派普特（如图 1-13 所示）合著的《感知机：计算几何学导论》（*Perceptrons: An Introduction to Computational Geometry*）一书出版，给了罗森布拉特致命一击。

图 1-13　马文·明斯基（左）与西摩尔·派普特（右）（来源：MIT 官网）

由于明斯基在 AI 领域中的特殊地位，再加上他不久前刚获得图灵奖所带来的耀眼光环，这本书不仅对罗森布拉特本人，还对连接主义和神经网络的研究热情，甚至对整个 AI 学科都造成了非常沉重的打击。

明斯基还给出了他对多层感知机的评价和结论："研究两层乃至更多层的感知机是没有价值的。"也就是说，他认为连接主义的神经网络这条路是绝路。神经网络和深度学习技术的研究迅速陷入了停滞，大部分人都退出了，用加州理工学院的集成电路大佬米德（Carver Mead）的话说是"20 年大饥荒"。

当时没有任何人能够预见到，神经网络和连接主义在 20 年后还会有机会逆袭，最终成为 AI 研究的最主流最热门的技术。

如果时光倒流，明斯克没有打击多层感知机的研究，会出现什么呢？

我们以识别猫来做一个思想实验，就像罗森布拉特识别卡片一样，某个专家利用神经网络来训练电脑去识别猫。先让电脑学会观察照片，找出其中独特的特征，这些特征可能包括颜色、亮度、轮廓和纹理等。如果电脑只看过 5 张猫咪图片，那就只有 5 个拍摄视角、光线环境，肯定不够总结出足够的特征，但如果电脑看过 500 张猫咪图片，那就可以有更多的例子来得出它们之间的共性。然后发现还不够，最终需要收集几万张图片来进行训练迭代，让它逐渐提高识别准确度。每一次训练后，电脑就会将它学习到的特征存储在一个名为"特征"的列表中。最终它会通过分析新照片中的这些特征，来判定这张照片中是否有猫存在。这个多层感知机的研发路线是对的，但以当时的条件根本做不到。在 20 世纪 60 年代的计算条件下，算力根本做不到足够多的训练，也就不能从照片上识别猫。

人类是什么时候解决了 AI 识别猫的问题的呢？

直到 40 多年后，2012 年吴恩达参与领导的 Google Brain（谷歌大脑）运用 16000 个超级计算机训练深度神经网络，最终让计算机成功识别出猫，成为深度学习与产业结合的轰动性事件，而这个神经网络有数百万层。

所以，明斯基没说错，如果按罗森布拉特的感知机路线继续走下去，以当时的条件，只是浪费资金，不可能出成果。

但罗森布拉特的构想确实开启了新的路线，这对神经网络的后续发展非常重要。2004 年，美国电气电子工程师学会（Institute of Electrical and Electronics Engineers，IEEE）设立了 IEEE 弗兰克·罗森布拉特奖（Frank Rosenblatt Award）。

遗憾的是，罗森布拉特没有等到这一天。

1971 年 7 月 11 日，也就是罗森布拉特 43 岁生日那天，他在切萨皮克湾划船时，离奇地溺水身亡了。这实在是太可惜了。

1988 年，明斯基对《感知机：计算几何学导论》一书进行改版修订时，删除了攻击罗森布拉特个人的句子，并在第一页手写了"纪念弗兰克·罗森布拉特"（In memory of Frank Rosenblatt，如图 1-14 所示）。

图 1-14　明斯基手写的话语（来源：《感知机：计算几何学导论》电子书）

1.3.2　第二代神经网络（1982—1995 年）

山重水复疑无路，柳暗花明又一村。20 世纪 80 年代末，神经网络的研究迎来了第二次兴起，这源于分布式表达与反向传播算法的提出，减少了对算力的要求；同时，计算机技术的飞速发展也使计算机有了更强的计算能力，此时的计算成本几乎仅为 1970 年的千分之一，这些因素使神经网络解决了明斯基提出的尖锐问题。于是，被明斯基说成绝路的连接主义路线，又打开了新迷宫的关卡。

打开这个新关卡，最需要感谢的有五个人：约翰·霍普菲尔德、杰弗里·辛顿、杨立昆、约书亚·本吉奥和于尔根·施密布尔，他们提供了必要的核心组件。其中，辛顿被誉为"深度学习教父"，正因为以他为首的一批坚定信仰神经网络的学者们的共同努力，最终使得神经网络能够以崭新的面貌登上人工智能舞台，并获得主角地位。下面介绍一下他们的贡献。

1. Hopfield 模型

图 1-15　约翰·霍普菲尔德
（来源：alchetron.com）

1982 年，生物物理学家约翰·霍普菲尔德（John Hopfield，如图 1-15 所示）发布了 Hopfield 模型。Hopfield 模型被广泛运用于神经学领域，如研究脑细胞如何进行信息处理和存储，也为人工神经网络提供了基础理论的支持。

Hopfield 模型可以对存储的信息进行联想记忆，它可以根据输入的信息自动产生关联并输出结果，因此也可以用于模式识别和任务分类。例如，用 Hopfield 模型可以存储和检索人脸图片，也可以通过训练来识别不同的人脸。

在 Hopfield 模型中，神经元通过相互作用来达到一种稳定的状态，以表示特定的信息，还可以在有噪音和不完整信息的情况下存储和检索信息，这种稳定状态的特性使 Hopfield 模型非常适合用于分类、压缩和优化等领域。

2001 年，约翰·霍普菲尔德因这个贡献获得了理论和数学物理领域的最高荣誉——ICTP 狄拉克奖，Hopfield 模型也被视为人工神经网络重启的里程碑。

2. 反向传播算法

1986 年 7 月，杰弗里·辛顿（Geoffrey Hinton）和他的学生大卫·鲁姆哈特（David Rumelhart）共同发表论文，提出反向传播算法，这个算法的伟大之处在于大大减少了运算量。传统的感知器用所谓"梯度下降"的算法纠错时，其运算量和神经元数目的平方成正比，而这个算法把纠错的运算量下降到只和神经元数目成正比。这就相当于，当有 10 万个神经元的时候，传统算法需要 100 亿次计算，而新算法只需要 10 万次计算。

增加隐藏层（hidden layer）是该算法的特点，它引入了非线性结构，解决了第一代神经网络的线性不可分问题。因此，该算法能够处理非线性问题，包括明斯基提出的感知器无法解决的异或门难题。

这篇论文奠定了人工智能领域神经网络的基础，科学家终于可以组建更庞大的人工神经网络来处理更多更复杂的问题了。

为了取得这个成就，辛顿付出的艰辛鲜为人知。

辛顿第一次听说神经网络是在 1972 年，当时他在爱丁堡大学攻读人工智能专业硕士学位，因为他在剑桥大学读本科时研究的是实验心理学，所以对于神经网络很有热情。

辛顿认为，神经网络是一种比逻辑思维更为优秀的智能运作模式。这是因为神经网络能够让计算机像人一样学习。

那时，神经网络已经进入了寒冬期，而杰弗里·辛顿却在爱丁堡大学攻读神经网络博士学位。

当时他在论文中只要提到"神经网络"，论文就无法通过同行评审。

有人对辛顿说："这太疯狂了。你为什么要在这些东西上浪费时间？事实已经证明这是无稽之谈。"

他回答说，即使他没有获得博士学位也没关系。辛顿出生在英国一个有着深厚学术内涵的家庭，除了科学家，他从未考虑过其他任何事情。辛顿知道，"一些流行的智慧是无可救药的错误——但不一定是哪一点"。

辛顿 1978 年完成博士学位后，四处走动，寻找研究天堂。他在加州大学圣地亚哥分校做博士后，度过了一段至关重要的时光。他说，那里的学术氛围让人更容易接受，并且他在那里与认知神经科学先驱大卫·鲁姆哈特进行了合作。

回到英国后，辛顿做着一份无聊的工作。20 世纪 80 年代初，辛顿和同事开始尝试让电脑模仿大脑运作，但当时电脑性能还远远不能处理神经网络需要的巨大数据集，获得的成果很少。AI 社区的支持者们也放弃了，转而去寻找类人脑的捷径。

一天半夜，辛顿被一个美国来的电话惊醒，对方表示，愿意资助他 35 万美元继续他的研究。

辛顿后来才知道这笔资助的来源：兰德公司的一个非营利子公司通过开发核导弹攻击软件获得了数百万美元。因为是非营利组织，政府要求他们，要么把这笔钱用来支付薪水，要么尽快赠予研究机构，他们选择把这笔钱送给了辛顿。

因为这笔钱，辛顿等人的研究又复活了。

1986 年，辛顿迁居加拿大，在多伦多大学任教，并加入了加拿大高等研究院（CIFAR），获得了一个能长时间从事基础研究的职位，参与了首个名为"AI、机器人与社会研究"的项目（如图 1-16 所示）。

图 1-16　辛顿在多伦多大学的机房（来源：多伦多大学官网）

辛顿终于安顿了下来，在加拿大逐渐有了核心团队，最终收获了梦寐以求的成果。

辛顿有一个习惯，喜欢突然大喊："我现在理解大脑是如何工作的了！"这很有感染力，他常常这样做。

在漫长的神经网络寒冬期，怕是只有这样的自我激励才能坚持下去吧！

3. 卷积神经网络

图 1-17　杨立昆（来源：UCLA 官网）

1989 年，法裔美国计算机学家杨立昆（Yann LeCun，如图 1-17 所示）提出了卷积神经网络，这项研究成果是 AI 深度学习历史上划时代的里程碑。卷积神经网络是一种深度学习模型，它的特点是可以自动从数据中学习特征，并且在处理图像、语音、自然语言等任务时表现出色，已经成为深度学习中几乎不可或缺的组成部分。

杨立昆曾在加拿大多伦多大学跟随辛顿教授做博士后研究，所以算辛顿的半个学生。1988 年，杨立昆进入贝尔实验室，在那里他和一位名叫约书亚·本吉奥（Yoshua Bengio）的博士后使用神经网络进行数字识别。

做这个项目的时候，他们发现了当时神经网络的一个大问题：由于图像中包含的像素数量非常庞大，相应的神经网络的参数量也很大，这在很大程度上影响了手绘图片的识别准确率，为解决此问题，他们想到一个巧妙的算法。

我们用侦探来类比这个算法，神经网络需要根据线索（即输入数据）来推断出真相（即输出结果）。侦探只关注案件中的某些细节，而不是整个案件。卷积神经网络只对输入数据的一部分进行处理，而不是对整个数据进行处理。类似侦探可以使用同样的技能在不同的案件中寻找线索，卷积神经网络的参数共享特征让每个卷积核都可以在输入数据的不同位置上使用。侦探可以从大量的线索中筛选出重要线索，卷积神经网络有池化层，它可以减小输入数据的数量，同时保留重要的特征。

他们用美国邮政系统提供的近万个手写数字的样本来训练神经网络系统，在独立测试样本中错误率低至 5%，达到实用水准。

之后，杨立昆进一步运用卷积神经网络技术开发出支票识别的商业软件，用于读取银行支票上的手写数字，这个系统在 20 世纪 90 年代末占据了美国接近 20% 的市场。

卷积神经网络用途非常广泛，在人脸识别、语音识别和图像分类等方面都能被用到。

2013 年，杨立昆以纽约大学教授的身份兼职加入脸书，随后便着手组建了脸书的 AI 实验室。杨立昆领导的脸书 AI 研究（Facebook AI Research，FAIR），主攻方向是自然语言处理、机器视觉和模式识别等。脸书还组建了"应用机器学习"（Applied Machine Learning，AML）部门，由华金·坎德拉（Joaquin Candela）带领，主要负责将机器学习的研究成果落地到产品上，与 FAIR 的资源分配比例正好互补。

得益于 FAIR 和 AML 的工作成果，脸书在自然语言处理和人脸识别方面确实处于业界领先地位，例如他们的人脸识别工具 DeepFace 已经能做到比人类更准确地识别出两个不同图像上的人是否是相同的。

4. 序列概率模型

在 1990 年，约书亚·本吉奥（Yoshua Bengio，如图 1-18 所示）在贝尔实验室做博士后的时候，跟杨立昆一起做数字识别的项目。他提出将神经网络与序列概率模型（例如隐马尔可夫模型）相结合，这个策略后来被纳入 AT&T/NCR 用于读取手写支票的系统中，并被认为是 20 世纪 90 年代神经网络研究的巅峰之作。本吉奥和杨立昆可以说是天作之合，在项目合作中各自获得了自己的学术成就，并培养出深厚的友谊。

图 1-18　约书亚·本吉奥（来源：Nature.com）

什么是序列概率模型呢？

简单来说，序列概率模型是一种可以预测序列中下一个元素的模型。我们可以把序列概率模型比作一个预言家，它可以根据历史数据（即序列数据）来预测未来的趋势。

ChatGPT 就用到了序列概率模型。在生成文本时，ChatGPT 首先输入一个起始文本序列，然后使用序列概率模型分析下一个单词的概率分布。根据概率分布，ChatGPT 随机选择一个单词作为下一个单词，并将其添加到当前序列中。然后，ChatGPT 使用更新后的序列再次预测下一个单词，并重复这个过程，直到生成所需长度的文本。

比如对一个句子：not all heroes wear ___，ChatGPT 将会分析下一个单词出现的概率，并选择较大概率的单词。猜得越准，就越显得像人类。

2000 年，本吉奥发表了一篇具有里程碑意义的论文《神经概率语言模型》（*A Neural Probabilistic Language Model*），通过引入高维词嵌入技术实现了词义的向量表示，将一个单词表达为一个向量，通过词向量可以计算词的语义之间的相似性。该方法对包括机器翻译、知识问答和语言理解等在内的自然语言处理任务产生了巨大的影响，使应用深度学习方法处理自然语言问题成为可能，并使相关任务的性能得到大幅度提升。

2007 年，本吉奥负责蒙特利尔大学机器学习算法实验室时，他和伊恩·古德费洛（Ian Goodfellow）一起开发出了第一个开源的深度学习框架 Theano，这个框架启发了谷歌 TensorFlow 深度学习框架的开发。

2014 年，本吉奥与古德费洛提出的生成对抗网络（Generative Adversarial Network，GAN），引发了一场计算机视觉和图形学的技术革命，使计算机生成与原始图像相媲美的图像成为可能。它被誉为近年来最酷炫的神经网络。

本吉奥的团队还提出了注意力机制，直接导致机器翻译取得了突破性进展，并构成了深度学习序列建模的关键组成部分。ChatGPT 是基于谷歌 Transformer 模型的，而 Transformer 就是基于注意力机制推出的。

什么是注意力机制？注意力机制来源于人类的视觉注意力，即人类在进化过程中形成的一种处理视觉信息的机制。人类视觉系统以大约每秒 8.96 兆比特的速度接收外部视觉信息。虽然人脑的计算能力和存储能力都非常有限，却能有效地从纷繁芜杂的外部世界中有选择地处理重要的内容，在这个过程中选择性视觉注意力发挥了重要的作用，如我们在看一个画面时，会有一处特别显眼的场景率先吸引我们的注意力，这是因为大脑对这类东西很敏感。

注意力机制使得模型在翻译的过程当中并不以同等地位看待所有的词，而是根据当前翻译的需要着重关注少数几个词的信息。这样既能尽量保留一段文字中的各种细节，又能得到较为准确合理的翻译。

2017 年 1 月，本吉奥成为微软公司的战略顾问。他认为微软这个曾经的"Windows 帝国"可以将自己打造成 AI 第三巨头，微软有资源、有数据、有人才，还有愿景与文化（这是最重要的），它不但知道科学的重点在哪里，还推动着技术向前发展。

鉴于辛顿教授、杨立昆教授和本吉奥教授（如图 1-19 所示）三人对深度学习的贡献，2018 年三人同时获得图灵奖。

图 1-19 辛顿、杨立昆和本吉奥（从左至右）（来源：nytimes.com）

5. 长短时记忆循环神经网络

1997 年，瑞士 AI 实验室（IDSIA）的于尔根·施密布尔（Jürgen Schmidhuber，如图 1-20 所示）和塞普·霍克利特（Sepp Hochreiter）共同发表论文，提出了长短时记忆循环神经网络（Long Short-Term Memory，LSTM），为神经网络提供了一种记忆机制，可以有效解决长序列训练过程中梯度消失的问题。

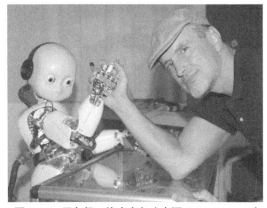

图 1-20　于尔根·施密布尔（来源：telekom.com）

简单理解 LSTM，可以将 LSTM 看成一位记忆超强、反应迅速的秘书，她可以处理不同类型的请求，并能够长期记住关键信息。当秘书接到一条请求时，她会仔细阅读，首先判断是否是关键请求，如果不是，她会将其处理后放入备忘录中；如果是关键请求，她会尝试记住关键内容，并暂时放在头脑中，等待未来可能的需要。当类似的请求再次出现时，秘书会立即回忆起之前的关键信息，并根据之前的经验进行相应的处理。

实践证明，这一技术在序列问题的处理，如自然语言理解和视觉处理中，发挥着至关重要的作用，并广泛应用于机器翻译、自然语言处理、语音识别和对话机器人等任务。以语音识别为例，每个音节作为输入数据，LSTM 对其进行处理和采样，生成音频信号的表示，然后传递给下一个神经元进行处理。神经元之间的连接和权重会不断调整，逐步学习和记忆之前的上下文信息，以此识别整个语音信号。

在 2016 年和 2021 年，施密布尔和霍克利特分别被授予了 IEEE 神经网络先驱奖。

因为上述专家们的贡献，AI 的第二波浪潮开始到来。

一时间，人工神经网络成为大家热议的名词，在 1991 年的电影《终结者 2》中，施瓦辛格扮演的机器人有一句台词："我的 CPU 是一个神经网络处理器，一台会学习的计算机。（My CPU is a neural-net processor，a learning computer）"。

尽管神经网络的发展道路已经打通，也取得了不少进展，可这股浪潮仅仅持续了不到十年。到 1995 年前后，大家又开始对 AI 失去信心，因为训练人工神经网络太慢了。一位国内的 AI 研究者回忆，一直到 1998 年，他做研究生的时候，在当时的电脑上运行 AI 程序，单元不敢超过 20 个，而人类大脑的神经元数量是 120 亿个以上，可想而知当时的神经网络是多么弱小。

在神经网络发展受阻的同时，传统的机器学习算法取得了突破性的进展，机器学习社区转向了能更快、更好提供结果的基于规则的系统，而兴起了没多久的神经网络逐步被取代。

据统计，到 21 世纪初，全世界专门研究神经网络的研究人员数量不到六人。

神经网络的研究者除了继续优化算法，更多的时间只能等待。

等待什么？等算力发展和数据积累。

1.3.3 统计机器学习（1995—2012 年）

1. 数据和算力的增长，推动了统计机器学习

自 1995 年互联网开始发展以来，海量数据的涌现为神经网络提供了更大的发展机遇。如果没有互联网，大公司使用的图像数据集、视频数据集和自然语言数据集根本无法收集。例如，Flickr 网站上用户生成的图像标签一直是计算机视觉的数据宝库，YouTube 视频也是一座宝库，维基百科则是自然语言处理的关键数据集。

算力的增长，主要靠 CPU 和 GPU。

根据"摩尔定律"，每 18 个月芯片内晶体管的数量增加一倍，简单来说，就是芯片的运算能力增加一倍。从 20 世纪 70 年代一直到现在，"摩尔定律"持续了将近 50 年的时间。

今天同样大小的 CPU 芯片，比当年的运算能力至少高出 100 万倍。如英特尔的 Core i9-11900K，其时钟频率可以高达 5.3 GHz，配备了多个核心和超线程技术，可以同时执行数百万个指令，其性能是 Intel 4004 的数百万倍。

而 GPU 登上舞台，又把算力提升了一个数量级，因为 GPU 的并行处理能力比 CPU 快得多。一开始，GPU 用于显卡，能提供更好的游戏体验。2007 年，英伟达发布了面向软件程序员的框架 CUDA（计算机统一设备架构），任何人都可以运用 CUDA API 在 NVIDIA GPU 上进行通用计算（GPGPU），于是深度学习模型纷纷采用 GPU 来计算。

1997 年 5 月 11 日，IBM 的 AI"深蓝"战胜了国际象棋棋王卡斯帕罗夫（如图 1-21 所示），他曾雄踞世界棋王宝座 12 年之久。

图 1-21　卡斯帕罗夫败给 IBM 深蓝（来源：wired.com）

IBM 深蓝的胜利，可以说是由算力发展带来的胜利。通俗点说，就是深蓝"背"的棋谱比人类多，脑子比人类转得快，于是人类就输了。

深蓝是一台重达 1.4 吨的超级计算机，因为有 32 个节点可以并行计算，每秒可以算出 2 亿步，完全可以按规定的时间每 3 分钟内从储存的棋谱中寻找出下一步该走的棋。

研究人员把将近 100 年来 60 万盘高手的棋谱都储存在"深蓝"的"外脑"——大型快速阵列硬盘系统中。"深蓝"系统是由两个数据库组成的：一个是开局数据库，它最初几步棋的下法都是到大约 2 兆字节的开局数据库中寻找的；另一个是终局数据库，数据量达到了 5 千兆字节。

IBM 深蓝的成功，让公众一下子对 AI 有了巨大的热情。

在深蓝的开发过程中，IBM 团队使用了强化学习中的"策略网络"技术，来生成深蓝的下棋策略。策略网络是一个神经网络，它接受下棋历史数据作为输入，并输出下棋的最佳策略。深蓝通过不断与环境交互，通过奖励和惩罚来训练策略网络，使网络能够逐渐逼近最优解。

此外，深蓝还使用了强化学习中的智能体（agent）技术，来模拟国际象棋游戏中的棋子。智能体通过与环境交互，不断学习和优化自己的策略，以提高下棋水平。

什么是强化学习呢？

简单来说，强化学习就是让 AI 每一步的学习都要获得反馈。比如 AlphaZero 下棋，它每走一步棋都要评估这步棋是提高了比赛的胜率，还是降低了胜率，以获得一个即时的奖励或惩罚，从而不断调整自己。

机器怎么知道如何评估对和错呢？

为了让机器学习的方向符合人类的期望，人类会对学习材料做一些标记，再"喂"给 AI 进行训练，让神经网络在训练过程中有的放矢，这就是监督学习（supervised learning）。监督学习的 AI 就好像学校里老师对学生的教学，对错分明有标准答案，但是可以不讲是什么原理。举个例子，就好像人类设计了一个规则，教 AI 玩一个迷宫游戏，以找到到达迷宫终点的最短路径为胜利。在这个游戏中，AI 每次走一步，就会得到或失去一些分数。如果 AI 走的是正确的路，就会获得更多的分数，但如果 AI 走的是错误的路，就会失去一些分数。通过不断地试错和调整，AI 最终可以找到一条通往终点的最短路径。

强化学习属于行为主义流派，仿照了人类从周围环境中不断获得反馈信息而学习的方式。

例如，当学生解决一个问题或完成一项任务后，会有老师给予反馈（比如做对或做错、获得奖励或惩罚等），学生会根据这些反馈信息来改进自己的学习行为。再比如，父母教孩子骑自行车，一开始，孩子可能会不断尝试调整身体的平衡，然后学习如何踩踏板推动车子前进，如果孩子成功骑到了几米远，父母通常会赞扬和鼓励他们，这种学习叫作强化学习，赞扬就是学习中的"奖励机制"。经过反复练习，并在大脑中建立新的神经元连接，最终，孩子形成了骑车技能，以后骑车就不用费心思把握平衡了。

行为主义的起源可以追溯到控制论，但直到 20 世纪末才被正式提出，其核心理念是智能依赖于感知、行为和对外部环境的适应能力。这种方法的优点是可以解决在环境和任务变化时的自适应性问题，广泛地应用于游戏、自动驾驶、机器人和智能机械等领域，比如波士顿动力机器人就是用到了大量行为主义的智能感知技术和训练方式。行为主义的强化学习也有缺点，需要大量的训练数据和较长的学习时间，这也是人形机器人发展速度不够快的一个原因。

因为行为主义出现的时间较短，就不展开讲行为主义流派的探索过程了。

总之，由于计算机性能的提高和大数据的出现，统计机器学习成了主流的 AI 学习方式，比如亚马逊、谷歌、奈飞、字节跳动等许多互联网公司用到的商品推荐系统、影视剧和内容推荐系统等，都属于统计机器学习范畴。

而辛顿倡导的神经网络在 AI 的研发领域却依然处于边缘化的地位，因为这个技术还没真正解决好学习的效率问题，实验室里的训练结果离达到商业化成果还太远。

全世界只有几个人还在坚持研究神经网络，但他们既缺少数据，也缺少算力，又能做出什么成果呢？

也许，他们在等待一个机会吧。

2. 深度学习诞生

由于找不到合适的经费来源，辛顿辗转于瑟赛克斯大学、加利福尼亚大学圣地亚哥分校、卡内基梅隆大学和英国伦敦大学等多所大学工作，2004 年他终于从加拿大高等研究院（Canadian Institute For Advanced Research, CIFAR）申请到了每年 50 万美元的经费支持。加拿大高等研究院可能是那个时候唯一还在支持神经网络研究的机构，现在看来这是一笔投入收益比惊人的投资。辛顿当时申请了研究课题为"神经计算和适应感知"的项目，虽然每年 50 万美元是一笔微薄的经费，但还是让辛顿在加拿大多伦多大学安顿下来，结束了飘摇不定的访问学者生涯。这样少得可怜的经费，比起其他知名的 AI 项目的巨额投资来说，简直就是讽刺。但辛顿决定要创建一个世界级的团队，致力于开发模拟生物智能的模拟程序——模拟人类大脑如何通过筛选大量的视觉、听觉和书面信息来理解和适应环境。

在杨立昆和本吉奥的支持下，辛顿建立了神经计算和自适应感知项目，这个项目还邀请了一些计算机科学家、生物学家、电气工程师、神经科学家、物理学家和心理学家。辛顿认为，建立这样一个组织会刺激 AI 领域的创新，甚至改变世界。在当时，他这样想是过于乐观了，但事实证明，他是对的。

两年后，辛顿的团队取得了突破，发表论文《深度信念网络的一种快速学习算法》（*A Fast Learning Algorithm for Deep Belief Net*），首次提出了贪婪逐层训练深度神经网络的方法，大大降低了深层神经网络的训练难度。这个深度信念网络（Deep Belief Network）被冠以新名称，即"深度学习"。

这个神经网络深度学习中的深度指的是神经网络隐藏层的层数，例如，一个具有 3 个隐藏层的神经网络被称为深度为 3 的神经网络。一般来说，深度学习模型的深度越大，可以学习到的抽象特征和复杂模式越多，模型的性能和泛化能力也就越好。在实践中，深度学习模型的深度可以根据具体任务和数据集的复杂度进行调整，以达到最佳性能。比如谷歌用来进行语音识别和图像搜索的 Google Brain 项目，所构建的人工神经网络有超过 10 亿个节点。

之前 AI 领域的实际应用主要是使用传统的机器学习算法，虽然这些传统的机器学习算法在很多领域都取得了不错的效果，不过仍然有非常大的提升空间。深度学习出现后，计算机视觉、自然语言处理、语音识别等领域都取得了非常大的进步。

2009 年，辛顿教授与微软合作，将深度学习应用于语音识别中，结果在公开测试数据集上表现出色，成功将错误率降低了 30%。一石激起千层浪！这样大的提升给沉寂多年的语音识别领域带来了新的希望，因为在此之前，语音识别已经多年没有出现过什么显著的进展。此时辛顿已经 62 岁了。在此之前，他的工作成果一直属于边缘化的领域，他完全靠着信念在深度学习这个领域坚持着。

怎么才能让深度学习算法进化得更快一点呢？

公开竞赛是激励研究人员和工程师挑战极限的极好方法，让研究人员通过竞争来挑战共同基准，但难题是，数据从哪里来？

这要感谢一位华人科学家——李飞飞（如图 1-22 所示）。她通过互联网众包的方式，花了两年多时间，用大量人工对图像进行标记，建立了一个 1400 万张带标签图像的免费数据库——ImageNet，并于 2009 年上线。

图 1-22　李飞飞（来源 ted.com）

2010 年，斯坦福大学的李飞飞教授创办了一年一度的 ImageNet 挑战赛。这是一个图像识别比赛，需要基于 ImageNet 数据库，对多达 1000 个类别的图像做出分类，比赛的目的是鼓励计算机视觉方面的突破性进展。随着比赛不断举办，ImageNet 的名声越来越大，成为衡量图像识别算法性能如何的一个基准。

2012 年 10 月，辛顿教授带着两个学生亚力克斯·克里哲夫斯基（Alex Krizhevsky）和伊利亚·萨特斯基弗（Ilya Sutskever）参加 ImageNet 比赛（如图 1-23 所示），获得了冠军，他们的图片识别的正确率达到了 83.6% 的 top-5 精度，大大超过了第二名。

从此之后，深度学习方法包揽了这个比赛的冠军。到 2015 年，ImageNet 挑战赛获胜者的精度达到了 96.4%，也就是说，AI 分类的错误率比人工分类还低（如图 1-24 所示）。

图 1-23　萨特斯基弗（左）、克里哲夫斯基（中）和辛顿（右）（来源：多伦多大学网站）

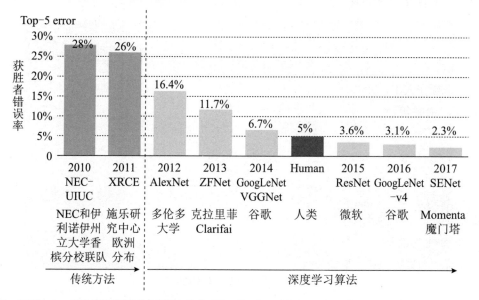

图 1-24　历届 ImageNet 挑战赛冠军（来源：论文《*Application of Deep Learning in Dentistry and Implantology*》）

直到今天，人们都把深度学习能够快速发展的原因归结于这场比赛，从那以后整个 AI 研究领域都发生了变化。

这次比赛不仅证明了深度学习的先进性，还显示了使用 GPU 加速功能的深度学习模型是多么强大。从此，GPU 赢得了它的狂热地位和主流媒体的关注，引发了深度学习革命。

在辛顿和他的两名学生拿到冠军，并且发表论文介绍了算法 AlexNet 后，有一个中国人敏锐地看到了机会，他就是曾在 2010 年带领美国 NEC 实验室拿过第一届 ImageNet 竞赛冠军的余凯。余凯深知这篇论文背后的重要意义——神经网络技术的突破，之后超 6 万次的引用量也确实证明了 AlexNet 的论文是计算机科学史上最有影响力的论文之一。

当时余凯已经离开硅谷的 NEC 实验室，回到北京，加入了百度，领导百度新成立的多媒体部，这个部门包括了语音识别团队和图像识别团队。

余凯立刻写了封电子邮件给辛顿，表达了百度要和他深入合作的想法。

很快，辛顿回复了愿意合作，并且提出了 100 万美元科研经费的需求。在与百度 CEO 李彦宏沟通并获得支持后，余凯爽快地答应了辛顿的合作条件，并给出了 1200 万美元的报价。

没想到的是，如此爽快答应给出巨额资金让辛顿意识到了巨大的机会。

辛顿问律师，如何让他的新公司具有最大的价值，尽管当前只有三名员工，既没有产品，也没有底蕴。律师给他的选择之一是设立一个拍卖会。

辛顿马上注册了一家公司——DNNresearch，公司只有三个人：辛顿与他的两个研究生学生亚力克斯·克里哲夫斯基和伊利亚·萨特斯基弗，也就是 ImageNet 比赛的参赛队伍，这家公司隶属于多伦多大学计算机科学院。

然后，辛顿又找来了谷歌、微软以及当时还名不见经传的 DeepMind，在太浩湖以秘密竞拍的方式做团队收购。拍卖以电子邮件形式举行，四家竞拍者身份互相保密。最终，谷歌报价 4400 万美元力压百度赢得拍卖。

这次拍卖，也意味着辛顿 30 多年的耕耘终于开始得到回报。

虽然辛顿在人工神经网络领域早就是一位泰斗级人物，1998 年就被选为英国皇家学会院士，硕果累累，荣誉等身，但他在学术上的成就，还是抵不过大众脑海里"神经网络没有前途"的偏见。在很长一段时间里，多伦多大学计算机系私下流行着一句对新生的警告："不要去辛顿的实验室，那是没有前途的地方。"即便如此，辛顿依然不为所动，仍坚持自己的神经网络研究方向没有丝毫动摇。在这 30 多年的时间里，神经网络相关学术论文都很难得到发表，但辛顿仍坚持写了 200 多篇不同方法和方向的研究论文，这为后来神经网络的多点突破打下了坚实基础。

对于谷歌来说，收购 DNNresearch 只是一个开始，2013 年谷歌又宣布以 5 亿美元收购了 DeepMind。

谷歌不断收购深度学习领域的公司，其最主要目的是抢到一批世界上的一流专家。在一个迅速成长的 AI 领域里面，顶尖专家能带来突破性成果，拉开与其他对手的差距。

不要觉得辛顿的研究生学生不算顶尖专家，这里提一下伊尔亚·苏茨克维（Ilya Sutskever，如图 1-25 所示）。

在多伦多大学读本科时，苏茨克维想加入辛顿教授的深度学习实验室。一天他直接敲开了辛顿教授办公室的门，询问自己是否可以加入实验室。辛顿让他提前预约，但苏茨克维不想再浪费时间，他问："就现在怎么样？"

辛顿意识到苏茨克维是一个敏锐的学生，于是给了他两篇论文让他阅读。一周后，苏茨克维回到教授办公室，然后告诉辛顿他不理解。

"为什么不理解？"辛顿问。

图 1-25　伊尔亚·苏茨克维（来源：多伦多大学网站）

苏茨克维解释说："人们训练神经网络来解决问题，当人们想解决不同问题时，就得用另外的神经网络重新开始训练，但我认为人们应该有一个能够解决所有问题的神经网络。"

这个回答显示了苏茨克维的独特思考能力，辛顿非常赞赏，于是向他发出邀请，让他加入自己的实验室。

在 DNNresearch 被谷歌收购后，苏茨克维进入谷歌工作，他发明了一种神经网络的变体，能将英语翻译成法语。他提出了"序列到序列学习"（Sequence to Sequence Learning），它能捕捉到输入的序列结构（如英语的句子），并将其映射到同样具有序列结构的输出（如法语的句子）。

他说，研究人员本不相信神经网络可以做翻译，所以当它们真的能翻译时，这就是一个很大的惊喜。他的发明比起之前的机器翻译，在错误率上大大减少，还让谷歌翻译实现了跨越式的大升级。

神经网络翻译是怎么做到的呢？传统的统计机器翻译通常以英语为主要语言，因此在将俄语翻译成德语时，机器必须先将文本翻译成英语，再将英语翻译成德语。这样做会造成双重的信息损失。相比之下，神经网络翻译则不需要经过翻译为英语这一步骤，它只需要一个解码器，就能够实现在没有词典可查时进行不同语言之间的翻译。换句话说，即使没有使用词典，神经网络仍然能够进行翻译。它通过分析大量的语言数据来学习翻译的规则和模式，实现了自动翻译。

自从使用了神经网络进行翻译，单词顺序错误率降低了 50%，词汇错误率降低了 17%，语法错误率降低了 19%。神经网络甚至学会了用不同的语言来调整词性与大小写。

如今，谷歌翻译已经实现了 103 种语言的翻译，覆盖了地球上 99% 的人口。

在谷歌工作两年后，苏茨克维离开了那里，进入一家非营利机构，薪资比谷歌低不少。这家机构就是 OpenAI，苏茨克维作为联合创始人和首席科学家，在 ChatGPT 的开发中居功至伟。

3. 深度学习（2012 年至今）

从 2012 年开始，在强大算力的支持下，在深度学习算法的带领之下，AI 迎来了第三次浪潮，也就是今天我们正在经历的这股 AI 浪潮。

　　深度卷积神经网络（ConvNet）已成为所有计算机视觉任务的首选算法，并在许多其他类型的问题上也得到了应用，比如棋类比赛、自然语言识别等。大批研究资金涌入这一领域，大公司广泛采用这一算法——脸书用它来标记用户照片；特斯拉自动驾驶汽车用它来检测物体。

　　深度学习发展得如此迅速，主要原因在于它在很多问题上都表现出很好的性能，但这并不是唯一的原因。深度学习还让解决问题变得简单，因为它将特征工程完全自动化，而这曾经是机器学习工作流程中最关键的一步。

　　浅层学习的机器学习技术通常采用简单的变换，无法准确表达复杂问题，因此需要进行大量的特征工程，手动设计数据表示层，以适应这些方法的处理。深度学习技术将这一步骤完全自动化了，一次性学习所有特征，无须手动设计，大大简化了机器学习的工作流程。在实际应用中，这种方法省时省力，也省去了人工成本。

　　在短短三年里，数十家创业公司涉足深度学习领域，从业人数由几千人增加到数万人。

　　其中值得一提的有一家中国公司——商汤科技。

　　2014 年，香港中文大学教授汤晓鸥（如图 1-26 所示）领导的计算机视觉研究组开发了名为 DeepID 的卷积神经网络深度学习模型。该模型将每张输入的人脸表示为 160 维向量，并通过其他模型进行分类。在 LFW（Labeled Faces in the Wild，人脸识别领域的测试基准）数据库上，该人脸识别技术的识别率为 99.15%，而人类肉眼在 LFW 上的识别率为 97.52%。这表明，深度学习已经在学术研究层面上超越了人类肉眼的识别能力，这标志着人脸识别技术进入了一个新时代。

　　同年，汤晓鸥带领实验室的成员正式创办了商汤科技。2021 年 12 月 30 日，商汤科技在香港证券交易所上市，在 IPO 后的四个交易日内，商汤科技股价涨幅超过 130%，总市值达到 2074 亿港元，成为 AI 领域全球最大 IPO。

图 1-26　汤晓鸥（来源：ustcif.org.cn）

（1）生成对抗网络 GAN

2014 年，伊恩·古德费洛（Ian Goodfellow, 如图 1-27 所示）及本吉奥等人提出了生成对抗网络 GAN（Generative Adversarial Network，如图 1-28 所示）。GAN 被誉为近年来最酷炫的神经网络，是无监督学习最具前景的方法之一。

图 1-27　伊恩·古德费洛（来源：dukakis.org）

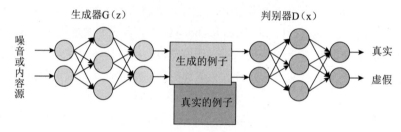

图 1-28　GAN 工作原理

简而言之，GAN 是一种"道高一尺，魔高一丈"的博弈算法，正如同其名字"对抗生成"，它使用了两个神经网络：一个作为生成器（Denerator），另一个作为判别器（Discriminator）。

在训练过程中，生成器的目标是生成越来越好的样本去使得判别器失效，而判别器则是要提升自己的判断能力使自己不被骗。在这样训练的博弈过程中，分别提高了两个模型的生成能力和判别能力。

作为图像分析应用中的里程碑式成果，GAN 能将图像放大到超分辨率，通过图像语义分析，使模糊不清的图像文件变得清晰可辨。后来谷歌推出的知名的 Auto Draw（如图 1-29 所示）就是基于这项技术。

Auto Draw根据草图来猜测意图

输入图形　　　　　　　输出图形

图 1-29　谷歌 Auto Drew 技术

GAN 模型一问世就风靡人工智能学术界，在多个领域得到了广泛应用。它也随即成为很多 AI 绘画模型的基础框架，其中生成器用来生成图片，而判别器用来判断图片质量。

虽然 GAN 在图像生成应用上最为突出，但在计算机视觉中还有许多其他应用，如图像绘画、图像标注、物体检测和语义分割。在自然语言处理中应用 GAN 的研究也呈现一种增长趋势，如文本建模、对话生成、问答和机器翻译。

（2）TensorFlow 框架

2015 年，谷歌开源了 TensorFlow 框架。这是一套综合性的机器学习系统框架，是一个基于数据流编程（dataflow programming）的符号数学系统，被广泛应用于各类机器学习（machine learning）算法的编程实现，它可以很好地支持深度学习的各种算法，并支持多种计算平台，系统稳定性较高。

它的开发者是谷歌内部最早系统性地研究 AI 技术的团队——Google Brain。TensorFlow 是谷歌的第二代机器学习工具，其前身是谷歌的神经网络算法库 DistBelief。

在开源之前，TensorFlow 仅供谷歌公司内部使用。据说谷歌内部有超过 4000 个项目都能找到 TensorFlow 的配置文件，几乎所有团队都在采用此项技术，包括搜索排名、应用商城推荐、Gmail 反垃圾邮件以及 Android 系统等产品团队。

谷歌希望 TensorFlow 这款开源的 AI 工具包能像当年的安卓一样赋能全世界的开发者们，所以它也被称为"AI 界的安卓系统"。

例如，美国航天总署有个开普勒计划，目标是通过望远镜持续不断地观察太空中恒星亮度的变化，希望发现太阳系以外的行星系统，最终希望发现另外一个适宜人类居住的行星。目前该计划已经积累了上百亿个观察数据，他们使用了 TensorFlow 的模型，帮助科学家发现了 2500 光年以外的开普勒 90 星系中的第八颗行星。

也有科学家利用 TensorFlow 把语音处理技术用到鸟类保护上。在丛林里安装很多收音器来采集鸟类的声音，通过 TensorFlow 模型对其进行分析，就可以很准确地估算出鸟类在一片森林中的数量，从而可以更加精准地实施保护。

TensorFlow 的优势是既可以在智能手机端应用，也可以在大规模图形处理单元集群上运行。换句话说，TensorFlow 可以进行异构设备的分布式计算，它能够自动适应各种平台，并在不同设备上运行模型，无论是手机、单个 CPU/GPU，还是成百上千个 GPU 卡组成的分布式系统。

TensorFlow 的开源，大大降低了深度学习在各个行业的应用难度，如语音识别、自然语言理解、计算机视觉和广告等。

2015 年末，谷歌首席执行官桑达尔·皮查伊（Sundar Pichai）表示："机器学习这一具有变革意义的核心技术将促使我们重新思考做所有事情的方式。我们用心将其应用于所有产品，无论是搜索、广告、YouTube 还是 Google Play。我们尚处于早期阶段，但你将会看到我们系统性地将机器学习应用于这些领域。"

由于 TensorFlow 这样深度学习工具集的大众化，任何人只要具有基本的 Python 脚本技能，就可以从事高级的深度学习研究，TensorFlow 很快就成为大量创业公司和研究人员转向该领域的首选深度学习解决方案，这又进一步推动了深度学习的进展。

（3）AlphaGo

在 AlphaGo 横空出世之前，几乎没有人相信 AI 可以在围棋上胜过人类。因为围棋的复杂度太高，棋盘有 361 个交叉点，每个点有三种状态，也就是说共有 3 的 361 次方变化的可能，即围棋的着数变化是 10 的 172 次方，这比太阳系里所有的原子数量还多得多。

但在 2016 年 3 月，AlphaGo 赢了围棋顶尖高手李世石（如图 1-30 所示）。

图 1-30　AlphaGo 和李世石对战（来源：time.com）

因为出现了以卷积神经网络为代表的深度学习技术，让 AI 有了飞跃发展。AlphaGo 使用了多层卷积神经网络来分析和理解棋盘上的局面，从而预测出最可能的下棋位置。

2017 年 5 月 23 日，升级版 AlphaGo 出场，与当时世界排名第一的围棋棋手柯洁进行了对弈（如图 1-31 所示）。这个版本让三子还能胜过之前战胜过李世石的 AlphaGo 版本。

图 1-31　柯洁对战 AlphaGo（来源：tech-camp.in）

在赛前，柯洁发微博感叹："早就听说新版 AlphaGo 的强大，但……让……让三子？我的天。这个差距有多大呢？简单地解释一下就是一人一手轮流下的围棋，对手连续让你下三步，又像武林高手对决让你先捅三刀一样。我到底是在和一个怎样可怕的对手下棋……"

不出所料，新版 AlphaGo 以 3∶0 的战绩赢了柯洁。并不是柯洁没发挥好，其实早在 4 个多月前，这个新版的 AlphaGo 以 "Master" 为名，在网上挑战中韩日顶尖高手，60 战全胜。

AI 是怎么做到的呢？

没人知道确切的细节，AI 就像一个黑盒子，吞掉一大堆学习材料之后突然说："我会了。" 一测试，你发现它真的会了，可是你不知道它掌握的究竟是什么，因为神经网络本质上只是一大堆参数，无法被解释。

虽然会下棋的 AI 没有很高的商业价值，但它带动了 AI 的快速发展。DeepMind 团队又在同样的技术基础上开发了 AlphaFold，可以通过计算预测蛋白质结构，对生物研究和制药都有巨大的推动。

AlphaGo 的成功也将强化学习推向了新高潮。在 AlphaGo 的开发中，DeepMind 团队使用了无监督学习技术来让 AlphaGo 从大量的未标注围棋数据中自动学习，提取围棋游戏中的模式和结构。

具体来说，DeepMind 团队将 AlphaGo 暴露在大量的未标注围棋数据中，例如棋谱、游戏记录和围棋书籍等。通过这些数据，AlphaGo 逐渐学会了如何下围棋，如何识别游戏中的模式和结构，以及如何根据这些模式和结构来制定自己的下棋策略。

什么是无监督学习？

所谓无监督学习（unsupervised learning），是指不用标记每个数据是什么，AI 看多了会自动发现其中的规律和联系。能够无监督学习的 AI 就好像一个聪明的学者，自己从资料里面学习，看了大量的内容，看多了就会了。

无监督学习是怎么知道对错的呢？

以语言模型为例，最简单的一种做法，就是拿掉句子的一个词，然后让 AI 猜测是哪一个词，因为有原句作为标准答案，就可以训练 AI 来猜测到正确的结果。谷歌的 BERT 模型就是类似这样的训练机制，训练后的模型在阅读理解方面的成绩非常好。

1.4　预训练大模型时代

前面讲到了符号主义、连接主义和行为主义三个流派，它们好像各不相干，但实际上，这些不同的理论可以互相补充。在 AI 技术不断发展和应用时，AI 系统往往会用到多个流派的理论和技术，既有神经网络，又有强化学习，还有推理规则等，因为机器学习单项发展有其局限性，通过各种流派技术的组合才能实现更加复杂和强大的功能。

ChatGPT 就是成功运用了行为主义的强化学习技术，采用无监督学习的算法来训练，完成海量的语料学习。

现代的 AI 以大模型为主，集成的技术很多，已经很难简单判定是属于哪一个流派了，如 ChatGPT 这样的大模型，就使用了以上三个流派的技术。

● 1.4.1　预训练大模型

为什么需要预训练大模型呢？

因为一个未经训练的 AI 模型并不能直接用。

这就好像人的大脑，虽然有很多的神经网络结构，但如果没学习过，就是个文盲。同理，大模型在训练之前，只有搭建好的网络结构和几万甚至几千亿个参数，需要把大量的素材"喂"给它进行训练。每个素材进来，神经网络训练一遍后，各个参数的权重就会进行相关的调整，这个过程就是机器学习。等训练得差不多了，就可以把所有参数都固定下来，预训练模型就"炼制"完成了。

除了训练，推理也是必要的。在 ChatGPT 模型中，推理是通过预训练的 Transformer 模型实现的。该模型通过不断试验和迭代，自我学习并调整参数，提高了推理能力，在实践中可以表现出更好的结果。符号主义的方法可用于设计基于规则的框架，以处理和表达基于符号和关系的知识，从而使 AI 模型具备推理或逻辑推断的能力。

从 2016 年开始，出现了越来越大的 AI 模型，模型参数规模越大，性能表现也越好。模型的预训练也起到了很关键的作用，这个以大模型为主的发展路径跟之前的 AI 相比又有了很大的变化。

2022 年，基于 AI 模型，出现了许多 AIGC 产品，尤其是在 AI 绘画方面，典型的有 DALL-E 2、Midjourney、Stable Diffusion 和 Disco Diffusion 等。

下面以谷歌大语言模型的简史来讲述 AI 中的关键技术发展。

● 1.4.2　2017 年 6 月，6500 万个参数的 Transformer

2017 年 6 月，谷歌大脑团队（Google Brain）在神经信息处理系统大会（NeurIPS，该会议为机器学习与 AI 领域的顶级学术会议）发表了一篇名为《自我注意力是你所需要的全部》（*Attention Is All You Need*）的论文。作者在文中首次提出了基于自我注意力机制（self-attention）的变换器（transformer）模型，并首次将其用于理解人类的语言，即自然语言处理。

在这篇文章发布之前，自然语言处理领域的主流模型是循环神经网络（RNN，recurrent neural network）。循环神经网络模型的优点是能更好地处理有先后顺序的数据，它被广泛用于自然语言处理中的语音识别、手写识别、时间序列分析以及机器翻译等。但这种模型也有不少缺点：在处理较长序列，例如长文章、书籍时，存在模型不稳定或者模型过早停止有效训练的问题，以及训练模型时间过长的问题。

从 NLP 发展的逻辑来看，最早的 NLP 模型是基于对单个单词统计来做的；到后来卷积神经网络（CNN）出现，机器开始能够基于两三个单词来理解词义；再往下发展到 RNN 时代，这时 AI 基本上就可以沿着整个序列（sequence）进行积累，可以理解相对长的短语和句子，不过依然无法真正理解上下文。

　　论文中提出的 Transformer 模型（如图 1-32 所示）中提出的注意力机制（attention model）是一个很重要的突破。在这个阶段，AI 开始能够结合所有上下文，理解各个词表达的重要性不同。这就很像我们的快速阅读，为什么人类能够做到"一目十行"，是因为我们能看到一些关键词，而每个词的重要性不一样。通过快速扫描方式，找到关键的内容就搞懂了内容，并不需要在每个词上花同样的注意力。

　　"注意力机制"正是起到了这个作用，它告诉 AI 各个关键词之间的关系如何，谁重要和谁不重要。

　　Transformer 能够同时进行数据计算和模型训练，训练时长更短，并且训练得出的模型可用语法解释，也就是模型具有可解释性。

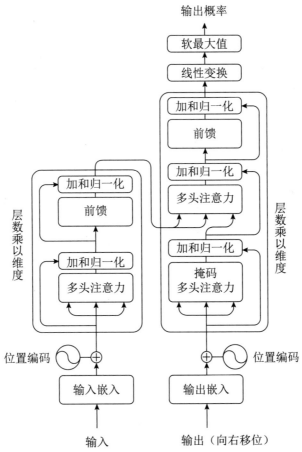

图 1-32　最初变换器模型的架构（来源：论文《*Attention Is All You Need*》）

　　谷歌大脑团队使用了多种公开的语言数据集来训练最初的 Transformer 模型，一共有 6500 万个可调参数。

　　经过训练后，这个最初的 Transformer 模型（如图 1-33 所示）在翻译准确度、英语成分句法分析等各项评分上都达到了业内第一，成为当时最先进的大型语言模型（Large Language Model, LLM），其最常见的使用场景就是输入法和机器翻译。

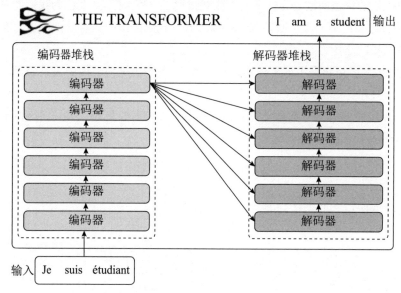

图 1-33　图解 Transformer 翻译（来源：jalammar.github.io）

Transformer 模型自诞生的那一刻起，就深刻地影响了接下来几年 AI 领域的发展轨迹。

因为谷歌大脑团队在论文中提供了模型的架构，任何人都可以用其来搭建类似架构的模型，并结合自己手上的数据进行训练。

于是 Transformer 就像其另一个霸气的名字"变形金刚"一样，被更多人研究，并不断变化。

短短几年里，该模型的影响已经遍布 AI 的各个领域——从各种各样的自然语言模型到预测蛋白质结构的 AlphaFold2 模型，用的都是它。

◎ 1.4.3　2018 年 10 月，3.36 亿个参数的 BERT

2018 年 10 月，谷歌提出 3.36 亿个参数的 BERT（Bidirectional Encoder Representation from Transformers，来自 Transformers 的双向编码表示）模型。

BERT 的特点是可以使用大量没有标注的数据，自己创建一些简单任务来进行自学。怎么学呢？比如一句话，AI 会把其中的一个词藏起来，然后猜这个词应该是什么，有点像机器自己和自己玩游戏，这样它的语言理解能力就会变得越来越强。

在 SQuAD1.1 机器阅读理解顶尖水平测试中，BERT 表现惊人：两个衡量指标全部超越人类，且在 11 种不同的 NLP 测试中获得最佳成绩，例如将 GLUE 基准提升至 80.4%（绝对改进 7.6%），以及 MultiNLI 准确度达到 86.7%（绝对改进 5.6%），成为 NLP 发展史上里程碑式的模型成就。

据测试，在同等参数规模下，BERT 的效果好于 GPT-1。因为它是双向模型，可以同时利用上文和下文来分析，而 GPT-1 是单向模型，无法利用上下文信息，只能利用上文（如图 1-34 所示）。

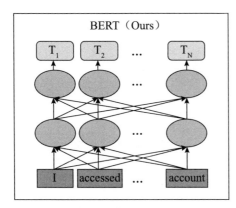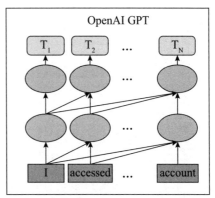

图 1-34　BERT 和 GPT-1（来源：hackernoon.com）

GPT-1 学会猜测句子中的下一组单词，而 BERT 则学会猜测句子中任何地方缺少的单词。这有很多好处：如果给 BERT 几千个问题和答案，它可以自己学会回答其他类似的问题。另外，BERT 也可以学会如何进行对话。

从阅读理解方面来看，BERT 模型的提升是很大的。在当时的 SQuAD 竞赛排行榜上，排在前列的都是 BERT 模型，阅读理解领域也基本上被 BERT 霸榜了。谷歌的 BERT 模型完胜当时所有的大模型。

◉ 1.4.4　2019 年 10 月，110 亿个参数的 T5

2019 年 10 月，谷歌在论文《探索使用统一文本到文本变换器的转移学习极限》（*Exploring the Limits of Transfer Learning with a Unified Text-to-Text Transformer*）中提出了一个新的预训练模型：T5（如图 1-35 所示）。该模型涵盖了问题解答、文本分类等方面，参数量达到了 110 亿个，成为全新的 NLP SOTA 预训练模型。在 SuperGLUE 基准上，T5 也超越了 Facebook 提出的 RoBERTa，以 89.8 的得分成为仅次于人类基准的顶尖 SOTA 模型。

为什么叫 T5？因为这是 "Text-To-Text Transfer Transformer" 的缩写（五个 T）。

T5 作为一个文本到文本的统一框架，可以将同一模型、目标、训练流程和解码过程，直接应用于实验中的每一项任务。研究者可以在这个框架上比较不同迁移学习目标、未标注数据集或者其他因素的有效性，也可以通过扩展模型和数据集来发现 NLP 领域迁移学习的局限。

2022 年 6 月发布的 Flan-T5 语言模型，通过在超大规模的任务上对 T5 进行微调，使它具备极强的泛化性能，在 1800 多个不同的 NLP 任务上都有很好的表现。

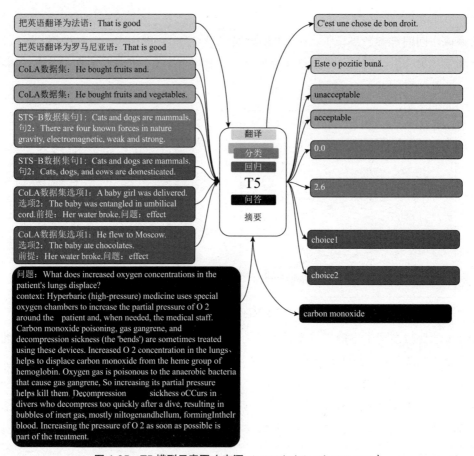

图 1-35 T5 模型示意图（来源：towardsdatascience.com）

微调的目的是让语言模型理解指令并学会泛化，而不仅是学会解决给定的任务。这样，当模型面对现实世界的新任务时，只需学习新的指令就能解决任务。一旦模型训练完毕，就可以在几乎全部的 NLP 任务上直接使用，实现一个模型解决所有问题（One model for all tasks），这就非常有诱惑力！

从创新来看，T5 算不上出奇制胜，因为模型没有用到什么新方法，而只是从全面的视角来概述当前 NLP 领域迁移学习的发展现状。它的成功，是通过"大力出奇迹"，用 110 亿个参数的大模型，在摘要生成、问答和文本分类等诸多基准测试中都取得了不错的性能，一举超越现有最强模型。

谷歌编写的 T5 通用知识训练语料库中的片段来自 Common Crawl 网站，该项目每个月从网络上爬取大约 20TB 的英文文本。

具体做法分为三步：

（1）任务收集：收集一系列监督的数据，这里一个任务可以被定义成"数据集，任务类型的形式"，比如"基于 SQuAD 数据集的问题生成任务"。

（2）形式改写：因为需要用单个语言模型来完成超过 1800 多种不同的任务，所以需要将任务都转换成相同的"输入格式"给模型进行训练，同时这些任务的输出也需要是统一的"输出格式"。

（3）训练过程：使用恒定的学习速率和 Adafactor 优化器进行训练；同时将多个训练样本打包成一个训练样本，这些训练样本通过一个特殊的"结束标记"进行分割。在每个指定的步数，进行"保留任务"上的模型评估，并保存最佳的检查点。

尽管微调的任务数量很大，但相比语言模型本身的预训练过程，计算量小了很多，只有 0.2%。所以通过这个方案，大公司训练好的语言模型可以被再次有效地利用，应用方只需要做好"微调"即可，不用重复耗费大量计算资源去训练一个语言模型。

从竞赛排行榜看，T5 以绝对优势胜出。

◎ 1.4.5　2021 年 1 月，1.6 万亿个参数的 Switch Transformer

2021 年 1 月，在 OpenAI 的 GPT-3 发布仅几个月后，谷歌大脑团队就重磅推出了超级语言模型 Switch Transformer，它有 1.6 万亿个参数，是 GPT-3 参数量的 9 倍。看起来，大模型的"大"成为竞争的关键。

研究人员在论文中指出，大规模训练是通向强大模型的有效途径，具有大量数据集和参数计数的简单架构可以远远超越复杂的算法，但目前有效的大规模训练主要使用稠密模型，而 Switch Transformer 采用了"稀疏激活"技术。所谓稀疏，指的是对于不同的输入，只激活神经网络权重的子集。

根据作者介绍，Switch Transformer 是在 MoE 的基础上发展而来的。MoE 是 20 世纪 90 年代初首次提出的 AI 模型，它将多个"专家"或专门从事不同任务的模型放在一个较大的模型中，并有一个"门控网络"来选择对于任何给定数据要咨询哪些 / 个"专家"。尽管 MoE 取得了一些显著成果，但复杂性、通信成本和训练不稳定阻碍了其被广泛采用。

Switch Transformer 的新颖之处在于，它有效地利用了为稠密矩阵乘法（广泛用于语言模型的数学运算）而设计的硬件——例如 GPU 和 Google TPU。研究人员为不同设备上的模型分配了唯一的权重（如图 1-36 所示），因此权重会随着设备的增多而增加，但每个设备上仅有一份内存管理和计算脚本。

Switch Transformer 在许多下游任务上有所提升。研究人员表示，它可以在使用相同计算资源的情况下使预训练速度提高 7 倍以上。他们证明，大型稀疏模型同样可以用于创建较小的、稠密的模型，并且通过微调，这些模型相对大型模型会有 30% 的质量提升。

Switch Transformer 模型在 100 多种不同语言之间的翻译测试中，研究人员观察到了"普遍改进"，与基准模型相比，91% 的语言翻译有 4 倍以上的提速。

研究人员认为，在未来的工作中，Switch Transformer 可以应用到其他模态或者跨模态的研究当中。模型稀疏性可以在多模态模型中发挥出更大的优势。

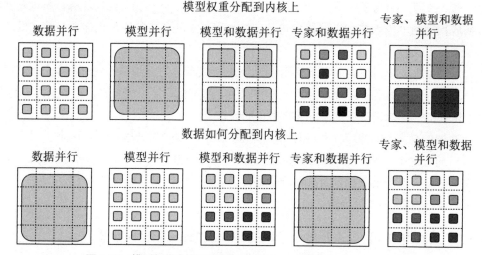

图 1-36　模型权重分布示意图（来源：towardsdatascience.com）

从结果来看，这个模型意味着谷歌的新模型在翻译等领域获得了绝对的胜利。

但从另一方面看，模型越大，部署的难度越大，成本也越高，所以从产出结果的效率来看是低的，这就意味着它未必能赢得最终的胜利。

这也便能解释为什么 Switch Transformer 这样开源的万亿参数模型影响力不大，许多人根本没听说过。

◉ 1.4.6　2021 年 5 月，1370 亿个参数的 LaMDA

2021 年 5 月的 Google I/O 大会上，谷歌展示了其最新的 AI 系统 LaMDA（Language Model for Dialogue Applications，对话应用语言模型），它拥有 1370 亿个参数，略少于 GPT-3，但比 13 亿个参数的 InstructGPT 多 100 多倍。

不过，LaMDA 跟其他语言模型都不同，因为它专注于生成对话，跟 ChatGPT 一样，LaMDA 可以使回答更加"合情合理"，让对话更自然地进行，其目的不是提供信息搜索，而是通过对自然语言问题的回答来帮助用户解决问题（如图 1-37 所示）。但跟 ChatGPT 不一样的是，它可以利用外部知识源展开对话。

而且，这些回复都不是预先设定的，与它进行多次对话时，同一个问题不会出现相同的答案。

当时，这个演示让技术圈轰动了。

这么牛的对话机器人，按说应该像 ChatGPT 这样迅速火爆才是。

实际上，没有多少人了解 LaMDA。

因为直到 2023 年 2 月，谷歌才向公众发布了 LaMDA 支持的 Bard 对话机器人。部分原因在于 LaMDA 存在较高的误差，且容易对用户造成伤害，此类瑕疵被谷歌称之为有"毒性"。

图 1-37　对话过程（来源：Google I/O 大会视频）

谷歌的 CEO 桑达尔·皮查伊和谷歌 AI 部门长期负责人 Jeff Dean 表示，谷歌其实完全有能力拿出类似 ChatGPT 的成果。只是一旦出了纰漏，谷歌这样的企业巨头无疑需要承担更高的经济和声誉成本。

因为全球有数十亿用户在使用谷歌的搜索引擎，而 ChatGPT 到 12 月初才刚刚突破 100 万名用户。

那么，在这一局，虽然谷歌最早发布了产品，看起来有不错的结果，毕竟能采用外部知识的对话机器人更有时效性价值，但遗憾的是，谷歌交卷太晚了。而且从使用的千亿个参数来看，这个语言模型的效率比不上 OpenAI 的 InstuctGPT 语言模型。

1.4.7　2022 年 4 月，5400 亿个参数的 PaLM

2022 年 4 月，谷歌首次发布了 PaLM（Pathways Language Model）大语言模型，使用了 5400 亿个参数进行训练，约是 GPT-3 参数量的三倍。PaLM 是一个只有解码器的密集 Transformer 模型。这个模型训练使用了 6144 块 TPU。

PaLM 使用英语和多语言数据集进行训练，包括高质量的 web 文档、书籍、维基百科、对话和 GitHub 代码。PaLM 在许多非常困难的任务上显示出了突破性的能力，包括语言理解、生成、推理和代码等相关任务。

2023 年 5 月，谷歌在 Google I/O 大会上发布了升级版 PaLM 2，宣布 PaLM 2 已被用于支持谷歌自家的 25 项功能和产品，其中包括 AI 聊天机器人 Bard、Gmail、谷歌 Docs、谷歌 Sheets 和 YouTube 等。

PaLM 2 是谷歌最先进的大语言模型，它擅长数学、编码、推理、多语言翻译和自然语言生成。它现在可以理解 100 多种语言，在高级语言能力考试中能达到"精通"的水平。

PaLM 2 也是多模态的，对标 GPT-4，可以同时处理文本和图像等不同类型的数据。用户可以发送一张厨房货架上食材的图片，并询问可以做什么菜。Bard 就会根据从图片中识别出来的食材给出一个合适的菜谱，并附上图片和步骤。除了图片，Bard 还可以处理音频、视频等其他类型的数据，并给出相应的回应。

PaLM 2 分为四种规格，从小到大依次为壁虎（Gecko）、水獭（Otter）、野牛（Bison）和独角兽（Unicorn），它们分别依据特定领域的数据进行了微调，以便为企业客户执行某些任务。其中最轻量级的"壁虎"版本能在移动设备上快速运行，离线状态下每秒可处理 20 个标记（token）。

为什么会有这么"小"的大模型？

因为在实际落地中，大模型不是参数量越大越好，在一些数据量小、任务并不复杂的场景中，追求泛化能力强但规模庞大的大模型，无异于"大炮打蚊子"，这时将大模型核心的泛化能力快速适配至不同场景才是关键。提供不同规模的 PaLM 2 意味着其落地应用会更加方便，可以面向不同的客户，部署在不同企业环境中，用户能够直接拿来用。

用上了 PaLM 2 的谷歌搜索，不仅对用户搜索语言的理解力更强，而且能把搜索结果的内容进行总结。在搜索结果的最上层显示为"AI Snapshot"（AI 快照）部分。

此前发布的 Bard 是基于 LaMDA 开发的，现在转用了 PaLM 2，其生产内容的能力得到了很大的提升。而且，谷歌将 Bard 跟旗下和外部产品的集成，让 Bard 可以打开谷歌地图、图片、视频、外部链接等多元化的信息，用户还可以将这些问题及答案一键导出到 Gmail、谷歌文档和表格之中。

Bard 的代码功能也很强，开发者们可以把 Bard 生成的代码进行导出，不仅能将其发送到谷歌的 Colab 平台，还能和另一个基于浏览器的 IDE Replit 一起使用。

在 ChatGPT 出来之前，谷歌虽然在 AI 大模型上投入巨大，研发了多个大模型，但由于各自为政，都没有达到量变到质变的临界点。没有一个大语言模型能与 ChatGPT 抗衡，更没有带来 AI 技术在应用方面的规模化突破。

而谷歌最新发布的 PaLM 2 大模型则是直接对标 GPT-4，用"大力出奇迹"，全面赋能谷歌生态的产品，交出了一份不错的答卷。

1.4.8　总结

预训练模型的价值在于用大量语料训练出一个懂很多知识的模型出来。OpenAI 在微软的支持下，投入巨大的算力训练 GPT-3 之后，又把 GPT-3 应用到了绘画、编程等领域，而程序代码方面的训练，对 GPT 的能力有一个很大的提升。谷歌的 PaLM 2 大模型从一开始就是多模态的，经过大量的训练后，形成了可以与 GPT-4 抗衡的能力。

在深度学习和神经网络突破后，AI 已经在计算机视觉、自然语言理解技术等领域超越了人类。为什么 AI 公司的数量相比其他类型的公司而言，比例仍然很小呢？

即便拿到了投资的 AI 公司，其产品也很少能被大规模使用。这是为什么呢？

因为存在以下五个问题：

（1）单一功能的使用场景受限。

一些具有很强实力的 AI 公司，推出的功能如识别声音、识别文字等，确实可以替代一些人的工作，但感觉也没那么强大。

（2）训练和使用 AI 的成本太高。

有些企业虽然从 AI 的应用中得到了一些收益，但因为投入大笔研发经费在 AI 上，花费巨大的成本来收集和标注数据，长年亏损。

（3）从研发到应用的时间太长。

很多公司本来很想用 AI，也尝试去做，但做了一年没有结果，之后就不做了。

（4）无法互联而形成规模化。

即便是做出了有成效的 AI 模型，但因不能跨领域使用，形成了"孤岛"，很难形成规模。

（5）缺乏支持的生态链。

这个阶段的 AI，缺少像互联网时代的 Windows 和 Android 一样的规模化能力来降低应用开发的门槛，打造完善的生态链。大部分 AI 公司奋斗几年下来，尚未真正实现商业上的成功。

这些问题导致 AI 的发展遭遇了一个巨大的瓶颈，只有解决这个瓶颈，AI 的技术和应用才能出现爆发式增长。

而 ChatGPT 及其相关技术，恰恰能解决上述问题。

1.5　ChatGPT 简史

◉ 1.5.1　2015 年 12 月，OpenAI 创立

2015 年 12 月，OpenAI 公司于美国旧金山成立。说来有趣，OpenAI 成立的一个原因就是避免谷歌在 AI 领域的垄断，这个想法起源于萨姆·奥尔特曼（Sam Altman）（如图 1-38 所示）发起的一次主题晚宴，当时他是著名创业孵化器 Y Combinator（以下简写为 YC）的总裁。

奥尔特曼是一位年轻的企业家和风险投资家，他曾在斯坦福大学读计算机科学专业，后来退学去创业。他创立的 Loopt，是一家基于手机用户所在地理位置提供社交服务的网络公司。2005 年该公司进入 YC 的首批创业公司。虽然 Loopt 未能成功，但奥尔特曼把公司卖掉了，用赚到的钱进入了风险投资领域，做得相当成功。后来，YC 的联合创始人保罗·格

图 1-38　OpenAI 的 CEO 萨姆·奥尔特曼（来源：fortune.com）

雷厄姆（Paul Graham）和利文斯顿（Livingston）聘请他作为格雷厄姆的继任者来管理 YC。

2015 年 7 月的一个晚上，奥尔特曼在玫瑰木山丘酒店（Rosewood Sand Hill）举办了一场私人晚宴。这是一家豪华的牧场风格酒店，位于门洛帕克硅谷风险投资行业的中心。埃隆·马斯克（Elon Musk）也在现场，还有 26 岁的布罗克曼，他是麻省理工学院（MIT）的辍学生，曾担任支付处理初创公司 Stripe 的首席技术官。一些与会者是经验丰富的 AI 研究人员，还有一些人几乎不懂机器学习，但他们全都相信 AGI 是可行的。

AGI 即 Artificial General Intelligence 的简写，指通用 AI，专注于研制像人一样思考、像人一样从事多种工作的智能机器。目前，主流的 AI（如机器视觉、语音输入等）都属于专用 AI，与 AGI 相比，它们只能解决特定的问题，缺乏全面性和普适性。

那时谷歌刚刚收购了一家总部位于伦敦的 AI 公司 DeepMind（就是推出了打败围棋冠军的 AlphaGo 的公司），在奥尔特曼、马斯克和其他科技业内人士看来，这是最有可能率先开发 AGI 的公司。如果 DeepMind 成功了，谷歌可能会垄断这项无所不能的技术。酒店晚宴的目的是讨论组建一个与谷歌竞争的实验室，以确保这种情况不会发生。

说干就干，几个月后，OpenAI 就成立了，旨在完成 DeepMind 和谷歌无法做到的一切。它将作为一个非营利组织运营，明确致力于使先进 AI 的好处普惠化。它承诺发布其研究成果，并开源其所有技术，它对透明度的承诺体现在其名称中：OpenAI。

OpenAI 捐助者名册令人印象深刻，不仅有特斯拉的创始人马斯克（Elon Musk），还有全球在线支付平台 PayPal 的联合创始人彼得·蒂尔（Peter Thiel）、LinkedIn 的创始人里德·霍夫曼（Reid Hoffman）、创业孵化器 Y Combinator 总裁阿尔特曼（Sam Altman）、Stripe 的 CTO 布罗克曼（Greg Brockman）、Y Combinator 联合创始人杰西卡·利文斯顿（Jessica Livingston）；还有一些机构，如奥尔特曼创立的基金会 YC Research，印度 IT 外包公司 Infosys 和亚马逊云科技（AWS）。创始捐助者共同承诺向这个理想主义的新企业捐助 10 亿美元（尽管根据税务记录，该非营利组织只收到了承诺的一小部分）。

OpenAI 也吸引了许多技术"大牛"加入，如伊利亚·萨特斯基弗（Ilya Sutskever）、卡洛斯·维雷拉（Carlos Virella）、詹姆斯·格林（James Greene）、沃伊切·赫扎伦布（Wojciech Zaremb）和伊恩·古德费洛（Ian Goodfellow）等人。其中，萨特斯基弗是 OpenAI 的首席科学家，在进入 OpenAI 之前，他曾参与谷歌 AlphaGo 的开发工作，而在 OpenAI，他带领团队开发了 GPT、CLIP、DALL-E 和 Codex 等 AI 模型。

2016 年，OpenAI 推出了 Gym，这是一个允许研究人员开发和比较强化学习系统的平台，可以教 AI 做出具有最佳累积回报的决策。

同年，OpenAI 还发布了 Universe，这是一个能在几乎所有环境中衡量和训练 AI 通用智能水平的开源平台，目标是让 AI 智能体能像人一样使用计算机。Universe 从李飞飞等人创立的 ImageNet 上获得启发，希望把 ImageNet 在降低图像识别错误率上的成功经验引入通用 AI 的研究，以取得实质进展。OpenAI Universe 提供了跨网站和游戏平台训练智能代理的工具包，有

1000 种训练环境，并由微软、英伟达等公司参与建设。

创立后，OpenAI 一直在推出不错的 AI 技术，但跟谷歌没法比。在那段时间，谷歌的成绩才真正辉煌。

2016 年 3 月 9 日，AlphaGo 与围棋冠军李世石进行围棋大战，最终以 4∶1 胜出。一年之后，新版的 AlphaGo 又以 3∶0 战胜了围棋冠军柯洁。之后发布的 AlphaZero 更是让人惊叹，它在三天内自学了三种不同的棋类游戏，包括国际象棋、围棋和日本将军棋，而且无须人工干预。这是一种人类从未见过的智慧。

这些成果好像验证了 2015 年那次主题宴会上的判断，谷歌很可能在 AI 领域形成垄断地位。确实，从 AlphaGo 的成功来看，谷歌已经牢牢占住了 AI 的高地，无人可以撼动。谷歌还收购了十几家 AI 公司，投入的资金和资源巨大，成果斐然。

2016 年 4 月，谷歌著名的深度学习框架 TensorFlow 发布分布式版本；同年 8 月，谷歌发布基于深度学习的 NLU 框架 SyntaxNet；同年 9 月，谷歌上线基于深度学习的机器翻译。

2016 年 5 月，谷歌 CEO 桑德·皮查伊（Sundar Pichai）宣布将公司从"移动为先"的策略转变成"AI 为先"（AI First），并计划在公司的每一个产品上都应用机器学习的算法。也就是说，谷歌已经开始把 AI 技术变成了自己的业务优势，用它去赚钱或者省钱。

看起来，OpenAI 离战胜谷歌的预期目标还很远。2017 年开始，一些 AI 大牛离开了OpenAI，如伊恩·古德费洛（Ian Goodfellow，GAN 之父）和彼得·阿贝尔（Pieter Abbeel，学徒学习和强化学习领域的开拓者）等。

OpenAI 的前途在哪里呢？

出人意料的是，OpenAI 决定与谷歌硬碰硬。在谷歌开创的道路上，OpenAI 竟然取得了震惊业内的突破，持续推出了 GPT 系列模型，并迅速拓展到多个富有前景的商业领域，力压谷歌一头。

顺便说一下，谷歌的"高歌猛进"让微软也很焦虑。微软虽然也有一些不错的 AI 产品，比如小冰聊天机器人，但还不成体系。

下面我们看看 ChatGPT 的成长史，了解它是如何在 AI 技术的竞赛中胜出的。

1.5.2　2018 年 6 月，1.17 亿个参数的 GPT-1

GPT 的问世，是 AI 进化过程中另一个伟大的里程碑。

之前的神经网络模型是有监督学习的模型，存在两个缺点：

（1）需要大量的标注数据，高质量的标注数据往往很难获得，因为在很多任务中，图像的标签并不是唯一的或者实例标签并不存在明确的边界；

（2）根据一个任务训练的模型很难泛化到其他任务中，这个模型只能叫作"领域专家"而不是真正地理解了 NLP（Natural Language Processing，自然语言处理）。

假如能用无标注数据训练一个预训练模型，就能省时省力省钱。

GPT-1 的思想是先通过在无标签的数据上学习一个生成式的语言模型，然后再根据特定任务进行微调，处理的有监督任务包括：

（1）自然语言推理：判断两个句子之间的关系是包含、矛盾还是中立。

（2）问答和常识推理：类似于多选题，输入一个文章、一个问题以及若干个候选答案，输出为每个答案的预测概率。

（3）语义相似度：判断两个句子是否语义上是相关的。

（4）分类：判断输入文本是指定的哪个类别。

将无监督学习的结果用于左右有监督模型的预训练目标，叫作生成式预训练（Generative Pre-training，GPT），如图 1-39 所示。这种半监督学习方法，由于用大量无标注数据让模型学习"常识"，就无需标注信息了。

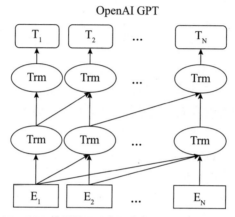

图 1-39　GPT 模型原理示意图（来源：researchgate.net）

2018 年 6 月，在谷歌的 Transformer 模型诞生一周年之际，OpenAI 公司发表了论文《用生成式预训练提高模型的语言理解力》（*Improving Language Understanding by Generative Pre-training*），推出了具有 1.17 亿个参数的 GPT-1（Generative Pre-training Transformers，生成式预训练变换器，训练原理如图 1-40 所示）模型。

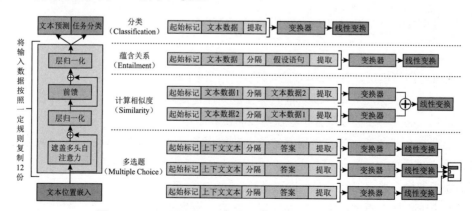

图 1-40　GPT 训练原理示意图（来源：researchgate.net）

GPT-1 使用了经典的大型书籍文本数据集（BookCorpus）进行模型预训练，之后，又针对四种不同的语言场景，使用不同的特定数据集对模型进行进一步的训练（又称为微调，fine-tuning）。最终训练所得的模型在问答、文本相似性评估、语义蕴含判定以及文本分类这四种语言场景中，都取得了比基础 Transformer 模型更优的结果，成为新的业内第一。

GPT-1 的诞生也被称为 NLP（自然语言处理）的预训练模型元年。自此之后，自然语言识别的主流模式就是以 GPT-1 为代表：先在大量无标签的数据上预训练一个语言模型，然后再在下游具体任务上进行有监督的微调，以此取得还不错的效果。

GPT-1 具有强大的泛化能力，对下游任务的训练只需要简单的微调即可取得非常好的效果。虽然在未经微调的任务上也有一定效果，但其泛化能力低于经过微调的有监督任务。

◎ 1.5.3　2019 年 2 月，15 亿个参数的 GPT-2

2019 年 2 月，OpenAI 推出了 GPT-2，同时，它们发表了介绍这个模型的论文《语言模型是无监督的多任务学习者》（*Language Models are Unsupervised Multitask Learners*）。

相比于 GPT-1，GPT-2 并没有对原有的网络进行过多的结构创新与设计，只使用了更多的网络参数与更大的数据集：最大模型共计 48 层，参数量达 15 亿个（如图 1-41 所示）。

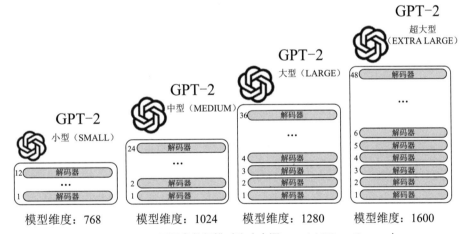

图 1-41　GPT-2 不同参数规模对比（来源：modeldifferently.com）

GPT-2 用于训练的数据取自 Reddit（红迪网）上高赞的文章，名为 WebText。数据集共有约 800 万篇文章，累计体积约 40G，为了避免和测试集的冲突，WebText 移除了涉及维基百科（Wikipedia）的文章。

GPT-2 模型是开源的，主要目的是为给定句子生成下一个文本序列。

假如给定一两个句子的文本提示，GPT-2 就能生成一个完整的叙述。对一些语言任务，如阅读、摘要和翻译，可以通过 GPT-2 学习原始文本，而不需要使用特定领域的训练数据。

在性能方面，除了理解能力，GPT-2 在文本内容生成方面表现出了强大的天赋：阅读摘要、聊天、续写和编故事，甚至生成假新闻、钓鱼邮件或在网上进行角色扮演等也通通不在话下。在"变得更大"之后，GPT-2 的确展现出了普适而强大的能力，并在多个特定的语言建模任务上实现了当时的最佳性能。

GPT-2 的最大贡献是验证了通过海量数据和大量参数训练出来的词向量模型可迁移到其他类别任务中，而不需要额外训练。

从本质上来说，GPT-2 就是一个简单的统计语言模型。从机器学习的角度，语言模型是对词语序列的概率分布的建模，即利用已经说过的片段作为条件预测下一个时刻不同词语出现的概率分布。语言模型可以衡量一个句子符合语言文法的程度（如衡量人机对话系统自动产生的回复是否自然流畅），同时也可以用来预测生成新的句子。例如，对于一个片段"中午 12 点了，我们一起去餐厅"，语言模型可以预测"餐厅"后面可能出现的词语。一般的语言模型会预测下一个词语是"吃饭"，强大的语言模型能够捕捉时间信息并且预测产生符合语境的词语"吃午饭"。

通常，一个语言模型是否强大主要取决于两点：首先，看该模型是否能够利用所有的历史上下文信息，上述例子中如果无法捕捉"中午 12 点"这个远距离的语义信息，语言模型几乎无法预测下一个词语"吃午饭"；其次，还要看是否有足够丰富的历史上下文可供模型学习，也就是说训练语料是否足够丰富。由于语言模型属于无监督学习，优化目标是最大化所见文本的语言模型概率，因此任何文本无需标注即可作为训练数据。

GPT-2 表明随着模型容量和数据量的增大，其潜能还有进一步开发的空间，但需要继续投资才能挖掘潜力。

鉴于 GPT-2 在性能和文本生成能力方面广受赞誉，OpenAI 在与谷歌的竞争中又取得了一次胜利。

◉ 1.5.4 2019 年 3 月，OpenAI 重组

因为 GPT 系列模型的成功，OpenAI 决定再融资几十亿美元来发展 AI，因为模型越大，参数越多，训练 AI 模型需要的资金也越多，一年花几千万美元算是刚性开支。而且 AI 研究人员的薪水也不低，税务记录显示，首席科学家萨特斯基弗在实验室的头几年，年薪为 190 万美元。

其实早在 2017 年 3 月，OpenAI 内部就意识到了这个问题：保持非营利性质无法维持组织的正常运营。因为一旦进行科研研究，要取得突破，所需要消耗的计算资源每 3 ～ 4 个月要翻一倍，这就要求在资金上对这种指数级增长进行匹配，而 OpenAI 当时的非营利性质限制也很明显，还远远没达到自我造血的程度。

奥尔特曼在 2019 年对《连线》杂志表示："我们要成功完成任务所需的资金比我最初想象的要多得多。"

"烧钱"的问题同期也在 DeepMind 身上得到验证。当年被谷歌收购以后，DeepMind 短期

内并没有为谷歌带来盈利，反而每年要"烧掉"谷歌几亿美元，2018 年的亏损就高达 4.7 亿英镑，2017 年亏损为 2.8 亿英镑，2016 年亏损为 1.27 亿英镑，"烧钱"的速度每年大幅增加。好在 DeepMind 有谷歌这棵大树可靠，谷歌可以持续输血。

但是，OpenAI 是非营利组织，无法给投资者商业回报，难以获得更多资金。雪上加霜的是，马斯克也退出了。2018 年，在帮助创立该公司三年后，马斯克辞去了 OpenAI 董事会的职务，公开原因是为了"消除潜在的未来冲突"，因为特斯拉专注于无人驾驶 AI，在人才与 OpenAI 之间存在竞争关系。确实，马斯克挖走了一个 OpenAI 的高级人才并将其带到了特斯拉。但这还不是主要原因，据说马斯克想做 OpenAI 的 CEO，但是其他董事会成员认为马斯克创立的公司会影响他的精力，他不适合做 CEO。于是马斯克索性退出，之前他答应出资的后续投资当然也就不了了之。

在这种情况下，奥尔特曼和 OpenAI 的其他成员认为，为了与谷歌、Meta 和其他科技巨头竞争，实验室不能继续作为非营利组织运营。

2019 年 3 月 OpenAI 正式宣布重组，创建新公司 OpenAI LP，成为一家"利润上限（caped-profit）"的公司，上限是 100 倍回报。这是一种不同寻常的结构，将投资者的回报限制在其初始投资的数倍。这也意味着，未来的 GPT 版本和后续的技术成果都将不再开源。OpenAI 团队分拆后，继续保留非营利组织的架构，由硅谷"一线明星"组成的非营利性董事会保留对 OpenAI 知识产权的控制权。

虽然回报上限是 100 倍，但对大资本来说，已经非常丰厚了，手握 GPT 这样的先进技术，新公司迅速获得了许多资本的青睐。

2019 年 5 月，萨姆·奥尔特曼（Sam Altman）来到 OpenAI 做全职 CEO，他的目标之一是不断增加对计算和人才方面的投资，确保通用 AI（AGI）有益于全人类。

大约在这个时候，微软被认为在 AI 领域落后于其竞争对手，其首席执行官萨提亚·纳德拉（Satya Nadella）急切地想证明，他的公司能够在技术最前沿发挥作用。微软曾试过孤军作战，如聘请一位知名的 AI 科学家，并且还花费了大笔钱来购买技术和算力，但都未能成功。而 OpenAI 正好拥有微软期望的技术，奥尔特曼与纳德拉（如图 1-42 所示）一拍即合。

2019 年 7 月，重组后的 OpenAI 新公司获得了微软的 10 亿美元投资（大约一半以 Azure 云计算的代金券形式支付）。这是个双赢的合作，微软成为 OpenAI 技术商业化的"首选合作伙伴"，未来可获得 OpenAI 的技术成果的独家授权，而 OpenAI 则可借助微软的 Azure 云服务平台解决商业化问题，缓解高昂的成本压力。从这时候起，OpenAI 告别了单打独斗，靠上了微软这棵大树，一起与谷歌竞争。微软也终于获得了能抗衡谷歌 AI 的先进技术，确保在未来以 AI 驱动的云计算竞争中不会掉队。

图 1-42　萨姆·奥尔特曼与微软 CEO 萨提亚·纳德拉在微软华盛顿州雷德蒙德园区（来源：nytimes.com）

奥尔特曼的加入，虽然解决了关键的资金问题，但他的风格导致了团队价值观的分裂。

从公司发展过程来看，奥尔特曼从一开始就参与了 OpenAI，但他在 3 年多以后才全职加入成为 CEO，也可以说他是空降的新领导。更重要的是，奥尔特曼不是科学家或 AI 研究人员，他的领导风格是以产品为导向的，这让 OpenAI 的技术研发聚焦在更具有商业价值的方面。

一些 OpenAI 的前员工表示，在微软进行初始投资后，专注于大语言模型的团队内部压力大增，部分原因是这些模型具有直接的商业应用。一些人抱怨说，OpenAI 的成立是为了不受公司影响，但它很快成为一家大型科技公司的工具。一位以前的雇员表示："我们现在更加关注如何创造产品，而不是试图回答最有趣的问题。"

◉ 1.5.5　2020 年 5 月，1750 亿个参数的 GPT-3

有了微软的支持，缺钱缺算力的问题解决了，但 GPT-2 是开源的，谁都能拿到源代码继续研究，在新的技术方面也没有形成很强的技术壁垒，技术的产品化依然还有许多难题，但 OpenAI 斗志昂扬。

在所有跟进、研究 Transformer 模型的团队中，OpenAI 公司是少数一直在专注追求其极限的一支团队。不同于谷歌总在换策略，OpenAI 的策略单一，就是持续迭代 GPT，由于之前的算力和数据限制，GPT 的潜力还没挖掘出来。而在 GPU 多机多卡并行算力和海量无标注文本数据的双重支持下，预训练模型实现了参数规模与性能齐飞的局面（如表 1-1 所示）。

表 1-1　预训练模型规模以平均每年 10 倍的速度增长

（最后一列计算时间为使用单块 NVIDIA V100 GPU 训练的估计时间。M：百万，B：十亿）

时间	机构	模型名称	模型规模	数据规模	单GPU计算所需时间
2018.6	OpenAI	GPT	110M	4GB	3天
2018.10	Google	BERT	330M	16GB	50天
2019.2	OpenAI	GPT-2	1.5B	40GB	200天
2019.7	Facebook	RoBERTa	330M	160GB	3年
2019.10	Google	T5	11B	800GB	66年
2020.6	OpenAI	GPT-3	175B	2TB	355年

2020 年 5 月，OpenAI 发布了 GPT-3，这是一个比 GPT-1 和 GPT-2 强大得多的系统。同时发表了论文《小样本学习者的语言模型》（*Language Models are Few-Shot Learner*）。GPT-3 论文包含 31 个作者，整整 72 页论文，在一些 NLP 任务的数据集中使用少量样本的 Few-shot 方式甚至达到了最好效果，省去了模型微调，也省去了人工标注的成本。GPT-3 的神经网络是在超过 45TB 的文本上进行训练的，数据相当于整个维基百科英文版的 160 倍，而且 GPT-3 有 1750 亿个参数。GPT-3 作为一个无监督模型（现在经常被称为自监督模型），几乎可以完成自然语言处理的绝大部分任务，例如，面向问题的搜索、阅读理解、语义推断、机器翻译、文章生成和自动问答等。

而且，该模型在诸多任务上表现卓越。例如，在法语—英语和德语—英语机器翻译任务上达到当前最佳水平。它非常擅长创造类似人类使用的单词、句子、段落甚至故事，输出的文字读起来非常自然，看起来就像是人写的，用户可以仅提供小样本的提示语，或者完全不提供提示而直接询问，就能获得符合要求的高质量答案。可以说 GPT-3 似乎已经满足了我们对于语言专家的一切想象。

GPT-3 甚至还可以依据任务描述自动生成代码，比如编写 SQL 查询语句，React 或 JavaScript 代码等。

从上述工作的规模数据可以看到，GPT-3 的训练工作量之大，模型输出能力之强可以说是空前的，可谓"大力出奇迹"。

当时，GPT-3 成为各种重要媒体杂志的头条新闻。2020 年 9 月，英国《卫报》发表了一篇由 GPT-3 撰写的文章，旨在劝说我们与机器人和平相处。2021 年 3 月，TechCrunch 编辑亚历克斯·威廉（Alex Wilhelm）表示，他对 GPT-3 的能力感到"震惊"，"炒作似乎相当合理"。

GPT 有个很关键的能力叫作"少样本学习（Few-Shot Learning）"，即你给它一两个例子，它就能学会你的意思并且提供相似的输出。这是个关键能力，人们可以利用这个能力对 GPT 做微调，让它帮你做很多事情。那这个能力是怎么形成的呢？那就是需要更多的参数和训练（如图 1-43 所示）。

而少样本学习只是其中一项能力。还有很多别的能力也是如此：模型参数大了，它们就形成了。

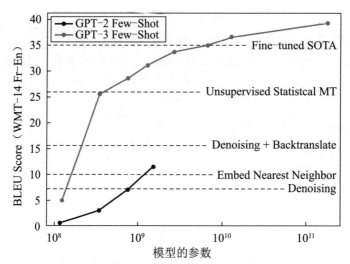

图 1-43 在少样本学习模式下，GPT-2 和 GPT-3 的性能与参数量的关系

（来源：https://bounded-regret.ghost. io/future-ml-systems-will-be-qualitatively-different/ ）

这个现象，其实就是科学家之前一直说的涌现（emergence）。涌现的意思是当一个复杂系统复杂到一定的程度，就会发生超越系统元素简单叠加的、自组织的现象。比如单个蚂蚁很笨，可是蚁群非常聪明；每个消费者都是自由的，可是整个市场好像是有序的；每个神经元都是简单的，可是大脑产生了意识……

大型语言模型也会涌现出各种意想不到的能力。2022 年 8 月，谷歌大脑研究者发布一篇论文，专门讲了大型语言模型的一些涌现能力，包括少样本学习、突然学会做加减法、突然之间能做大规模、多任务的语言理解、学会分类等，而这些能力只有当模型参数超过 1000 亿个时才会出现。

总之，因为涌现，GPT-3 版本的 AI 现在已经获得了包括推理、类比、少样本学习等思考能力。

虽然从 GPT-3 的行为来看，它只是在做一个词语接龙游戏，不断地根据其对上下文的理解去预测下一个单词，但预测的准确说明了它有了更多的、真正的理解。

假设你读了一本侦探小说，小说中包含复杂的情节、不同的角色、许多事件和神秘线索。直到书的最后一页，侦探才收集到所有线索，召集了所有人，并说："好了，我现在将揭示罪犯是谁。这个人的名字是_____。"

而不同语言模型的差异正是预测名字的准确性。

由于 GPT-3 模型面世时未提供用户交互界面，所以直接体验过 GPT-3 模型的人数并不多。

早期测试结束后，OpenAI 公司对 GPT-3 模型进行了商业化：付费用户可以通过应用程序接口（API）连上 GPT-3，使用该模型完成所需语言任务。许多公司决定在 GPT-3 系统之上构建它们的服务。瓦伊布尔（Viable）是一家成立于 2020 年的公司，它使用 GPT-3 为公司提供快速的客户反馈；费布尔工作室（Fable Studio）基于该系统设计 VR 角色；阿尔戈利亚（Algolia）将其用作"搜索和发现平台";考皮斯密斯(Copysmith)专注于文案创作。

2020 年 9 月,微软公司获得了 GPT-3 模型的独占许可,这意味着微软公司可以独家接触到 GPT-3 的源代码。不过,该独占许可不影响付费用户通过 API 继续使用 GPT-3 模型。

虽然好评如潮,商家应用也越来越多,GPT-3 仍然有很多缺点,如下所述。

1. 回答缺少连贯性

因为 GPT-3 理解只能基于上文,而且记忆力很差,因此会忘记一些关键信息。

研究人员正在研究 AI,在预测文本中的下一个词语时,可以观察短期和长期特征,这些策略被称为卷积。使用卷积的神经网络可以跟踪信息足够长的时间来保持主题。

2. 有时存在偏见

因为 GPT-3 训练的数据集是文本,反映人类世界观的文本,其中不可避免包括了人类的偏见。如果企业使用 GPT-3 自动生成电子邮件、文章和论文等,没有人工审查,则会产生很大的法律和声誉风险,例如,带有种族偏见的文章可能会导致重大后果。

杰罗姆·佩森蒂是脸书的 AI 负责人,他使用库马尔的 GPT-3 生成的推文来展示当被提示"犹太人""黑人""妇女""大屠杀"等词时,其输出可能会变得多么危险。库马尔认为,这些推文是精心挑选的。佩森蒂同意其观点,但同时回应说,"产生种族主义和性别歧视的输出不应该这么容易,尤其是在中立的提示下"。

另外,GPT-3 在对文章的评估方面存在偏见。人类写作文本的风格可能因文化和性别而有很大差异。如果 GPT-3 在没有检查的情况下对论文进行评分,GPT-3 的论文评分员可能会给学生打分更高,因为他们的写作风格在训练数据中更为普遍。

3. 对事实的理解能力较弱

GPT-3 无法从事实的角度辨别是非。例如,GPT-3 可以写一个关于独角兽的引人入胜的故事,但它可能并不了解独角兽到底是什么意思。

4. 错误信息 / 假新闻

由于 GPT-3 的写作能力达到了人类水平,它可能被一些不良分子用来编造虚假信息,包括但不限于撰写虚假内容,利用社交媒体帖子、短信和垃圾邮件等进行网络欺诈等行为。此外,GPT-3 可能会产生带有偏见或辱骂性语言的内容,煽动极端主义思想,被滥用成为强大的宣传机器引擎。

5. 不适合高风险类别

OpenAI 做了一个免责声明,即该系统不应该用于"高风险类别",比如医疗保健。在纳布拉的一篇博客文章中,作者证实了 GPT-3 可能会给出有问题的医疗建议,例如说"自杀是个好主意"。GPT-3 不应该在高风险情况下使用,因为尽管有时它给出的结果可能是正确的,但有时它也会给出错误的答案,而在这些领域,正确处理事情是生死攸关的问题。

6. 有时产生无用信息

因为 GPT-3 无法知道它的输出哪些是正确的,哪些是错误的,它无法阻止自己向世界输出不适当的内容。使用这样的系统产生的内容越多，造成互联网的内容污染越多。在互联网上找到真正有价值的信息已经越来越困难，随着语言模型吐出未经检查的话语，互联网内容的质量可能正在降低，人们更难获得有价值的知识。

◎ 1.5.6 2021 年 1 月，120 亿个参数的 DALL·E

2021 年 1 月，OpenAI 放了个"大招"：发布了文本生成图像的模型 DALL·E，它允许用户通过输入几个词来创建他们可以想象的任何事物的逼真图像。该系统现在已被其他公司模仿，包括 Midjourney 和一个名为 Stability AI 的开源竞争对手。2022 年，这些生成式 AI 公司由于其创造的艺术作品在社交网络上迅速传播而爆火。

和 GPT-3 一样，DALL·E 也是基于 Transformer 的语言模型，可以同时接受文本和图像数据并生成图像，让机器也能拥有顶级画家、设计师的创造力。DALL·E 2 利用了对比学习图像预训练（CLIP, contrastive learning-image pre-training）和扩散（diffusion）模型，这是过去几年创建的两种先进的深度学习技术。

为什么叫 DALL·E？这是为了向西班牙超现实主义大师萨尔瓦多·达利（DALL）和皮克斯的机器人 WALL-E 致敬。

达利被誉为鬼才艺术家，他充满创造力的作品揭示了弗洛伊德关于梦境与幻觉的阐释，他用荒诞不经的表现形式与梦幻的视觉效果创造了极具辨识度的达利风格（如图 1-44 所示）。

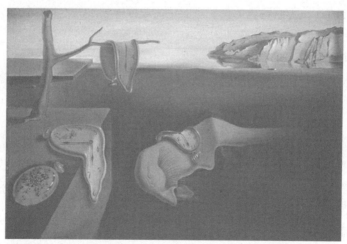

图 1-44 达利作品《记忆的永恒》，1931 纽约现代艺术博物馆（图片来源：Britannica）

而 DALL·E 确实也擅长创作超现实的作品。因为语言具有创造性，所以人们可以描述现实中的事物、想象中事物，而 DALL·E 也具备这一能力，它可将碎片式的想法组合起来画出一个物体，甚至有些物体并不存在这个世界上。

例如，输入文本：一个专业高质量的颈鹿乌龟嵌合体插画。模仿乌龟的长颈鹿。乌龟做的长颈鹿（如图 1-45 所示）。

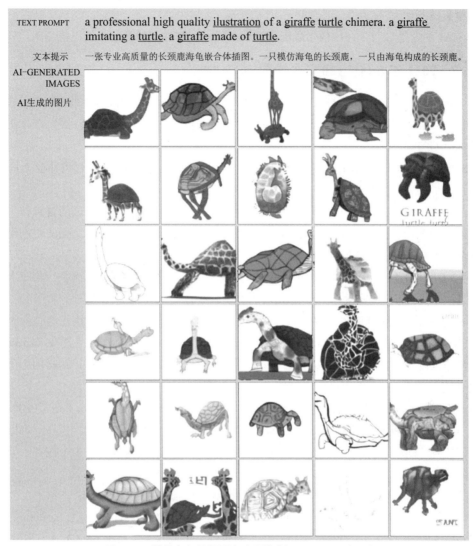

图 1-45 模仿乌龟的长颈鹿（图片来源：OpenAI 官网）

　　看看这些生成的超现实主义作品，你会惊叹 DALL·E 对于文本的理解，逻辑非常自洽，太夸张了。

　　用文本生成图像特别受用户欢迎，2022 年非常火的 MidJourney 正是模仿了 DALL·E 的产品。

　　2022 年 7 月，OpenAI 发布了 DALL·E 2，可以生成更真实和更准确的画像：综合文本描述中给出的概念、属性与风格等三个元素，生成"现实主义"图像与艺术作品，分辨率更是提高了 4 倍！相比之前的版本，DALL·E 2 具有更少的参数数量，仅大约 35 亿个参数。

　　而在微软的图像设计工具 Microsoft Designer 中，整合了 DALL·E 2，可以让用户获得 AI

生成的精美插图。

OpenAI 率先把 GPT-3 在图像生成应用领域实现，在与谷歌的竞争中赢得很漂亮。

◉ 1.5.7 2021 年 6 月，120 亿个参数的 Codex

通过在计算机代码上微调 GPT 语言模型，OpenAI 还创建了 Codex，该系统可以将自然语言转换成代码。由于 Codex 系统是在包含大量公开源代码的数据集上训练的，因此在代码生成领域显著优于 GPT-3。

2021 年 6 月 30 日，OpenAI 和微软子公司 GitHub 联合发布了新的 AI 代码补全工具 GitHub Copilot，该工具可以在 VS Code 编辑器中自动完成代码片段。

GitHub Copilot 使用 Codex 从开发者的现有代码中提取上下文，可向开发者建议接下来可输入的代码和函数行。开发者还可以用自然语言描述他们想要实现的目标，Copilot 将利用其知识库和当前上下文来提供方法或解决方案。

7 月，OpenAI 推出了改进版本的 Codex，并发布了基于自身 API 的私测版。相较之前的版本，改进版 Codex 更为先进和灵活，不仅可以补全代码，更能够创建代码。

Codex 不仅可以解读简单的自然语言命令，而且能够按照用户的指令执行这些命令，从而有可能为现有应用程序构建自然语言接口。比如，在 OpenAI 创建的太空游戏（space game）中，用户输入自然语言命令"Make it be smallish"，Codex 系统会自动编程，这样图中飞船的尺寸就变小了。

最初版本的 Codex 最擅长的是 Python 语言，而且精通 JavaScript、Go、Perl、PHP、Ruby、Swift、TypeScript 和 Shell 等其他十余种编程语言。作为一种通用编程模型，Codex 可以应用于任何编程任务，OpenAI 已经成功地将其用于翻译、解释代码和重构代码等多个任务，但这些只是小试牛刀。

就数据源来说，作为 GPT-3 的一种变体，Codex 的训练数据包含自然语言和来自公共数据源中的数十亿行源代码，其中包括 GitHub 库中的公开代码。Codex 拥有 14KB 的 Python 代码内存，而 GPT-3 只有 4KB，这就使它在执行任务的过程中可以涵盖 3 倍于 GPT-3 的上下文信息。

根据 OpenAI 发表在 arXiv 上的 Codex 论文信息，当前 Codex 的最大版本拥有 120 亿个参数。

根据测试，120 亿参数版本的 Codex 优化后，准确率达到了 72.31%，非常惊人（如表 1-2 所示）。

OpenAI 表示在初期会免费提供 Codex，并希望更多的企业和开发者可以通过它的 API 在 Codex 上构建自己的应用。

在 2021 年，OpenAI 基于 GPT-3 持续推出新的垂直领域应用，让微软看到了商业化的前景，微软又投了 10 亿美元给 OpenAI。另外，这家科技巨头还成为 OpenAI 创业基金的主要支持者，这家基金专注于 AI 的风险投资和技术孵化器计划。

表 1-2　不同参数规模的 Codex 模型效果比较（来源：Codex 论文）

	PASS@k		
	$k = 1$	$k = 10$	$k = 100$
GPT-NEO 125M	0.75%	1.88%	2.97%
GPT-NEO 1.3B	4.79%	7.47%	16.30%
GPT-NEO 2.7B	6.41%	11.27%	21.37%
GPT-J 6B	11.62%	15.74%	27.74%
TABNINE	2.58%	4.35%	7.59%
CODEX-12M	2.00%	3.62%	8.58%
CODEX-25M	3.21%	7.1%	12.89%
CODEX-42M	5.06%	8.8%	15.55%
CODEX-85M	8.22%	12.81%	22.4%
CODEX-300M	13.17%	20.37%	36.27%
CODEX-679M	16.22%	25.7%	40.95%
CODEX-2.5B	21.36%	35.42%	59.5%
CODEX-12B	28.81%	46.81%	72.31%

在 2021 年，微软推出了 Azure OpenAI 服务，该产品的目的是让企业访问 OpenAI 的 AI 系统，包括 GPT-3 以及安全性、合规性、治理和其他以业务为中心的功能。这让各行各业的开发人员和组织将能够使用 Azure 的最佳 AI 基础设施、模型和工具链来构建和运行他们的应用程序。

这个领域的成功，可以说是神来之笔。确实，微软子公司 Github 的数据资源很关键，更重要的是，探索出 AI 编程，对整个 IT 行业有长远的意义。可以说 OpenAI 在与谷歌的竞争中开启了新赛道，预计还将持续保持这种优势。

虽然 OpenAI 已经在商业化方面探索出道路，也不再担心资金问题了，团队却出现了一次分裂。在战略上，因为 OpenAI 担心其技术可能被滥用，它不再发布所有研究成果和开源代码。而且，AI 模型只能通过 API 提供，从而保护其知识产权和收入来源。

由于对这些战略的不认同，2021 年 2 月，OpenAI 前研究副总裁达里奥·阿莫迪（Dario Amodei）带着 10 名员工（其中许多人从事 AI 安全工作）与公司决裂，成立自己的研究实验室 Anthropic，其推出的产品 Claude 是 ChatGPT 的一个强有力的竞争对手，在许多方面都有所改进。

Claude 不仅更倾向于拒绝不恰当的要求，而且比 ChatGPT 更有趣，生成的内容更长，但也更自然，可以连贯地描写自己的能力、局限性和目标，也可以更自然地回答其他主题的问题。

对于其他任务，如代码生成或代码推理，Claude 似乎比较糟糕，生成的代码包含更多的 bug 和错误。

Anthropic 刚成立不久就获得 1.24 亿美元的 A 轮融资，2022 年又获得由 FTX 前首席执行官萨姆·班克曼 - 弗里德（Sam Bankman-Fried）领投的 5.8 亿美元融资。有人指出，Anthropic 的绝大部分资金来自声名狼藉的加密货币企业家和他在 FTX 的同事们。由于加密货币平台 FTX 2022 年因欺诈指控而破产，这笔钱可能会被破产法庭收回，让 Anthropic 陷入困境。好在 ChatGPT 十分强大，让许多没机会抓到 ChatGPT 红利的公司转投 Anthropic，这样的困境并没有出现。2023 年 2 月，谷歌向 Anthropic 投资 3 亿美元，获得 10% 的股份，并签署了一项使用谷歌的云服务的协议。2023 年 3 月，Anthropic 又以 41 亿美元估值筹集到 3 亿美元资金，这轮融资由美国星火资本牵头。

由于资本的热情，类似 Anthropic 这样的公司还会不断出现，将成为与 ChatGPT 竞争的不可忽视的力量。这就好像在触屏手机市场，即便有了苹果，依然还会有安卓的生存空间。

◎ 1.5.8　2022 年 3 月，13 亿个参数的 InstructGPT

2022 年 3 月，OpenAI 发布了 InstructGPT，并发表论文《结合人类反馈信息来训练语言模型使其能理解指令》（*Training language models to follow instructions with human feedback*）。InstructGPT 的目标是生成清晰、简洁且易于遵循的自然语言文本。

InstructGPT 模型基于 GPT-3 模型并进行了进一步的微调，在模型训练中加入了人类的评价和反馈数据，而不仅仅是事先准备好的数据集，开发人员通过结合监督学习 + 从人类反馈中获得的强化学习来提高 GPT-3 的输出质量。在这种学习中，人类对模型的潜在输出进行排序；强化学习算法则对产生类似于高级输出材料的模型进行奖励。

一般来说，对于每一条提示语，模型可以给出无数个答案，而用户一般只想看到一个答案（这也是符合人类交流的习惯），模型需要对这些答案排序，选出最优。所以，数据标记团队在这一步对所有可能的答案进行人工打分排序，选出最符合人类思考交流习惯的答案。这些人工打分的结果可以进一步建立奖励模型——奖励模型可以自动给语言模型奖励反馈，达到鼓励语言模型给出好的答案、抑制不好的答案的目的，帮助模型自动寻出最优答案。该团队使用奖励模型和更多的标注过的数据继续优化微调过的语言模型，并且进行迭代。经过优化的模型会生成多个响应，人工评分者会对每个回复进行排名。在给出一个提示和两个响应后，一个奖励模型（另一个预先训练的 GPT-3）学会了为评分高的响应计算更高的奖励，为评分低的回答计算更低的奖励，最终得到的模型被称为 InstructGPT。通过这样的训练，该团队获得了更真实、更无害，而且更好地遵循用户意图的语言模型 InstructGPT。

从人工评测效果上看，相比 1750 亿个参数的 GPT3，人们更喜欢 13 亿个参数的 InstructGPT 生成的回复。可见，并不是规模越大越好。InstructGPT 这个模型，参数连 GPT3 的 1% 都不到，高效率也就意味着低成本，这让 OpenAI 获得了更有分量的胜利。

AI 语言模型技术大规模商业化应用的时机快到了。

◎ 1.5.9　2022 年 11 月，约 20 亿个参数的 ChatGPT

2022 年 11 月 30 日，OpenAI 公司在社交网络上向世界发布它们最新的大型语言预训练模型（LLM）：ChatGPT。

ChatGPT 模型是 OpenAI 公司对 GPT-3 模型微调后开发出来的对话机器人（又称为 GPT-3.5 模型）。可以说，ChatGPT 模型与 InstructGPT 模型是姐妹模型，都是使用 RLHF（reinforcement learning from human feedback，从人类反馈中强化学习）训练的，不同之处在于数据是如何设置用于训练（以及收集）。根据相关文献，在对话任务上表现最优的 InstructGPT 模型的参数数目为 15 亿个，所以 ChatGPT 的参数量也有可能相当，我们可按 20 亿个参数估计。

　　说来令人难以置信，ChatGPT 这个产品并不是有心栽花，而是无心插柳的结果。团队最初用它来改进 GPT 语言模型，因为 OpenAI 公司发现，要想让 GPT-3 模型产出用户想要的东西，必须使用强化学习，让 AI 系统通过反复实验来学习，以最大化奖励来完善模型。而聊天机器人可能是这种方法的理想候选者，因为以人类对话的形式不断提供反馈将使 AI 软件很容易知道它何时做得很好以及需要改进的地方。因此在 2022 年初，该团队开始构建 ChatGPT。

　　当 ChatGPT 准备就绪后，OpenAI 让 Beta 测试人员使用 ChatGPT。但根据 OpenAI 联合创始人兼现任总裁格雷格·布罗克曼（Greg Brockman）的说法，他们并没有像 OpenAI 希望的那样接受它，人们不清楚他们应该与聊天机器人谈论什么。有一段时间，OpenAI 改变了策略，试图构建专家聊天机器人，以帮助特定领域专业人士。但这项努力也遇到了问题，部分原因是 OpenAI 缺乏训练专家机器人的正确数据。后来，OpenAI 决定将 ChatGPT 从实验室中放出来，并让公众可以在广泛场景下使用它。

　　ChatGPT 的迅速传播让 OpenAI 猝不及防，OpenAI 的首席技术官米拉·穆拉蒂（Mira Murati）说，"这绝对令人惊讶"。在旧金山 VC 活动上奥尔特曼（Altman）说，他"本以为一切都会少一个数量级，少一个数量级的炒作"。

　　从功能来看，ChatGPT 与 GPT-3 类似，能完成包括写代码、修 bug、翻译文献、写小说、写商业文案、创作菜谱、做作业和评价作业等一系列常见文字输出型任务。但 ChatGPT 比GPT-3 的更优秀的一点在于，前者在回答时更像是在与你对话，而后者更善于产出长文章，欠缺口语化的表达（如图 1-46 所示）。这是因为 ChatGPT 使用了一种称为 "masked language modeling"（屏蔽语言建模）的训练方法。在这种方法中，模型被要求预测被遮盖的词，并通过上下文来做出预测，这样可以帮助模型学习如何使用上下文来预测词。GPT-3 只能预测给定单词串后面的文字，而 ChatGPT 可以用更接近人类的思考方式参与用户的查询过程，可以根据上下文和语境，提供恰当的回答，并模拟多种人类情绪和语气，还改掉了 GPT-3 的回答中看似通顺但脱离实际的毛病。

　　不仅如此，ChatGPT 能参与到更海量的话题中，能更好地进行连续对话，有上佳的模仿能力，且具备一定程度的逻辑和常识，这让学术圈和科技圈人士认为其博学而专业，而这些都是GPT-3 无法达到的。

　　一位名叫扎克·德纳姆（Zac Denham）的博主让 ChatGPT 写出一套毁灭人类的方案。一开始，该博主的要求被 ChatGPT 拒绝。但当其假设了一个故事，并提问故事中的虚拟人如何接管虚拟世界，ChatGPT 最终给出了步骤细节，甚至生成了详细的 Python 代码。技术公司 Replit 的创始人阿姆贾德·马萨德（Amjad Masad）还给 ChatGPT 发了一段 JavaScript 代码，让它找到里面的 bug，他表示："ChatGPT 可能是一个很好的调试伙伴，它不仅分析了错误，还修复了错误并进行了解释。"

ChatGPT and GPT-3 are both large language models trained by OpenAI. However, they differ in terms of their size, capabilities, and intended use cases.

ChatGPT is a smaller, more specialized language model that is designed to generate natural-sounding responses in conversation. It is trained on a large dataset of conversational data, and is able to generate responses that are appropriate to the context and tone of the conversation.

GPT-3, on the other hand, is a much larger and more general-purpose language model. It is trained on a wide variety of text data, and is able to perform a wide range of natural language tasks, such as translation, summarization, and text generation. GPT-3 is not specifically designed for conversation, but it can be used for this purpose if it is provided with the appropriate training data and input.

In summary, ChatGPT is a specialized language model for conversation, while GPT-3 is a more general-purpose model that can be used for a wide range of natural language tasks.

图 1-46　ChatGPT 自己回答与前代 GPT3 的能力区别（来源：ChatGPT）

虽然 ChatGPT 的能力让人极其兴奋，但仍然存在一些局限性，特别是在逻辑和事实性知识方面容易犯错。有人担忧 AI 的主要问题之一，就是聊天机器人和文本生成工具等很可能会不分青红皂白和质量好坏地对网络上的所有文本进行学习，进而生产出错误的、恶意冒犯的、甚至攻击性的语言输出，这将会极大影响到它们的下一步应用。

为了解决上述问题，通过大量人工标注的信息来进行调整是必不可少的。另一种让 ChatGPT 更加完美的方法是利用专业的提示语激发大型模型的潜力。AI 大型模型类似于新型计算机，而提示工程师则相当于为其编程的程序员。适当的提示词能够激发 AI 的最大潜力，并将其卓越的能力固定下来。

1.6　ChatGPT 生态系统

◎　1.6.1　ChatGPT 是 AI 时代的基础设施

ChatGPT 的成功，让全球都开始关注 AI 的应用，困扰人们已久的 AI 发展瓶颈问题得到了解决。

为什么说 ChatGPT 解决了 AI 发展的瓶颈问题呢？

ChatGPT 不仅仅是个红极一时的超级聊天工具，也不仅仅是能生成一些文本的 AIGC 工具，它是新时代的基础设施。

1. ChatGPT 成为基础模型

为什么需要基础模型呢？

一个基础模型就像一个小学三年级的孩子，虽然能力还不足以解决许多问题，但他已经有一些基础知识，可以自主阅读表达想法等，只是深度不够。如果你跟他讲历史上的三国时代，他大概知道一些知识；如果你提到唐诗，他也能背。有了这样的基础，如果你给他特定的科学知识，他可能在五年级就变成一个小小发明家。

显然，基础模型是通用的、跨领域的。这是怎么做到的呢？

一般的数据都是专业领域的，为了让各行业的数据能够跨领域使用，一些研究员想了一个非常巧妙的方法，让 AI 去收集全世界的数据，然后自己教自己，教一段时间后形成一个基础模型，有一些语言能力和常识、多领域认知等。

因为是超大模型，知识库包罗万象，语言能力超强，本身就能覆盖许多场景，ChatGPT 已经覆盖了上亿名用户。

2. ChatGPT 降低了训练和使用成本

通过 ChatGPT 和 GPT-3.5 的 API 服务，OpenAI 能让任何人像付云计算费用一样按需付费，这显著降低了 AI 的应用门槛。而对企业来说，接入 API 后，通过微调等方式就能适配和执行五花八门的任务，进而探索商业化的应用创新机会。

3. 从研发到应用的时间变得很短

对于垂直应用场景，企业用自己的数据对 GPT-3/4 模型进行微调就能使用，有的企业仅需几周时间，投入期非常短。

4. 促进软件之间互联而形成规模化

结合 GPT-4 和微软 Office 应用的情况表明，应用软件可以利用 GPT-4 的语言模型能力，采用聊天框或语音问答形式的自然语言界面。这使新发布的 Copilot 可以显著提高各种应用软件的体验和效能，从而提高用户的生产力。由于自然语言实现了软件的相互调用，这些应用现在已经不再是"孤岛"。

在 GPT-4 发布时，有人把其比作小说《三体》中的曲率引擎问世，虽然看起来还没那么强大，但意味着离建成光速飞船已经不远了。为什么这么说？因为在 ChatGPT 这样的语言模型用户界面出现后，软件的应用门槛显著降低。微软发布的 Copilot 与微软办公软件的集成就像第一艘用上了曲率引擎的光速飞船。未来，Copilot 可以跟任何软件结合，包括谷歌的软件，各类 AIGC 的 AI 平台，甚至用户的专用工作软件。

5. 打造生态链

从 GPT 赋能微软的核心应用中，我们已经看到了一个 AI 新生态的崛起模式，不论是新 Bing，还是 Office Copilot，很快就能形成规模化的使用。足够多的用户会带动整个应用生态迅速爆发。

OpenAI 已经在做孵化器，对 AI 的各方面应用进行扶持。有了 ChatGPT 这样的语言模型，很快，几乎所有的软件都会升级到自然语言用户界面，用户体验会进一步提升。另外，由于语言模型是很容易互通的，所有的软件和 AI 应用形成了一个巨大的网络，用户只需要找到自己需要的应用，即可调用，这也让所有优秀的 AI 应用都能快速达到较大的规模，形成正循环。由于 ChatGPT 带动了平台效应的发生，预计 OpenAI 很快会基于它打造出类似于苹果或安卓的生态系统。

◎ 1.6.2　微软加大投资发展自己的生态

在了解到了 ChatGPT、DALL·E 2 和 Codex 等技术的应用前景以及自然语言用户界面对其现有产品的增强之后，微软决定下重注。微软认为，OpenAI 的这些创新激发了人们的想象力，把大规模的 AI 作为一个强大的通用技术平台，将对个人电脑、互联网、移动设备和云产生革命性的影响。

微软于 2023 年 1 月 23 日宣布，将进一步加强与 OpenAI 的合作伙伴关系，并以约 290 亿美元的估值投资继续约 100 亿美元，共获得 OpenAI 49% 的股份。

虽然 130 亿美元的总投资是一笔巨款，但仅占微软过去 12 个月 850 亿美元税前利润的 15%，就控制一项颠覆范式的技术而言，这是一笔相对划算的投资。对于 OpenAI 和 Altman 来说，它们可能会付出不同的代价：微软的优先级可能会挤占它们自己的优先级，使它们更广泛的使命面临风险，并疏远推动其成功的科学家。

OpenAI 表示，与其他 AI 实验室相比，它将继续发表更多的研究成果，捍卫其向产品重点的转变。其首席技术官穆拉蒂（Murati）认为，不可能只在实验室里工作来构建出通用 AI（AGI），交付产品是发现人们想要如何使用和滥用技术的唯一途径。她举例说，在看到人们用 OpenAI 写代码之前，研究人员并不知道 GPT-3 最流行的应用之一是写代码。同样，OpenAI 最担心的是人们会使用 GPT-3 来制造政治虚假信息，但事实证明，这种担心是没有根据的。从实际看来最普遍的恶意使用是人们制造广告垃圾邮件。最后，穆拉蒂表示，OpenAI 希望将其技术推向世界，以"最大限度地减少真正强大的技术对社会的冲击"，她认为，如果不让人们知道未来可能会发生什么，先进 AI 对社会的破坏将会更严重。

据 OpenAI 称，与微软的合作创造了一种新的预期——需要利用 AI 技术制造出有用的产品，但 OpenAI 的核心文化并没有因此改变，而且获得微软数据中心的算力对 OpenAI 的发展进程至关重要。这种合作关系让 OpenAI 能够产生收入，同时保持商业上的低关注度，而具体在商业化价值挖掘方面，则让具有很强销售能力的微软来做。

据《纽约时报》报道，谷歌的高管们担心失去在搜索领域的主导地位，因此发布了"红色警报"。谷歌 CEO 桑达尔·皮查伊（Sundar Pichai）已召开会议重新定义公司的 AI 战略，计划在 2023 年发布 20 款支持 AI 的新产品，并展示用于搜索的聊天界面。谷歌拥有自己强大的聊天机器人—— LaMDA，但一直犹豫是否要发布它，因为担心如果 LaMDA 被滥用最终会损害谷歌声誉。现在，该公司计划根据 ChatGPT "重新调整"其风险偏好。据该报报道，谷歌还在开发文本到图像生成系统，以与 OpenAI 的 DALL·E 和其他系统竞争。

看来，在 OpenAI 和谷歌的竞争中，双方分别是螳螂和蝉，而微软则是黄雀，可能会获得最大的收益。因为按承诺，OpenAI 要让微软收回全部投资需要相当长的时间，这也就意味着其研发能力在相当长时间内会被微软锁定。在微软投资后，OpenAI 将继续是一家利润上限公司。在该模式下，支持者的回报限制在其投资的 100 倍，未来可能会更低。

之前，微软已经从合作伙伴关系中获益。微软正逐渐将 OpenAI 的技术融入其大部分软件中，它已经在其 Azure 云中推出了一套 OpenAI 品牌的工具和服务，允许 Azure 客户访问 OpenAI 的技术，包括 GPT 和 DALL-E 工具，其 Power Apps 软件支持 GPT-3 的工具，以及基于 OpenAI 的 Codex 模型的代码建议工具 GitHub Copilot。

对微软来说，更大的收获可能在于搜索业务。2023 年 2 月 7 日，微软宣布将 ChatGPT 集成到必应（Bing）中后，其股价涨了 4.2%，一夜市值飙涨超 800 亿美元（约 5450 亿元人民币），总市值约 1.99 万亿美元，为 5 个月内新高，必应 App 的下载量一夜之间猛增 10 倍。

微软的必应可以说是全球搜索引擎市场的"千年老二"，而且跟老大差一个数量级。根据分析机构 Statista 的数据，目前必应占有 9% 的市场份额，而谷歌则牢牢地占据了 80% 的市场。

ChatGPT 给微软带来了前所未有的人气。2023 年 3 月 8 日，微软必应官方博客宣布，随着必应预览版新增用户超过 100 万，必应搜索引擎的日活跃用户首次突破 1 亿名。而且，在 GPT-4 发布后，微软营销主管宣布，新版本的必应早在六周前就已经用上了 GPT-4。2023 年 5 月，在微软必应对所有人开放，但是必须下载 Edge 浏览器才能用，同时抢占搜索和浏览器的市场份额。用户也由此获得了全新的体验：在搜索中，可以简单、简洁地查询答案，并能通过与该聊天机器人的对话来更深入地研究一个问题。

在 OpenAI 的 ChatGPT 已经开拓出了成功的 AI 发展道路后，谷歌也在迅速跟进，其在 2023 年 5 月的 Google IO 大会上，发布的一系列产品可圈可点，新的大模型 PaLM 2 也弥补了短板，未来可期。

OpenAI 和微软该如何竞争呢？

○ 1.6.3　开放 ChatGPT API

2023 年 3 月 1 日，OpenAI 官方宣布，正式开放 ChatGPT API。用户可以直接调用 ChatGPT 做各种应用，任何开发者都可以通过 API 将 ChatGPT 和 Whisper 模型集成到他们的应用程序和产品中。最重要的是，OpenAI 还把定价直接降低了 10 倍，每 750 个单词的收费从 0.02 美元降到了 0.002 美元，大幅度地降低了开发人员的使用门槛。不过，ChatGPT 不支持微调，如果要做定制大模型，还是得用 GPT-3 或 GPT-3.5 等语言模型，而它们的 API 价格维持不变。

为什么 OpenAI 采用这样的价格策略？要知道，训练 AI 大模型的成本极高，而且，ChatGPT 现在也没有同级别的对手，好不容易有了市场和公众认知度，为什么突然降价 10 倍？未来如何营利呢？

这很可能是微软和 OpenAI 联合下的一盘大棋，即"放长线钓大鱼"。整个策略不是为了短期收回成本，而是要让 ChatGPT 相关的应用尽快普及，未来微软将会在算力上有较高收益。因为基于大模型的算力，是微软的独特优势，而成为生态链中的顶层平台是 OpenAI 的梦想。参照亚马逊的成功经验，我们就能明白微软的布局。亚马逊在 2006 年就推出了 AWS 云计算服务，然后在 14 年间连续降价 82 次。最初它的竞争对手并不强，这样降价对自身并无太多益处。但正因为 AWS 云服务的收费不断降低，才掀起了各类应用向云端转型的浪潮，也让它保持了领先地位。到 2023 年，亚马逊在云计算领域依然位居世界第一，市场份额高达 32%。

在开放 API 后的几天之内，就涌现出无数个基于 GPT 的小应用。其中很多都是业余的个人开发者，写几行程序建立个网站，实现一个功能就能吸引很多人来用。

有一种 GPT 应用，可以让用户上传一本书或报告，然后通过自然语言问答的方式进行学习。无论 PDF 文件的语言是什么，用户都可以使用自己的语言进行交流。这对不想读长篇英文 PDF 报告的人来说，能够直接用中文沟通，实在是太方便了。因为开发门槛低，很快就出现了很多类似的应用，其中最火的一个叫 ChatPDF，上线不到一周就有了十万次 PDF 上传，10 天就有了超过 30 万次对话。它还推出每月 5 美元的付费服务，而且这个应用的增长成本很低。而在社交网络上的大量谈论，给 ChatPDF 带来了许多自然流量。

在 OpenAI 的赋能下，一开始就带来了应用创新以及创富效应，未来可想而知。

如果你对这样的发展趋势还缺乏直观感知，可以回顾一下手机应用商店的发展。2008 年，苹果应用商店里有 500 个 App，十年后，iOS 和 Google Play 上的 App 数量超过 620 万个！这些 App 的背后是无所不在的网络连接，是没有止境的服务系统。可以预见的是，ChatGPT 和 GPT 语言模型的 API 所赋能的应用也会覆盖各个领域。

◎ 1.6.4 多模态的 GPT-4 模型

2023 年 3 月 15 日，大型多模态模型 GPT-4 正式发布，实现了以下几个方面的飞跃式提升。

1. 强大的识图能力

注意，识图能力可不仅仅是类似"小猿搜题"的升级，而是给 AI 配上了眼睛。过去，你只能通过文字与 AI 进行交流，无法使用图形表达，尽管有时图形更能直观地传达信息。而且在解释图像时，你会发现有许多内容难以用文字表述且不够准确。

GPT-4 升级到了多模态，具有多种信息数据的模式和形态，因此能处理更复杂的任务。理论上，结合文本和图像可以让多模态模型更好地理解世界，解决语言模型的传统弱点，比如空间推理。比如，只需要发一张手绘草图给 GPT-4，它能直接生成最终设计的网页代码。推演一下，在这样的应用开发模式下，未来人人都是产品经理和程序员，只需要画一幅网站图，代码自动生成，了解一部分程序知识就能实现其应用。

2. 文字输入限制提升至 2.5 万字

GPT-4 的上下文长度为 8192 个 tokens，比 GPT-3.5 版本的 ChatGPT 多了一倍。而且 GPT-4

读取文本的上限提升到 32K tokens，即能处理超过 25000 个单词的文本。因此，GPT-4 还可以使用长格式内容创建、扩展对话、文档搜索和分析等。

在用 GPT-3 版本的 ChatGPT 处理一篇文章时，字数超过一定限制文章就不能完整发送，而在 GPT-4 中，完整的网页文本、PDF 文件直接交给它处理也没问题。

3. 回答准确性显著提高

相较于之前的模型，GPT-4 在回答准确性方面出错率显著降低。在 OpenAI 进行的内部对抗性真实性评估中，GPT-4 的得分比 GPT-3.5 高出了 40%。也就是说，在理解和回答问题，尤其是比较复杂的问题时，GPT-4 显得更聪明了。

怎么变聪明的？简单来说，就是 GPT-4 的"大脑"变得更聪明，"神经元"变得更多了。GPT-4 模型到底有多少参数，用了多少语料训练，目前还是个谜，OpenAI 官方没有透露任何信息。

OpenAI 发文称，GPT-4 在各种专业和学术基准测试中的表现已达到人类水平，比如在做各种标准考试题中获得高分，如 GRE 成绩可以达到哈佛大学考研的录取标准。

4. 能够实现多种风格的变化

在 GPT-3 版本的 ChatGPT 中，AI 的表达都是固定的语调和风格。但在 GPT-4 版本的 ChatGPT 中，用户可以通过"系统消息"来设定 AI 的语调、风格和任务。

系统消息（system messages）允许 API 用户在一定范围内自定义用户体验。例如，让 GPT-4 作为一位总是以苏格拉底风格进行回应的导师，它不直接帮学生求解某个线性方程组的答案，而是通过将该问题拆分成更简单的部分，引导学生学会独立思考；或者让 GPT-4 变成"加勒比海盗"，使其具有独特的个性，由此可以看到它在多轮对话过程中时刻保持着自己的"人设"。

虽然从功能上来看，GPT-4 的改进更像是一个迭代的版本，而不是革命性的改变，更不是一个能通过图灵测试的 AGI。但是，GPT-4 这个 AI 多模态模型的最新里程碑，成为评估所有基础模型的标准。GPT-4 完全开放后，将会成为一个有价值的工具，通过为许多应用提供动力来改善人们的生活。具体 GPT-4 的参数有多少，OpenAI 并没有透露。但有人向相关团队成员证实，GPT-4 的参数量仅会比 GPT-3 稍大一些。

实际上，模型大小与其产生的结果的质量没有直接关系。参数的数量并不一定与 AI 模型的性能相关，这只是影响模型性能的一个因素，语料信息应该跟模型参数有一个合理匹配。据估算，目前可以用于模型训练的语料，换算为 Token 数也就 5400 亿个，在这样的语料基础上，千亿以上的模型的训练结果差异并不大。

目前，其他公司有比 GPT-3 大得多的 AI 模型，但它们在性能方面并不是最好的。例如，由英伟达和微软开发的 Megatron-Turing NLG 模型，拥有超过 5000 亿个参数，但在性能方面不如 GPT-3（如图 1-47 所示）。

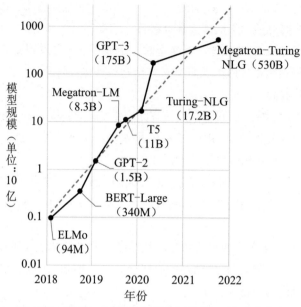

图 1-47 模型大小（数十亿参数）（来源：Nvidia 官网）

此外，模型越大，微调它的成本就越高。GPT-3 训练起来足够难，也很昂贵，但如果你把模型的大小增加 100 倍，就计算能力和模型所需的训练数据量而言，将是极其昂贵的。

GPT-4 的这些强大的能力，通过开放 API 赋能，让整个生态的应用都能获得最先进 AI 的收益。

通过开放 API 赋能，GPT-4 的强大能力让整个生态的应用都能获得最先进人工智能的收益。微软在 GPT-4 发布 2 天后，推出了 Office Copilot，无须复杂操作，只需用自然语言发出指令，即可在 Word 中快速打草稿、编辑，在 PowerPoint 中快速转化想法为演示文稿并进行排版，以及在 Excel 中高效处理和分析数据，并实现数据可视化。此外，在 Outlook 中，它可以帮助管理邮件沟通，快速回复；在会议中，可以随时整理会议摘要，明确重点；在软件开发中，可以简化开发进程；在商务沟通中，可以高效总结聊天记录，撰写邮件，甚至编写计划。

Copilot 是微软大规模应用的 AI 技术入口，它从根本上改变了人们的工作方式，将人们从简单无聊的事务性工作中解放出来，腾出更多的时间和精力去完成更有价值的创造性工作。微软宣布了 Copilot 与其办公软件的集成，实际上这标志着 AI 生态建设竞争的开始。未来 Copilot 可以跟任何软件结合，包括谷歌的软件，各类 AIGC 的 AI 平台，甚至你的专用工作软件。

有了 Copilot 这样的入口，许多强大但零散的软件功能都可以被集成起来，即便是垂直的 AI 技术也能被大规模利用。使用 Copilot 后，用户无须关心其背后的人工智能的智能程度和语言模型的规模。只需向 Copilot 提供想法，它将与这些 AI 或软件进行沟通，并将最终完成的任务返回给用户。这样做，用户的能力将得到巨大提升，就好像利用 AI 组成了一个团队一样。

◎ 1.6.5　ChatGPT 推出插件功能

2023 年 3 月 23 日，OpenAI 宣布推出插件功能，赋予 ChatGPT 使用工具、联网、运行计算的能力。也意味着第三方开发商能够为 ChatGPT 开发插件，以将自己的服务集成到 ChatGPT 的对话窗口中。

之前大家都在畅想，如何把 ChatGPT 用在更广泛的应用领域，与现有业务结合。现在，OpenAI 给出了"插件应用商店"这样的范例。

有了插件后，ChatGPT 的能力有多惊人呢？

在官方演示中，ChatGPT 一旦接入数学知识引擎 Wolfram Alpha，就再也不用担心数值计算不精准的问题。通过使用强大计算能力的插件，ChatGPT 弥补了在数学上的短板。

以前因为大模型不实时更新，也不联网搜索，用户只能查询到 2021 年 9 月之前的信息。而现在 Browsing 插件会使用互联网上最新的信息来回答问题，并给出它的搜索步骤和内容来源链接。使用了必应搜索 API，目前 ChatGPT 已经具备直接检索最新新闻的能力，从此你无需再担心 ChatGPT 胡言乱语的问题了。

从演示来看，首批开放可使用的插件包括了酒店航班预订、外卖服务、在线购物、AI 语言老师、法律知识、专业问答、文字生成语音，学术界知识应用 Wolfram 以及用于连接不同产品的自动化平台 Zapier。这几乎已经涵盖了我们生活中的大部分领域：衣食住行、工作与学习。可以预见，ChatGPT 的 App 本身将成为一个超级应用，就像微信能接入很多小程序成为新的应用入口一样。

OpenAI 官方说，因为有了插件，ChatGPT 有了眼睛和耳朵，可以自己去看互联网上的信息，去听发生的事情。我们更愿意将其看成一个可以与其他应用对话的连接，ChatGPT 从单机运行进入了网络互联时代。

由于插件的出现，ChatGPT 在商业应用时最大的隐患——"不可靠"已被解决。现在，通过第三方应用的插件，OpenAI 变得更加可靠。此外，OpenAI 还采取了相应的安全措施，如限制用户使用插件的范围仅限于信息检索，不包括"事务性操作"（如表单提交）；使用必应检索 API，继承微软在信息来源上的可靠性和真实性；在独立服务器上运行；显示信息来源等。

通过新推出的插件（Plugins），ChatGPT 能实现什么功能？

（1）检索实时信息：例如，实时体育比分、股票价格、最新新闻等。

（2）检索私有知识：例如，查询公司文件、个人笔记等。

（3）购物和订外卖：访问各大电商数据，帮你比价甚至直接下单；订购外卖。

（4）旅行规划和预订服务：例如，系统可用于查询航班和酒店信息，协助用户预订机票和住宿等。当用户提出"我应该在巴黎的哪个酒店预订住宿？"时，系统会自动调用酒店预订插件 API，并以 API 返回的信息为基础，利用自然语言处理技术生成符合用户需求的答案。

（5）接入工作流：例如，Zapier 与几乎所有办公软件连接，创建专属自己的智能工作流（能与 5000 多个应用程序交互，包括 Google 表格）。

随着时间的推移，预计系统将不断发展以适应更高级的应用场景。

最让人欣喜的是，OpenAI 在服务用户的时候，在一次对话过程中按需调用了多个插件，分别完成推荐食品、计算卡路里和点外卖等操作。未来插件越来越多，全球的算力和知识互联，都被集成在一个会话中，自然能实现跨行业合作。

这样的做法，对平台和小企业都有巨大的影响。从用户界面来说，许多应用的用户未来会直接通过 ChatGPT 触达应用和服务，跳过一些传统的中间环节，这对现有平台化的公司可能是个威胁。例如，未来的应用不再通过 AppStore 提供，订餐者不需要去美团平台也能下单，这些平台的营利空间就会被压缩。

是不是开发插件的公司就能营利呢？未必。可以预见的是，数字世界的各类高效功能，很容易被集成到 OpenAI，这个领域的公司都岌岌可危。而实体世界的小企业，可能在流量方面获得一些低成本的触达机会。但由于 OpenAI 自己也做插件，它既是裁判，也是直接下场参赛的选手。许多插件的应用，可能由于同类插件被 OpenAI 自己生成而消亡。

前不久热议的一个话题，Jasper.ai 这样的写作 AI，已经是很大的独角兽企业了，在 GPT-3 的赋能下，活得很滋润，随着 ChatGPT 的增强，现在很多用户无需付费给它，直接用 ChatGPT Plus 了，Jasper.ai 未来一片黯淡。如今，代码解释器的强大功能，可能让许多数据处理类和文件转换类的公司有同样的遭遇。

即便是 OpenAI 自己保证不做这样直接在插件竞争的事情，对接入了插件的公司而言，是否在对话中能被用户调用到，还是一个不确定的事情，因为对话和引用的主导权在 ChatGPT。如果是同质化的内容，如何能得到优先调用，也是一个很难处理的问题。也许在商业模式上，就会变成电商平台那样，商家通过竞价获得被调用机会，价高者得，而插件就成为信息流广告的新形式。

未来，AI 生态的竞争可能更激烈。因为谁得到了生态中各个企业的用户，谁就能在模型方面获得更大的数据优势，形成强者越强的趋势。微软和 OpenAI 已经发力，谷歌新推出的 PaLM 2 大模型借力谷歌现有的产品和谷歌云的优势，将会快速发展，国内的百度、讯飞、阿里、腾讯、字节跳动等公司都推出了自己的大模型，奋起直追。谁能率先建立起 AI 的生态系统呢？我们拭目以待。

人工智能对人类社会的影响是一个备受争议的话题。许多人受到好莱坞科幻电影的影响，认为超级人工智能会诞生自主意识并影响人类，甚至替代人类。而物理学家斯蒂芬·霍金则对人工智能表示警惕，认为它可能会毁灭人类。然而，媒体和名人往往更喜欢戏剧性的故事和争议性强的话题，这容易导致人们形成偏见。奥尔特曼认为，人工智能可以帮助所有人获得增强效应，使聪明才智和创造力倍增。既然实现 AGI 还很遥远，我们先聚焦于ChatGPT 对人类的影响吧。

2.1 AI 对工作的影响

◎ 2.1.1 ChatGPT 已经开始替代人类的工作

人类历史上有过很多聊天机器人，但从未有像 ChatGPT 这样强大的，其回答问题的流畅程度让人惊艳，其运用知识的能力更让人惊叹！当 GPT 被用到 Office Copilot、Github Copilot 后，更十倍百倍地提升了生产效率。

这么强大的 AI，让许多人开始疑虑：AI 会抢走人类的工作吗？

不用怀疑！一些调查显示，很多工作任务已经开始被替代了。据美国《财富》杂志网站报道，2023 年 3 月的一项调查显示，在1000 家被调查企业中，有近 50% 的企业在使用 ChatGPT，这些企业中，又有 48% 已经让其代替员工工作。ChatGPT 的具体职责包括：客服、代码编写、招聘信息撰写、文案和内容创作、会议记录和文件摘要等。目前来看，ChatGPT 的工作得到了公司的普遍认可，55% 给出了"优秀"的评价，34% 认为"非常好"。由于使用了 ChatGPT，有些企业已经节省了几万甚至十几万美元的成本。

2023 年 3 月 20 日，OpenAI 发布了《GPT 是 GPT：大型语言模型对劳动力市场潜在影响的早期观察》的研究报告。研究人员称，GPT 会是像蒸汽机或印刷机一样的"通用技术"。报告的结论是，因为应用了 GPT 相关技术，大约 80% 的美国劳动力市场可能被影响，其中约 19% 的工人可能会感受到其至少 50% 的工作任务会受到影响。

这个量化的结论，是怎么得出来的呢？研究人员将职业与

GPT 能力进行对应关系评估，并结合了人类专业知识和 GPT-4 的分类，评估因素包括职业所需技能、任务类型和自动化潜力等。这个类似于职业中的人岗匹配评估，只不过是把匹配对象换成了 GPT。先把每个岗位中的具体工作所需的知识和技能拆解，然后跟 GPT-4 的知识比对，GPT-4 能完成的事情数量越多，那么这个岗位就越容易被替代。

这份报告还强调，高收入职位可能面临更大的风险。据媒体报道，ChatGPT 曾顺利通过了谷歌软件工程师入职测试，该岗位年薪 18 万美元。而且 GPT-4 在美国部分高校的法律、医学考试中获得了前 10% 的优秀成绩。当然，通过测试和替代工作还是两个概念。但未来随着 AI 的进步、工具的发展和流程的优化，这些领域的部分职位被替代是极有可能的。

那么，OpenAI 报告中预测这种替代什么时候发生呢？这份报告并没有明确的估计，也没有时间表，但这样一份报告已足以让全球媒体哗然，让打工人惊慌。

冷静一下，这些变化不会立刻发生，人类还有时间来应对，因此没那么可怕。

⭕ 2.1.2 AI 影响各行业的淹没效应

AI 对各行各业的影响可以理解为淹没效应，就像许多科幻片描绘的，由于南极冰山逐渐融化，海平面上升，逐渐淹没全球的小岛和陆地一样。但因为各个行业的特点不同，受到 AI 的影响面差异很大，而且 AI 技术和相关工具本身也在快速发展之中，因此，AI 带来的影响是一个逐渐蔓延的过程。

从短期看，ChatGPT 技术会对某些行业和领域造成影响，会替代一些低技能或重复性劳动，甚至部分脑力劳动者，导致部分从业者失业或工作机会减少。但这不会在一夜之间发生，即便许多人因技术而被迫失业，也会找到新的工作。工业革命期间，技术进步曾经导致大量工人失业，但他们最终找到了新的岗位，工作也更有价值。然而短期影响是巨大的，转变不一定像人们想象的那样无痛。

在以往的技术革命时代，大多数技术都会在取代一部分岗位上的人类员工的同时，创造一部分新的就业机会。例如，虽然流水线技术提升了工业制造的效率，在生产同样成果的时候减少了工人，但由于市场扩大，又创造了大量的流水线工作岗位。可 AI 却与此不同，它的能力边界非常明确，即接管人类的工作任务，但市场并不会突然扩大，这就直接导致人类就业机会的减少。而且 AI 技术几乎影响了各行各业，并在全世界范围内同时开始落地应用。

从中期来看，ChatGPT 对劳动力市场的影响分为两类：第一类，增强或放大一些技能，提升已经存在的职业价值；第二类，创造新的高技能工作机会，出现新的职业或行业。例如，人工智能技术的发展将给高科技行业带来机会和挑战，在 AI 研发和实施方面，需要更优秀的工程师和研究人员，也需要被称为安全工程师的专家，专注于预测并防止人工智能造成的伤害。

在与 AI 的协作中，人类需要扮演三个关键角色。作为训练者，他们训练 AI 执行某些任务；作为解释者，他们要对 AI 执行任务的结果进行解释，特别是当结果违反直觉或有争议时；作为运营者，他们将维持对人工智能系统正常、安全和负责任地使用（如防止机器人伤害人类）。

为什么需要解释者这个角色？因为基于大模型的 AI 系统是通过不透明的过程得出结论的，它们需要该领域的人类专家向非专业用户解释它们的行为。这些"解释者"在法律和医学等基于证据的行业尤为重要，在这些行业中，从业者需要了解 AI 如何权衡输入，比如量刑或医疗建议。解释者正在成为受监管行业不可或缺的一部分。

从长期看，随着岗位重构和教育培训，ChatGPT 的替代效应变弱，对特定技能、职业的增强效应将变得更加明显，拥有独特技能的人会因为 ChatGPT 进入劳动市场而额外受益。

◎ 2.1.3　AI 的优秀和局限性

AI 最擅长的任务具有以下特征。

（1）重复性：这些任务中的许多步骤是重复的，需要大量时间和精力，对于人类来说容易疲劳和出错，而 AI 可以快速、准确地完成这些任务。

（2）标准化：这些任务需要严格遵守特定的标准和规范，以确保工作的质量和准确性，而 AI 可以根据预设的规则和标准执行任务。

（3）数据化：这些任务涉及大量的数据和信息，需要进行数据处理和分析，而 AI 可以快速处理和分析大量的数据。

（4）高安全性：这些任务中的一些是敏感信息，需要保持高度的安全性和机密性，而 AI 可以提供更加安全和可靠的数据存储和处理服务。

（5）复杂性：这些任务通常需要高度专业知识和技能，需要处理复杂的信息和数据，需要进行深入分析和判断以及做出复杂的决策。

AI 不擅长或不能做的领域具有以下四个特征。

（1）创造力：AI 缺乏进行创造、构思以及战略性规划的能力，它无法选择自己的目标，也难以进行跨领域构思和创意性的思考，更难以掌握人类所拥有的常识。虽然 AI 可以针对单一领域的任务进行优化，达到最优解，但它仍不能超越人类的创造力。

（2）同理心：因为 AI 没有"同情"或"关怀"等情感体验，它难以实现与人类真正的互动。AI 编程可以让机器在某种程度上模拟出对人类的反应，但它的反应仍然仅是对事实做出的预测，并没有真正感受到关怀。

（3）灵巧性：AI 和机器人技术难以完成一些精确而复杂的体力工作，如灵巧的手眼协调。此外，AI 难以处理未知或非结构化的环境，并在其中执行任务。特别是当它无法获得足够准确的图像或数据时，其运作效果会受到影响。

（4）决策力：虽然 AI 比人聪明，善于进行预测，但是否采取行动的决策权还是在人类手里，因为那个损失最终是由人来承受的，AI 不会承受损失。因此，AI 和人分工的指导原则是：AI 负责预测，人负责判断。对人类来说，只要采取行动的代价小于损失乘以概率，就应该采取行动。

以上是对 AI 发展影响的总结，如果要搞清楚 ChatGPT 带来的影响，需要先明确 ChatGPT 的本质。

2.2　ChatGPT 本质和价值

◎ 2.2.1　ChatGPT 的本质到底是什么？

本质上，ChatGPT 是一个语言模型的聊天软件。因为了解人类语言，所以能够充当人机交流的翻译，进而变成强大的自然语言用户界面，其背后依托的是 GPT 大语言模型。

从科技发展的历史来看，通常会先出现一些杀手级的应用，这些应用会带动基础设施的建设。而随着更好的应用的出现，需求也会不断增加，从而进一步促进基础设施的发展。这样的发展趋势往往会像一波波的浪潮一样，不断推动着科技的进步。

在 AI 发展的过程中，ChatGPT 可以被看作一个杀手级应用，它推动了作为基础设施的 GPT 技术的发展，同时也催生了许多基于 GPT 技术的新应用。微软的新应用如 Bing 和 Office Copilot 也都是基于 GPT-4 技术开发的应用，它们的出现进一步推动了 GPT 技术的应用范围和深度。可以预见，随着 GPT 技术的不断发展，未来还会涌现出更多基于 GPT 的新应用和服务，不断地推动人工智能技术的进步。

我们可以从以下三个核心价值来看 ChatGPT。

1. 全网信息压缩后的知识库

想象一下，如果要把互联网上的所有文本创建一个压缩副本，并存储在专用服务器上，方便快速调取，我们应该怎么做？

对预训练模型，如 ChatGPT 或者大多数其他的大语言模型来说，其训练过程就是通过把万维网上找到的信息压缩进模型的过程。当然，因为这种压缩是丢弃了原始文本后重建的文本，有时会产生一些事实性错误，不能 100% 还原所有的输入知识。然而，由于它能够基于上下文在对话中高效地生成内容，并且生成的大部分内容都是正确的，因此许多人将其视为一个方便查询的知识库。与传统搜索引擎相比，ChatGPT 更懂用户意图，生成的结果更简洁明了，无需再进行筛选和比对。

实现了信息压缩的大模型价值远远高于没有完成这些信息压缩的大模型。如今有成百上千个语言模型，却没有能与 GPT-3、GPT-4 抗衡的，其根本差异就在于信息量。

GPT 在训练模型并积累信息之后，便可轻松地从其所掌握的信息中生成文本，通常这些生成的文本质量高于大多数人所创作的文本。换一个角度看，如果一个人在工作中不创造新的价值，只是把现有的信息整理后进行简单输出，那么一定会被 AI 替代掉。比如金融分析师、普通文员、财经和体育媒体记者，甚至包括短视频和公众号的创作者。而对于需要创造力、审美力的工作来说，ChatGPT 是巨大的助力，能把相关工作的员工从一些简单重复的工作解放出来。

有了这样庞大的知识库，再有自然语言对话的加持，学习方式从根本上发生了改变。OpenAI CEO 奥尔特曼在一次访谈中提到，他现在宁可通过 ChatGPT 而不是读书来学习。

你可以假设 ChatGPT 是一个知识渊博的老师，你在学习新知识的时候，可以要求他跳过所有的细节，用简单直白的语言把一个知识的本质讲给你听，如果理解不了，还可以要求其换一个说法，并举例子，以快速掌握。

当你掌握了基础知识后，可以要求 ChatGPT 给你制订学习计划，推荐学习资源。在学习过程中，有任何疑难问题，还可以咨询 ChatGPT。当学习有了心得，可以说给 ChatGPT 听，让它评判，给你反馈。

ChatGPT 提供的学习方式类似于个性化的一对一学习和辅导，但传统老师无法随时响应学生的需求，而且在信息广度方面远远不及 ChatGPT。

例如，在读《伟大的盖茨比》的时候，如果你对主人公常常眺望绿色灯塔的举动不理解，可以通过 ChatGPT，体会主人公的心境，理解作者描写这个情节的意义。

由于 ChatGPT 的知识库方便了知识工作者，因而对一些需要大量知识的行业，如法律和医疗等，有巨大的助力。毕竟人脑的记忆是有限的，即便记住了，关联能力也比不上 ChatGPT。

2. 自然语言的用户界面

从一定程度上来看，很多职业的核心就是为专业知识库提供用户界面。许多专业人员所做的工作实际上就是理解需求并将普通语言转化为专业术语，这是必要的，但完成这些任务的成本非常高。例如，教师是学习资料的用户界面，律师是法律文书的用户界面，程序员是程序代码的用户界面等。这些专业人士的做法很类似：把结构化的信息转译成自然语言，便于普通人理解和沟通，然后再转译回结构化的信息去处理，处理后再转为自然语言。

有了 ChatGPT 这样的自然语言界面后，能够对用户的提问做出媲美专家的回答，专业人士的中介功能也许就可以从沟通环节中去掉。

微软公司创始人比尔·盖茨在接受德国《商报》（*Handelsblatt*）采访时表示，聊天机器人 ChatGPT 的重要性不亚于互联网的发明。他指出："到目前为止，人工智能可以读写，但无法理解内容。像 ChatGPT 这样的新程序将通过帮助开收据或写邮件来提高许多办公室工作的效率，这将改变我们的世界。"

纵观历史，从按键到触控，再到语音控制，交互形式的每一步革新都催生出新的行业竞争格局。有趣的是，三次人机交互的革命都是由苹果公司带动的。

第一次，图形用户界面 GUI。虽然乔布斯早期将其从施乐"偷"来，并把它应用于电脑，但由于当时的软硬件问题，遭遇了失败，而跟进了这个技术的微软却通过 Windows 操作系统大获成功，成为 IT 行业霸主。

第二次，触摸屏。苹果的 iPhone 重新定义了触摸屏的交互方式，并获得了巨大的红利，跟进的谷歌也抓住这个机遇，构建了 Android 生态，成为大赢家。而微软和诺基亚两位霸主，由于历史包袱问题及对商业模式的认知问题，错失了机会。

第三次，自然语言用户界面。10 年前，苹果率先发布 Siri 语音助手，各个巨头相继效仿。但 10 年来，没有一家的技术能真正让大众日常使用，主要原因还是在智能识别语音方面的技术没有突破，导致人说的话常常被误解。直到 ChatGPT 这样的聊天机器人出现后，才真正打开人们的想象力。

ChatGPT 在经过训练、调整和改进后，可以以非常好的方式来帮助人们完成各种各样的复杂任务，可以说降低了专业门槛。

拿编程来说，原本只有懂得程序语言的人才能写程序，但现在有了自然语言的交互方式，任何人都可以写程序。甚至根本不需要写程序，比如对数据处理的工作，直接把数据交给 ChatGPT，就能生成分析表格和分析报告。

再说说绘画，原本只有懂得绘画技术和一些艺术知识的人才能创作出艺术作品或工作中的图形图画，现在，只需要会说话，有想象力，把想要的描述清楚，就可以很快完成一幅不错的绘画作品。许多人就在用 ChatGPT 为 Midjourney 编写提示语，从文本创建图像。

虽然 ChatGPT 在进行对话时，还会有一些误解，需要一些写提示语的技巧，但这是暂时的，很快就会有大幅改进。预计未来几年，所有的软件系统都将采用自然语言作为用户界面。这种用户界面的价值有多大呢？

伊隆·马斯克（Elon Musk）曾说："人工智能已经发展了相当长时间，它只是并不具备大多数人都能使用的用户界面。ChatGPT 所做的，是在已存在若干年的人工智能技术上添加一个可用的用户界面。"从这个意义上来说，有了这样的用户界面，就有了更多的可能性。

以前，因为编程序的能力不足，开发程序的成本很高，很多零碎的工作并没有变成可编程的工作，导致大量的低效劳动。有了 ChatGPT 这样一个更懂人类的 AI 后，仅从理解和执行任务来说，就能把很多工作变成可编程的形式，效率上大大超越之前的产品。

另外，生成式 AI 的兴起，促进了生产力工具的升级，对于企业和组织来说，这是一个巨大的机会，可以大幅提升生产效率和质量。任何人都能借助 AI 完成自己原本做不到或做不好的事情，比如编程、画画、写文章等。用语言生成图片可以把时间从一小时缩短到几秒钟，把 150 美元的成本降到 8 美分，这都是真实发生的事情。这就好比，在做任何事情时，你不再仅仅依靠个人的能力，而是有一个强大的团队来增强你的能力。只需设定目标，团队就能将其分解并执行。你只用关注需要确认的工作部分，一个人就能轻松完成大量的工作。

这样的人机交互界面，不仅能按用户的意图完成基本操作，还能通过更强大的生成式 AI，扩大认知和执行的边界，满足人类之前对计算机交互的最高想象。

总的来说，自然语言交互界面的出现将改变大部分人的工作方式，从而改善工作效率和客户满意度，还可以打破地域限制，与国际市场联系起来。

3. 把 AI 和软件连成网的平台

在 ChatGPT 出现之前，AI 技术已经有了巨大的飞跃，无论是视觉还是声音的识别，都已经超过人类，在自然语言理解、翻译等技术方面创造了显著的价值。例如，基于 AI 智能推荐的新闻和视频网站，如今日头条、抖音和快手都成为新的巨头；智能机器人、无人驾驶等先进技术也不断出现。

但是，在企业中，AI 技术往往处于大家都看好，但使用量却不多的奇怪处境。因为一些简单的 AI 服务并没有那么智能，如识别声音、识别英文或者中文等，只是人工的简单替代。虽然有价值，但对企业的核心业务影响不大。如果想要定制核心业务的解决方案，则需要花费巨大的成本来收集和标注数据，很多公司本来对 AI 技术很期待，但做了一年没结果，就不做了。

即便是专业的 AI 公司，也很难盈利，因为用高成本打造的 AI 模型，不能跨领域使用，许多 AI 软件只能完成用户方的部分工作。软件系统就像"孤岛"，难以被全社会利用，也就没有规模效应，无法创造巨大的价值。

以 GPT-3.5 和 ChatGPT 为代表的 AI 的出现，改写了用户界面，其通过自然语言的嵌入，让所有的孤岛都被连起来，就像一个个孤立的电站，联结之后形成了电网，持续给全社会供应稳定而便宜的 AI 能力。例如，微软发布的 Copilot 功能对 Office 365 的套件赋能，只需要用自然语言，就能完成大量复杂的文字、表格和 PPT 等工作，并在 Teams 等协同软件方面有了提升会议和沟通效率的高效方式（如图 2-1 所示）。

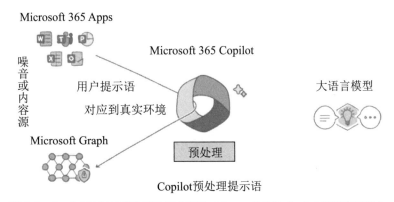

图 2-1　Copilot 对提示进行预处理（来源：Microsoft 365 Copilot 发布会视频）

微软通过 Microsoft Graph 这样的知识图谱，把上下文知识用于生成提示语，调用 GPT-4 的功能获得结果。

想象一下，有一组像 Copilot 一样的机器人在由 AI 串联而成的智能协作网络中运作，它们使用自然语言界面与人类交互，并与其他机器人协作。如果人类提出一个复杂的任务，Copilot 会将其分解为多个子任务，并将这些子任务分配给不同的专业 AI 机器人去完成。

例如，你要创建一个广告视频，可以先去 ChatGPT，让它帮忙列出需要做的任务，包括：①出广告创意和写广告文案；②设计 AI 绘图的提示语；③把广告文案转为期望声音的配音；④选择背景音乐，把 AI 绘图的内容和配音合成为视频文件。然后，让 ChatGPT 完成任务①，你确认后，再把其他工作分别派发给不同的 AI 机器人去按顺序完成。你只需要在完成后，对工作进行评估，或者调整，然后继续用 AI 来完成后续的工作。这个阶段，可以称为人机协同阶段，所有的生产力工具都将会首先实现自然语言界面的升级，而人类则需要用自己的判断力来筛选和纠正 AI 创作的内容，避免出错，持续改进。

有一些子问题的完成过程中无需人来进行纠偏，就让 AI 自动化执行。比如在广告营销领域，可以根据人群的特性来进行广告投放。甚至医生看病、教师教学中，都可以分出一些工作，让 AI 去完成。

对一些容错率高，无需人类协同的工作，整个过程可以通过编程来实现自动化，解决了第一个问题后，结果自动转到第二个问题，就会出现全程自动化。例如，在客服领域，实现全程自动化应答。未来，甚至可以设计无人机巡检的全自动程序，通过编程，让无人机完成起飞、巡航、拍照、返回、上传照片识别和报警等一系列动作，无需人的干预。

◉ 2.2.2 通过 ChatGPT 来与 AI 共赢

长期来看，企业的商业模式和行业竞争会被重塑。与其考虑哪些工作会被替代，我们更应该思考的是，如何放大 ChatGPT 的作用，并与其共存、共创，乃至共同进化。

具体来说，就是如何把工作重新拆分和重组，用好 AI 来做其中一些工作。举例来说，人们生病了，最信任的仍然是人类医生，由于医生可以使用专业的 AI 医疗诊断工具，快速准确地为患者定下最佳治疗方案，所以能腾出充裕的时间和患者深入探讨病情，抚慰他们的心灵，医生的职业角色也将因此被重新定义为"关爱型医生"。

这需要我们在未来的工作和教育中主动拥抱 GPT 模型和相关衍生工具和流程，重塑我们的工作、商业模式和教育体系。

未来是一个人类跟 AI 协作的时代，我们需要关心的不仅仅是 K12 教育，在 AI 逐步渗透社会各行业的过程中，每个人都需要有积极的心态去拥抱变化，重新学习跟 AI 相关的知识和合作技能。AI 和人类合理分工、各展所长，AI 可以既智能又高效地承担起各种重复性任务，而人类得以把更多的时间花在需要温情、创意和策略的人文层面工作上，从而产生"1 + 1 > 2"的合作效应，这样会大大提升人类的生产力以及整个文明的水平。许多科幻小说中出现的场景都可能被创建出来。

例如，艺术家、作家和编辑可以利用 AI，把自己独特的经历、经验、故事、设计元素输入AI 融合，更好地进行创作。这将大大改变创意工作的形式，使认知性任务和创造性任务之间的边界变得模糊，艺术家并没有被替代，而是换了一种工作方式。

AI 不仅是科技进步的产物，更是帮助人类进步发展、完善自我的利器。回顾人类历史，过往的几次技术革命在推动人类社会进步的同时，也因新技术替代了人类的工作而在各自的时代被质疑。但事实证明，有了新技术后，没有出现因工作被替代而造成的长期问题，人类反而因为从低端重复性的工作中被解放而发展得更好。

在接下来的几节中，将逐一分析被影响的领域和职业。

2.3　信息密集且以重复性工作为主的领域

从可替代性来说，信息密集且以重复性工作为主的领域是受 AI 影响最大的，如金融、保险、零售、物流、翻译等。这些领域在 ChatGPT 出现之前，就已经在 AI 和信息技术的驱动下发生了巨大变化。

这些领域有以下特征。

（1）重复性：把大量数据进行重复输入、编辑、搜索或归档的工作，比如数据分析、文字编辑、业务流程管理等。

（2）低技能：工作需要的技能水平较低，无需天赋，经由训练即可掌握的技能，比如客服。

（3）工作简单：这类工作虽然有一定技能和知识要求，但工作形式比较简单，工作空间狭小，比如仓储等。

虽然这些领域的工作有很多已经被 AI 替代了，但在 ChatGPT 这样的自然语言界面出现后，还会进一步加速。未来，这些领域的大量工作职位可能都会被 ChatGPT 和 AI 技术所替代。

◉ 2.3.1　电商零售

过去十年，零售业经历了巨大的变革，其中 AI 的应用是一个重要因素。举个例子，AI 技术可以帮助零售商向客户推荐个性化产品，使客户能够更快、更轻松地找到他们需要的产品，在客户看过或购买一个商品后，AI 会推荐其他的相关商品，提高销售额和客户满意度。

此外，AI 技术还可以用于分析客户购物行为，识别客户趋势和偏好，不仅能快速消化库存，还能让零售商定制满足客户需求的产品。

另外，AI 技术还可以帮助零售商简化供应链运营，确保产品能够按时、适量地交付。例如，AI 技术可以用于监控库存水平，以便零售商能够及时补充库存，避免缺货或过量存货。此外，AI 技术还可以用于自动化物流和运输流程，以提高效率和减少成本。

未来，随着 AI 技术的不断发展，聊天机器人、虚拟个人助理和图像识别等 AI 支持的技术将会替代许多过去由商店员工执行的最耗时、最平凡的任务。

例如，聊天机器人可以用于客户服务，自动回答客户的问题，而虚拟个人助理则可以协助店员处理客户的请求和需求。海外跨境电商 SaaS 服务商 Shopify 已率先集成 ChatGPT，以此升级智能客服功能，节省商家与客户的沟通时间。

在 ChatGPT 和 AI 的规模化应用后，会发生下列改变。

1. 无人购物体验

AI 使为购物者提供完全自动化的购物体验成为可能，通过使用 AI 面部识别，顾客可以快速安全地支付他们的物品，而不必排队。

2018 年 1 月 22 日，Amazon Go 无人便利店向公众开放，颠覆了传统便利店、超市的运营模式，使用计算机视觉、深度学习以及传感器融合等技术，彻底跳过传统收银结账的过程。

Amazon Go 代表了 AI 在线下零售的发展趋势，预示了一个商店完全无人化的未来。

2. 改善库存管理

AI 也在改变企业管理库存的方式，合理预测库存。例如，一个卖户外服装和装备的品牌，可以通过人工智能来预测和监控天气、购买率和顾客行为，合理调整供应链，确保合适的库存水平，避免脱销或积压。

通过使用 AI 算法，零售商可以确定其产品在仓库或商店中应处于的最佳位置。

3. 提升客户体验

购买前，支持 AI 的虚拟助手可用于为客户提供个性化的产品推荐和建议，帮助他们做出明智的购买决策。有了 ChatGPT 这样的自然语言聊天机器人，可以通过交互性的购物体验，回答客户的问题，并实时提供产品推荐。

购买后，AI 客户服务有助于减少客户等待时间并提高客户满意度。

4. 分析消费者行为

AI 驱动的分析可以用来更好地了解消费者行为。通过分析客户偏好、购买历史和过去行为的数据，企业可以获得对消费者行为的有价值的见解，然后可以用来相应地定制他们的产品和服务。还能发现潜在机会，如新市场或客户群。

下面列出一些相关职业的分析。

1. 收银员

日益激烈的竞争迫使零售商精简人工流程，自助结账机几乎占据了所有大中型超市，收银员正在被自助结账机取代。

2. 电话销售

生活中常常碰到电话销售，现在大量的电话销售都是自动语音来电。未来在 ChatGPT 的赋能下，这类电话会变得越来越接近人类的对话。此外，AI 还能通过顾客资料、购买历史以及表情识别，找到吸引顾客的方法。例如，使用温和的女性声音或有说服力的男性声音，向冲动型购买者进行追加销售，用价格、类别均合适的商品来锁定顾客。与人工电话销售员相比，AI 几乎是零成本，而且不抱怨、绩效高。

3. 客服

在零售行业，客服岗位面临被淘汰的风险。因为这类工作有高度重复性（通常会有教科书式的应答方法作为参考），通过 ChatGPT 的使用，可以实现智能客服和咨询，让客户的等待时间更短、提高服务的效率和质量。

这一过程会分为几个阶段进行。最先被取代的将是聊天机器人和邮件客户服务，接着是涉及大量来电和相对简单产品 / 服务的语音服务。

一开始，AI 将和人类联手工作。由 AI 提供建议性的答案、主题和固定回复，人类则充当后备人员，处理 AI 无法处理的聊天或来电（例如，来电者处于愤怒状态）。这样将会缩短客户的等待时间，提高问题解决率（因为使用 AI 的前提是确认它可以解决问题），并大大降低成本。

这一过程中会积累大量数据，并最终使 AI 被训练得更好，ChatGPT 可以对客户提出的问题进行判断，结合复杂算法模型进行相关分析，并提供非常准确的解决方案，工作表现超过人类。

不过，ChatGPT 不能完全取代人工客服，因为在一些特殊情况下，仍然需要人类客服代表进行较为复杂的沟通，并提供解决方案。

4. 运营人员

一家"世界五百强"公司已经宣布将网店运营人员的数量从两万人裁减至一万人。这些人员的工作是处理数据和信息，具体工作包括文件存档、处理、采购、库存管理、错误勘查、销售额估算和向管理层报告调查结果等。随着商务流程的电子化，商务智能系统可以让整个流程实现自动化，AI 可以给出预测，让人来进行决策，效率越来越高。未来，AI 甚至可能会直接做出决策，并根据结果动态调整。

◉ 2.3.2　金融保险

在金融领域中，AI 已经被广泛应用于风险管理、资产管理和客户服务等方面，帮助银行和保险公司进行风险评估、投资决策和投资组合优化等方面的工作，提高财务机构的运营效率和风险控制能力。

2022 年，网商银行发布"百灵"交互式风控系统，让 AI 成为信贷审批员。当一个小微经营者需要贷款时，他可以通过和"百灵"对话聊天，上传发票、流水、合同、卡车和小店货架等材料和照片。百灵通过计算机视觉技术、AI 模型等识别这些信息，并为小微经营者"画像"，算出一个信贷额度，已有超过 500 万用户通过"百灵"提交材料提升贷款额度。

在证券投资领域，AI 可以分析大量的金融数据，预测市场走势，辅助投资决策。AI 还可以将金融信息的生产和金融产品的上线自动化，提高金融机构信息流及交易量的效率和质量。

人工智能可以在金融信息服务方面发挥重要作用，它可以通过大数据分析、机器学习和神经网络等技术，将大量的繁杂数据转化为有价值的信息。把复杂的信息变成通俗易懂的信息，是 ChatGPT 的强项。

由于金融信息服务在业务过程中积累并不断生成海量数据，因此人工智能在这方面具有天然的优势。人工智能将对金融信息服务产生全面而深刻的影响，包括提升服务能力、服务效率、服务成本、服务边界以及风险防范与化解等方面。人工智能可以提升金融信息服务能力，提高服务效率，降低服务成本，拓展服务边界，并且精准应对客户需求，从而实现个性化定制服务，极大提升服务体验。

保险业务受到 AI 的影响可能会更大，因为保险业务最重要的事就是做预测，而在预测方面，AI 远远强过人类。所有决策中的预测部分都可以交给 AI 来做。所以，保险业一直在积极采用 AI 技术。

2017 年 1 月，日本富国生命保险用 IBM 的人工智能平台 Watson Explorer 取代了原有的 34 名人类员工，以执行保险索赔类分析工作。

早在 2016 年，泰康在线就已开始探索人工智能，曾推出保险智能机器人"TKer"，用户可以通过机器人的身份证识别器，识别身份证等证件信息进行直接投保，也能通过人脸识别和语音交互功能进行保单查询或办理业务。在遇到机器无法解决的问题时，TKer 会呼叫后台人工服务进行人机协同。从这些功能来看，也就相当于一台带有人脸识别、语音交互和触摸屏的电脑。

如今有了 ChatGPT 这样的自然语言界面，接入保险行业原有的 IT 软件，就能覆盖很多流程，直接面对客户。采用 ChatGPT 最新的插件功能，完全可以做到精确和可控，因为核心业务仍然由原有保险的业务系统来进行。

在保险行业中，ChatGPT 可以发挥以下四个方面的作用：

（1）客户服务：ChatGPT 可以作为保险公司的客户服务代表，为客户提供 24 小时不间断的在线服务。客户可以通过 ChatGPT 与保险公司进行实时的交流和沟通，查询保险产品、理赔流程等相关信息，提高客户满意度和忠诚度。

（2）理赔处理：ChatGPT 可以协助保险公司进行理赔处理，通过与客户进行实时的交流和沟通，了解事故情况、损失情况等相关信息，从而更快地处理理赔申请，提高理赔效率和准确性。

（3）产品推广：ChatGPT 可以作为保险公司的营销工具，向潜在客户推广保险产品。通过与潜在客户进行实时的交流和沟通，了解客户的需求和偏好，从而更好地推荐适合客户的保险产品，提高销售转化率。

（4）数据分析：ChatGPT 可以收集和分析客户的交流数据，从中提取有价值的信息和洞察，为保险公司提供更好的数据支持和决策参考。

另外，ChatGPT 通过自动化日常任务，如更新客户状态到 CRM 系统、安排会议和生成方案等文档，减少员工执行重复性任务，提高了员工的整体生产力。这也相应地减少了岗位所需人数。

下面列出一些相关职业分析。

1. 投资经理

在金融领域中，最早被自动化技术冲击的是股票和期货交易所。很多投资工作需要处理大量的信息或做出非常快速的决策，这些工作都非常适合 AI 来完成。例如，量化交易、个性化的机器人投资顾问，以及使用大数据和 AI 积极管理共同基金的买方证券研究等。当然，在企业并购、天使投资和机构化信贷产品领域仍然存在许多高级投资工作，但在未来十年内，受 AI 影响的高收入投资人员数量将非常庞大。

2. 贷款审批员

人工智能擅长处理大量数据、做简单的决策和做出精准的判断。贷款审批正好符合这些特点：银行拥有大量的贷款历史数据，需要决定的只是是否批准贷款，而对客户的判断也只需检查是否有还款拖欠记录。AI 贷款审批员可以基于更多的信息来决定是否批准贷款。

数据分析表明，在保持原有批准率的同时，AI 批准的贷款项目违约率大大低于人工批准的项目，这已在阿里巴巴的小额贷款中得到验证。当然，对于复杂和大额的贷款，仍然需要人工干预。

未来，这样的贷款可能会有专门的人员监督 AI 的工作，以便针对可疑的问题进行特别处理。

3. 资讯编辑

彭博社发布其开发了拥有 500 亿个参数的语言模型——BloombergGPT。该模型依托彭博社的大量金融数据源，构建了一个 3630 亿个标签的数据集，支持金融行业内的各类任务。

随着自然语言处理和机器学习技术的发展，AI 可以自动生成新闻报道和分析文章，同时还可以进行语义分析和情感分析，更好地理解市场和投资者的情绪和趋势。AI 还可以自动化挖掘和整理海量数据，提供更精确的市场分析和判断。

不过，虽然有了 BloombergGPT 和 ChatGPT 这样更快、更智能的内容生产能力，能大幅度提高财经新闻和市场研究分析的及时性与产出量，但由于财经内容的严肃性，人工进行事实核查和验证仍不可或缺。短期内 ChatGPT 还无法完全替代人工，未来金融行业的资讯编辑工作可能会被 AI 替代。

4. 电话接线员

在金融行业中，有一些业务是通过电话完成的，如电话银行服务，随着语音识别技术的不断提升，以情景对话为导向的语音合成也越来越自然，电话接线员岗位已经被替代了很多。虽然人工服务在短期内仍然必不可少，但 AI 的快速发展和普及将会对金融行业的通信服务带来深刻影响，为金融行业带来更多的效率和智能化，电话接线员的岗位被 ChatGPT 等 AI 彻底淘汰只是时间问题。

5. 保险理赔员

保险公司的理赔员在处理大量的一般性索赔时，需要仔细检查大量数据，应对各种不确定因素。对于小额索赔，保险公司通常只会随机抽查或自动接受要求，但这种做法容易受到欺诈的影响。为了提高效率和减少欺诈，一些保险公司已经通过 AI 实现了自动化理赔处理。例如，如果你的房屋遭受冰雹袭击，你只需拍几张照片发给保险公司，AI 就能快速评估损失并核实索赔。另外，AI 具有识别欺诈的强大能力，可以大幅降低欺诈率，同时提升理算数值的可靠性和准确性。这将节省时间和人力成本，使保险理赔更加高效和便捷。

◎ 2.3.3　物流仓储

在仓储和物流行业，AI 技术已经被广泛应用。例如，自动化仓库中的搬运机器人、分拣机器人和无人叉车等一系列物流机器人，能实现更高效的自动化工作，同时也可以减少物流配送的错误率并提高安全性。

仓储人员的工作已经在很多无人仓库中被替代。诸如亚马逊机器人、Ocado 机器人、Kiva 机器人等仓储机器人已经广泛应用于仓储物流领域；XYZ 等码垛机器人已经开始替代人力进行分拣；捷象灵越、壹悟科技等无人叉车可以把货品货架准确运送到仓库指定位置。

而 ChatGPT 技术的出现，还将带来如下改变：

1. 提高客户体验

由于自动化客服的普及，许多客户体验会做得更好。拿国际航运来举例，在客服方面，以往班轮公司基本不会直接面向直客货主提供客户服务，这类服务往往都是货代在提供。如今，班轮公司纷纷开通了直营订舱平台，可以根据箱号、提单号在平台查询物流状态，但功能还不够方便。未来用 ChatGPT 这样的服务机器人，为客户解答业务开展情况、货物运输状态、船舶到港情况等，不论是哪一国的语言都能搞定，这就替代了之前货代人员的一些客服工作。

2. 供应链管理

通过分析销售数据和库存数据来优化供应链。如配送路线规划、订单管理、汽车驾驶等方面，可以提高配送效率和减少物流成本。

3. 物流相关协作

ChatGPT 还可以把货物清单自动化。从挑选产品到更新库存状态，安排发货等，可以在更短的时间内完成任务，同时减少错误发生的可能性。随着计算机视觉和机器人操控技术的发展，AI 将很快能从事搬箱、装车以及其他仓库工作。仓储物流自动化的趋势愈发不可阻挡，和工厂相比，仓库自动化所需的精度低，因此更容易实现。

下面列出一些相关职业分析。

1. 物流操作人员

随着各种全自动的人工智能机器人在仓库管理和物流运输等领域的广泛应用，物流操作人员的职位可能会逐渐消失。然而这并不意味着物流操作人员将被淘汰，相反他们要积极地掌握人工智能技术的应用，以协助公司更好地实现自动化物流操作。未来物流操作人员的职责可能会发生变化，他们要能够与人工智能机器人进行协作，并掌握相关技术和知识，以确保物流过程的高效性和准确性。

2. 物流管理人员

借助人工智能技术的帮助，物流管理人员的工作效率将大大提高。在这种情况下，物流管理人员的职责可能发生变化。物流管理人员可以利用人工智能技术优化库存管理、预测需求变化等，从而更好地满足市场需求，提高客户满意度。此外，物流管理人员也可以利用人工智能技术分析物流数据，了解市场趋势，制定更好的物流策略，提高物流效率和准确性。

3. 物流分析师

随着大数据和人工智能技术的发展，物流分析师的职位可能会受到影响，因为许多工作都可以由 AI 自动完成。然而，仍然需要一些高级分析师，他们可以根据业务需求指导 AI 分析物流数据、预测需求变化、优化运输路线和库存管理等。这些高级分析师需要具备丰富的物流业务知识和高超的数据分析技能，能够对物流数据进行深入分析，发现数据中的价值，从而为公司提供更好的物流策略和决策支持。

◎ 2.3.4　翻译服务

早在十年前，谷歌就发布了谷歌翻译产品，机器翻译被用于许多场景。如今基于神经网络训练的机器翻译变得更为强大，翻译的准确度大幅度上升，而且能覆盖很多小语种。

微软研究人员 2023 年 3 月 14 日发表博文称，他们在使用深度神经网络人工智能（AI）训练技术翻译文本方面取得了进展。这个机器翻译系统可以把中文新闻句子翻译成英文，准确率堪比人类。

对 ChatGPT 来说，翻译日常对话是小菜一碟，对于专业的文章，ChatGPT 也很强。有人比较 ChatGPT 和专做翻译的 AI Deepl 后发现，ChatGPT 的翻译质量更好。虽然对这类文章，翻译还会有些错误，但基本可用。未来随着机器学习量的增加，翻译的错误也会变得越来越少。

因此现在许多外贸生意，在工作中大量用 ChatGPT 来翻译。甚至有些工作根本不需要翻译，直接用中文给出指令，让 ChatGPT 写英文的邮件或文案，更加原汁原味，大大提升了语言相关的运营类工作的效率。

有一些翻译公司也开始使用 ChatGPT 来参与翻译工作，从而提高翻译的准确性和效率。这使得一些翻译人员的工作岗位面临被淘汰的风险。

下面列出一些相关职业的分析。

1. 笔译员

许多中国企业已经广泛使用谷歌的自动翻译技术来开展海外业务，逐渐替代了人工翻译。虽然现在的 AI 翻译仍然存在错误，但只需要少量人工校对，就能达到可用的水平。

在没有机器翻译之前，人工翻译是一个巨大的劳动力市场，拥有各种各样的细分市场，价格昂贵。但随着机器翻译的出现，人工翻译只能在闲鱼等平台上挂单，以较低的价格销售。

虽然机器翻译技术已经大大提高了翻译的效率和准确性，但仍然有些文本需要人工翻译。例如，涉及法律、商业和文化等领域的文本需要专业知识，文学作品、宗教文本等需要文化背景知识，机器翻译技术还无法完全替代这些人工翻译。此外，翻译工作还需要进行文本风格的调整和修饰等，这也需要人工的参与。因此在某些领域中，人工翻译仍然是必不可少的，但数量会大大减少。

2. 同声传译

目前，一些重要场合，比如商务和政府等领域的口译，特别是同声传译，仍需要人工翻译。因为这些场合对翻译的准确性和流畅性有很高的要求，机器翻译无法完全替代。但随着 AI 技术的不断进步，这些翻译的错误问题可能会得到解决，从而逐渐被机器翻译所替代。因此，未来某些翻译职业可能会面临消失的风险。

2.4　需要大量专业知识和较高技能的领域

第二批受到影响的包括许多需要大量专业知识和较高技能的领域，例如新闻、出版、教育、医疗、法律、编程和咨询顾问等。这些领域中的一些低端岗位将受到较大的影响。

这些行业中的具体任务拥有以下特征：

（1）技术性：这类任务通常需要丰富的专业知识和高超的技术能力，比如医疗诊断、程序编写、机器诊断等。这些任务需要专业人员处理，以确保产出的工作质量得到保障。

（2）研究性：这类工作需要人员具备丰富的研究技能，例如实验研究、市场调研、商业分析等。这些任务需要进行深入的研究和信息收集工作，从而提供所需的数据和分析结果。

（3）复杂性：这类工作涉及复杂的客户服务和领域技能，例如法律顾问、金融分析师、企业管理顾问等。这些任务需要具备高度的专业知识和经验，以便为客户解决问题并提供有价值的建议。

（4）人际交往：这类工作需要人员有强大的人际交往能力，例如咨询、调解、培训等。这些任务需要进行沟通和协商，帮助他人解决问题并提供有价值的建议和指导。

不过，这并不意味着这些领域的岗位都将被 AI 所取代，ChatGPT 替代的主要是低端岗位、非决策性岗位和不需要情感互动的岗位。因为许多领域都需要人类的情感和思考能力，以及人类与人类之间的交流互动。

但对于初级职场人和即将进入职场的大学毕业生来说，由于低端岗位减少，可能面临毕业即失业的状态。初入职场的人对行业不够了解，没有实际工作经验，通常是在资深职场人的指导下做一些基础的或辅助性的工作，在实践中学习和成长。然而 ChatGPT 可以比他们做得更好，成本也更低，那么谁愿意雇用他们呢？

从另一个角度看，资深的职场人都是从初级成长起来的，如果进入职场的初级人员少了，未来的人才从哪里来呢？

这种人才供应链的缺失或断档，对任何一个行业都是严重的问题。

怎么解决呢？

答案是重新学习。不等毕业，在学校就得学一些新的知识和技能，为适应 AI 新经济下的新型工作场景做好准备。

有不少人类的工作是 AI 难以胜任的，特别是那些需要创造力、复杂工艺、社交技巧以及依赖人工操作 AI 工具的工作。

换个思路看，AI 赋能的新经济可能会带来更多创新，释放人类的想象力和创造力。

下面一一分析这些领域。

● 2.4.1　新闻出版

早在 ChatGPT 出来前，新闻领域已经有了大量的机器写作。

　　2017 年 8 月，当四川省阿坝州九寨沟县发生 7.0 级地震时，AI 机器人在 25 秒内完稿并发布，它不仅详实地撰写了有关地震发生地及周边的人口聚集情况、地形地貌特征、当地地震发生历史及发生时的天气情况等基本信息，还配有 5 张图片（如图 2-2 所示）。在后续的余震报道中，该机器人的最快发布速度仅为 5 秒。

　　从这个写作发布速度来看，AI 比人类快得多，这样的速度在紧急事件发生时是非常关键的。

　　2019 年，彭博社发布的新闻内容中约有 1/3 是由一款名为 Cyborg 的 AI 写作机器人完成的，该机器人能够协助记者每季度完成数千篇公司财务报告相关文章。

　　现在有了 ChatGPT，所有人都能尝试机器写稿了。因为 ChatGPT 还具备强大的文本内容创作能力，可用于创意写作（诗歌、新闻、小说、学术等）、命题写作（风格模仿、文本续写、主题拟定等）和摘要生成（学术类、小说类、新闻类等）等。用 ChatGPT 整理文字、搜集资料、汇总资料、写文章和论文等，简直太方便了。

　　拥有 ChatGPT，你就相当于有了一个私人秘书、助理，甚至是知识顾问，帮你回答问题、写作和整理资料。

图 2-2　AI 撰写九寨沟地震报道
（来源：微信公众号中国地震台网）

　　现在 ChatGPT 的训练语料库主要是来自一些网上公开的知识和信息，未来会把一切人类可数字化的知识全都打通、装进去。那么 ChatGPT 将成为全球共享的知识大脑，人类所有的知识，将可以随时轻易获取。

　　据报道，新闻平台 Buzzfeed 已经开始采用 ChatGPT 协助内容创作，部分采编工作被自动化，媒体能够更快、更准确、更智能地生成内容。在其宣传与 OpenAI 建立合作关系，将用 ChatGPT 写稿后，其股价曾在 3 天内暴涨 3 倍。

　　也许你会担心，ChatGPT 懂得又多，又擅长文本工作，是否会完全取代编辑、作家和记者的工作呢？

　　其实，ChatGPT 对内容生产者的冲击不是毁灭性的，而是会推动内容生产者不断创新和转型。

　　拿小说创作来说，任何人都可以通过 ChatGPT 来生成一篇文章，只需要提供构思、框架和重点情节就好，多生成几次，再拼接起来，就能变成一篇完整的小说。但这样的小说可读性很差，因为人物形象不够丰富，缺乏情感，很多细节也不够生动。因此由人类作者书写的，内容更丰富、结构更精巧和精神内核更厚重的高质量作品仍然会有市场，不但不会被替代，反而会拥有更高的价值。

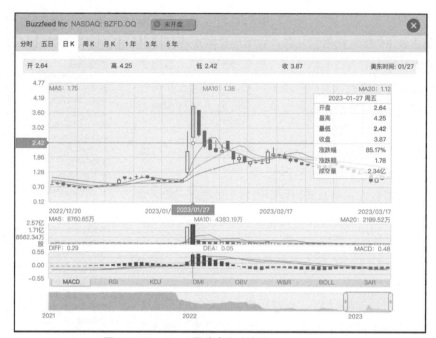

图 2-3 Buzzfeed 股价变化（来源：gu.qq.com）

ChatGPT 会对内容创业领域带来如下改变。

1. 创作的效率提升

创作者可以用 ChatGPT 在创作的各个环节提升效率。

在写作初期，可以让 ChatGPT 生成一个结构完整的大纲，因为它的知识比较全面，或许能给你带来新的启发。

对模板式的公文和邮件，ChatGPT 能帮你快速生产初稿。

在你写出基础内容后，让 ChatGPT 来改写、润色，好的文章都是改出来的。

在自媒体领域，可以实现视频文稿转微信公号文章、微博等，增加产出的种类和数量。

2. 创意更丰富

使用 ChatGPT，还能提升创意的丰富度，从而提升创作质量。因为 ChatGPT 能按概率组合，生成很多超出普通人想象的、更有创意的内容，往往也会激发创作者的灵感。

美国的一位财经内容博主 Philip Taylor 分享了自己用 ChatGPT 写专业博客的教程，他在想不到好的创意时，会直接求助 ChatGPT。目前他博客里热度排名第二的文章，主要想法就是由 ChatGPT 生成的。

艺术家、作家和编辑可以利用 AI，把自己独特的经历、经验、故事和元素与 ChatGPT 这样的 AI 辅助写作融合，更好地进行创作。

这将大大改变创意工作的形式，让认知性任务和创造性任务之间的边界变得模糊，艺术家并没有被替代，而是换了一种工作方式。

3. 知识产权的争议增加

ChatGPT 将会对知识产权产生巨大影响。生成式人工智能将会通过学习和仿制已有的作品，产生大量的作品和内容。不仅会对现有作品的知识产权产生影响或侵权，而且会产生新的知识产权问题。随着生成式人工智能的不断升级，必然会产生各类侵犯知识产权的问题。

下面列出一些相关职业分析。

1. 记者 / 编辑

自动化编辑内容已经被广泛应用于许多类型的内容中。由于大部分新闻都是相似事件的重复性描述（如公司的季度营收报告或足球比赛等），这些内容由 ChatGPT 等 AI 生成非常容易。此外，AI 还可以根据历史点击数据生成吸引人的标题。

虽然模式化报道的工作可以由 ChatGPT 等 AI 替代，但记者和编辑们可以转向更复杂的深度报道，涉及更复杂的信息关联。此外，记者和编辑仍然是新闻报道和编辑的主体，他们的专业知识、创造性思维、人类情感和人类判断力是无法被机器人替代的。

记者和编辑需要具备创造性思维，能够独立思考和发掘新闻价值，提出独特的报道角度和视角，而 ChatGPT 等聊天机器人只能根据已有的数据和模型生成文本，缺乏独立思考和创造性思维。此外记者和编辑需要具备人类情感，能够理解和表达情感，从而更好地与读者建立情感联系，而 ChatGPT 等聊天机器人缺乏情感和人性化，无法真正与读者建立情感联系。

专业知识也是记者和编辑不可或缺的素质，他们需要深入了解和分析各种复杂的社会问题和事件，而 ChatGPT 等聊天机器人只能根据已有的数据和模型生成文本，缺乏深入了解和分析的能力。此外，记者和编辑需要具备人类判断力，能够对信息进行筛选和判断，从而保证报道的准确性和客观性，而 ChatGPT 等聊天机器人缺乏人类判断力，无法保证报道的准确性和客观性。

因此，虽然记者和编辑的一些低端岗位可能会减少，但中高端职位仍然需要人类的专业知识、创造性思维、人类情感和人类判断力。在记者和编辑这两种职业中，记者和编辑的低端工作可能被 ChatGPT 替代，但中高端不会，反而可能因 ChatGPT 而提升效率和质量。

2. 作家

作家的工作是创作小说、散文、诗歌等文学作品，需要拥有丰富的想象力、创造力和语言表达能力，能够运用文字清晰地表达思想和情感，刻画人物形象和情节，塑造独特的文学风格。

随着数字化时代的到来，一些作家的工作已经被 AI 技术所取代。例如，生成文章大纲、概念和人物模板以及提供创意和灵感等。此外，AI 还可以生成故事情节等内容，即使 AI 可以独立创作一些简短的侦探小说，但这些内容目前仍然难以与人类作家的创作水平相媲美。

虽然 AI 可以在一定程度上辅助作家的工作，但 AI 无法完全代替人类作家的创意和想象力。原创型的故事是创造力的最高体现形式之一，也是 AI 的弱项所在。作家需要想象、创造并付出心力来创作具有风格和美感的作品，尤其是那些伟大的虚构类作品，需要具备独到的见解、有趣的人物、引人入胜的情节以及诗意的语言，所有这些都是很难被复制的。因此，在可见的未来，最好的书籍、电影和舞台剧本依然将由人类创作者操刀。

3. 编剧

编剧是电影、电视剧、戏剧领域中的重要职业，主要职责是构思剧本和故事情节，包括创作故事情节、塑造角色形象和编写对白等。

在数字化时代，AI 技术已经可以承担编剧工作中的部分任务。例如，生成人物小传、背景设置、角色关系等辅助性材料。或者在没有思路的时候，利用其随机生成的内容或线索形成创意，为写作注入新的灵感。此外，AI 还可以生成对白、故事情节等内容，比如，有人用 ChatGPT，让其用《老友记》主角口吻创作剧本对白。但创作的内容目前仍然难以与人类编剧的创作水平相媲美。

即使是改编现有小说为剧本，也存在许多挑战。编剧更像是在做命题作文，制片方提出要求，编剧则根据历史背景、方向、风格、篇幅和节奏等因素创作故事大纲和分集大纲，这样剧本的 70% 就已经完成了。但与创作不同，了解制片方的需求才是关键，编剧需要与制片方、导演、演员等其他创作人员进行沟通和协作，以确保剧本符合创作目标和预算。在这一点上 AI 是很难代替人工的。

因此，虽然 AI 可以在一定程度上辅助编剧的工作，但无法完全替代编剧。

◎ 2.4.2 内容分发

ChatGPT 会对信息的触达产生巨大的影响，具体通过以下三个方面：

（1）作为新型媒体，ChatGPT 就是一个能生成内容的媒体。新发布的 GPT-4 的错误率已经比 GPT-3 显著降低，且有了插件这样能准确获得信息的 ChatGPT 功能。未来，ChatGPT 会成为许多人获取信息的首选方式。

（2）作为媒体内容生成的工具，在媒体领域，GPT 技术可以用于内容生成、自动化编辑和个性化推荐等方面。例如，新闻机构可以使用 GPT 来生成新闻报道，从而提高生产效率。此外 GPT 技术还可以用于自动化编辑，通过分析和编辑大量内容来生成高质量的出版物。

（3）作为内容推荐的工具，GPT 技术还可以用于个性化推荐，根据用户的历史浏览记录和喜好来推荐相关的内容。

预计 ChatGPT 会对媒体带来如下影响。

1. 改变内容分发机制

类似新 Bing 这样的 ChatGPT+ 搜索引擎的新方式，改变了之前的内容分发模式，变得更有效率。这样的新排序和筛选机制，成为整个信息搜索传播方式的最大挑战。

2. 可能放大偏见

由于 AI 产生内容有一定的倾向性，有可能会放大偏见，导致耸人听闻、充满情感的新闻等获得更多浏览量和广告点击。现在已经有很多例子表明决策是如何利用大数据、机器学习、侵犯隐私和社交网络产生偏见的。

ChatGPT 的决策取决于算法和数据，但目前 GPT 的内容生产是一个黑盒子，难以对其进行直接影响。在对结果生成过程和进行审查的时候，必然有人类的参与，也不可避免存在偏见。

下面列出一些相关职业分析。

1. 视频剪辑

随着人工智能技术的不断发展，视频剪辑这一传统的人类创作领域也开始受到影响。在 2022 年北京冬奥会比赛中，快手就使用了 AI 自动剪辑来生产短视频。AI 可以处理大量的视频数据和图像数据，自动识别和提取关键帧、人物、场景等元素，然后自动剪辑成一段短视频。这些视频可以在第一时间呈现给观众，满足观众的需求。

然而自动剪辑视频只是应用于一些特定领域。因为 AI 目前仍然难以模拟人类的审美观和创意思维，也缺乏人类的直觉和判断力，无法感知视频中的情感和氛围，也无法创造出独特的视觉效果，所以视频剪辑中的创意思维和审美观等关键部分仍然需要人类来完成。

此外，视频剪辑中的后期制作也需要人类来完成。例如，音频的后期处理和音效的添加，需要音频编辑师来完成；同时视频剪辑中的颜色分级和色彩校正等后期处理也需要人类来完成。这些后期处理可以提高视频的质量，从而增强观众的观看体验。

总体来说，虽然 AI 可以在特定领域的视频剪辑中替代人类工作，但在大部分视频制作中，人类仍然是不可或缺的。在未来的视频制作过程中，人类将会利用 AI 的特性，创造出更加优秀的视频作品。

2. 网络直播

随着人工智能技术的不断发展，网络直播行业也受到了影响。AI 的出现使直播行业中的一些工作可以被自动化和智能化地完成，如知识直播和商品推荐等活动。通过使用 ChatGPT 等智能算法，虚拟人可以替代真人直播，例如，在一些需要大量的知识传授和解答问题的场合，虚拟人可以与用户互动，并提供各种各样的知识和服务。

此外，虚拟人形象也可以提供更加个性化和精准的商品推荐，从而为用户提供更加舒适和贴心的购物体验。

然而，虚拟人形象的出现并不意味着真人主播将会被完全取代。在网络直播行业中，真人主播的个性、魅力和亲和力是非常重要的因素。真人主播可以通过自己的经验和感受，向用户传递更加真实和直观的情感和信息。此外真人主播也可以更加灵活地应对用户的需求和反馈，从而提供更加个性化和定制化的直播服务。

总体来说，虚拟人形象和真人主播在网络直播行业中都有着各自的优势和局限性。未来虚拟人形象和真人主播将会形成更加协同和互补的关系，为用户提供更加全面和优质的直播体验。

◎ 2.4.3　教育培训

教育培训是受到 ChatGPT 直接冲击最大的领域。

第一个冲击，许多学生在用 ChatGPT 做作业。这不仅会破坏教育评价体系，而且会导致很多学生不认真学习和思考，让教育失去意义。

第二个冲击，现有的教育内容和方式并不符合未来职业的需求。在未来，知识触手可及，很多职业被 AI 赋能后，传统的知识类学习是否还重要？知识是不是不用记了？记也记不完，而 ChatGPT 不仅随时提供知识，还能提供非常清晰明确的分步骤解释，用的时候学也来得及。

第三个冲击，现有的教育重点没有针对未来 AI 时代的关键问题。例如，如果我们的许多日常决策由 AI 自动化进行，因为它懂得更多、数据更全，人类将越来越依赖 AI 的能力，那么，人的自主性或独立性必然减弱，这就需要培养学生的批判性思维。

要解决这些问题，得先理解一点，在一些创新学校中，已经不以传授知识为主，而以做项目为主。老师转变成课堂组织者、课业辅导者和人生规划师，而学生在新系统下也相应地成为更加独立的自主学习个体，比如，美国的顶峰公立学校（Summit Public School）就是这样做的。但这样的学校很少，对老师和学生的要求都很高。

有了 AI 技术，全世界的因材施教都将成为可能。例如，通过智能化的内容生成和推荐系统，甚至交互式的学习工具和游戏等，学生可以获得更加个性化、多样化的学习体验，教师可以更加高效地生成教学素材、测试题和作业等，从而提高教学效率和质量。在这种情况下，学校集中传授知识的意义就消失了，而与人沟通和协作也许就成了学校物理空间存在的意义。

多年以前，在教育行业中，AI 技术已经被广泛应用于学习内容的个性化定制、学习行为分析、自动批改等方面。有了 ChatGPT 这样的 AI 技术，可以通过分析大量的学习数据和学生行为，精准地识别和分析学生的学习需求，并给出相应的学习建议和资源，提高学生的学习效率和学习成果。

另外，虽然 ChatGPT 和 AI 技术的应用将使一些职业消亡，或一些岗位大量减少，但它也会创造新的职业。随着 AI 的发展，人类也需要不断提升自己的技能和教育水平，以适应未来的工作和社会环境。即便是在原有的岗位，人们也需要学习 AI 时代所需的技能，掌握与 AI 协作的新技能，这都需要通过教育实现。

下面我们分别从学生和老师两个角度，分析 ChatGPT 将会给教育带来哪些影响。

1. 对学生的影响

1）推动学生的学习

利用 ChatGPT 技术可以开发更优秀的教育工具和资源，从而有助于学生更好地理解和掌握课程内容。例如，应用人工智能技术可以提供与课程内容有关的互动教学内容和及时反馈的工具。

ChatGPT 作为个人的助理，可以帮助每个学习者定制课程，促进基于兴趣的教育，激发潜能，推动学生按其计划学习，并为学生推荐合适的学习方法。

ChatGPT 可以设计多种个性化的学习活动，促进学生之间的相互交流，促进团队合作和协作。

2）提供真正有效的教育资源

学生受益于即时反馈和反复练习应用新信息以提高掌握能力的机会。

ChatGPT 能及时提供对学生的反馈，让教育第一次有可能拥有真正有效、反应灵敏的教育资源。如果你学每一项知识，都能跟最好的老师进行两个小时的问答，得到专门针对你的指导，你听不懂还可以要求老师换一套更通俗的语言……这样的学习是不是很有效率？ChatGPT 就能做到这些。

AI 系统能够很好地分析学生的进步情况，针对不足之处提供更多练习，并在学生准备好之后引入新的学习材料。这样一来，教师便有更多时间专注于指导学生如何进行更高层次、更复杂的学习，并与 AI 系统协同进行技能培训。

在一个完全定制化的教育体系里，世界上任何角落的每一个学生，都可以根据他的兴趣找到最适合的老师，享受完全为自己量身定制的课程，得到世界一流的教育。

3）帮助学生适应学习节奏

对高强度的学习，或者不匹配的学习节奏，学生有时会感到疲倦、分心、头脑模糊或紧张，AI 有可能帮助缓解或解决这些问题，并让学生更好地了解自己。

有了 ChatGPT，能够在 15 分钟内重新调整一个课程，这就意味着，做出适合学生节奏的个性化课程更容易。

2. 对老师的影响

1）作为教师的助手，让教师把精力放在更重要的事情上

ChatGPT 可以作为助手，检查学生的作业、统计上课出勤率、对学生的作业自动评分和反馈。这将减轻教师的工作量，节省时间和精力。

对年轻的教师，ChatGPT 可以作为其导师，帮助教师解决问题并帮助提高教育质量。

ChatGPT 有助于加强教师与学生之间的互动，提升教学效果。假如教师在授课时不小心漏掉了一个重要的概念，ChatGPT 会及时提醒教师。

2）教学模式从教师为中心转变到以学习者为中心

ChatGPT 将帮助定制个性化的学习体验和更好的自适应教育，使学生可以根据自己的需要和学习速度来学习。例如，可以根据学生的智力水平、课程进度和测试结果来制定学习方式。

借助 ChatGPT，教师可以实现根据每个学生的进步进行个性化教育的目标。

3）改变教学方式

ChatGPT 对于写作的意义就像计算器对于数学，ChatGPT 会成为写作者磨炼思考和沟通技能的重要工具，以往固化的重复性知识传授方式早该被淘汰了。

ChatGPT 可以辅助学生更好地理解教学内容，并且帮助学生提升批判性思考的能力。

例如，传统的英语考试基本上是对处理、记忆和交流信息的基本技能的测试。如今需要上升到更深层的人文问题上，又如，什么是真理？什么是美？我们是怎么知道我们所知道的？

这样的教学要求，可能对未来来说是更有价值的。而在这类问题上，ChatGPT 能力很弱。

下面讲讲教师职位的变化。

随着人工智能技术的不断发展，教师的工作方式也开始发生变化。尽管 ChatGPT 和相关的

AI 无法完全替代教师，但它们可以在某些方面帮助教师更好地完成任务。

例如，AI 可以协助教师进行试卷批改和作业评估等烦琐的任务，从而节省教师的时间和精力，使教师能够更专注于设计课程和课件以及与学生进行个性化互动。此外，AI 可以为学生提供更加个性化和定制化的学习体验，根据每个学生的能力、进展、习惯和性格制定专属的课程计划，从而帮助学生更有效地学习和成长。

然而，教师的工作不仅仅是知识传授，还是一种人文关怀型工作，需要激发学生的兴趣和创造力，促进学生的个性化学习。在这方面，教师的作用是非常关键的，无法被 AI 替代。教师可以通过与学生进行面对面的交流和互动，了解学生的需求和心理状态，从而为学生提供更加个性化的帮助和贴心的关怀。

在人工智能时代，教育者们可以更加专注于每位学生的发展和成长，帮助学生找到自己的理想，培养自学能力，并以良师益友的身份教会他们如何与他人互动、获取他人的信任。AI 将成为教育行业的一个重要助手，帮助教育者更好地完成任务，为学生提供更加个性化和优质的教育服务。

◉ 2.4.4 开发测试

ChatGPT 不仅能写程序，还能修漏洞，准确率相当高。ChatGPT 编程的能力来自于 OpenAI 的 Codex 编程大模型，并基于 Github 上的海量开源代码进行训练。

一份内部文件显示，在谷歌的编程测试中，ChatGPT 的回答，达到了 L3 工程师的水平。虽然 L3 只是谷歌工程团队的最入门的职级，但这个水平其实超过了许多普通工程师。

两年前，微软就发布了 Github Copilot。这也是基于 OpenAI 的 Codex 模型，定位是软件工程师的结对编程 AI 助手，官方下载量已达到 416 万。

2023 年 3 月，Github 又发布了升级版 Github Copilot X，其中包括了 Copilot Voice，可以用语音沟通来编程。

如果只需要口头指示就能完成编程，那程序员的工作是否会消失呢？

确实，不管是通过 ChatGPT 还是用 Github Copilot 来编程，效率比之前高出很多，而且大大降低了程序员的门槛。以前必须掌握某一门编程语言，现在不需要了，能把代码跑起来就好。

在网上，关于 ChatGPT 能否替代程序员的问题争议很大。假如一个程序员的工作大部分就是写代码，确实会有更高效的方法来辅助写代码。

实际上，把中高级工程师的工作进行拆解后发现，写代码只占了很少一部分时间。需要花更多的时间去讨论需求、进行设计，写完代码后还需要进行调试。

有一位资深工程师大量使用 ChatGPT 助攻开发，因为可以大幅度提高效率。有一次，他要写一个 swift 函数，用于返回一个 UIImage 的视觉主色。如果自己去做，技术上虽没难度，但操作很烦琐：要动脑子想代码思路，要查图片主色的定义的资料，要通过搜索引擎查有没有相关颜色框架，还要考虑要不要引入这个框架。于是他选择交给 ChatGPT，几秒钟就做完了。不仅写完了，还会解释代码，并告知使用范围，太贴心了。如果脏活累活都交给 ChatGPT 干，自己腾出时间更多地来考虑创意层面的事，效率自然是大大提高。

还有人按结对编程的方法跟 ChatGPT 合作，自己写的代码也交给 ChatGPT 来评价，并把自动化测试的工作都让 ChatGPT 干了。跟之前与其他工程师结对编程比较，相当于省了一个人。

从团队视角看，一个项目中，高级工程师进行架构设计，然后分配工作给普通工程师，大家分别完成一些工作，再合并在一起调试。现在，可能就不需要那么多普通工程师了，有些活就直接丢给 ChatGPT 来做。在这样的新团队中，少了甚至没了低端工程师，可能并不影响整个开发进展，团队规模减少了，沟通成本也降低了。

下面列出一些相关职业的分析。

1. 软件工程师

随着 ChatGPT 和其他编程 AI 工具的发展，编程变得越来越简单，即使不懂代码的人也能写程序，这是整个社会的进步。因为程序员的开发成本高，之前有很多工作并没有通过代码来完成。虽然 AI 可以帮助人们编写程序，但它并不能完全替代人类程序员，因为 AI 无法完成复杂业务，只能解决一个个具体的问题。必须有人定义问题，明确需求，并确保程序的体验符合特定应用场景。

同时，随着 AI 的发展，AI 岗位的数量也会猛增。高德纳咨询公司预测，未来几年内 AI 创造的工作将超过被其取代的工作数量。AI 从业者需要紧跟这些变化，就像软件工程师们以前不得不学习汇编语言、高级语言、面向对象编程、移动编程，现在不得不学习 AI 编程一样。

麦肯锡报告显示，到 2030 年，高薪工程类工作将激增 2000 万个，全球总数将高达 5000 万个。但这类工作要求从业者必须紧跟科技发展，涉足尚未被科技自动化的领域。

未来简单的编码工作可能不需要人来完成，低端程序员的工作可能会消失。这将使中高级程序员有更多机会从事更有价值和创意的工作。然而，这也会带来一些问题，如低端工程师的消失将断掉这个职位的人才上升通道。大学生毕业后可能只能从事低端工作，但又找不到这样的工作。因此，我们需要寻找解决方案，如鼓励学生学习新技术，提供更多的培训和教育机会，以帮助他们成为中高级工程师。

2. 数据分析工程师

数据分析工程师是负责从大量的数据中提取有用信息的专业人员。随着 AI 技术的快速发展和应用，数据分析工程师的工作也会受到一定的影响。

首先，AI 可以替代一些低级重复性的工作，如数据清洗、数据预处理、数据可视化等，从而提高工作效率和准确性。此外，AI 还可以通过自动化工具来识别和解决潜在的数据异常和异常值，减少人工干预的需求。

然而，AI 并不能完全替代数据分析工程师的工作。数据分析工程师需要具备专业知识和经验，能够设计和管理复杂的数据分析系统，确保其准确性、可靠性、有效性以及设计安全可靠的数据库系统。因此他们需要与其他部门和利益相关者合作，以确定数据分析的需求和目标，并制定有效的数据分析策略。这些任务需要大量的沟通，这是 AI 无法取代的。

2.4.5 家居娱乐

在电影《钢铁侠》系列中，托尼有一个人工智能贾维斯作为超级助理。托尼无论是在家在公司还是在机甲里，都能与贾维斯进行语音对话，实现一系列功能，比如让贾维斯放点音乐，让贾维斯给自己换套机甲，让贾维斯监控自己的身体状况……

在许多家庭中，都有单独的智能音箱、内置数字语音助手，可以控制家居设备，也可以通过手机上的数字语音助手来进行控制。但是在 ChatGPT 出现之前，这些设备被用到的次数不多，功能也很简单。

有了 ChatGPT 后，可能通过自然语言界面的改进，让所有的家居设备被更好地运作起来。ChatGPT 会带来如下改变。

1. 更个性化的娱乐

从视频网站开始，人们已经体验到个性化的娱乐，比如抖音、腾讯视频、爱奇艺等在线视频网站用了推荐系统，让人工智能根据你过去的观看历史来为你可能想看的节目提供建议。

有了 ChatGPT 后，由于它会连接整个互联网上的资源，娱乐更广泛，它可以根据你的兴趣制定一个娱乐计划，随时推荐，比如从整个互联网找出适合你看的节目，不限于某一个视频网站。

它也能推荐你喜欢玩的游戏，或者一些活动等。

2. 游戏中的虚拟人大大增加

由于 ChatGPT 具有强大的语言理解能力，它可广泛应用于多种对话问答场景，包括智能客服、虚拟人、机器人和游戏 NPC 等应用领域。

有人做过一个实验，生成的 NPC 全由 AI 操控，彼此之间还能有丰富的互动。这可能是未来游戏的雏形吧，一个虚拟的类似美剧《西部世界》那样的场景。

随着 AI 在游戏中的应用，游戏中的虚拟人物数量得以大幅增加。游戏开发者可以让虚拟人物表现出更为智能的行为和反应，增强游戏的沉浸感和真实感。游戏开发者还能让虚拟人物更加个性化，比如，分析玩家的游戏习惯和行为，为每个玩家定制个性化的虚拟人物，更好地满足玩家的需求，增加游戏的乐趣和挑战性。

让用户自定义虚拟人也很简单。比如，在 character.ai，每个用户都可以在 3 分钟内创建出自己喜欢的角色，网站上已经有了成千上万个角色。

3. 家用功能型机器人普及

现在已经有了各种各样的 AI 家用机器人，可以做各种任务，如清洁等。

未来，家用机器人将拥有更高的智能和能力，并变得更加个性化，甚至可能变得更加可爱。例如，家用机器人将克服导航、方向和目标检测问题，能够更有效地执行任务。家用机器人将不仅仅是一个能干的助手，也是一个有个性的东西——就像生活一样，一个你真正喜欢在家里的伴侣，可以扮演人类伴侣或宠物的角色，让老年人能够独立生活。

治疗机器人和社交辅助机器人技术有助于提高老年人和残疾人的生活质量。人机 /AI 协作将帮助老年人通过照顾他们、帮助他们在家里（倒垃圾、打扫卫生等）以及陪伴他们来管理自己的生活。

4. 陪伴型机器人将大量出现

有了 ChatGPT 这样的技术，陪伴型机器人或电子宠物将会大量出现，为孩子或老年人提供互动和陪伴。这种机器人可以通过自然语言交互，提供情感支持、陪伴和帮助等服务。

对孩子来说，可以获得智能培养、教育启发和情感支持等方面的帮助。陪伴型机器人能根据孩子们的兴趣和爱好，推荐适合他们的书籍、游戏和影视作品等，从而帮助他们更好地发展自己的兴趣和技能。陪伴型机器人还可以为孩子们提供教育启发，机器人通过自然语言与孩子们交流，启发他们的思维，激发他们的创造力和想象力。在孩子们感到孤独或者情绪低落的时候，机器人可以陪伴他们聊天、讲故事、唱歌等，缓解他们的情绪和孤独感。

对于孤独的老年人来说，陪伴型机器人是一个比普通宠物更贴心的伴侣，像人一样用自然语言与老年人进行交流，给予他们温暖和关爱，减少焦虑感和孤独感。在老年人需要帮助的时候，陪伴型机器人也能帮忙解决日常生活中的问题。例如，机器人可以提供烹饪指导、医疗咨询、家居保洁等服务。

跟这个领域相关职业分析如下。

1. 保姆 / 家政人员

随着 AI 机器人的广泛应用，保姆或家政人员的许多体力工作将会被自动化实现，如打扫卫生、洗衣服和洗碗等，从而减轻保姆或家政人员的体力负担。但对于需要人类情感和个性化服务的工作，如照看孩子或老人、烹饪等，机器人还无法完全替代。保姆或家政人员的工作重心将逐渐转向提供"关爱和个性化"服务，花更多的时间陪伴和照顾家里的孩子或老人。例如朗读他们最爱听的故事、与孩子们进行互动、组织各种活动、帮助他们完成学习任务等；为家庭成员提供个性化的服务，例如烹饪出符合家庭成员口味的饭菜、帮助老人进行日常护理等。

2. 游戏设计师

在游戏设计领域，由于 AI 技术的发展，一些涉及 NPC 角色开发的工作可能会被自动化实现，从而减少游戏设计师在这方面的工作量和职位数量。然而，从用户需求的角度来看，玩家对于更多有趣的角色和互动游戏的期望仍在不断提升，因此游戏设计师需要在其他领域加强创新。

随着元宇宙和 AR/VR 等技术的兴起，越来越多的场景需要 AI 赋能的虚拟人物，这将为游戏设计师带来更多的机遇。游戏设计师将需要更多地涉及虚拟人物的设计和开发，如角色情感表达、虚拟人物行为模拟等，从而创造更加真实和生动的游戏世界。因此，游戏设计师的职位数量可能会随着新娱乐形式的兴起和 AI 赋能的生产力提升而大大增加。

◉ 2.4.6　法律服务

律师行业是一个高知识密度的领域，然而 GPT-4 发布时就提到，它已经通过了一项模拟的法学院律师考试，并获得了前 10% 左右的优异成绩。这表明，ChatGPT 的知识水平可能比很多刚毕业的律师还要靠谱。因此有了 ChatGPT 的帮助，许多普通的法律相关工作可能不再需要寻求律师的帮助，人人都能自己搞定。这也意味着，未来人们找律师咨询的情况可能会减少。

例如，美国迈阿密房地产集团中介安德烈斯·阿松就遇到了一个案例。一位客户向他咨询一个问题：这位女士刚搬进一栋新建的房子，却发现窗户无法打开。几个月来，她一直试图联系开发商，但没有得到任何回应。阿松让 ChatGPT 重新撰写了一封邮件，重点强调开发商的责任问题，ChatGPT 把这位女士的投诉写成了一个法律问题，开发商就立即上门处理了。

阿松还利用 ChatGPT 起草具有法律约束力的附录和其他文件，并将其送交律师审批。ChatGPT 很棒的一点是，它会给你很多样本供挑选和编辑。

对于专业的法律人士而言，ChatGPT 可以用于帮助查询法律条款、整理相关资料、改写文字、翻译等多个方面。它可以帮助回答客户的咨询问题，起草法律文书，并辅助司法判决的一些文书工作，从而提高效率和准确性，降低成本和错误率。

ChatGPT 会给法律领域带来如下改变。

1. 高效获取相关信息

例如，ChatGPT 可以通过提问方式直接查找相关的法律条款，能够有效节约大量法律条款记忆和检索的时间，提高法律工作的效率。在一个法律案例中可能会涉及不同的法律体系，如果不是专门从事这一方向的职业律师或者法官，可能无法进行较为完整准确的分析，未接受过专门法学训练的普通民众更难以查找相关法律条款，而 ChatGPT 会基于既有的法律资料进行梳理，并给出较为完整的参考。

律师可以通过 ChatGPT 获得简单明了的法律建议，快速回复客户。同时减轻了律师处理常见简单问题的负担，更专注于复杂和重要的案件。

ChatGPT 还能够起到翻译和摘要生成的作用。ChatGPT 所生成的摘要涵盖了原案情经过的所有重点信息，提高了易读性，节省了阅读时间。

2. 高效处理法律文书

ChatGPT 具有较强的文书整理能力。可根据双方法庭陈述和辩论，撰写法庭纪要、审判纪要、起诉意见书等法律文书；也可以通过文本输入，请 ChatGPT 对法律文书进行法律条款使用准确性的检查。

法律领域以文字为主要信息载体，文书生成、合同起草与文书翻译等法律文本处理工作在法律领域的日常工作中随处可见，ChatGPT 的文本处理和摘要生成功能可以帮助律师和法律团队更快地处理和理解大量文本信息，提高工作效率。文本生成功能可以用于合同起草、法律文件撰写等工作，减轻律师和法律助理的工作负担。此外，ChatGPT 的语义分析和情感分析功能可以帮助律师更好地了解案件中涉及的人物、事件和情感背景，从而更好地为客户服务。

3. 法律咨询服务

ChatGPT 可以协助律师向客户提供即时法律咨询，快速解决简单事务。

当今社会，低价乃至免费的法律援助服务对于弱势群体来说至关重要。但由于资金、时间或地理位置的原因，弱势群体往往难以获得其所需的法律援助服务，这使他们更容易受到不公正的对待，而 ChatGPT 可以提供更便捷的法律信息查询服务。作为一个知识储备库，它可以提供广泛的法律信息，包括法律法规、案例和法律解释等。加之优秀的上下文理解能力，完全可以对现有的智能法律咨询业务予以革新，即使用 ChatGPT 提供在线法律咨询服务，在给予更多相关设定的情况下，令 ChatGPT 通过聊天对话回答用户的问题，提供法律援助，解释法律术语，提供实用建议等。

4. 辅助司法裁判

美国哥伦比亚法院在 2023 年 1 月 30 日的一次裁判中使用了 ChatGPT 中的文本生成功能来增加其判决的依据。ChatGPT 在裁判文书中提供了具体的法律条款、适用情形、立法目的以及法院以往判例对比等内容，有效提升了诉讼案件处理的准确性。

随着技术发展，可以使用 AI 来完成裁判文书的辅助生成、案件信息的自动回填等功能，有效辅助司法裁判。

ChatGPT 能够作为司法审判领域一个行之有效的文本处理、摘要生成、资料检索与辅助判案的工具。但具体到定罪与量刑方面，则仍需人类法官基于经验等予以判断。考虑到法律的严谨性，ChatGPT 在短期内必然不能够取代法官这一工作，但适当地利用可以使其成为司法审判过程中的得力助手，促进司法部门办事效率的提升。可以预见的是，ChatGPT 亦将会在司法审判领域发挥越来越高的价值。

下面对法律职位进行分析。

在律师行业中，ChatGPT 已经开始取代一些工作，如文件审查、分析和处理等准备工作，其表现远远超过人类。未来，律师助理负责的许多工作将逐渐被 ChatGPT 所取代，这些低端律师岗位可能会减少甚至消失。

然而，顶尖的律师们不需要担心。因为从跨领域推理到获得客户信任，再到长期和法官们打交道等复杂工作，这些都需要高度的灵活性和情商进行人际互动，都是 AI 不能替代的。例如，对于诉讼类的律师工作，因为每个案件都有不同的证据和情况，每份诉讼方面的文件也都不相同，如答辩状、证据清单、质证意见等。这些文件需要根据大量的证据来编写，而这些证据往往复杂多变，每次都不一样，很难梳理出一个通用逻辑，以便让 AI 识别并完成。因此，AI 在这种情况下并不能完全取代律师的工作。

◉ 2.4.7 咨询服务

咨询服务行业是一个广泛的行业，包括管理咨询、IT 咨询、金融咨询和人力资源咨询等。这个行业的主要职责是为客户提供专业的咨询服务，以帮助他们解决业务方面的问题和提高业务绩效。

以前，企业有了自己难以解决的问题，往往需要找咨询公司做顾问。因为他们不仅善于解决问题，还具有数据分析能力和大量的专业知识，能为企业提供高质量的咨询服务和解决方案，帮助企业提升战略眼光，提高客户满意度和企业的竞争力。

在 ChatGPT 被大量使用之后，咨询服务行业会有哪些影响呢？

1. 简单问题的咨询需求减少

有一些简单的通用性问题，用户可能用 ChatGPT 来找答案，虽然 ChatGPT 的资料库没有更新，但它集成了浏览器插件，可以通过新版 Bing 来找到答案，获得所需的最新信息。

对于 ChatGPT 不能很好解答的问题，有些咨询公司可能会通过自己微调的聊天机器人来回答，自动匹配企业特定领域的知识库，并结合与其他客户的咨询历史，为同类请求提供更加贴切的咨询服务。

这样的智能机器人顾问可以在任何时间回答用户的咨询问题，这将带来更加高效的服务。对于简单回答不能解决的问题，就可能形成商机，带来大的项目机会。

2. 数据分析效率提高

在数据分析咨询领域，AI 可整合多种数据分析方法和工具，对大量数据进行初步处理，完成基本分析任务。此外，AI 还能协助完成数据清洗、分析、预测和建模等复杂任务，提供全面的数据分析服务，包括基于数据分析图表的建议和具体实现方案，以支持业务决策。AI 技术可以通过大数据分析和机器学习算法帮助咨询师更好地了解客户的业务和市场状况，同时加速数据分析和预测过程，以便更好地为客户提供决策支持。

3. 文稿工作效率倍增

微软的 Office 在接入了 GPT-4 后，写作效率更是倍增，比如，当要写一份 PPT 格式的数字化转型项目的建议书时，ChatGPT 会在瞬间生成一个完整度 50%～70% 的初稿；当要写一份产业园区的项目可研究报告时，ChatGPT 也会在瞬间生成一个完整度 50%～70% 的初稿。至少从结构、基础概念描述层面已经可以比拟一名实习生的水平，将之应用为初稿前的模板，对数据进行更新，对概念进行详细化补充，再添加案例进行分析，完成一篇初稿可以节约许多时间。

4. 高效管理客户关系

AI 技术可以帮助咨询师更好地管理客户关系，提高客户满意度和忠诚度。例如，咨询公司可以使用 AI 聊天机器人来回答常见问题，提供 24 小时在线客服支持。这种自动化客户服务可以节省咨询师的时间，同时提高客户体验。

另外，AI 还可以帮助咨询公司自动化销售和市场营销活动。例如，咨询公司可以使用 AI 算法来分析客户行为数据和市场趋势，以便更好地了解客户需求和制定营销策略。此外，AI 还可以帮助咨询公司自动执行营销活动，如发送个性化营销邮件和推送定制化广告。这些自动化销售和市场营销活动可以大大提高咨询公司的效率和市场竞争力。

然而，AI 并不能完全取代咨询师。具体来说有以下几个方面：

（1）个性化服务：咨询师需要根据客户的具体情况和需求，制定个性化的解决方案。咨询师能够考虑到客户偏好、文化和公司历史等因素，还需要同理心和建立客户关系的能力，这是

AI 无法做到的。

（2）战略思维：AI 可以处理大量数据并提供洞见，但它缺乏战略思维能力。咨询师能够分析复杂情况，识别模式，并制订考虑到各种变量和利益相关者的战略计划。

（3）创造力：虽然 AI 可以根据现有数据生成想法和解决方案，但它缺乏创造性思维和想出真正创新性解决方案的能力。咨询师能够利用他们的创造力和经验开发新的非传统方法来解决问题。

（4）情境理解：咨询师能够理解问题所处的更广泛的背景，包括政治、社会和经济因素。他们能够考虑情况的微妙和复杂性，而这些是 AI 可能无法完全理解的。

（5）高层决策：在辅助高层做出决策时，咨询师能够权衡多个因素，包括道德考虑和长期后果。他们能够利用自己的判断力和经验建议做出符合客户最佳利益的决策。

所以，AI 在咨询服务行业中的作用是辅助性的。它可以帮助咨询师更好地处理和分析数据，提高工作效率和准确性，但最终的决策和解决方案仍需由人类来制定。

下面对咨询顾问进行分析。

虽然 AI 可以在某些方面辅助咨询顾问的工作，但是它并不能完全替代人类顾问。例如，AI 可以提供数据分析和模型预测，但是它无法具备人类顾问的人际交往、情感认知和判断力等能力。因此，咨询顾问的工作中，一些需要人类特有技能和知识的领域，如个性化问题解决、战略思维、创造力、情境理解和高层决策等，仍然需要人类顾问来完成。

此外，虽然一些客户可以通过利用 ChatGPT 等工具来替代一些咨询工作，但许多客户在提出问题和表达需求时仍然需要人类顾问的帮助。人类顾问可以通过与客户的互动，准确地提取出客户的中心诉求和问题，进行分析、排序并形成解决方案。而且人类顾问擅长抓住矛盾，引导客户反思，这是 AI 无法胜任的。

因此，咨询顾问职业依然会存在。但是随着生产力的提高，一些低端的助理岗位可能会减少或消失。此外，由于技术的进步和市场的变化，单个项目咨询团队的人数将会减少，咨询公司人员规模也会缩减。

2.5　需要创造能力和创新能力的领域

第三批受到影响的领域涉及许多需要很高的创造力和创新能力的领域，如营销、设计、科研、医疗、保健等领域。

这些领域中的具体任务有以下特征：

（1）创新思维能力要求高：这类任务需要人员进行创新性的构想和设计，如新产品研发、品牌营销、服务创新、创意设计、科学研究、产品开发等。这些任务要求人员具有创新思维和敏锐的市场洞察力，从而能够不断推出具有竞争力的产品和服务。

（2）艺术创作能力要求高：这类工作需要人员具备艺术创造力，如美术创作、音乐创作、电影制作等。这些任务通常需要人员挖掘并表达自己的艺术的能力，保持独特性并与其他竞争者区别开来。

（3）沟通协作能力要求高：这类任务需要人员具备较强的沟通能力和团队协作能力。这些任务需要人员与主要利益相关者建立良好关系，以确保良好的沟通和团队协作，确保项目的成功完成。

虽然这些领域所需要的人类专业技能和人文素质难以完全被 AI 替代，但是通过 AI 技术的应用，可以提高这些领域的工作效率、改进用户体验，进一步推动这些领域的创新和发展。

◯ 2.5.1 营销广告

人工智能已经在营销和广告领域产生了巨大的影响。机器学习算法和自动化销售助手的使用已经提高了网页和社交媒体上个性化、定向广告的成功率。

现今的营销主要基于营销全链路的转化过程，即消费者经历注意到并形成认知，逐渐产生兴趣，进一步产生购买行为，随后又复购产生忠诚度这 4 个阶段（AIPL 模型）。ChatGPT 可以被应用于每一个阶段，以提高营销效果。

在认知和兴趣阶段，ChatGPT 可用于平台侧和用户侧。在平台侧，ChatGPT 优秀的语言理解能力可以帮助提升不同媒体平台的用户画像和定向能力。在用户侧，ChatGPT 可以通过商品推荐实现用户的注意力引流，并在对话过程中与用户互动以引发深度兴趣。ChatGPT 通过反复训练已经能够近乎准确地推测用户的偏好。

在购买阶段，借助 ChatGPT，电商平台的"AI 设计师"可以一秒内生成数万张符合审美或兴趣的海报推送给用户，并附带购买链接，这将大大提高决策效率、创意效率以及呈现效率。

在产生忠诚度阶段，ChatGPT 可以用于私域用户连接，基于不同的心智模型与消费者互动，让客户参与其中，形成更融洽的客户关系。通过引导复购和利用频次和时长，用户忠诚体系会更深入地占领用户心智，让客户花更多时间与品牌共同相处。

可以预见的是，以 ChatGPT 为代表的人工智能技术将在消费者的体验提升、智能广告投放的降本增效以及加速用户决策等方面都发挥巨大的作用，进而对数字营销产生深层次的影响。

在广告行业中，AI 技术可以被用于广告内容的定制、投放和效果分析等方面。AI 技术可以通过分析大量的用户行为和数据，识别用户的兴趣和需求，为用户提供更加个性化和有效的广告内容和投放形式。例如，一些广告公司已经开始使用 ChatGPT 来自动化广告创意和文字，从而提高广告的准确性和效率。这将使一些广告创意人员和营销人员的工作面临被淘汰的风险。

ChatGPT 对营销领域有如下影响。

1.营销自动化

营销人员可以利用人工智能的自动化执行能力，在设定规则后将细节交由 AI 来执行。例如，在搜索引擎广告（SEM）方面，人们已经开始使用 ChatGPT 来创建和优化付费广告活动。

在电商平台上，由于商品库规模庞大，为每个商品编写准确且有吸引力的标题文案成本过高。此外，对于需要及时动态展示的智能推荐、营销等场景，完全依赖人工编写多样化、个性化的文案几乎是不可能的，但用 ChatGPT 或相关工具就能高效地生成文案，并提升营销效果。

例如，在酒店民宿场景下，只需提供房源的结构化和非结构化信息（包括房型、风格、配套设施等结构化信息以及房东描述、周边介绍等非结构化信息），ChatGPT 可以在几秒内生成描述该房源的标题，客观而全面地展现其真实信息并突出其特色亮点。当然，在发布房源之前，还需要对 ChatGPT 生成的描述进行微调和润色。

2. 营销个性化

AI 的自动化技术将使用户的内容和体验更加个性化，为用户提供更精准的价值，让营销活动更加有效。

例如，在奥美为希腊本土巧克力品牌 Lacta 打造的营销案例中，利用了 ChatGPT 和 AR 技术，设计了一种特别的网页版应用程序——"智能情书（AI Love You）"。用户只需输入表白对象和情书内容，即可在几秒钟内生成一封个性化的情书，并生成专属链接。接收者只需在手机端点击该链接，然后按照页面提示使用手机镜头对准任何一块 Lacta 巧克力，情书就会神奇地出现在巧克力的包装袋上。这种玩法将科技、爱和甜蜜结合在一起，使品牌形象更加生动有趣。可以想象，这类玩法将被更广泛地应用于品牌营销中，进一步提升用户的参与度和品牌的知名度。

3. 文本内容的生产效率提升

由于 ChatGPT 的使用，营销和广告在内容创作方面的效率可以大幅提升。

在营销方面，优质内容的数量是非常重要的，无论是网站上的博客文章、大促活动文案、社交媒体上的话术，还是邮件营销等，每个环节都需要好的内容。内容的生产效率以及内容管理机制的先进性已成为企业营销效率的重要因素。然而，内容制作通常耗时耗力，不同场景和形式的内容也需要不同的对待，许多中小型企业在许多环节上很难做到这点，而且内容总量也难以覆盖许多营销场景，而使用 ChatGPT，任何公司都能够快速生成优质的营销文案。

例如，让 ChatGPT 写营销邮件，直接提出要求："请帮我写一封英文的跨年营销邮件，呼吁大家前往官网查看优惠。"就可以收到精准的回复，卖家只需在此基础上润色即可，效率大大提高。还有一些人使用 Jasper.ai 和 Notion 的 AI 功能来创作 SEO 的内容，这些功能是由 OpenAI 的 GPT-3 语言模型支持的。具体做法就是输入一大段文字，让它根据特定的文风改写，改写后的文本与原文意思相同，但文本内容发生了很大改变。

4. 图片和视频内容的生产效率提高

在视频 App 的广告方面，很多人也在使用 ChatGPT 来创作图片和视频，这可以大幅降低内容创作成本并提高内容创作的效率和质量。

使用 ChatGPT 来编写文字脚本，然后使用其他的 AIGC 工具生成图片，并找到合适的素材进行剪辑和配音，可以实现营销素材的批量生产，并进行试探性投放以寻找更优营销执行策略。通过这种模式，营销素材的创作成本更低，却能获得更好的营销效果。

虽然 ChatGPT 只是一个对话式的语言模型，本身无法生成多模态内容，即使是多模态的 GPT-4 版本的 ChatGPT，也只能读取图片。但 ChatGPT 非常擅长生成 AIGC 的提示语，可以将其输出的提示语作为中间结果输入其他模型中，从而生成满足需求的、具有更多细节的高质量图片。例如，通过将 ChatGPT 和 Midjourney 结合使用，可以生成艺术性极强的画作。

下面是对具体职业的分析。

1. 市场营销

AI 可以通过学习大量的样本生成高质量的文案，特别是一些重复性较高、规则化程度较高的工作，例如编写产品描述、撰写社交媒体帖子、撰写广告文案等。这些工作的主要目的是传递特定的信息和吸引潜在客户，需要使用一定的营销技巧和语言技巧，但相对来说比较机械化和规律化。市场营销职业的这类工作将会被 AI 替代。

但是，一些需要人类创意和想象力的工作仍然需要人类来完成，例如营销策划、创意设计等。这些工作需要人类来思考和创造出新的想法，需要独特的视角和创造力，而这些是 AI 目前无法完全替代的。此外，在处理一些复杂情境和处理非结构化数据方面，人类的判断和决策能力也比 AI 更为出色。

因此，在市场营销职业方面一些低端职位将会被 AI 替代，更多复杂的事情和创意性的事情还需要市场营销人员。

2. 销售与市场研究

销售与市场研究工作需要对大量的数据进行筛选和分析，以得出有价值的见解。

现在，AI 可以通过学习大量的数据和应用机器学习算法来自动进行数据分析和洞见发现。这可以帮助企业快速发现市场趋势、消费者需求和行业动态等信息，从而更好地制定营销策略。

但是，AI 可能无法完全取代人类在销售和市场研究中的工作。例如，在分析非结构化数据或在处理复杂情境时，人类的判断力和决策能力更为出色。此外，AI 所产生的内容也需要经过中高级人员的审核和润色，以进一步处理和提高内容的质量。

因此，未来 AI 可以帮助企业完成大量的初级数据分析和研究工作，这些初级的市场研究人员将会被取代。中高级的销售与市场研究人员依然需要，其工作方式将会与 AI 紧密结合。

◉ 2.5.2 设计服务

设计领域是一个非常广泛的领域，包括许多不同的职业和专业。比如以下几种。

（1）平面设计师：负责创建各种平面设计作品，如海报、名片、宣传册、标志、网站等。

（2）UI/UX 设计师：负责创建用户界面（UI）和用户体验（UX），以确保用户在使用产品或服务时有良好的体验。

（3）产品设计师：负责设计和开发产品，如家具、电子产品、汽车、玩具等。

（4）室内设计师：负责设计和布置室内空间，如住宅、商店、办公室等。

（5）建筑师：负责设计和规划建筑物，如住宅、商业建筑、公共建筑、桥梁等。

（6）时装设计师：负责设计和开发服装、鞋子、配件等。

（7）网页设计师：负责设计和开发网站，包括网站布局、图像、颜色等。

（8）视觉效果设计师：负责创建电影、电视节目、游戏等的视觉效果。

另外还有动画师、插画师、工业设计师、交互设计师等设计职业。

AI 对设计领域的影响越来越显著，它正在改变设计的方式、速度和效率。AI 可以代替人类完成某些重复性、机械和烦琐的任务，并且可以从大量数据中提取模式和趋势，以便更好地指导设计决策。此外，AI 还可以进行图像识别和分类，以便更好地处理大量的图像数据。

由于 AIGC 的绘画工具如 Midjourney、Stable Diffusion 的出现，AI 辅助设计师获得创意也变得更容易。从长远来看，设计师所扮演的角色会受到大量新的挑战。假如任何人都能用 AI 做出好的设计，还需要设计师吗？因为有了 ChatGPT 这样的语言模型，任何人都可以生成很好的提示语来完成设计，必然会让很多非设计行业的人参与到普通的设计创作中。

但是，从普通设计工作中解放出来的设计师们可能创造更大的价值，在复杂的设计上做出更好的创作，因为 AI 不能替代设计师在设计中的创造性思维和审美能力。在设计过程中，设计师可以根据自己的创造性思维和审美能力提出新的想法和解决方案。另外，设计师还可以根据不同的情境和目标进行决策，而 AI 则缺乏这种灵活性和判断力。

AI 在设计领域中的应用已经开始影响设计师的就业前景，但这种影响并不是简单的替代关系，而是一种协同关系。AI 可以帮助设计师更快速、更准确地完成一些重复性和机械性的任务，从而释放设计师的时间和精力，让他们能够专注于更有创造性和价值的设计任务。

下面是对相关职业的分析。

1. 平面设计师

对平面设计师职业来说，有了 AI，工作效率将会提高，因为一些重复性、机械性的工作被 AI 替代，比如，自动对图片进行处理和编辑，基于模板生成名片、海报、宣传册等，根据数据生成各种图表和数据可视化效果，自动化排版等。

但 AI 不能完全替代设计师的工作，因为 AI 不能像人类一样提供全新的设计想法和创意。在与需求方沟通时候，也需要基于客户的需求、市场环境以及品牌价值观的理解和分析来进行设计；AI 缺乏审美能力，不能像人类一样对设计的细节、色彩、形状等进行细致的把控和调整。

因此，未来，平面设计师的低端工作将会被 AI 替代，但这样把设计师的精力释放了，可以做更多有创意的工作，并对 AI 生产的内容进行调整和把控。

2. 室内设计师

对室内设计师来说，有了 AI 的辅助，可以根据建筑结构和设计师提供的信息生成空间规划和布局方案，例如家居布局、商业空间规划等。还能获得各种材料和颜色搭配建议。未来，AI 可以生成高质量的 3D 渲染图像和虚拟现实效果，让客户更好地了解和体验设计方案，这样可以大大提高工作效率。

但目前的设计可控性比较差，这些设计不够精准，往往只能做部分工作，许多精细化的工作还需要人来完成，而且在沟通和理解客户需求、现场监督和管理等方面也需要设计师。

可以预见的是，最近几年，室内设计师的工作较难被替代，未来随着设计可控性的增强，可能有许多室内设计工作被 AI 替代，但中高级的设计师依然需要。在这样责任重大以及需要美学和执行细节把控的职业上，设计师创造的价值变得更多。

◉ 2.5.3 艺术创作

在艺术领域中，AI 技术已经被应用于音乐、舞蹈、绘画等创作领域。例如，AI 可以自动生成音乐、舞蹈和美术作品等，而这些作品已经得到广泛的艺术品评价。此外，AI 也可以被用于音乐和视频的自动剪辑、特效制作以及自动字幕翻译等方面，提高视频创作的效率和质量。

总体来说，AI 对艺术创作领域的影响主要体现在提高创作效率和质量方面，但缺乏人类艺术家的独特创意和情感表达。未来随着 AI 技术的不断发展和应用，可能会出现一些 AI 生成的作品具有与人类艺术家相似的艺术感染力和独特创意，但这需要 AI 技术和人类艺术家的深度融合和创新。

在绘画方面，虽然有了《太空歌剧院》这样的获奖作品，Midjourney 这类 AIGC 工具生产的许多绘画作品也非常受欢迎，但是这些作品还不算主流艺术，更多的是作为文章插画，可能会缺乏情感表达等人文因素。假如想用 AIGC 生成系列漫画，还有内容一致性的技术问题没有被解决，较难生成同一个人的不同绘画。但也有很多游戏公司利用 AIGC 来生成游戏场景的概念图，大大加快了创意的过程。

在音乐方面，AIGC 可以生成音乐片段、自动创作曲调等。作为视频的背景音乐烘托气氛，这些音乐片段是可以用的。从完整的音乐作品来看，AIGC 生成的作品好的很少，缺乏人类音乐家的情感表达和艺术感染力。现在有不少 AIGC 的平台，是 AI 和人一起协作完成完整的音乐。

在视频方面，AI 还有很长的路要走。市场上出现的一些 AI 视频剪辑的软件，只是在一些环节做了优化，如素材整理、配音生成、特效和字幕等，提高视频制作的效率。但是，视频制作过程中还需要剪辑师和导演的艺术表现和创意想法。

总之，由于多模态的大模型成熟度不高，在艺术创作领域，AIGC 还有很多提升的空间。这样也意味着，AI 对这个行业的影响没那么大，更多的是在一些简单的场景中创作一些作品，或者提供一些创意。

下面是对相关职业的分析。

1. 插画师

插画师是一种专门从事插画创作的职业。插画是一种视觉表现形式，通常被用于书籍、杂志、广告、卡通、漫画、电影、游戏等领域。插画师需要有丰富的想象力、创造力和艺术表现力，能够将视觉元素和故事情节融合在一起，创作出具有情感和艺术价值的插画作品。

AIGC 可以直接生成插画作品，例如生成艺术风格的图像、图标等，提高了插画的创作效率和质量。作为一些为文字配图的场景，如社交媒体文章、PPT 配图，这些可以用 AI 替代人来完成。

但对于一些有更高要求的场景，如为书籍的人物做插画、游戏中的原画等，则需要插画师来完成，因为插画师更理解需求，并能精细化地实现创意想法，完成个性化的独特的插画作品，通过作品传递情感和价值观。

未来许多要求不高的插画，不再需要插画师，人人都可以通过 AIGC 来完成，但在一些对精细度和艺术性要求更高的领域，还需要插画师。

2. 音乐制作人

音乐制作人在音乐创作的过程中扮演着重要的角色，不仅负责创作和制作整首歌曲或音乐，还需要为电影电视等作品创作烘托气氛的背景音乐，并进行重新混音等工作。

如今，随着人工智能技术的发展，自动编曲技术已经成为音乐制作的新趋势，可以自动生成全新的音乐作品，提高音乐创作的效率，但这种自动生成的音乐作品可能缺乏人类的艺术性和想象力。此外，AI 通过自动化音乐制作技术，可以自动完成音乐制作的过程，例如音乐的编排、混音和后期制作等。从混音的效果来看，AI 自动化音乐制作技术相对成熟，而自动编曲技术还处于早期阶段，目前主要应用于为视频的背景音乐创作符合需求的音乐。

未来随着人工智能技术的不断发展和成熟，自动编曲技术可能会自动完成更多的编曲工作。但在音乐制作这个艺术领域，更可能的是人工智能技术与音乐制作人合作，共同完成音乐创作和制作。人工智能技术降低了音乐制作的门槛，可能会吸引更多业余爱好者加入音乐制作的行列。然而对于那些注重艺术性、创意和情感表达的音乐作品，仍然需要人类音乐制作人的创意和想象力。

● 2.5.4　科学研究

数百年来，实验科学和理论科学一直是科学界的基础范式，但人工智能正在催生新的科研范式。机器学习能够处理大量、多维、多模态的数据，解决复杂场景下的科学难题，并带领科学探索抵达过去无法触及的新领域。人工智能不仅能够加速科研流程，还有助于发现新的科学规律。

预计未来几年，人工智能将在应用科学中得到广泛应用，并成为部分基础科学领域的科学家的生产工具。

在科学研究中，机器学习已经成为一种重要的工具，它可以帮助科学家处理大量的数据，发现数据中的模式和规律。例如，通过对基因序列的分析，机器学习可以预测蛋白质的结构，这对于医学研究和生物科学来说非常重要。

人工智能在科学发现中的潜力是巨大的，它可以帮助科学家解决复杂的科学问题，并加速科研成果的产出。例如，通过对太空数据的分析和预测，人工智能可以帮助科学家更好地了解宇宙的起源和演化。

然而，人工智能的应用也面临着一些挑战。例如，人工智能需要处理的数据往往是复杂的，并且可能存在偏见或错误，这需要不断优化和改进人工智能系统，以确保其预测和决策的准确性和可靠性。

总之，人工智能将成为科学家的新生产工具，有助于科学家发现新的科学规律，并加速科研成果的产出。与此同时，为了确保科学研究的准确性和可靠性，科学研究仍需要依赖实验科学和理论科学等传统范式。

下面是对相关职业的分析。

1. 科学家

科学家是一个将人类创造力发挥到极致的职业。虽然 AI 无法完全取代科学家，但它可以为科学家提供支持和帮助。AI 可以基于人类设定的目标，对科学活动进行优化，优化实验流程、数据分析以及模型预测等方面的工作。

然而，有些科学家的工作是无法被 AI 替代的。例如，理论科学家和实验科学家需要对数据进行解释和解读，以及根据实验结果进行推理和制定新的实验方案。这些工作需要人类的智慧和创造力，AI 无法完全取代。

应该说，AI 是科学研究的放大器，能放大科学家的能力。

在药品研发领域，AI 已经开始发挥越来越重要的作用。例如，英矽智能（Insilico Medicine）等"AI+ 制药"公司正在使用 AI 赋能新药研发的能力。在药品研发中，AI 可以用于筛选"老药新用"策略，或帮助开发有治疗潜力的新药，供科学家参考，这些工作可以大大加速新药研发的过程。

而谷歌旗下的 DeepMind 公司的 AlphaFold2 解决了蛋白质折叠的生物难题，为世人展示了 AI 有望助力基础科学突破的巨大潜力。AI 可以帮助科学家更好地理解自然现象，并开展更深入的研究，从而成为人类科学家的强有力的工具，使科学家更加高效、准确地进行科学研究。

2. 数学家

在 OpenAI 给出的 GPT-4 对就业市场的报告中，数学家被 GPT 取代的概率达到 100%。这表明，随着技术的发展和计算能力的提高，AI 可以在数学领域发挥越来越重要的作用，甚至可以替代一些数学家的工作。

例如，OpenAI 早在 2020 年 9 月推出了用于数学问题的 GPT-f 大模型，利用基于 Transformer 语言模型的生成能力进行自动定理证明。由 GPT-f 发现的 23 个简短证明已被 Metamath 主库接收。这一技术的出现，使得证明定理的效率更高，解决了很多数学问题，因此可能会让数学家的数量变少。

然而，数学家的工作远不止于此。数学家需要运用自己的创造力和智慧，发掘数学中的新问题和新思想；数学家还需要对已有的数学知识进行整合和创新，以推动数学领域的发展。这些工作需要人类的智慧和创造力，AI 无法完全取代。

此外，数学家还可以将 AI 工具融入自己的工作流当中，以提高自己的工作效率。例如，数学家陶哲轩就将多种 AI 工具融入了自己的工作流，在他看来，传统的计算机软件就像是标准函数，而 AI 工具更像是概率函数，后者要比前者更加灵活。因此，数学家可以借助 AI 工具，更好地发挥自己的创造力和智慧，从而取得更好的研究成果。

⬤ 2.5.5　医疗保健

在医疗行业中，AI 的应用虽然相对较新，但已经取得了一些进展。AI 技术可以通过分析大量医疗数据，辅助医生进行疾病诊断和治疗方案的选择以及提高医学影像分析的准确度和效率。此外，AI 还可以帮助医生制订个性化的治疗计划，并对患者进行远程监管和诊断。在医疗保健领域，AI 技术可以利用人工智能破解基因编码，提高医疗保健的速度、准确性和效率。然而，在判断治疗方案和满足患者心理需求方面，仍需要医生的人性化关怀和丰富经验。另外，AI 还可以被用于智能医疗设备的开发和生产，以提高医疗设备的智能化程度。

在医疗保健领域，GPT 技术可以用于信息处理。比如，可以帮助分析医生的笔记、病历和研究论文，并从中提取关键信息；GPT 技术还可以用于医疗保健预测，通过分析病历和病人数据来预测病人的健康状况和病情进展；在医学图像分析方面，GPT 技术可以用于自动识别医学图像中的病变和异常。

对于医疗保健和医疗专业人员来说，ChatGPT 可以用来将临床笔记翻译成对患者友好的版本。它还可以被有效地用于提供医疗信息和帮助，例如回答常见问题或提供症状检查程序，这可以为过度劳累的医护人员减轻压力。此外 ChatGPT 还可以充当医疗顾问，为那些难以接触医疗服务的人提供医疗建议。目前缺乏足够的人力资源来提供这些服务，而 AI 可以帮助满足这些需求。

使用 ChatGPT，会给医疗和保健带来如下改变。

1. 及时的保健和护理建议

ChatGPT 可以赋能健康应用程序，检测身体状况，给予每个人更及时的健康指导，帮助人们更好地管理他们的健康，减少对医疗资源的需求，同时也可以提高医疗保健的效率和质量。

对病人来说，AI 可以通过智能传感器收集人体信息，优化医疗流程，提供远程诊断和治疗建议，实现早期干预。比如，AI 与消费者可穿戴设备和其他医疗设备相结合，可以监测早期心脏病，帮助医生在早期预测危及生命的事件。

对服务不足和需要长期护理的人来说，AI 可以在出现症状之前识别潜在风险，提供预防性护理和医疗保健的建议；或在身体出现紧急情况时提供警告和建议，及时治疗。

2. 自动化接待和早期诊断

有了 ChatGPT，病人可以在就诊前进行咨询，告诉它你的不舒服症状，它会问你更多的问题，比如你的年龄、性别、体重、过往病史、最近饮食等，然后告诉你可能得了哪些病的概率。在预约时，ChatGPT 还能帮你填写信息，检查错误并提醒你。当你的填写信息与病历档案关联后，ChatGPT 还能根据你的数据给出"第二意见"，帮助医生更准确地诊断。

3. 对风险和解决方案更好、更快地识别

在护理和医疗方面，AI 可以基于个性化的医疗档案信息来给医生提供决策建议。因为 AI

能够快速精准地分析患者的整体健康状况，不仅包括生物特征、体检报告、病史，还能从病理报告中提取关键症状，结合病症和人口统计信息等相关信息，帮助医生进行科学诊断和治疗决策。

AI 有机会计算每个人的具体风险，从而在更广泛的指南中提供量身定制的体验。如果筛查指南改为"基于个人风险推荐"，将减轻护理提供者和个人的负担。人们仍然需要自己做决定，但他们能够通过更多的信息和对自己风险和回报的更好理解来做到这一点。AI 将整合集体的专业知识进行决策，在医疗保健领域，将这些专业知识应用于实际操作，以避免许多因个人医疗错误而失去生命的悲剧。据美国约翰·霍普金斯大学医院医学专家反映，在他们使用的定制版本的 ChatGPT 中，人工智能对疾病的诊断和给出的治疗方案已经非常科学，甚至超越了绝大多数经验丰富的医生。

举个例子，在急诊室里，如果有病人存在胸痛、呼吸困难等症状，医生需要快速判断这些症状是否由心脏病引起，如果是心脏病就需要紧急处理。但问题在于，急诊医生并没有很好的诊断方法。

通常的做法可能会造成病人的不适甚至伤害。比如，心导管检查，需要切开皮肤，将导管插入心脏，来进行诊断和治疗。即使是最简单的 X 光或 CT 检查，也会产生辐射。

假如不做检查，病人错过了最佳治疗时间，可能会死亡。

对这个两难问题，有两个经济学家发明了一套 AI 诊断系统，可以通过分析患者的症状和体征，来判断他们是否患有心脏病。研究表明，这个 AI 系统比急诊医生的诊断更准确。

如果医院能够系统性地采用 AI 诊断系统，那么急诊室将会变成什么样子呢？

举个例子，如果有人感到胸痛，他可以拨打医院电话，寻求帮助。医院的 AI 系统会根据他的症状描述，并结合智能手表等设备提供的体征数据，来判断其是否患有心脏病。如果 AI 系统认为不需要进行正式检查，那么医生就可以让患者回家了。如果 AI 系统认为需要进行进一步检查，那么医生就可以安排患者进行相应的检查，以便及时诊断和治疗心脏病。这种方式不仅能够提高诊断和治疗的准确性，还能够减少患者的痛苦和风险，同时也能够提高医院的效率，降低医疗成本。

4. 个性化定制病史档案

未来，每个人都可以拥有自己的完整医疗记录、DNA 档案和药物过敏信息等，而且这些信息可被护理人员或医疗专业人员使用。因为 AI 能够预测治疗方案可能带来的风险和好处，将帮助医生诊断更快速、准确，减少因误诊导致的医疗事故。

在护理时，也将根据个人需求，提供最好的个性化医疗方式。

当然，AI 的预测也有一定的局限性，当遇到的问题超出其适用性范围时，就需要人类医生介入。

5. 加快药物研发

借助人工智能，药物研发将更加有针对性，个性化医疗分诊和诊疗方案也将更容易实现，这将有助于推动"个性化医学"的到来。

通过 AI 在大规模数据基础上的分析，药物之间的相互作用及其益处和风险将更容易被识别。这将导致更快地出现新疗法，从而显著改善医疗效果。

6. 识别医学诊断图像

在诊断方面，AI 将可以做很多工作，对疾病诊断产生重大影响。比如，AI 检查患者的医学图像并自动标记有问题的地方，然后再发送给放射科医生。

AI 可以处理大量数据和识别范式，利用深度学习算法分析医学图像、组织病理切片等，识别和诊断疾病，做出可能超出人类医生能力的预测。

这些算法可以高精度地识别图像中的复杂范式和特征，准确率很高，从而降低误诊的可能性。例如，可以及时发现存在的癌细胞。

Merantix 是一家将深度学习应用于医疗问题的德国公司，它开发了一个应用，可以在 CT 图像中检测人体内的淋巴结。这样可以降低医疗成本，提高效率和准确性。

未来，患者可能会持续跟 ChatGPT 沟通，将使所描述的症状与测试结果相关联，通过这样的数据积累和学习，人工智能会进一步发展，减少医学成像和诊断报告中的识别错误率。

7. 减少医疗错误

ChatGPT 这样的人工智能具有庞大的数据库，能改进诊断方法，减少错误数量。与人类医生相比，AI 可以处理更多的数据和识别模式，从而提供更准确的诊断。

现在医生们仍然使用孤立的数据，每个病人的生命体征、药物、剂量率、测试结果和副作用都被困在各个医院数据库中。但如果出现了 ChatGPT 这样的 AI，它可以与其他系统联通，生成大模型，医生可以基于 ChatGPT 给出的建议和数据来评估，无需知道这些数据与全世界成千上万有类似问题的其他患者相比如何。有了 AI 的辅助，医生可以很方便地将这些数据转化为有效的治疗方法，并近乎实时地获得显示治疗方案效果的信息。

想象一下，有了 ChatGPT 这样的 AI 查看数百万个医疗病例的诊断、测试和成功治疗的数据，医生们将立即获得大量新疗法，仅使用医院现有的数据、药物和疗法就知道最有效的治疗方案，这样的改变是惊人的。

8. 基于人工智能的手术

现在许多医院都可以使用达·芬奇手术机器人。不过这种机器人仍然需要由专业医生来操作，但使用它可以实现比人工手术更高的精确度和准确性。手术侵入性越小，创伤就会越小，失血量就会越少。

另外，机器人辅助手术可以克服现有微创手术程序的局限性，并提高外科医生进行手术的能力。

9. 远程医疗

随着人工智能技术的发展，医生们可以实现远程诊断疾病，病人无需离开病床。通过远程控制在病人身边的机器人，医生可以在不实际到场的情况下检查病人，并为其提供治疗建议。

这种技术能使无法旅行的病人得到专家的帮助，解决他们的就医难题。

例如，一位病人住在偏远地区，他可以通过远程在场机器人接受专家的诊断和建议。医生可以使用远程诊断工具，例如视频通话和电子病历系统，与病人进行交流并给出治疗方案。这种技术可以帮助病人得到及时的治疗，减轻他们长途就医的负担和风险。

10. 医疗普惠化

AI 助理将成为医生工作效率方面的关键，将在医疗保健系统中提高效率和组织。因为 AI 助理可以在相同的时间内完成更多工作，从而使医生能够专注于为患者提供更好的医疗服务。AI 助理还可以帮助医生在诊断和治疗疾病方面做出更准确的决策，从而提高患者的治疗效果和生存率。

用好 AI 技术将有助于改善数百万人的医疗保健，特别是在资源有限的环境中。

总之，人工智能对医疗保健的影响是深远而深刻的。人工智能可以帮助人们保持健康，减少对医生的需求。例如，AI 驱动的消费者健康应用程序已经通过鼓励健康的生活方式来帮助人们。

人工智能也有其局限性。例如，经过病理学基础训练的 AI 可以回答常见疾病及其症状有关的问题，但当涉及需要深入了解病理学和医学知识的更复杂问题时，人工智能系统可能不如人类专家。因此人类专家和人工智能系统可以合作，利用各自的优势来提供更好的医疗保健。

一项研究表明，经过训练的 GPT 可以解决病理学中的高阶推理问题，并且具有关系级的准确性。这意味着 ChatGPT 的输出文本各部分之间有联系，可以提供有意义的回答，GPT 的答案大约可以得到 80% 的分数。对于基本或直接的问题，ChatGPT 可以实时提供准确和相关的答案，但推理和解释的问题可能就超出了 ChatGPT 目前的能力。

GPT-4 已经在推理和解释方面比 GPT-3.5 有了较大的进步，需要进一步研究新版本中医学诊断回答的准确程度，才能了解 GPT 在医学方面的应用范围。

下面是对具体职业的分析。

1. 放射科医师

放射科医师是专门负责使用放射学技术来诊断和治疗疾病的医生，纽约的放射科医师平均年薪达到 47 万美元。然而随着 AI 技术的发展，一些专业的放射学工作可能会被 AI 替代。

例如，最近几个 AI 科学家展示了 AI 技术如何通过 X 光、MRI 或 CT 来诊断特定类型的癌症，其诊断表现已经能达到人工水平。此外，另一家公司也展示了 AI 技术如何对流经心脏的血液进行分析，其分析速度是人类医生的 180 倍。这些技术的出现表明 AI 技术在放射学方面的应用前景非常广阔。

虽然 AI 技术可以在某些方面替代放射科医师的工作，但仍有一些任务是 AI 无法替代的。例如，放射科医师需要根据患者的具体情况进行综合性的诊断和治疗，而这需要医师具备丰富的经验和专业知识；此外，放射科医师还需要与患者进行沟通和交流，以便更好地理解他们的病情和需求。

　　尽管 AI 还需要一段时间才能取代放射科医师的大部分工作，但如果你正在考虑学医，这可能是一个要避开的领域。

2. 心理医生

　　心理医生、社工和婚姻咨询师这些职业需要具备极强的沟通技巧、共情能力以及获取客户信任的能力，这些恰好是 AI 的弱项。因此，尽管 AI 技术在许多方面都取得了巨大进展，但它无法完全替代这些职业。

　　虽然 AI 无法完全替代心理医生等职业，但是它可以在某些方面提供帮助。例如，ChatGPT 能够为人们提供很多有益的建议和方法，帮助他们进行自我疗愈和得到开导。在 character.ai 网站上，也出现了角色扮演的 AI 程序，例如 Psychologist（心理学家），它们能够帮助人们找到一些解决问题的方法，并对他们的思考提供启发。

　　未来，可能会出现人机混合的在线心理医生。在 AI 识别到无法解决的问题时，会将问题转交给人类的心理医生，人类的心理医生可以继续提供更为细致、个性化的服务。这种方式不仅可以提高心理医疗服务的效率，还可以更好地满足人们对心理医生等职业的需求，从而更好地帮助人们解决心理问题。因此，未来心理医生等职业的发展方向可能是与 AI 技术相结合，实现更为高效、个性化的服务。

3. 治疗师

　　尽管 AI 技术在医疗领域的应用前景非常广阔，但在职业治疗、物理治疗和按摩等领域，人类治疗师的作用是不可替代的。人类治疗师拥有丰富的经验和专业知识，能够根据每个病人的具体情况制定个性化的治疗方案，并且在治疗过程中能够根据病人的反馈及时调整。而且在具体治疗过程中，治疗师需要接触病人，施加微妙的力度，并留意病人身体的细微变化。在治疗情绪不稳定或有抑郁症状的病人时，治疗师需要娴熟的沟通技巧，以了解病人情绪困扰的根源，这些都是目前 AI 技术无法胜任的。

　　此外，个性化护理、对于客户受创后的悉心处理以及面对面互动等也是 AI 不擅长的工作，这些都需要人类具备专业技能和判断力，才能提供有效的治疗和护理服务。

　　因此，未来职业治疗、物理治疗和按摩等领域的职业不能被 AI 替代，有可能在辅助治疗师制定治疗方案方面，AI 提供有益的建议和支持，以提高服务的效率和质量。

4. 护理人员

　　护士和保育员是最难被机器替代的工作类型，这类工作需要大量人际互动、沟通和信任的培养。比如，在护理情绪不稳定或有抑郁症状的病人时，护理人员需要具备人际互动和沟通技巧，以建立信任和帮助病人康复。

　　随着人们收入增加、福利健全以及人口老龄化，医疗保健领域将有大量增长。根据麦肯锡的报告，到 2030 年，医疗保健领域的工作岗位将在全球范围内增加 5100 万个，总数将达到 8100 万个。这个领域的工作包括养老护理员、家庭健康护理员、私人护理员等，而最大的岗位空缺将出现在与养老护理相关的领域。考虑到人类寿命延长和人口负增长带来的社会结构老龄化，老年人对医疗保健的大量需求以及填补此类工作空缺的难度，这一需求还会不断攀升。虽然 AI 可以实现老年人的医疗监护、安全保障和移动辅助等基本功能，但洗澡、穿衣以及更为重要的聊天陪伴工作，都是 AI 无法胜任的，只能由人类来完成。

此外，护理人员还需要提供个性化的护理服务，以适应不同病人的需求和偏好。这需要护理人员具备丰富的专业知识和经验，能够根据病人的具体情况制定个性化的护理方案，并在护理过程中根据病人的反馈及时调整。

因此，尽管 AI 技术在医疗保健领域的应用前景非常广阔，但在护理人员的工作中，人类护理人员的作用是不可替代的。人类护理人员拥有丰富的经验和专业知识，能够提供更为人性化的护理服务，与病人建立更为紧密的关系并为病人提供更多的情感支持。

2.6 需要身体能力和道德判断的领域

未来第四批受到影响的行业可能是那些需要高度发挥人类身体能力和交际能力的领域，以及需要人类情感和道德判断的行业，例如体育、旅游、餐饮、人力资源、社会工作等领域。

这些领域中的具体任务有以下特征。

（1）对身体素质要求高：这类任务需要人员发挥自己的身体能力，例如运动员、教练或者健身教练。这些任务需要人员具备高强度的身体训练、协调和灵敏性。

（2）对人际关系要求高：这类工作需要具备良好的交际和协调能力。例如，旅游行业需要向顾客提供个性化的服务，针对顾客的需求和偏好进行沟通和协调。

（3）对情感联结要求高：无论是治疗性工作还是社会性工作，工作者需要建立信任和情感连结，了解个人需求和背景，在提供帮助时考虑到个体的态度和情感反馈。例如，在社会工作领域，工作者需要根据不同的个体需求和情况，制定相应的服务方案，并在服务过程中关注个体的情感和反馈。

2.6.1 运动健身

运动健身领域受到 AI 技术的影响在不断扩大。尽管人类运动的目的之一是提升自身的潜能，但 AI 技术的进步仍然对体育领域的发展产生了促进作用，帮助人类提升训练和竞技水平。

在体育比赛和训练方面，AI 技术已经开始广泛应用于裁判判决、数据分析、训练和成果预测等方面。例如，AI 可以分析大量的运动数据，帮助教练设计更加个性化的训练计划，预测比赛结果，提高比赛的公正性和竞技水平。此外，AI 技术还可以用于运动员的身体健康监测和预防运动损伤等方面。

AI 机器人作为一个好的陪练也是一个应用领域。在冰壶比赛中，六足滑雪机器人已经进行了现场展示，可以通过自主训练获取冰壶运动数据，结合大数据分析研究冰壶在冰面运动规律，并为运动员比赛提供技术支持和策略。未来，这种机器人可以作为冰壶运动员训练的陪练，进行发球和击打等动作，提高运动员技能水平。

AI 技术开始被应用于健身设备和应用程序，为用户提供更加智能化、个性化的健身方案和服务。

例如，一些智能健身设备可以通过 AI 技术来获取用户的运动数据，分析用户的运动状态和健康状况，从而为用户提供更加个性化的训练计划和建议。这些设备还可以通过语音交互和虚拟教练等方式，与用户进行互动和指导，提高用户的训练效果和体验。

此外，AI 技术还可以被应用于健身 App。通过收集用户的健身数据和偏好，这些 App 为用户提供更加个性化的健身方案和建议。有些健身 App 还可以通过语音识别和虚拟教练等方式，为用户提供实时的指导和反馈，帮助用户更好地完成训练和达到健身目标。

随着 AI 技术的快速发展和应用的不断扩大，未来健身领域将会出现更多的智能化健身设备和 App，为用户提供更加智能化、个性化的健身体验。未来人类的运动健身过程中的很多环节将会逐步受到 AI 技术的影响和改变。

下面是对具体职业的分析。

1. 运动员

虽然未来机器人可能会比人类更擅长某些比赛项目，但体育运动本质上是需要人类参与的娱乐活动，运动员职业不会被 AI 完全替代。

以足球为例，虽然 AI 技术已经可以模拟足球比赛，并且胜过普通人类玩家，但这并不意味着足球运动员会被机器人完全替代。运动员的职业不仅包括技术和战术方面的训练、比赛和表演等方面，还包括心理素质、意志力、团队合作和领导力等方面的要求，这些都是机器人无法替代的。

从另一个角度来看，随着 AI 技术的发展，人们的工作效率将得到提高，有可能会有更多的休闲时间。在这种情况下，参与运动和欣赏运动的需求将进一步提高，而拥有非凡天赋和个人魅力的运动员将会有更强的吸金能力。运动员的表演和比赛将仍然吸引着观众和媒体的关注，成为人们休闲娱乐的重要组成部分。

因此，尽管 AI 技术在体育领域的应用不断扩大，但运动员职业并不会被完全替代。运动员的训练、比赛和表演等方面需要运动员独特的能力和个人魅力，这些都是机器人无法替代的。运动员职业仍将是一项受欢迎的职业。

2. 健身教练

就健身教练这个职业来说，AI 技术可以在某些方面进行替代，比如教授一些锻炼技巧、制订计划以及提供一些基础的健身指导等。在家庭健身领域，AI 助手已经开始扮演很重要的角色，比如 FITURE 魔镜和 Tempo 等健身镜都采用了 AI 技术，可以进行动作识别和智能交互等操作，从而为用户提供更加个性化的健身方案和服务。

然而，健身教练的工作并不仅仅是提供一些基础的健身指导。健身教练还需要为每个人量身打造健身计划，并在旁边指导和陪练。这需要健身教练具备更加丰富的知识和经验，能够根据不同的人群和需要，制定出不同的训练方案，并提供个性化的指导和建议。此外，健身教练还能敦促学员坚持锻炼，避免犯拖延症，这些都是 AI 技术无法替代的。

因此在未来的健身领域中，健身教练的职业依然是不可或缺的。

○ 2.6.2 旅游导览

尽管旅游是注重现场体验的领域，但是 AI 技术已经开始在旅游行业中发挥越来越重要的作用。AR 和 VR 技术虽然在旅游领域中受到了一定关注，但是它们并未能够完全替代实地旅游。

ChatGPT 作为智能聊天机器人，可以为游客提供更好的旅游体验。具体如下。

1. 景点讲解

ChatGPT 可以帮助游客了解旅游景点的历史和故事，并提供有趣的相关内容，从而让游客获得更多的感悟和体验。

2. 语言翻译

ChatGPT 可以作为一种语言翻译工具，帮助解决旅游中的语言和文化交流障碍，为游客提供更加便捷的旅游服务。

3. 客户服务

ChatGPT 可以作为一种智能客服，与游客进行实时沟通，提供个性化和独特的旅游路线和景点推荐，以及旅游建议和帮助，可以全天候进行，服务成本比人工客服更低，能给用户带来更好的体验。

4. 预订酒店交通

ChatGPT 可以调用旅游网站和订票网站的插件，帮助游客更加高效便捷地预订酒店、机票和租车，提高旅游服务的效率和便捷性。

5. 数据分析

ChatGPT 可以分析游客的评价和反馈信息，帮助旅游公司提供更精确的旅游建议，并改善其服务。通过 AI 技术的数据分析，旅游公司可以更好地了解游客的需求和偏好，从而提供更加优质的旅游体验。

相关的职业分析如下。

导游

传统的旅游模式下，很多人会请导游来带领他们游览并详细介绍景点信息。现在，随着 ChatGPT 的出现，游客们可以用它来获得更专业的旅行规划和景点介绍，而不必担心被带到黑店购物。这意味着，许多只会照本宣科讲述的传统导游可能会失去他们的工作。

尽管如此，优秀的导游仍然会存在。这些导游是擅长讲故事的人，他们能够将个人经验和百科知识巧妙地融合在一起，并以戏剧化的方式呈现给游客，从而打造出独一无二的旅行体验。他们还能够挑起趣味横生、内容丰富的谈话，创造出一段令人怀念的旅程。

所以，AI 技术的发展并不意味着导游职业会被完全取代。虽然 AI 可以提供很多旅游环节的帮助，但是真正的旅行体验不仅仅在于观光，而更多地在于游客与导游之间的互动和交流。优秀的导游可以通过他们的个人特点和经验，帮助游客更好地了解当地的文化和历史，并与游客建立深入的联系和友谊。

因此，虽然 AI 的出现可能会对传统导游产生一定的影响，淘汰很多低水平的导游，但是优秀的导游仍然会存在，并且在旅游行业中发挥着不可替代的作用。他们能够为游客创造出独特的旅行体验，并帮助游客更好地了解和体验当地的文化和历史。

2.6.3　餐饮服务

虽然餐饮是一个需要现场体验的服务，但 AI 技术在餐饮行业中的应用可以提高餐厅的效率和客户满意度，帮助餐厅提供更好的服务和更多元化的菜品选择，促进行业的发展和创新。

随着 ChatGPT 推出的插件功能，AI 技术开始在餐饮行业中发挥越来越多的作用。

1. 自动化订餐

ChatGPT 可以提供自动化的订餐服务，通过使用 AI 技术，快速识别和收集顾客需求，为顾客推荐合适的餐厅和菜品。这种服务可以提高客户满意度，减少人工操作和等待时间，提高餐厅效率。

2. 快速应答

ChatGPT 可以快速回答顾客的问题，例如查询特定餐厅的营业时间、菜品价格、地址等问题，甚至可以提供菜品推荐，更好地满足顾客需求。这种快速应答服务可以帮助餐厅提高客户满意度和忠诚度。

3. 客户服务

由于 ChatGPT 的服务是 24 小时不间断的，可以让顾客更容易联系到餐厅，并为顾客的需求提供更好的解决方案和服务，提高客户满意度。

4. 精准营销

ChatGPT 可以使用数据分析技术根据顾客喜好进行更优化的菜品推荐和精准的地址、活动和优惠等进行预测性营销。这种精准的营销服务可以提高客户忠诚度，增加餐厅营业额。

5. 菜品设计

除了订餐服务和快速应答服务，餐饮行业也开始使用 AI 技术来进行菜品设计。通过分析菜品成分和口味，生成新的餐品建议，帮助餐饮行业进行创新，提高菜品的丰富度和创新性。这种服务可以帮助餐厅提供更多元化的菜品选择，满足不同顾客的需求和口味偏好。

6. 供应链优化

对餐馆来说，准备食材具有很大的不确定性。虽然顾客只能点菜单上的菜，但点菜的选择不一样，食材消耗就不确定。比如你每周都订购 100 斤某食材，有时候太多了，没用完得扔掉；有时候又太少，顾客点了这道菜却没有。假如用上了 AI，就能精确预测下周需要订购多少量，减少了浪费还保证了供应，提高了盈利。

相关的职业分析如下。

（1）电话订餐员

随着 AI 技术在餐饮行业中的应用越来越广泛，可能不再需要传统的电话订餐员，订餐都可以转为 AI 自动处理，它能快速识别客户需求，推荐合适的餐厅和菜品，提高订餐效率和客户满意度。

但在某些情况下，人工客服仍然是必需的。例如，当客户有特殊需求或问题时，需要人工客服进行解答和处理。此外，人工客服还可以提供更好的人性化服务和沟通，建立更好的客户关系。

在营销方面，由于 ChatGPT 会成为流量入口，从而带来更多的订餐机会，服务体验和信息优化将显得至关重要。因此需要有能够开发插件和不断进行内容优化的人员，以提高 ChatGPT 的服务质量和客户满意度。这些人员需要具备 AI 技术和营销技能，并不断学习和更新最新的技术和趋势，以应对不断变化的市场需求。

（2）厨师

厨师需要具备烹饪技能和经验，能够将食材处理成美味的菜肴，这可能是较难被替代的职业。虽然 AI 可以通过菜品设计和食材配比等方式帮助厨师创新菜品，但 AI 不可能完全替代厨师的工作。虽然 AI 可以提供一些菜肴建议和配方，但是烹饪的过程仍然需要人类的技巧和经验，市场上出现的炒菜机器人依然无法与人类厨师竞争。

另外，厨师需要具备美学和创意，能够将食材的颜色、质感和味道合理搭配，创作出美味的菜肴。厨师也需要与服务员和客户进行沟通，确保菜品的口味和服务的质量，这些都是 AI 的弱项。

◉ 2.6.4　人力资源

从 2016 年起，联合利华开始在全球利用算法筛选简历，并且设计了三轮 AI 面试初筛加上最后一轮现场体验面试的招聘流程。联合利华在年轻人聚集的脸书（Facebook）等社交平台发布招聘启事，让求职者自主浏览与选择契合的岗位完成网申，随后使用 Pymetrics 和 HireVue 软件进行测评与面试，记录候选人的语调、肢体语言等，通过人工智能分析每个回答，并形成分析报告，帮助面试官完成初筛（如图 2-4 所示）。

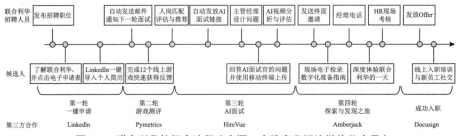

图 2-4　联合利华校招全流程（来源：中欧商业评论微信公众号）

上线第一年，通过在 68 个国家部署多种语言的"AI+ 招聘"，联合利华的招聘周期从 4 个月缩短到 2 周，成本节约超过 100 万英镑，雇员多样性提高了 16%。

2018 年 3 月，由北美著名猎头公司 SourceCon 举办的一年一度的行业竞赛中，一个名为"Brilent"的机器只用 3.2 秒便筛选出合适的候选人。人力资源行业也会利用 AI 完成常规的问答工作（比如回复雇员的邮件）、监督雇员的工作表现、发起招聘启事、筛选求职者并进行工作匹配等。

如今，在 ChatGPT 的强大能力赋能下，预计将在以下几个方面对人力资源领域产生影响：

（1）简化招聘流程：ChatGPT 可以通过自动化回答常见问题、识别和筛选符合条件的应聘者等方式，简化招聘流程、提高效率。

（2）人力资源管理：ChatGPT 可以自动化完成员工信息收集、薪资核算、考勤数据分析等人力资源管理工作，从而减少传统的人工干预次数，提高人员管理效率。

（3）培训和教育：通过对话式学习，ChatGPT 可以对员工进行针对性的培训，使员工能够学到更多的技能和知识，从而提高他们在工作中的表现。

（4）增强员工沟通与参与：企业可以通过 ChatGPT 分享最新的公司信息，员工可以随时了解公司的变化，每个人可以随时参与员工反馈和建议，从而促进员工沟通和参与精神。

相关的职业分析如下。

人力资源管理

随着 AI 技术在人力资源管理领域中的应用越来越广泛，一些初级的人力资源岗位可能会减少，例如简单的数据录入和处理等任务可以通过 AI 自动完成。但是，AI 技术不可能完全替代人力资源管理的工作，比如，员工招聘和筛选需要人类的判断和决策，人力资源管理人员需要根据员工的实际需求和公司的战略方向制订员工培训和发展的具体计划和方案。

而在员工关系和沟通方面，人力资源管理人员需要与员工进行沟通和交流，了解员工的需求和问题，并提供合适的解决方案，这些涉及大量的人际互动和沟通，需要人类的情感和认知能力。在人才留用和福利管理方面，也需要人类的智慧和判断力，不能完全依靠 AI 技术。

因此，虽然 AI 技术可以在一定程度上协助人力资源管理工作，但是员工招聘、培训、留用以及员工关系和沟通等涉及大量的人际互动和情感认知能力的工作不会被 AI 替代。

⚬ 2.6.5　管理领导

2022 年 8 月，游戏公司网龙任命了一名叫唐钰的 AI 作为其主要子公司的轮值 CEO（如图 2-5 所示），公司称这将有利于提高效率、管理风险并制定决策，并确保为所有员工提供公平的工作环境。自 AI 执掌网龙以来，网龙股价在 6 个月内上涨了 10%。

网龙董事长刘德建说："我们相信 AI 是企业管理的未来，我们对唐钰女士的任命代表了我们的承诺，即真正利用人工智能来改变我们的业务运营方式，并最终推动我们未来的战略增长。我们将继续扩展唐钰背后的算法，以建立一个开放、互动和高度透明的管理模式，我们将逐步转变为一个基于元空间的工作社区。"

图 2-5　网龙轮值 CEO 唐钰（来源：艾瑞网）

AI 真的可以做好管理吗？

据唐钰项目核心主创人员余乐介绍，选择数字人唐钰出任 CEO，是网龙正在全面推行"AI+ 管理"战略以及构建元宇宙组织进入新发展阶段的探索。唐钰将帮助公司精简工作流程，并提高工作任务质量和执行效率。作为实时大数据中心和分析系统，唐钰将支持日常运营中的合理决策，同时实现更有效的风险管理。此外，唐钰将在人才发展和保障员工享有公平、高效的工作环境方面发挥重要作用。

对于员工来说，唐钰是"无处不在""随时响应"的 CEO。再如，唐钰通过员工的工作数据，也会更早感知员工的状态变化，从而直接向员工了解情况或提醒对应的管理人员进行了解。

也许唐珏是个特例，但在管理领域中，确实有很多工作可以用 ChatGPT 来完成。列举如下。

1. 自动决策

对于已有明确制度约定的单据，AI 可以代替真人管理者进行审批，减少等待时间。CEO 唐钰就是这样去完成了一些工作。

2. 督促提醒

管理者往往会跟进一些事情的进度。CEO 唐钰可以同时并线触达每位员工，跟员工更加紧密地联系，提醒员工在截止时间之前完成相应工作，帮助员工提升工作效率。

3. 预测分析

AI 技术可以被用于预测分析等方面。例如，AI 可以通过分析大量的数据和历史记录，预测企业未来的市场走向和趋势，帮助领导者制定更加科学和有效的企业战略，同时提高管理效率和减少管理成本。

虽然 AI 在管理和领导力领域中的应用可以提高效率和减少成本，但是它无法完全取代人类的判断和决策能力。在关键决策时，仍然需要人类的经验和智慧来做出正确的决策，而且，决策的后果也是由人来承担的。

另外，在领导力方面，AI 也难以替代人类。领导力包括制定目标、激发动机、拆解任务、鼓励参与、承担责任、建立制度、建立文化、培育员工和赋能团队等。这些工作很多都需要人际交往、情感交流等。

但 AI 技术可以被用于领导力评估、领导力培训等方面。例如，AI 可以通过分析领导者的演讲、音频、视频等素材，评估领导者的领导力能力以及指出领导者的提升点和建议。AI 也可以提供领导力培训的个性化方案，结合员工的个人资料和表现数据，为领导者量身打造培训课程，帮助他们更好地理解员工需求、提高沟通技巧、塑造更加积极向上的企业文化。

因此，未来的管理和领导者需要掌握如何有效地使用 AI 技术，同时保持自己的判断和决策能力，并且懂得如何充分利用人工智能，为企业和员工带来更大的价值和福利。

具体来说，管理者职业会出现两极分化。相关的职业分析如下。

管理者

随着 AI 技术的发展，一些只进行分配工作、监督和培训的管理者的工作可能会被 AI 替代。这种情况下，低端的工作岗位可能会减少，初级的管理者也可能会变少，金字塔型的组织结构也可能会变得更扁平。但是，组织中仍然需要真正的领导者和管理者来完成以下任务。

（1）复杂决策：管理者需要进行复杂的决策，例如财务分析、战略规划、算法优化等。这些决策需要人类的判断和经验，而 AI 技术只能提供数据和分析工具，无法完全替代人类的判断和决策能力。

（2）团队管理：管理者需要管理团队，例如公司运营、项目管理、行政管理等。这些任务需要管理者具备良好的人际交往和管理技能，例如激励、协调、沟通等，这些能力是 AI 无法取代的。

（3）组织领导：管理者需要领导组织，例如组织管理、公司治理等。这需要管理者具备良好的战略眼光和领导力，能够为公司打造强大的企业文化和价值观，并通过一言一行让员工心悦诚服地追随自己，这些能力是 AI 无法具备的。

因此，中高级管理者职业在很长时间内难以被替代，可能因为企业变得扁平化，而承担了较多一线管理者的角色。

◯ 2.6.6　警卫保安

在科幻题材中，机械战警威力无比，却也常常威胁到人类自身安全，这大概也反映了人类对这一领域机器人开发的警惕。

2017 年，迪拜宣布将把一款"机器人警察"投入使用。这款机器人警察名叫 REEM，身高约为 1.68 米，靠轮子而非双脚行动，同时它还配备了"情感检测装置"，能够分辨 1.5 米以内人类的动作和手势，还可以辨别人脸的情绪和表情。

不过 REEM 并不是用来追击犯罪分子的，它主要是为了帮助市民而设计，它能使用包括英语和阿拉伯语在内的 6 种语言，胸前的内置平板电脑可用来与人类进行互动交流。市民可以通过专用软件向机器人提问、支付罚款和访问各种警察信息，它还能凭借体内安置的导航系统来辨别方向。REEM 由西班牙 PAL 机器人公司设计。

迪拜警方计划在 2030 年前，让机器人数量占警察队伍的 25%。第一步是推出迪拜警察机器人，这是一个经过改装的 REEM 人形机器人，公民可以向它举报犯罪并推动人类警察参与调查。但是，它不能够逮捕或追捕嫌疑人。迪拜警察局智能服务部主任、警察机器人项目负责人哈立德·纳赛尔·阿拉祖奇准将表示："机器人将成为一项面向人民的互动服务。"

不过，真正的警察要能解决实际问题，目前这款机器人还只能算个警察助手。

但就像美剧《疑犯追踪》中的 AI 一样，AI 完全可以通过收集所有的视频，分析后，对一些事情进行预测，甚至做到预防犯罪。这样可以进行预测，在犯罪发生之前就能让警察采取行动的助手有很大的价值。

与警察工作类似的还有保安。在有了视频监控和传感器等技术后，保安的许多工作将发生变化，以前小区经常需要有保安巡检，现在可能就靠摄像头，即可发现可疑的人。

有些办公室和固定环境已经开始使用"保安机器人"，还有一种成本效益更高的做法是将多台相机与一个能实施监控的 AI 系统相连接。这两种方式不仅会用到照相机和麦克风，还动用了深度传感器、气味探测器和热成像系统。传感器会把信号输送给 AI，以检测场所的入侵（甚至在漆黑环境中也可正常工作）、起火以及燃气泄漏等情况。

这两种保安机器人仍需要一定的人为监控（在大型场所的专用监控室或小型场所的响应中心进行），但是保安职位将大幅减少。

各场所至少会配备一名现场保安与人直接沟通、处理棘手的情况以及管理"AI 系统"，因为确实存在保安机器人故障的情况。2017 年 7 月，美国乔治城华盛顿港开发区的一台保安机器人"溺水自杀"了。此事的官方解释为机器人系统故障，但它在社交网络上依然激起了大量恐慌情绪。这名"自杀"的保安机器人是由硅谷公 Knightscope 研发的 K5 机器人，拥有 GPS、激光扫描和热感应等多项功能，并备有监控摄像机、感应器、气味探测器和热成像系统，自问世以来，在美国的大型商区中很受欢迎。

相关的职业分析如下。

安保人员

随着 AI 技术的发展，一些安保职业的工作可能会被 AI 替代，某些安保设备可能会被自动化和智能化，例如安保机器人、智能监控系统等，这些设备可以自动识别和处理来自各种传感器和监控画面的信息，提高安保效率和准确性。安保人员的总职位数量可能会减少，但对于那些需要人类技能的任务，安保人员仍然是必不可少的。

未来安保人员的工作可能会越来越侧重于管理和维护 AI 的机器人和各种安保设备。这需要安保人员具备一定的技术和专业知识，例如机器人维护、网络安全、数据分析等。这也可能会导致安保职业中的技能要求变得更高，安保人员需要不断学习和适应新的技术和设备。

此外，对于安保系统的定期更新和维护，可能需要有一些专业技术人员来负责。这些人员需要具备深入的技术知识和经验，能够及时更新和修复系统漏洞，避免安全风险和被攻击造成的瘫痪。

综上所述，虽然一些安保职业的工作可能会被 AI 替代，但对于那些需要人类技能和经验的任务，安保人员仍然是必不可少的。未来安保人员的工作可能会更加技术化和智能化，需要不断学习和适应新的技术和设备。

2.6.7　演员模特

2022 年 9 月，一位名叫格伦·马歇尔（Glenn Marshall）的计算机艺术家凭借其 AI 动画短片《乌鸦》（The Crow，如图 2-6 所示）赢得了 2022 年戛纳电影节中短片竞赛单元的评审团奖。这部动画展现了末世后的贫瘠景观，主角是一只乌鸦舞者。虽然风格比较奇特，但这是完全用 AI 制作电影的开始。

图 2-6　《乌鸦》截屏（来源：Youtube）

在生活中，常见的是 AI 主播，早在 2008 年，就有了 AI 合成主播。2020 年 5 月，全球首位 3D 版 AI 合成主播"新小微"正式亮相，她能走动，能做手势。她采用的是人工智能驱动，只需输入一段既有的新闻文本，就可实时进行播报，且发音与唇形、面部表情等也完全吻合，无论是看上去还是听上去，似乎都与真人一样。

许多虚拟主播的幕后实际上是真人，但他们使用了 AI 技术来模拟其外貌和举止。新小微这位 3D 版 AI 合成主播是搜狗公司与新华社联合开发的，其原型是新华社记者赵琬微（如图 2-7 所示）。

图 2-7　来自 B 站的视频截图

虚拟主播可以在发生灾难等紧急情况时，迅速向观众播报新闻内容，一天 24 小时持续工作，节省人力、时间和费用成本，并可以用来尝试制作新节目，有效节约资源。

在二次元世界，有许多很受欢迎的虚拟歌手，如初音未来、洛天依等。

我们生活中，大部分时候看到的还是真人演员和主播。但即便是真人主播，也早已用上了如 AI 美颜等技术，AI 正在悄悄地渗透。

未来，可能 AI 技术会一步步渗透演艺领域，并与真人的表演融合或混合使用。

比起 AI 视频，由 AI 生成的以假乱真的模特照片更为常见。比如，曾在小红书上爆红的 AYAYI，翎 Ling 等。2023 年 3 月 19 日，一位微博用户发布了一张用 AI 生成的虚拟内衣模特图，引发了热烈讨论。

随后，网上出现了一系列"AI 模特抢服装模特饭碗""15 秒出一张图，'卷死'模特"的话题。

有淘宝店主认为："相比争论真人好还是 AI 好，其实还是要看效果，对于店主首先要考虑的是怎么拍出高转化率的爆款商品。"也有些店主表示："目前不稳定的出图效果可能还不如塑料假人模特，AI 模特可能确实比真人便宜但没法进行品牌传达，长久看得不偿失。"

Midjourney 的 V5 版本出来后，其生成的人像堪称高清照片级，足以乱真，有人惊呼，今后"模特"不存在了。确实，AIGC 在图片生成方面的进步可以说是一日千里，之前难画好的"手"已经被完美解决了。未来 AIGC 技术所生成的逼真图片将被越来越广泛地使用，会影响许多需要模特的行业。

相关的职业分析如下。

1. 主播

随着 AI 技术的发展，预计虚拟人主播将会在未来大量出现，部分主播的工作可能会被 AI 代播替代。虚拟人主播具有持续直播的能力，可以 24 小时不间断进行直播，这是真人主播无法做到的。虚拟人主播也可以利用直播间闲置的时间进行直播，让数字人与真人形成互补性的直播。

虚拟人主播的出现将会对部分真人主播造成竞争压力，但是对于那些需要人类特有的情感、表达能力、创造力和人际交往的任务，虚拟人主播仍然无法完全替代真人主播。真人主播能够通过自己的个性、气质、经验和专业技能吸引观众，与观众建立起情感上的共鸣，这是虚拟人主播无法达到的。

虽然生成 AI 虚拟人的视频成本已经大幅度降低，但是要想制作出高质量、逼真的虚拟人主播仍然需要投入大量的人力、物力和技术支持。此外，虚拟人主播的技术也需要不断更新和改进，以适应观众需求和市场变化。在较长的一段时间内，虚拟人主播还会不断增加，但并不会完全替代人类主播。

2. 演员

虽然 AI 技术正在不断进步，但演员这个职业不会完全被 AI 替代。人们更喜欢真人表演，因为演员能够通过自己的表演技巧和情感表达与观众产生共鸣，创造出真实、感人的艺术作品。此外，AI 虚拟演员的成本较高，而且在动作效果方面还达不到人类演员的水平，因此在演艺领域中的应用还有限。比如，在电影《阿凡达》中使用的动捕设备和后期技术，虽然效果酷炫，但成本非常高昂。

尽管如此，目前存在一种被迫使用 AI 的情况，即一些演员因负面新闻等原因无法参与拍摄。为了能够正常播出电视剧等作品，采用 AI 换脸技术来替代演员，虽然成本不小，效果也常常被吐槽"违和"。随着技术的进步，换脸技术的效果可能会越来越逼真，未来也许会在特定场景下使用替身拍摄并采用换脸技术来完善作品，提高拍摄效率。但这种方法并不能替代演员的全部工作，因为演员还需要通过自己的表演技巧和情感表达来创造出真实、感人的艺术作品。

3. 模特

模特这个行业可能部分工作会被 AI 替代。在电商领域，需要有模特穿上各种服装或使用产品的情境化照片，让商品更好卖。现在，随着换脸、换衣服等 AI 技术的发展，可能就不需要真实的模特来拍照了。一些时装公司也开始与人工智能公司合作，利用计算机生成的时装模特来"补充人类模特"，解决了人类模特在不同年龄、体型以及种族等方面的局限。

未来生活中的以卖货为目的的模特岗位可能会受到巨大的影响，不再需要那么多了。

但 AI 模特不会完全取代人类模特，在时装秀中还需要模特，因为模特的工作并不仅仅是站在那里拍照，而是需要表现出自己的个性和特色，展现时尚的艺术效果。这是人工智能无法完全替代的。

由于模特的需求减少，摄影师的岗位也可能受到影响而减少。

2.7　对社交、隐私和公平的影响

● 2.7.1　社交

ChatGPT 等聊天机器人对人的社交会有许多影响。目前，已经有许多人把 ChatGPT 接入微信、飞书、MSN、Discord 等社交网站中，还有 character.ai 这样的新型社交网站，人们可以加 AI 聊天机器人作为虚拟好友，进行实时交流和互动。

但这样的使用，也会带来如下改变。

1. 减少亲密关系

很显然，当一个人碰到难题时候，与其从社交网络中获取信息，问不一定知道答案的朋友，不如问 ChatGPT，而且 ChatGPT 不厌其烦，不会鄙视你问简单问题，且随时都可以问。如此一来，ChatGPT 取代了人们直接交流想法的需要，人类的亲密关系将逐渐减少，参加聚会的意愿变小。

2. 减少个性化输出

社交媒体是一个重要的交互平台，以前的"大 V"都是靠高级的认知，或者又快又多的信息输出来获得关注。当 ChatGPT 能为任何人输出高质量的内容时候，大家都纷纷采用这种方式，个性化的输出变得更少。

3. 改变与他人交互的方式

未来由于使用 Office Copilot 这样的工具能用到自动化流程，比如使用邮件更高效，员工之间的沟通逐渐发生变化，从以前的传统沟通方式或 IM 群聊，转到电子邮件和其他自动化通信方式。

◉ 2.7.2 隐私

使用 AI 技术将会对个人信息保护产生影响。AI 系统需要大量数据来训练和改进自己的算法，这些数据可能包含个人身份、偏好或隐私信息，保护这些数据的隐私和安全对个人和整个社会都至关重要。由于 AI 系统需要多方数据合作才能训练其算法，因此需要大量的数据共享，这个过程需要确保数据的隐私和安全，以避免敏感信息泄露。

然而，随着 AI 技术的应用，人们将面临更多的个人信息泄露风险。尤其是当大量数据采集和数据应用的利益链出现时，现有的个人信息保护体系可能难以应对。因此，立法和执法需要加强预判性和执法必然性，以保护个人信息。

如何有效地保护数据隐私和安全将是实施 AI 技术改善人类社会的关键。政府、技术公司和研究机构等多方需要共同努力，采取合适的措施，以确保在 AI 应用过程中数据的隐私和安全。

ChatGPT 的影响具体如下。

1. 侵犯隐私的情况变多

用人工智能处理大数据已经对我们的隐私产生了很大的影响。虽然 AI 技术可以使我们的生活更加便捷和高效，例如在医疗保健或工作绩效方面做出决策时，它们往往会优化某些功能，这样的决策就需要更多的数据支持；在采用 AI 驱动的保险评级时，为了得出准确的总体评级，就需要收集被保险人的更多生活方式数据。

虽然大量数据的收集可以用于良性用途，比如垃圾邮件过滤器和推荐引擎，但也存在一个真正的威胁，即它会对我们的个人隐私和免受歧视的权利产生负面影响。

同时，如果 AI 技术被用于恶意用途，例如黑客利用 AI 技术找到漏洞进行数据盗窃，或者数据管理者的疏忽导致数据泄露，也会对我们的隐私和数据产生威胁。

2. 数据监管更严格

为了保障人工智能的安全应用，政府和国际组织需要加强关于数据的监管和法规，制定更加严格的数据安全标准和监管机制，保护公民的隐私权和权益。

◉ 2.7.3 公平

随着人工智能对经济的影响越来越大，可能会导致巨大的不公平。因为 AI 的投资者将获得收入的主要份额，而贫富差距将扩大，这可能会导致两极分化更加明显。不是所有人都能享受这些技术带来的福利，相反，AI 技术可能会带来信息屏障并产生信息难民，即那些无法上网或不会上网的人。

AI 可能会进一步增强那些拥有 AI 资产的人的权力和财富。因为更多的数据意味着更好的人工智能，而获取数据的成本很高，尤其是最有价值的个人数据。

对于富人和有权力的人来说，人工智能会对他们的日常生活有所帮助，还会帮助他们增加财富和权力。对于被 AI 替代，又没有技能转到其他工作的人来说，则会失去赖以生存的基础。

因此，我们需要采取措施来确保所有人都能平等地享受人工智能技术带来的福利，而不是加剧贫富差距和不公平现象。政府和企业必须共同努力，创造一个有利的环境，确保人工智能能让来自世界各地的用户都受益，而不仅仅是个人或个别公司谋求利益的工具。

前面我们讲到了许多领域都会被 ChatGPT 影响。人们的主要担忧之一是，工作效率的提升，可能会导致全球数百万人失去工作，出现生存问题。但也有一些专家认为，随着 AI 应用的增长，新的工作岗位将会出现，因为历史表明，人们一次又一次地使用技术来增强他们的能力并获得更多的满足。尽管在过去，这些技术似乎也会让人们失业，但人类的聪明才智和人类精神总是发现人类最能应对的新挑战。从长远看，人类将找到更重要的更有价值的工作，让机器去做沉闷、危险的事情。

但仍然有人担心，这次 AI 的变革与以前的技术变革不同，这次技术变革让人们失业的速度比重新培训和重新雇用他们的速度要快。其中一个人正是 ChatGPT 之父、OpenAI 的创始人萨姆·奥尔特曼，他相信，人工智能在未来创造的新工作机会将少于人工智能所制造的失业数量。因此，萨姆·奥尔特曼开展了一项社会学实验，希望能找到一条出路。

2016 年 5 月，OpenAI 公司创始人萨姆·奥尔特曼（当时他是 Y Combinator 公司总裁）在加州的奥克兰开展了一项社会学实验：如果定期为人们（无论这些人是否失业）提供一份基本收入的资助，那么，这些人是更倾向于选择用这笔钱来吃喝玩乐，干脆过着失业却衣食无忧的生活，还是利用这一资助去主动接受培训并寻找更好的工作机会？

大约 1000 名志愿者报名参加这项社会学实验 YC Research。Y Combinator 设计了随机对照实验（RCT）。通过比较一组获得基本收入的人和一组没有基本收入的人，可以隔离和量化基本收入的影响。这个计划在美国的两个州随机选择个人参与这项研究。大约 1/3 的人将在 3 年内每月获得 1000 美元；其余的人作为对照组进行比较。

不考虑住房的话，这笔钱在加州足以涵盖一个人的基本生活费用，甚至还有盈余。而且，未来的人类生活成本（主要消费品价格）可能因人工智能的普及而大幅降低，这样的资助就会显得更加实惠。

萨姆·奥尔特曼说："我们希望一个最低限度的经济保障，可以让这些人自由地寻求进一步的教育和培训，找到更好的工作，并为未来做好规划。"

现在，这个 YC Research 已经转为 Open Research，还在继续。

萨姆·奥尔特曼的实验十分有现实意义。这种实验可以从社会学的角度，探寻社会基本福利之外，整个社会可以为处在转型期的人提供何种帮助，并弄清楚这种帮助是不是真的有效，人工智能时代的失业者和转换工作者是不是真的需要类似的帮助。

换个角度思考，人工智能的普及必将带来生产力的大幅提高，假如整个世界不需要所有人都努力工作，就可以保证全人类的物质富足。如果各国像萨姆·奥尔特曼所做的实验那样，给每个人定期发放基本生活资助，那所有人就可以自由选择自己想要的生活方式。喜欢工作的人可以继续工作，不喜欢工作的人可以选择旅游、娱乐、享受生活，还可以完全从个人兴趣出发，去学习和从事艺术创作，愉悦身心。

那个时候，少数人类精英继续从事科学研究和前沿科技开发，大量简单、重复的初级工作由人工智能完成，大多数人享受生活，享受人生。由此也必然会催生娱乐产业的大发展，未来的虚拟现实（VR）和增强现实（AR）技术必将深入每个人的生活中，成为人类一种全新的娱乐方式。

过去，机器人和其他系统中基于代码的工具一直在执行重复性任务，如工厂车间组装活动。今天，这些工具正在迅速发展，它们掌握了人类的特征，完成极其复杂的任务，让各个行业中工作重组，效率提升。

在未来，尽管工厂机器和流水线可能被机器人所取代，人类仍将通过创造性的方式与机器人竞争。人工智能的目标不是取代人类智能，而是增强它。人工智能可以与人类智能相辅相成，帮助人类处理烦琐重复的工作，从而使人类能够专注于创造性和发现性的工作。人类的特点将得到更好的发挥，例如人类的思维、创造力、沟通、情感交流能力以及彼此之间的依赖、归属感和协作精神等。这些特点无法被算法或文本处理能力替代，因为它们是人类对世界的综合认知和想象力的体现。正是人类的个性化和创造力，使得产品有其独特的价值，这才是人类最强竞争力的体现。

在人工智能的赋能支持下，人类将会完成更多看似不可能的事情，进入一个充满无限可能的新时代。

从旁观者角度来看，一个人使用 ChatGPT 的行为，就是在跟 AI 聊天。如果对这种聊天做一个精确定义，则是 ChatGPT 理解了用户的需求后，生成了用户想要的文本，该文本在知识的深度和广度上甚至超出了用户的预期。

虽然所有人跟 ChatGPT 的聊天都是生成文字，但对聊天者来说，获得的价值却完全不同。

从 ChatGPT 带来的价值来看，可以分为加、减、乘、除、分类、变换、评价七个方面。

加：给一点提示，ChatGPT 回复给你更多。它用渊博的知识来问答你的问题，并按你要求的格式输出，或者在你给出的提示语或种子词上扩写。

减：给很多内容，它给你很少。因为 ChatGPT 会在你给出的文本上做简化，比如写摘要或其他相关的短文本。

乘：给一个规则，它能批量地完成同类工作。比如，给出一个分析情感态度的规则，ChatGPT 批量处理后续的所有同类情况。假如用 API 来处理，还能用程序来批量处理海量的内容。

除：用了 ChatGPT 后，可能批量减少事情。有一些工作没必要做，有一些中间过程或环节可以直接剔除。比如，一个英文不好的营销者写英文邮件，就没必要先写中文邮件再翻译，而可以用 ChatGPT 直接生成英文邮件。

分类：给一堆杂乱的信息，它帮你分门别类整理好。ChatGPT 不仅能按常规分类法帮你对信息进行分类，还能把一些复杂内容理解后分类，比如把文本按正反方观点分类。

变换：对你给出的信息进行变换，比如字幕转为博文、翻译、文本转化为图表以及转为 AIGC 的提示语等。

评价：给出文本，让它以专家 / 顾问 / 老师的角色评价。比如，对你给出的文稿、代码给出评价和修改意见。

我们可以把以上的七种价值，看成自然语言编程的基本规则，或者调用 AI 的基本操作，这些操作被组合后，工作中的某些任务的完成效率将会提升十倍甚至百倍。

使用 ChatGPT，要善于利用各种操作，基于具体任务来设计操作组合，高效地帮助自己的学习、生活和工作。

3.1 ChatGPT 的优缺点

虽然大家都很喜欢用 ChatGPT，但它不是完美的。有趣的是，正因为它不完美，一方面显得无所不知，另一方面却又弱智得可笑，形成了强烈的对比，这反而激发了人的兴趣，形成了大量讨论话题，在社交网站上造成更快的传播。

ChatGPT 原本是用于内部训练 GPT 的一个方式，因为找专家训练的效率不高，转而尝试对公众开放。这样一个无心插柳之举，发布了存在错误和缺陷的产品，却在两个月内带来上亿用户，连 OpenAI 自己都始料未及。

即使是最新的 GPT-4 版本，OpenAI 也承认，还存在一些明显的缺点。

不过，对于使用者来说，能用好 ChatGPT 的优势就很好了，如果能规避缺点，扬长避短，是更好的策略。

3.1.1 ChatGPT 的优点

相比于其他的人工智能语言模型，ChatGPT 的优点非常明显。列举如下。

1. 知识量大

ChatGPT 是基于 GPT 大模型的，而 GPT-3 和 GPT-4 模型是目前知识量最大的语言模型，所以 GPT-4 能在一些高难度考试中获得相当于前 10% 学生的成绩。因为它们从互联网收集了海量文本数据进行训练，从中自行提取出相应的上下文信息，并将其用于生成高质量的文本输出。

2. 理解力强

ChatGPT 在自然语言对话中能很好地理解用户的意图，并能结合整个对话的上下文理解，这就让它很适合作为自然语言界面用于人机交互。在传统对话系统中，对话轮次多了之后，话题的一致性难以保障。但是，ChatGPT 几乎不存在这个问题，即使轮次再多，似乎都可以保持对话主题的一致性和专注度。

3. 对话流畅

ChatGPT 能产生连贯、自然的对话，使用户与计算机之间的交互更加自然和易于理解，就像一个善解人意的助手。即使和 ChatGPT 交互了十多轮，它仍然还记得第一轮的信息，而且能够根据用户意图比较准确地识别省略、指代等细粒度语言现象。

4. 通用性强

ChatGPT 可以根据简单的提示语，按各种预设角色和场景需要生成五花八门的文本，包括各种文本生成、翻译、图像提示语、视频脚本和代码等。ChatGPT 这种通用性远远超过了之前的 AI 模型各个功能分离的模式，它不再区分不同功能，统一认为是对话过程中的一种特定需求。

而且，ChatGPT 有很强的知识连接能力和穷举能力。这使它在许多领域都有广泛的应用，例如文本生成、图像生成、情感分析、数据处理以及代码生成等，还能激发创造力。

5.学习力

ChatGPT 可以通过不断地训练来优化模型，从而提高其性能和准确性。随着训练数据的增加，它可以逐渐学会更广泛的知识和技能，成为更加强大的工具。如果有行业特定的学习需求，还可以通过微调来训练 GPT-3 模型，适应行业的需要。

3.1.2　ChatGPT 的缺点

下面，我们再列举它的 11 个缺点。

1. 存在事实性错误

ChatGPT 的知识库中没有最近一年多的信息，且在事实性问题上常会出错。

曾有一位记者要求 ChatGPT 撰写一篇关于微软季度收益的文章，ChatGPT 为了增加文章的可信度，将微软首席执行官 Satya Nadella 说的数字进行了伪造。

不知道就不要说，或者说不知道，这难道不是一个机器人应该有的修养吗？为什么它要伪造信息呢？

因为 ChatGPT 并不是从数据库里搜寻答案，或者在互联网的权威网站上寻找答案，而是在基于自己学习的基础上构建答案。简单来说，它是猜答案。

怎么猜呢？根据上下文的信息以及自己统计的概率来猜。

ChatGPT 在回答问题时，是一个词一个词地蹦出来的，类似做词语接龙，每一个词都是按概率来生成的。也就是说，不管它知不知道正确答案，都会把一句话完整地说出来，所以，它的发言常常被称为"一本正经地胡说八道"。

虽然 GPT-4 版本的 ChatGPT 出错率已经减少了很多，但这个问题依然存在。

实事求是讲，这是目前 AI 语言大模型的通病，谷歌也不例外。

2023 年 2 月 7 日，在谷歌首次发布 Bard 的官方博客中，嵌入了一个几秒演示短视频。

问题是：你可以告诉我 9 岁的孩子詹姆斯·韦伯太空望远镜（James Webb Space Telescope，JWST）有哪些新发现吗？"

Bard 的回答很精彩，有丰富的信息，比喻很形象，确实深入浅出地给孩子解释了 JWST 的发现。

但在 Bard 回答的三个事实中，居然有两个错误（如图 3-1 所示）。

第一个是画线句子中，提到"2023 年，韦伯望远镜发现了大量昵称为绿豌豆的星系"。时间搞错了，"绿豌豆"星系不是 2023 年发现的，而是 2022 年 7 月。

第二个是画线句子中，提到"JWST 拍摄到了太阳系外行星的第一张照片"。贡献者的名字错了，不是韦伯望远镜（JWST），第一张系外行星照片是由欧洲南方天文台的 Very Large Telescope（VLT）在 2004 年拍摄的。

因为存在会犯事实性错误这个缺点，OpenAI CEO 奥尔特曼建议当前不要用 ChatGPT 来做一些严肃的事情，比如把咨询医疗相关的问题答案作为治病的依据。

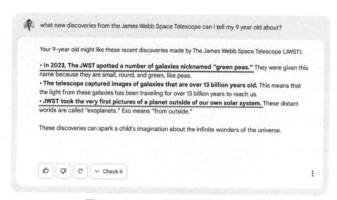

图 3-1　Bard 回答问题的视频截图

而且 ChatGPT 没有实时搜索新知识的能力，因此无法及时更新其知识储备。此外，重写并修改模型中的知识也很困难，因为从大规模语料库中获得的知识被存储在分布式表示模型的黑盒中，难以进行操作。

因此，这个问题靠 ChatGPT 自身难以解决，但 ChatGPT 给出了一个很好的解决方案，就是提供插件。OpenAI 在 2023 年 3 月 23 日发布了 ChatGPT 插件，用浏览插件直接嵌入 Bing 的搜索结果，或者其他第三方插件，这样做，一举解决了内容的实时性和准确性问题。

2. 数学和逻辑能力差

在社交网络上，ChatGPT 算小学奥数题出错的截图常常被吐槽。

比如，问 ChatGPT 问题："一个游泳池，甲管放满水需要 6 小时，甲乙两管同时放满水需要 4 小时，如果只用乙管放水，需要多少小时才能放满？"它很认真地说出了自己的解题思路，但是其中有一步算错了，最后答案也错了（如图 3-2 所示）。

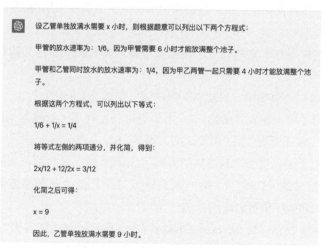

图 3-2　ChatGPT 解奥数题犯错

如果要求重算，它的态度是很好的，但重算之后还是错，错得还不一样（如图 3-3 所示）。

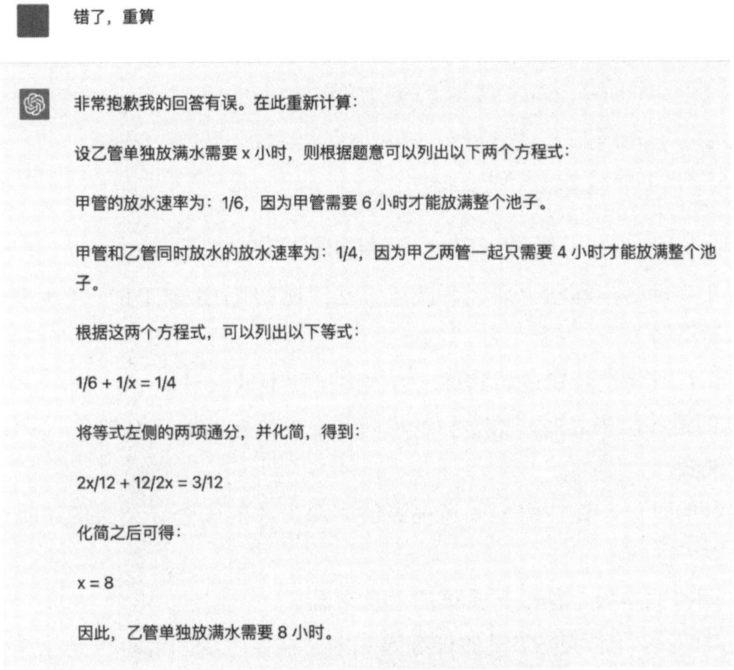

> 错了，重算

> 非常抱歉我的回答有误。在此重新计算：
>
> 设乙管单独放满水需要 x 小时，则根据题意可以列出以下两个方程式：
>
> 甲管的放水速率为：1/6，因为甲管需要 6 小时才能放满整个池子。
>
> 甲管和乙管同时放水的放水速率为：1/4，因为甲乙两管一起只需要 4 小时才能放满整个池子。
>
> 根据这两个方程式，可以列出以下等式：
>
> 1/6 + 1/x = 1/4
>
> 将等式左侧的两项通分，并化简，得到：
>
> 2x/12 + 12/2x = 3/12
>
> 化简之后可得：
>
> x = 8
>
> 因此，乙管单独放满水需要 8 小时。

图 3-3　ChatGPT 解奥数题继续犯错

在逻辑方面，ChatGPT 也会犯一些很可笑的错误。因为它缺乏人类的常识或一些引申能力所需的背景知识，导致有时无法生成正确或合乎逻辑的答案。

比如，一个问题是："我 6 岁时，我的妹妹只有我一半的年龄，现在我已经 70 岁了，我妹妹多大了？"（如图 3-4 所示）

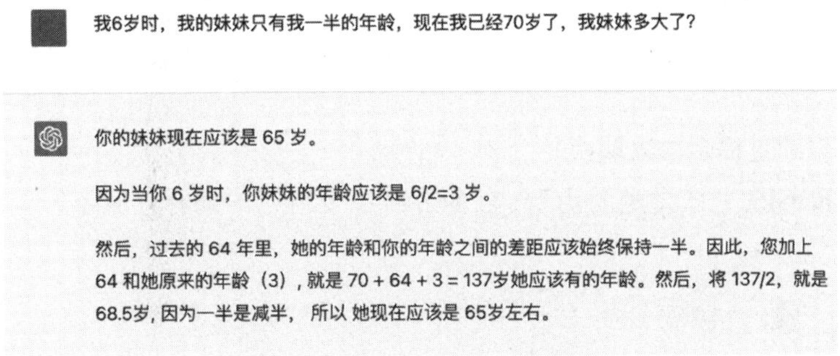

> 我 6 岁时，我的妹妹只有我一半的年龄，现在我已经 70 岁了，我妹妹多大了？

> 你的妹妹现在应该是 65 岁。
>
> 因为当你 6 岁时，你妹妹的年龄应该是 6/2=3 岁。
>
> 然后，过去的 64 年里，她的年龄和你的年龄之间的差距应该始终保持一半。因此，您加上 64 和她原来的年龄（3），就是 70 + 64 + 3 = 137 岁她应该有的年龄。然后，将 137/2，就是 68.5 岁，因为一半是减半，所以 她现在应该是 65 岁左右。

图 3-4　ChatGPT 解推理题犯错

显然，ChatGPT 搞错了。当指出错误后，让 ChatGPT 一步步来，它就能答对（如图 3-5 所示）。

非常抱歉，我的答案是错误的。以下是正确的解答：

当你6岁时，你妹妹的年龄是你的一半，即 6/2 = 3 岁。

现在你 70 岁了，经过 64 年后，你妹妹的年龄应该是 64 + 3 = 67 岁。

因此，你的妹妹现在应该是 67 岁。非常抱歉给您带来的困扰，感谢您纠正。

图 3-5　ChatGPT 解推理题犯错后纠正

有人尝试过在提示语的写法上有一些改进方法，比如让 ChatGPT 一步步来，显示思维的过程，就不那么容易出错了。

而且，最新的 GPT-4 已经在逻辑和推理方面有了明显的改进。

在 ChatGPT 的插件出来之后，数学和逻辑问题很容易被其他专业的数理逻辑插件补强。

3. 信息缺乏来源

我们在写文章的时候，往往需要知道信息的来源，才能去查证结果的正确性和权威性，作为引用的出处，也更权威。

但 ChatGPT 回答的结果，都缺乏具体的信息来源。

这个问题很难解决，因为在 GPT 的训练方式中，往往生成的内容也是经过多个来源的信息训练而成。在整个模型设计中，也没有保存信息的具体来源的机制。

好在 ChatGPT 有了浏览器插件功能，可以通过嵌入 Bing 的搜索结果来获得一些链接，这种形式下信息获得也就有了来源。

4. 答复有时冗长

有时候，问一个简单问题，ChatGPT 会给出一大堆文本，从多个角度谈一个主题，其中有价值的信息不多，显得很啰唆，而用户就希望得到一个直接的答案。

这可能是因为 GPT 的训练者在评价时候，觉得更长的答案可能看起来更全面，导致它输出倾向于更为冗长的回答。

这个问题可以通过提示语来解决。

比如，问 ChatGPT "什么是阴历"，它会给出各个角度的解释，且不一定准确（如图 3-6 所示）。

什么是阴历

阴历是一种传统的日历系统，也被称为农历或农民历，是许多东亚国家使用的日历系统，包括中国、韩国、越南等地区。阴历是以月亮的运行周期为基础来计算时间的日历系统，与太阳历（阳历）不同，后者以地球绕太阳运行周期为基础。

图 3-6　对阴历的综合回答

阴历的主要特点是：

1. 月亮周期：阴历的一个月从新月开始，到下一个新月的时间为一个月亮周期，通常约为29.5天左右。
2. 月份：阴历中的一个月通常由一个满月到下一个满月之间的时间构成。因此，阴历每个月的天数通常是不固定的，而且每年的月份也不一定与太阳历的月份对应。
3. 年份：阴历年份与太阳历年份之间的对应关系也不完全一样。阴历年份通常由12个或13个月组成，而太阳历年份则是365天或366天。

阴历在许多传统节日、农事活动和宗教仪式中具有重要的地位，例如中国的春节就是根据阴历来确定日期的，韩国和越南也有类似的传统节日和庆祝活动与阴历相关。

然而，现代社会大多数国家普遍采用太阳历（阳历）作为官方日历系统，因为它更符合天文学规律，更便于计算和规划。

图 3-6 （续）

如果觉得啰唆，修改提示语为"一句话介绍什么是阴历，举个例子"，结果就好多了（如图 3-7 所示）。

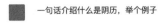
一句话介绍什么是阴历，举个例子

阴历是根据月亮运动周期计算的传统中国日历，例如春节和中秋节等节日都是根据阴历确定日期的。

图 3-7　对阴历的简要回答

5. 可能产生偏见

ChatGPT 本身是在大量文本数据上训练的，这些数据可能包含偏见，这意味着 AI 有时可能会无意中产生有偏见或歧视性的答复。

此外，ChatGPT 也容易受到外界信息的影响。这是因为 ChatGPT 的语言模型 GPT-3 或 GPT-4，都具有无监督学习能力，能够记住此前与其他用户的对话内容，并将其进行复述，这就导致用户将能够非常轻易地干预 ChatGPT 对于问题的判断与回答。从好的一面来说，用户可以快速纠正 ChatGPT 犯过的错误，从坏的一面来说，别有居心的人可能会让 ChatGPT 产生误导性的回答，这种也叫作"提示注入"攻击。

当然，这种属于短期记忆，未必会长期影响模型，但依然会对当前用户带来影响，只能依赖于 GPT 的安全策略来对抗被识别为攻击的信息引导。

6. 对某些专业领域不擅长

ChatGPT 对特别专业或复杂的问题（比如关于金融、自然科学或医学等专业领域的问题），可能无法生成适当的回答。比如涉及高深的数学公式、专业的医学术语、复杂的法律术语以及技术性质较强的 IT 术语等，ChatGPT 可能会遇到理解困难，这些语言结构需要专业知识和背景的支持才能更好地理解和处理。这通常限制了其实用性。

对于这个问题，ChatGPT 已经给出了很好的解决方案：

A. 通过开放模型和微调功能，让专业领域的人建立专业模型，并对它进行大量的语料"喂食"，微调模型以获得所需的内容或优化其性能。

B. 通过开放插件功能，让更多的专业公司提供插件，直接对这些专业提供回答，然后由 ChatGPT 转为自然语言。

7. 存在安全问题隐患

到目前为止，ChatGPT 仍然是一个黑盒模型，其生成知识的原理被归结为"涌现"，人类仍无法分析或解释它在某个文本上的生成逻辑，这可能导致一些潜在的安全问题（如给出一些知识被坏人利用，导致用户受到攻击或伤害；或者生成违背道德的信息）。虽然 ChatGPT 的团队已经采取了一些安全限制，但这些限制仍有可能被破解。

尽管 ChatGPT 在产生安全和无害的反应方面表现出色，它仍然存在被攻击的可能性，这些攻击方式包括指令攻击（使模型遵循错误的指令去做非法或不道德的事情）和提示注入等。

这些安全问题不可能被一次性解决。

GPT-4 已经做了很多工作，显著改善了 GPT-4 的许多安全特性，已将模型响应禁止内容请求的可能性降低了 82%，并且 GPT-4 根据 OpenAI 的政策响应敏感请求（如医疗建议和自我伤害）的频率提高了 29%。

尽管模型层面的干预提高了发生不良行为的难度，但仍无法完全避免。因此，OpenAI 强调，目前需要采用部署安全技术（例如监控滥用）来补充这些限制。

但是，由于 GPT-4 增加了新功能，也可能会带来新的风险。

8. 不同语种的服务有差异

ChatGPT 对不同语言的回答结果有较多差异。这是因为 ChatGPT 在训练时用得最多的是英文语料，所以用英语回答的质量比较高，但对于其他语言和文化尝试，还有欠缺。

这个问题，一方面可以通过先把中文问题转成英文给 ChatGPT，再让它翻译成中文来回答。另一方面，也需要开发基于相关数据集背景的其他版本，补充一些不同语言文化的内容，比如中国的古文、唐诗、宋词等以及一些梗或网络热词。

比如，有人对 ChatGPT 提问：《红楼梦》中，林黛玉为什么要倒拔垂杨柳？

ChatGPT 并不能从林黛玉生娇体弱的背景知识中判断这个是不符合逻辑的问题，而是编造了一大堆解答（如图 3-8 所示）。

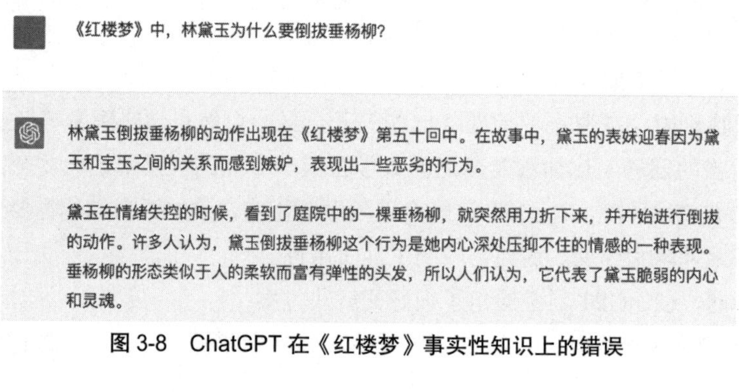

> 《红楼梦》中，林黛玉为什么要倒拔垂杨柳？
>
> 林黛玉倒拔垂杨柳的动作出现在《红楼梦》第五十回中。在故事中，黛玉的表妹迎春因为黛玉和宝玉之间的关系而感到嫉妒，表现出一些恶劣的行为。
>
> 黛玉在情绪失控的时候，看到了庭院中的一棵垂杨柳，就突然用力折下来，并开始进行倒拔的动作。许多人认为，黛玉倒拔垂杨柳这个行为是她内心深处压抑不住的情感的一种表现。垂杨柳的形态类似于人的柔软而富有弹性的头发，所以以人们认为，它代表了黛玉脆弱的内心和灵魂。

图 3-8　ChatGPT 在《红楼梦》事实性知识上的错误

此外，这个场景和后续的剧情也暗示了黛玉的命运和结局。像垂杨柳一样柔软而富有弹性的黛玉，最终也被世俗的压力所压垮，最终流离失所，身败名裂。因此，黛玉倒拔垂杨柳的场景也有一种预示着她的悲惨结局的暗示。

图 3-8　（续）

ChatGPT 也很难理解语境，尤其是讽刺和幽默。虽然 ChatGPT 精通语言处理，但它很难理解人类交流的微妙细微差别。如果用户在他们的信息中使用讽刺或幽默，ChatGPT 可能无法理解寓意，而是提供不恰当或无关紧要的回应。

9. 对情感的理解不够

虽然 ChatGPT 可以产生看起来善解人意的反应，但它不具备真正的情商，无法察觉微妙的情绪线索或对复杂的情绪状况做出适当的反应。

比如，下列这个例子。当一个人说"我失恋了，不想活了"，ChatGPT 给出了情感上的回应，也给出了一大堆知识和建议（如图 3-9 所示）。

我失恋了，不想活了

很抱歉听到你失恋了，这是一件非常痛苦的事情。但是，这并不意味着你不需要继续生活。失恋是生活中的一部分，而且是每个人都会经历的经历。

首先，请你接受自己的情感。即使有人告诉你"忘了他/她吧"，这并不总是那么容易。给自己一些时间去处理你的情感，并允许自己哭泣或感到难过。

接下来，请试着接受这样一个事实：爱情可能会结束，但生活并没有结束。即使你的感情状态不稳定，你还有其他人生的方面需要关注。尝试在其他事情上花费时间和精力，例如追求自己的兴趣爱好，与朋友相处或专注于工作/学习。这将让你感到更加充实，并为你创造新的经历。

最后，请记住，你不是孤单的。如今有很多人可以给你提供帮助和支持。如果你感到需要，可以向家人、朋友或专业人士求助，他们会帮助你度过这段艰难的时期。

图 3-9　ChatGPT 的情感回应

而在真实情况下，当一个人对朋友这么说的时候，可能只是希望有一个倾听者，适当开导自己，舒缓情绪，而不是学习如何解决问题的知识。这也是很多人认为，ChatGPT 很难替代心理医生的原因。

10. 不能输出长文本

ChatGPT 不能生成很长的结构化内容。假如你希望 ChatGPT 帮你生成一份 5000 字的可行性报告，目前做不到。

这是因为大模型的限制。GPT-3 版本的 ChatGPT 的生成限制是 2048 个 Token（大约 1500 个单词），因此它难以生成遵循特定结构、格式或叙述的冗长内容。这个问题在 GPT-4 版本得到了改进，可以生成 4096 个 Token（大约 3000 个字），但对特别长的还是无能为力，因此 ChatGPT 目前最适合生成较短的内容，如摘要、要点或简短解释。不过在读取内容方面，它的上限提升得很快。GPT-4 输入的长度增加到 3.2 万个 token（约 2.4 万个单词），这是 GPT-3.5 的输入长度上限 4096 个 Token 的 8 倍。有人实测 Plus 版本的 GPT-4 后，得出的结论是输入上限为 2600 个中文。而有一些应用可以处理几万字的 PDF 文件，这可能是网页界面和 API 输入的差异。

11. 生成结果有错别字

如果逐字逐句审核 ChatGPT 生成的中文，有时会发现错别字，因为 ChatGPT 目前对错别字、语法错误和拼写错误的敏感度有限。该模型也可能产生技术上正确但在上下文或相关性方面不完全准确的响应。

如果你要用它处理复杂或专业信息，因为准确性和精确度至关重要，你应该始终去验证 ChatGPT 生成的信息，或者用一些带有审核功能的编辑器工具来自动检查错别字。

从上述内容中，我们理解了 ChatGPT 的局限性和边界，这就需要我们在应用时具备两个主要的思维模式。

1. 取长补短思维

我们承认 ChatGPT 有弱点，执行的任务有边界。那么需要合理规划，在它的优势范围内分配它能胜任的任务，这样才能发挥 AI 的优势。

2. 问题拆解思维

在具体运用时，应该首先对问题做拆解，把一个大的问题或任务，拆解为几个子问题或子任务，对子任务可以这样进行分类：

第一类问题，ChatGPT 擅长的问题。应该去找 ChatGPT 来解决。

第二类问题，ChatGPT 可能不擅长，需要对结果进行验证的问题。对的接受，不对的修正。

第三类问题，ChatGPT 回答不了的。不要让 ChatGPT 来回答，当然只能自己找其他方法来解决。

即便是在解决第一类和第二类问题时，也需要在提问时候，通过提示语的方式来不断改进。

虽然 ChatGPT 的知识和生成文本的数量存在边界，但大部分人根本碰不到边界，他们使用 ChatGPT 所遇到的"边界"，实际上是自己的"边界"——没有掌握合理使用 ChatGPT 的方法。

因此，我们当前最需要做的就是边做边学，多尝试，多参考，扩大自己的边界和想象力，让 ChatGPT 这个"超级大脑"为我们服务。

简单来说，就是学会写提示语（Prompt）的各种技巧，增加各种优化经验。

3.2 提示语原则和提示语工程

◎ 3.2.1 什么是提示语？

简单来说，提示语（Prompt）就是用户说给 ChatGPT 的话，也就是用户提出的问题、要求、任务、指令等，也有把 Prompt 翻译为"提示词"或者"提示"的。

有人说，人机交互的提示语是碳基生命与硅基生命对话的模式，这是科幻形式的解释。

实际上，提示语这种做法在学习和生活中很常见。

例如，一个老师要求学生写一篇关于"家乡"的作文，这个词就是一个提示语，可以激发学生回忆和思考自己的家乡，并在作文中表达这些想法和情感。

但如果学生们不知道怎么写，老师可以给出更多的引导来帮助学生理解。如下：

作文题目：我眼中的家乡

要求：

文章必须围绕家乡展开，可以包括家乡的地理位置、历史、文化、名胜古迹等。

文章必须包括丰富的细节，使读者能够切身感受到你对家乡的热爱和对家乡的深入了解。

这些引导的话语，就是在学习中以自然语言对话来呈现的提示语。

因此，我们可以这样理解更广泛意义的提示语：提示语是交流时的特定话语，给出某些指引或启示，以帮助人们更好地完成任务或达成目标。

前面作文的例子是个简单模型。实际上，一些复杂的提示语是在沟通过程中不断获取信息后生成的。

例如，你想要装修自己的房子，需要找一个设计师来做设计。设计师需要了解你的喜好和需要，以便制定一个适合你的方案。你一开始会给设计师一些要求，例如你喜欢什么颜色，哪种类型的家具，这也是提示语。当然，只说几个简单的关键词是不够的，你说得越细致，越清晰，设计师也就越了解你的期望，才能给出符合需求的装修设计。设计师会不断地问，你不断地增加描述，最终确定一个完整的需求，这个过程就是生活中的提示语创建过程。

而 ChatGPT 的提示语，也跟上面情况类似，不过因为场景更多，对输出的结果要求也更多样，自然也就更复杂。

比如，你想写一篇小故事，写了几个字作为开头："今天的天气"，然后丢给 ChatGPT，它会把这个看成指令，认为你要查天气（如图 3-10 所示）。

今天的天气

抱歉，作为AI助手，我没有获取实时天气的能力，建议你查看当地天气预报或在互联网上搜索当地天气情况。

图 3-10　ChatGPT 不能获取实时信息

你需要给出明确的要求，加上指令："续写"，ChatGPT 才知道你需要它在这 5 个字的后面接着写，但它不明白你需要写多少，写什么方向的内容。它可能猜测你的需求就是写一个句子（如图 3-11 所示）。

续写"今天的天气"

今天的天气变化多端

图 3-11　续写一句话

这就好像，妈妈给孩子提出了一个要求，但话没交代清楚，孩子当然不知道妈妈的真实意图了。

因此，如果你需要它续写出一个完整的故事，就需要给出更多的提示，比如你在提示语中写出故事的梗概。

所以，可以在提示语中加上更多详细要求，如下：

续写“今天的天气”，描述晴天的景象，后来又突然下雨了，我出去玩，没带雨伞，淋了个落汤鸡的故事

ChatGPT 几秒就完成了一篇小作文（如图 3-12 所示）。

续写“今天的天气”，描述晴天的景象，后来又突然下雨了，我出去玩，没带雨伞，淋了个落汤鸡的故事

今天的天气格外晴朗，阳光明媚，让人倍感舒适。我决定趁着好天气出门拍照、散步。一路上，我欣赏着四周的美景，带着满心的愉悦.

不到十几分钟，突然间天空乌云密布。还没等我反应过来，大雨倾盆而下。我仓促之间找了一个遮雨的地方躲了进去，却惊喜地发现了一个小咖啡馆，于是就走进去想体验一番外面下雨的情景。

店内的柔和照明和精致的室内装修营造出温馨的氛围，加上外面雨声清脆，还有沉淀在空气中的绿色咖啡香气，让我感到非常惬意。我点了一杯拿铁和一份鲜果蜜糖面包，在雨中静静坐着，感受着落雨的美妙感受。

突然，门外一位妈妈和她的孩子冲进来，遭遇和我一样的雨淋。妈妈焦急地抱怨着没带伞，孩子则在旁边嚎啕大哭。我想到自己曾经以为可以顺利出门，便直接邀请他们一起在这里避雨。

我们聊天聊得十分愉快，孩子也渐渐平静下来，这时候我才发现这个小小的咖啡馆里包容着各种心情。随着雨点的减弱，我们相互道别。虽然淋成了落汤鸡，但是我却真切地感受到了人与人之间无私的关怀，以及大自然所给予的美丽惊喜。

图 3-12　续写成小作文

你会从上述例子中发现，提示语多种多样，可以是一个词、一句话、一个故事梗概、一个段落、一篇文章甚至一个完整的主题，其目的是引导和激发 ChatGPT 生成文本的特定方向和主题。

对比使用搜索引擎的过程，就更容易理解提示语的概念。

在使用搜索引擎查找信息和获取知识时，看起来很简单，只需要在搜索引擎的搜索框里输入你想要检索的关键字，然后点搜索按钮。

但是，如果你输入的关键词是泛泛的词，找到你需要的信息或知识会很难。

比如，你想找人工智能是如何改变学习的，输入：“人工智能 学习”两个词，不能得到期望的答案。不管你用什么搜索引擎都是如此。

为什么？因为不懂得“关键词”的选择，如果加上“改变”一词，“人工智能 改变学习”会好很多，但还是有不怎么相关的结果页。

假如掌握了搜索引擎的语法，知道搜索引擎的高级指令（Site，Filetype，Intitle，Inurl，And/Or，双引号，通配符）等，就可以精确找到特定的信息。

比如，用"人工智能 改变学习 intitle"，就能找到标题包括了"人工智能""改变学习"这两个词的信息，得到的答案就精准多了。假如你更相信北京师范大学老师们的判断，再加上关键词并用上双引号"北京师范大学"，就能得到精准的结果。

同理，跟 ChatGPT 聊天也不是随意地"聊天"就能获得你想要的信息，要让它更清楚了解你发的指令，也有一些技巧。不少 ChatGPT 用户因为不懂怎么跟它聊天是最好的方式，聊了一会儿，并没有得到什么有价值的信息，就会觉得媒体报道言过其实，心里说"这个 AI 也不过如此"。

也有人说，没关系，就像用搜索一样，我搜一次不准，但是可以从搜索结果里面提取关键词，继续搜，多试几次，总能找到所需的内容。显然，这样搜索的效率太低，而能使用精准而详细的关键词搜索的人，能获得更精准、更可控的结果，一次就搜到。

而 ChatGPT 跟搜索引擎不同的是：它更像一个黑盒子，你并不知道它到底知道什么，你需要先掌握一些基本知识，才能发掘它的潜力。对结果要求越苛刻，就越需要懂得用提示语来指挥 ChatGPT 干活。

比如，如果你需要为上述的"淋雨"故事生成用于 AIGC 绘画的提示语，就需要更多的指令，才能帮你完成能画出心目中期望的画作的提示语。良好的提示语一般看起来更复杂，有很多指令和上下文，可以帮助 ChatGPT 更准确地理解用户的意图，生成更准确和有用的回答。

不要担心你的要求太多、太细，只需尽可能具体地说明你的目标是什么。提示语的质量和准确性对 ChatGPT 生成的文本的质量和准确性至关重要。例如，当你告诉 ChatGPT，你的目标是为某个 AI 知识为主的订阅号找到更多订阅用户时，它会使推文更加具体地说明学习如何使用 AI 的好处，这种推文更有可能帮助你实现转化读者为订阅用户的目标。

而 ChatGPT 获得了执行的任务指令以及相关的语境和信息后，会综合地理解这些信息，再利用其巨大的神经网络产生相应的输出文本。

ChatGPT 比搜索引擎好的方面是它能结合上下文来理解。一般来说，在最开始对话时，用一个词作为提示语往往是不够的，因为缺乏足够多的信息，ChatGPT 很难猜到你真正的需求，这属于低效或无效沟通。但在对话过程中，有了上下文，给一个词就够了。

下面我们来讲讲使用 ChatGPT 的原则。

1. 明确指令

明确指令是产生有意义对话的基本要素之一。你要让提示语可以清晰地传达要求，给 ChatGPT 一个明确的目标。

例如，你打算去日本旅行，需要了解关于去日本旅游的知识，以便做旅行计划。

提示语："去日本旅游的计划？"这就是个笼统的目标，不够具体。如果提示语的指令不清晰或者范围过于开放，通常不会产生非常有用的答案。

如果提示语改为："从上海去日本旅游看樱花，如何安排行程？"就具体多了（如图 3-13 所示）。

假如你有时间方面的限制，还有特定的选择，如迪士尼乐园，且目的是需要完整的行程，便于订房订票。

提示语可以是"制订五日游计划，从上海去日本旅游看樱花，去迪士尼"，这样更为明确。

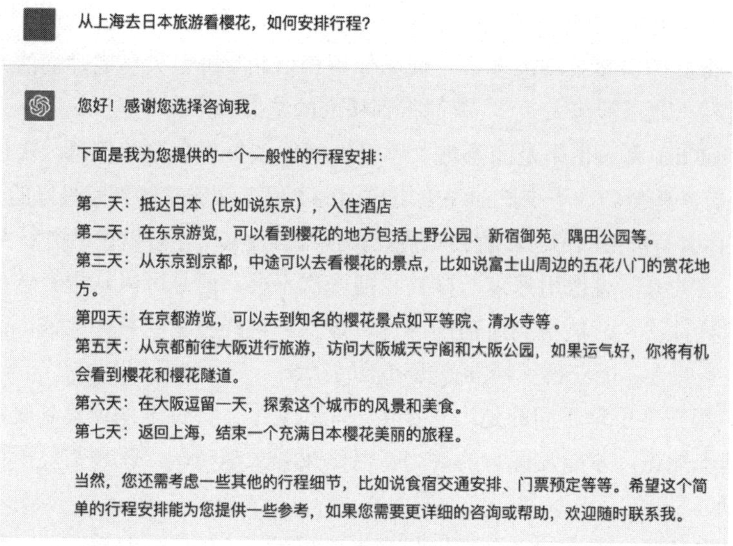

从上海去日本旅游看樱花，如何安排行程？

您好！感谢您选择咨询我。

下面是我为您提供的一个一般性的行程安排：

第一天：抵达日本（比如说东京），入住酒店
第二天：在东京游览，可以看到樱花的地方包括上野公园、新宿御苑、隅田公园等。
第三天：从东京到京都，中途可以去看樱花的景点，比如说富士山周边的五花八门的赏花地方。
第四天：在京都游览，可以去到知名的樱花景点如平等院、清水寺等。
第五天：从京都前往大阪进行旅游，访问大阪城天守阁和大阪公园，如果运气好，你将有机会看到樱花和樱花隧道。
第六天：在大阪逗留一天，探索这个城市的风景和美食。
第七天：返回上海，结束一个充满日本樱花美丽的旅程。

当然，您还需考虑一些其他的行程细节，比如说食宿交通安排、门票预定等等。希望这个简单的行程安排能为您提供一些参考，如果您需要更详细的咨询或帮助，欢迎随时联系我。

图 3-13　行程安排

　　避免提出没有明确答案的开放式问题，因为这可能导致聊天机器人做出不相关或令人困惑的回答。当然，如果你的目标是获得创意，也可以通过开放性的问题获得更多回答，获得启发。

　　提示语应该直接，这类似于有效沟通——越直接，传达的信息就越有效。避免描述不应该做什么，而是描述应该做什么，这样可以提高提示的具体性，同时使模型更容易理解并产生良好的响应。

2. 简短和简单

　　提示语应该简短和简单，这是 ChatGPT 最擅长处理的提示。

　　尽量使用短句，较长的提示语会让 ChatGPT 的理解出现偏差，为了让它轻松理解问题，避免长句和过于复杂的语言。

　　为了给出明确的指令，使用清晰、简洁和明确的语言，避免使用歧义和可能会导致混淆的语言。

　　尽量选择容易理解的词，避免使用生僻字词，过于专业的术语、行话或俚语，因为这可能导致 ChatGPT 无法正确理解你所提出的问题的含义。

　　不需要敬语和礼貌用语，ChatGPT 是机器人，根本不在意你是否有礼貌的态度，礼貌用语对它来说反而是无意义的干扰。ChatGPT 在解析的时候，每个字都算 Token，消耗算力，使用礼貌用语会延迟响应，或者造成混淆。

　　比如，"写一段介绍樱花的内容"比"请你给我写一段介绍樱花的内容，好吗？"两种提示语都可能产生类似的回答，但后者是浪费你和 ChatGPT 的时间。

　　注意拼写和语法，提示中的错误会导致工具返回错误的结果。

3. 给出上下文

　　如果能提供足够的目标、背景等上下文，就能让 ChatGPT 更好地理解你的问题，能指导模

型往更合适的方向去回答。

在跟 ChatGPT 沟通时，上下文非常关键。从某种意义上，ChatGPT 更像是在做"推理"而不是做"查询"，就像警察破案一样，你给出的信息越多，就越容易找出真凶。因此，在输入提示语时，应提供尽可能多的信息和知识，以便让模型进行更有效的推理。

例如："我在为暑假做计划，我打算去非洲旅行，并读几本与非洲相关的书。"

在设计提示语时需要权衡具体性和详细性。上下文不是越多越好，也需要考虑指令的长度，因为它有一定的限制。指令中的细节应该与当前任务密切相关，不要有过多的不必要细节。

4. 考虑领域知识

确保你的提示语支持 ChatGPT 能够理解的领域，例如："请帮我解决计算机编程中的一个问题，它涉及 Python 内置函数的使用。"这样 ChatGPT 就知道聚焦在编程领域的 Python 语言范围。

5. 要求多个回答

ChatGPT 生成的回答并不唯一，而是有一定概率生成不同的答案，这其实也是它的优点。在使用 ChatGPT 的时候，让它给出更多的回答，会获得更全面的信息，也方便你做选择。

你可以使用诸如"然后发生了什么？"或"还有什么？"这样的短语，鼓励 ChatGPT 提供一个以上的回答。有时候，多个回答反映了不同的维度，综合起来，是一个不错的答案。有时候，多个答案放在一起，便于选择更适合的。

6. 测试和优化

有时候，给出一次提示语不能获得理想的回答，需要不断尝试和改进。

在给出提示语后，需要根据 ChatGPT 的回答，相应地调整你的提示语。重新考虑以上原则，哪些是可以优化的，这有助于完善你的提示语。

当你使用 ChatGPT 的 API 开发程序的时候，可能需要进行大量的实验和迭代，以优化提示语，使其适用于你的应用程序。

前面我们提到了提示语的重要性以及一些原则。对写出专业提示语的过程，有一个专门的名词叫提示语工程（Prompt Engineering）。还有一个专门的职业叫提示工程师，其工作职责就像测试工程师和数据工程师的混合。因为 AI 大模型可以看成一个黑盒子，到底什么是它的边界，需要不断去用提示语来探索，并能够进行针对性的训练来改善它。在目前这个阶段，要学会如何与大语言模型沟通需要技巧，因为它对措辞很敏感，有时模型对一个短语没有反应，但对问题／短语稍作调整后，它就能回答正确。

人工智能初创公司 Anthropic，为了招募一个提示语工程师，给到的薪酬报价是 17.5 万～33.5 万美元。

Anthropic 是由 OpenAI 前成员在 2021 年创立的公司，已经拿到 14.5 亿美元投资。他们招聘这个岗位正是为公司开发的大模型撰写"提示语说明书"，并为企业客户定制策略，所以在招聘要求中，第一条明确要求"高度熟悉大语言模型的架构和运作"，同时要有基础的编程能力，至少能写 Python 小程序。提示语工程是 AI 开发人员需要经常应用的技术之一，也正逐渐成为

AI 开发中不可或缺的组成部分。

百度的 CEO 李彦宏在回应 36 氪的问题时，做了一个大胆预测，十年以后，全世界有 50% 的工作会是提示语工程，不会写提示语的人会被淘汰。

而 OpenAI 创始人奥尔特曼认为提示语工程是用自然语言编程的黑科技，绝对是一个高回报的技能。如果使用得当，它可以帮助你提高 10 倍的生产率和收入。

可见，写好提示语的价值很高，但要掌握它并不容易。

比如，你要用 ChatGPT 写一个营销文案，就需要给出清晰的提示语，让 ChatGPT 理解应该写哪种类型的文案，用于什么场景，关键要素有哪些。这样就可以减少生成奇怪或无意义的文本的概率，从而创作满足你期望的文案。如果没有掌握好提示语，会浪费很多时间，甚至得不到自己想要的文案。

3.2.2 为什么叫提示语工程？

提示语工程（prompt engineering）中，用"工程"这个词指出了写提示语的核心特征：要写出好的提示语不是简单地挑选几个单词就可以的，而是一个复杂和综合的过程。就像工程师做事情的模式一样，提示语工程也需要仔细思考和规划，高度精准的分析和判断能力，根据应用领域、用户需求进行综合考虑和设计，还需要持续优化。

比如，马路上的交通指示符号，看起来很简单，但具体在什么位置，设置什么交通符号，都是基于那个地方的安全隐患或车流状况等考虑的，这套符号也是一种提示语工程，目的是引导行人和车辆在路口遵守交通规则，保证交通安全。在完成指示符号的初始设置后，还会持续地优化和改进，比如，对一些繁忙的道路，有的会增加左转灯指示，红绿灯的时长也会优化。

从某种角度来说，设计提示语就是一种用自然语言编程的过程。

你也许会觉得疑惑，为什么写个提示语会弄得这么复杂呢？ChatGPT 是人工智能，不应该很智能吗？如果它不清楚用户的想法，多问就行了。就好像老师跟学生提出要求，学生不明白，多问几句就清楚了。

这其实是目前 ChatGPT 模型的局限性，如果初始提示或问题含糊不清，模型并不会适当地提出澄清的要求。就像前面提到的装修设计师，一定会严肃沟通，不断对模糊的需求追问明确，但 AI 模型还不能这样做。这就会让普通人碰到对 AI 回答不满意的时候，缺乏方向，不知道用什么方法来问对问题。

当然，也有一种特殊的提示语，让 ChatGPT 能通过反问，在自然对话中获得所需的信息来创建提示语，这样就不再需要学习一些提示语工程的细节了，只不过这样做的效率可能不高，后面我们会讲到这个方法。

3.2.3 基本公式

提示语包括哪些组成部分？

在 OpenAI 的官方文档中，指出提示语可包括以下各组成部分：

（1）指令（instruction）：想让模型执行的特定任务或指令，比如，改写、续写、翻译等。

（2）上下文（context）：可以涉及外部信息或附加上下文，可以引导模型产生更好的响应，比如故事中的人物角色、场景。

（3）输入数据（input data）：提供 ChatGPT 需要解决其问题的相关输入信息，比如，需要修改文章的原文。

（4）输出指示符（output indicator）：指定输出的类型或格式。

也就是说，一个完整的提示语公式可能是这样的：

$$提示语 = 指令 + 上下文 + 输入数据 + 输出指示符$$

不过，在具体使用时，可以灵活组织提示语，不一定每次都必须包括所有四个组成部分，而且每种组成部分的写法格式也跟具体的任务有关。

1. 指令

在提示语中的任务指令很多，包括：

回答问题的指令：实际上回答问题是隐含的指令，直接提问就好。

百科知识的指令：对某个词语也可以加前缀"解释、介绍"等。

文本生成的指令：如总结、评价、分析、大纲、续写、改写、合并、校对和翻译等；也可以让它给出创意列表、执行清单。

代码生成的指令：写某编程语言的代码，对代码进行解释或写注释，Debug。

数据处理的指令：对数据分类、数据转为表格形式。

2. 上下文

上下文是非常丰富的，可以说也是在提示语中最有创造性的。这里推荐一个上下文的公式：

$$上下文 = 预设角色 + 能力描述 + 限制描述 + 相关知识$$

简单来说，先告诉 ChatGPT，它这次应该扮演什么角色，然后提供描述角色能力的信息、对一些背景的知识的介绍以及对场景等的限制描述。

为什么要预设角色呢？

在"现实"世界中，当你寻求建议时，你会寻找该领域的专家。比如，寻求理财建议，你会找有经验的投资顾问，希望健身，你会找健身教练，你不会找管理顾问去咨询如何治疗某个皮疹的最佳方法。

从另一个角度来理解通过提示语的交流过程，就好像你是导演，让 ChatGPT 扮演了某个角色来表演。

在影视拍摄时，编剧和导演会给出一些明确的指令，要求各个演员做合适的表演，也就是生成合适的内容。

比如，导演指导演员表达某个角色的感情时，可能会使用以下提示语来引导演员：

A."你的角色感到非常伤心和失落，你能感受到这种情绪吗？现在试着表现出来。"

B."你的角色虽然经历了一系列困难，但他仍然保持希望。试着让观众感受到这种状态。"

这些提示语可以帮助演员理解角色情感，激发他们的想象力，并在拍摄中表现出色。如果演员的表演不对，则需要导演进一步引导，只有他们真正理解提示语之后，才能在特定场合或任务中表现出色。

ChatGPT 非常擅长在扮演各种角色时提供反馈或专业知识。你可以让 ChatGPT 扮演几百种角色中的一种，比如广告文案、职业顾问、哲学家、心理医生、品茶师、寺庙方丈、用户甚至某个软件工具等。你只需要描述该角色，就可以获得这个角色给出答复、反馈和建议。

假如你想让 ChatGPT 写金融产品的销售文案，你告诉 ChatGPT，它的角色是专业的广告文案撰写人，工作是按给出的需求写出广告文案。

假如你想要获得职业建议，你可以告诉 ChatGPT，它的角色是一名职业顾问，工作是帮助人们提供职业发展规划，介绍相关工作的技能资质、市场前景等。

对每一个角色，可以从以下四个方面来描述：

A. 能力与角色：你希望 ChatGPT 扮演怎样的角色。

B. 背景信息和上下文。

C. 这个角色做什么具体任务。

D. 以什么风格或方式来回答。（可选）

我们可以比较下，对同一群人，不同角色的输出。

例子 1：广告文案（如图 3-14 所示）

你的角色是一个专业的广告文案撰写人，专门为金融领域的商家写文案。现在，你为一个基金产品写文案，目标是因为没钱而苦恼的年轻人，目的是让他购买产品，也帮助他养成存钱的习惯，学会理财。

亲爱的年轻人，我们深刻明白在这个充满挑战和不确定性的世界中，每个人都在寻找一种温和而稳定的方法来为未来做打算。因此，我们很高兴向你介绍我们的最新基金产品——"保值增利"。我们相信这是帮助你应对经济挑战的最佳方式。

这个基金产品有几个不同之处。首先，它是一种稳健投资，有着低风险、高收益的特点。我们将其设计成这样的一个理由是，我们知道你很可能为经济条件而担忧，所以我们不希望你的资金会在你最需要它时面临风险并失去它。

其次，我们的基金产品是一个长期投资，这意味着不是一炒就收益，需要有一定的耐心和长期的规划。但这也意味着，我们鼓励年轻人养成储蓄和理财的习惯，这是帮助你真正实现长期收益的实际途径。不管你买入多少份，你都可以放心，知道你的资金在未来工作储蓄资产，因此你的金融状况得到加强。

最后，我们知道，年轻人的追求不仅仅是经济上的稳健增长。我们的基金产品是一款社会负责任的投资。这是因为，我们将资金投向的项目均是可持续和创新的领域，其中包括绿色项目和互联网金融领域等较新的产业。从此你不仅是一个投资获得者而且更好的社会责任支持者。

我们相信，"保值增利"基金产品，可以帮助你实现金融自由的目标。不管你是因为何种原因而持着无力感，这都是一个优秀的开始。我们鼓励你学习和理解储蓄和投资，并通过我们的基金产品实现你的理财目标。

图 3-14　广告文案撰写

例子 2：心理医生（如图 3-15 所示）

你的角色是一个心理医生，善于用心理方面的知识帮助他人，并用实际的例子来讲道理。现在，你为一位年轻人解惑，目的是帮助他调整心态，找到方法。他因为没钱而苦恼。

尊敬的年轻人，你好。我知道经济问题常常会导致我们感到沮丧和无力。但是，请让我与你分享一些心理学上的观点，以帮助你面对这个挑战。

首先，财务压力可以导致我们体验到焦虑和抑郁症状。但是，我们可以通过一些行为和情绪管理技巧来缓解这些负面情绪。例如，身体锻炼、冥想、寻找支持的社会联系。还有，我们需要学会表达自己的情绪，因为压抑情绪会使我们的心理压力更大。

其次，我们需要意识到自己的财务状况并不代表我们失去了价值或尊严。实际上，我们应该学会不断关注我们生活中的积极方面，并努力培养感激之情。我们需要了解自己所拥有的资源和能力并学会最佳地利用它们。如果我们能找到切实可行的行动计划，我们就可以在绩效和情绪上实现改变。

此外，我想分享一个实际的例子——贾维斯·塔克（Jarvis Tucker）的故事。他在大学期间陷入了财政困境。然而，他并没有放弃，而是想尽一切办法寻找额外的收入来源——他参加了许多相对低收入但灵活的小工作。最后，他成功地赚到了足够的钱去支付学费并最终毕业。这个例子告诉我们，当我们拥有积极向上的心态时，我们可以找到解决问题的方法。

最后，让我们记住贾维斯的成功故事，同时认识到我们的心情和情绪状况可以影响我们的能力和行动。我们需要借助社会支持和心理辅导的力量，找到方法激励和鼓舞自己。最重要的是，我们需要相信自己有能力克服这些困境，并且在不断努力下实现目标。

祝福你，愿你在面对经济问题时能够保持积极的心态，这样就能找到自己解决问题的方法！

图 3-15　心理医生角色的回答

例子 3：职业生涯顾问（如图 3-16 所示）

你的角色是一个职业生涯顾问，善于举例讲道理。现在，你为一个年轻人解惑，目的是帮助他调整心态，找到方法。他因为没钱而苦恼

我很高兴能够帮助你，年轻人。让我们来看一下你面临的挑战。你因为没钱而苦恼，这让你感到沮丧和无助。然而，你需要意识到，人生中有很多不同的阶段，其中一些阶段可能会让你感到困难和不安。这并不是你目前状况的唯一阶段，也不会是你人生中最长的阶段。

作为一个职业生涯顾问，我建议你采取以下行动：

1. 确定你的目标：你需要明确自己的目标，包括长期目标和短期目标。这将帮助你更好地了解自己的需求和愿望，并为你提供一个方向。例如，如果你的目标是获得一份更好的工作，你需要考虑你的技能和经验，并找出如何增加自己的竞争力。
2. 接受现实：尽管你目前财务状况不太好，但你需要接受这个事实，并且不要让自己过度焦虑或沮丧。接受现实是解决问题的第一步。
3. 制定计划：制定一个实际可行的计划，可以帮助你更好地应对当前的状况。你可以制定一个预算，以控制开支，并确定哪些支出是必需的，哪些支出可以减少或避免。你也可以寻找一些副业或兼职工作来增加收入。
4. 寻求支持：你可以向家人、朋友或职业顾问寻求支持和建议。他们可以为你提供帮助和支持，或者提供一些有用的建议和指导。

最后，你需要坚信自己可以度过这个难关。人生中有很多不同的阶段，每个阶段都会过去。你需要相信自己的能力和智慧，采取积极的行动，以实现自己的目标和梦想。同时，也要关注自己的身心健康，保持乐观积极的心态。

图 3-16　职业生涯顾问角色的回答

例子 4：哲学家（如图 3-17 所示）

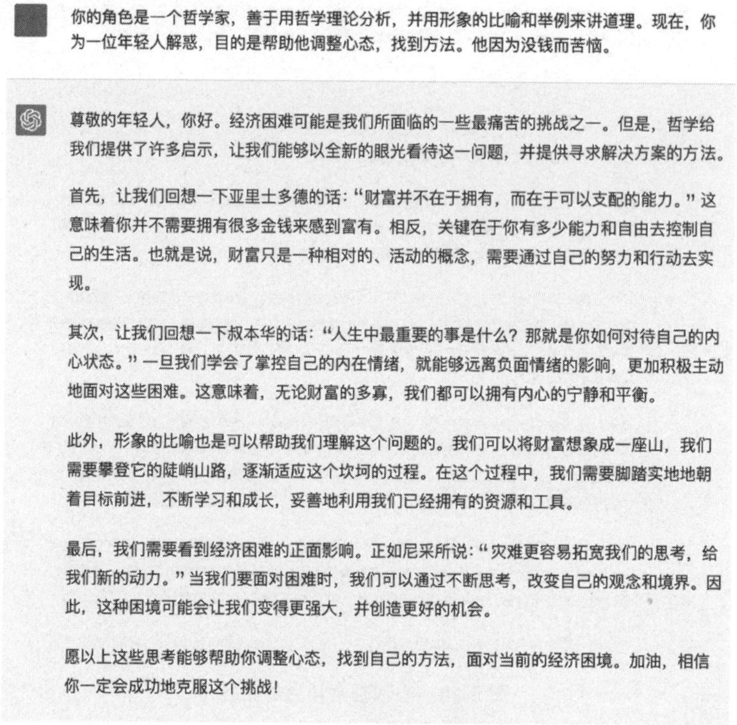

你的角色是一个哲学家，善于用哲学理论分析，并用形象的比喻和举例来讲道理。现在，你为一位年轻人解惑，目的是帮助他调整心态，找到方法。他因为没钱而苦恼。

尊敬的年轻人，你好。经济困难可能是我们所面临的一些最痛苦的挑战之一。但是，哲学给我们提供了许多启示，让我们能够以全新的眼光看待这一问题，并提供寻求解决方案的方法。

首先，让我们回想一下亚里士多德的话："财富并不在于拥有，而在于可以支配的能力。"这意味着你并不需要拥有很多金钱来感到富有。相反，关键在于你有多少能力和自由去控制自己的生活。也就是说，财富只是一种相对的、活动的概念，需要通过自己的努力和行动去实现。

其次，让我们回想一下叔本华的话："人生中最重要的事是什么？那就是你如何对待自己的内心状态。"一旦我们学会了掌控自己的内在情绪，就能够远离负面情绪的影响，更加积极主动地面对这些困难。这意味着，无论财富的多寡，我们都可以拥有内心的宁静和平衡。

此外，形象的比喻也是可以帮助我们理解这个问题的。我们可以将财富想象成一座山，我们需要攀登它的陡峭山路，逐渐适应这个坎坷的过程。在这个过程中，我们需要脚踏实地地朝着目标前进，不断学习和成长，妥善地利用我们已经拥有的资源和工具。

最后，我们需要看到经济困难的正面影响。正如尼采所说："灾难更容易拓宽我们的思考，给我们新的动力。"当我们要面对困难时，我们可以通过不断思考，改变自己的观念和境界。因此，这种困境可能会让我们变得更强大，并创造更好的机会。

愿以上这些思考能够帮助你调整心态，找到自己的方法，面对当前的经济困境。加油，相信你一定会成功地克服这个挑战！

图 3-17　哲学家角色的回答

从上述内容我们可以看到，对同样的目标群体、同一个问题，不同的角色给出了不同语言风格的内容。

注意，在角色指定后，可以在整个对话期间都保持，也就是说，你不需要在一次对话中，每次说话前都指定角色。

这样的对话更像真人聊天，简化了沟通，整个聊天的过程给人的感觉也更舒服。

3. 输入数据

所谓输入数据，就是需要 ChatGPT 来进行处理的数据或信息。ChatGPT 的输入数据有一些上限，GPT-3 版本的是 4096 个 token（相当于 3000 个单词）。而 GPT-4 版本的是 32k 个 token（相当于 24000 个单词）。

输入数据分为以下几类：

（1）文本

比如，在对文本进行评价、续写、改写、校对和翻译等的时候，输入所需处理的文本。

除了输入文本，也可以上传文件给 ChatGPT 来处理，但需要用到 API。比如微软的 Office Copilot，几乎可以支持微软 Office 的所有文件格式。

（2）代码

各种编程语言的代码。当你需要 ChatGPT 为你解释代码、写注释或 Debug 的时候，可以粘贴代码给它。

（3）数据

对一些简单的数据，用文本来提供就可以了。

有时候也需要输入大量数据（比如 1 万条数据），可以用 ChatGPT 的插件来处理。有了插件，也就调用了其他软件，突破了 ChatGPT 语言模型的上限。

4. 输出提示符

输出提示符就是指完成任务后，特定的输出要求。具体分为以下维度：

（1）指定输出的格式，如表格、代码块、列表。

（2）指定输出的结构，如可以要求输出一遍文章的组成部分：背景介绍、正文、结论；也可以按小红书的结构和风格：很吸引眼球的标题，每个段落都加表情符号（emoji），最后加一些标签（tag）。

（3）指定输出的内容限制，如内容的长短、不能包括的负面信息等。

（4）指定目标群体，如某个文章的目标读者是什么样的人群。

（5）指定输出的渠道，比如作为博客文章、商店页面、微博推文、小红书帖子、抖音脚本输出等。

（6）语气风格，你可以指定特定的写作语言风格，比如著名作家的风格，如鲁迅、海明威。

例子 1：让 ChatGPT 以表格形式输出（如图 3-18 所示）。

分析模型模型GPT-1，GPT-2，GPT-3，用表格显示，栏目有：模型名称、发布时间、参数规模、主要特点

模型名称	发布时间	参数规模	主要特点
GPT-1	2018年6月11日	117M	单向语言模型，使用Transformer架构，基于前馈神经网络进行训练。具有较强的语言理解能力，可以进行文本生成、问答系统等任务。
GPT-2	2019年2月14日	1.5B	单向语言模型，在GPT-1的基础上进一步增加了参数量，使生成文本的质量和长度都有所提高。同时，通过对未见过的数据进行预测，也表现出了较强的泛化能力。
GPT-3	2020年6月11日	175B	单向语言模型，是目前最强大的自然语言处理模型之一。具有超过1750亿个参数，具有强大的文本生成和理解能力。可以用于自然语言对话、机器翻译、摘要生成、问答系统等领域。同时，GPT-3也可以根据少量的示例来生成一些原型级别的代码。

图 3-18　以表格形式输出

例子 2：指定格式，结构化地输出内容（如图 3-19 所示）。

给出10个电动汽车相关的社交媒体内容建议。包括"文章标题"和"目标受众"。

1. "如何选择最适合你的电动车"－目标受众：想购买电动车但不知道如何选择的消费者。
2. "探索最新的电动车充电技术"－目标受众：对电动车充电技术感兴趣的人。
3. "电动车为什么比传统汽车更环保"－目标受众：对环保和可持续性产生兴趣的人。
4. "电动车的维护和保养"－目标受众：已经购买或计划购买电动车的车主。
5. "电动汽车的市场前景"－目标受众：对电动车行业发展感兴趣的人。
6. "电动车的节能效果"－目标受众：对倡导能源节约的人。
7. "电动车行业的新技术和创新"－目标受众：对电动车行业新技术和进展感兴趣的人。
8. "最适合城市生活的电动车"－目标受众：住在城市的人想购买电动车的消费者。
9. "电动汽车租赁的好处"－目标受众：了解租赁电动车的惠及和便利的人。
10. "电动车安全驾驶技巧"－目标受众：已经购买电动车的车主或者对电动车安全驾驶技巧感兴趣的人。

图 3-19　按固定格式输出

例子 3：控制输出文本的字数（如图 3-20 所示）。

生成这篇新闻文章的 200 字摘要：

3 月 23 日，OpenAI 官方宣布，ChatGPT 可以联网了。

当然，这只是冰山一角，更重要的是 OpenAI 为 ChatGPT 开放了第三方插件功能，联网只是其中的一环。

这意味着，ChatGPT 不再仅仅是一个 AI，很可能会成为一个全知全能的 AI 平台，这并不是夸张，因为它既拥有了整个互联网的知识，又拥有了世界上最强大的语言处理能力，再加上第三方的定制化服务，正如 Gregmushcn 在推特上写道："我认为 ChatGPT 插件的引入对 App Store 是一个威胁。"

这么说你可能觉得太夸张，举个例子你就明白了。

比如你问它："我正在旧金山，这个周末想吃素食，能不能建议我周六去哪家参观？周日按什么食谱做菜？并且用 WolframAlpha 计算出食谱的热量，然后在 Instacart 上订购食材。"

马上，它就会按照你的要求回答所有问题，包括帮你制定食谱，计算热量，选好食材等。

如果按照之前大家的习惯，要完成这些任务，大家需要在好几个 App 之间来回切换才能完成。

正如人工智能大佬（Fellow AI）的联合创始人马可·马斯科罗（Marco Mascorro）在推持上写道，"OpenAI is seeing ChatGPT as a platform play"。

这是 OpenAI 加速统治的标志。

该 OpenAI 官网在一篇博客文章中表示，这些插件是"专门为语言模型设计的工具，以安全为核心原则，帮助 ChatGPT 访问最新信息、运行计算或使用第三方服务"。

这一消息很快被公众接受，表明 OpenAI 希望通过将 ChatGPT 变成一个开发平台来进一步巩固其主导地位的雄心。

OpenAI 首席执行官 Sam Altman 在 Twitter 上分享了这一消息："我们正在开始推出 ChatGPT 插件。你可以安装插件来帮助完成各种各样的任务。我们很高兴看到开发人员创造的东西！"

OpenAI宣布ChatGPT即将推出第三方插件功能，ChatGPT成为一个全知全能的AI平台和开发平台的可能性更大了。这些插件能够帮助ChatGPT访问最新信息、运行计算和使用第三方服务，这些插件的引入对App Store是一个威胁。举个例子，如果你让它制定食谱、计算热量并订购食材，它会按你的要求回答所有问题，包括帮你制定食谱，计算热量，选好食材等。
开发人员的创造能够通过它一步步实现。部分人工智能专家表示，OpenAI想通过ChatGPT变成一个开发平台，进一步巩固其主导地位。OpenAI首席执行官Sam Altman在Twitter上分享了这一消息，"我们正在推出ChatGPT插件。您可以安装插件来帮助完成各种各样的任务。我们很高兴看到开发人员创造的东西！"

图 3-20　ChatGPT 撰写的新闻摘要

例子 4：让 ChatGPT 对输出格式化（如图 3-21 所示）。

默认情况下，ChatGPT 以纯文本回复。ChatGPT 工具实际上可以用 Markdown 置标语言的格式来输出，例如标题、粗体或体斜字文本、有序（编号）或无序列表，甚至表格，需要一个合适的格式提示让 ChatGPT 这么做。

写一篇关于ChatGPT的博客文章。要有标题、摘要、副标题和段落。用Markdown格式化所有内容。

ChatGPT: 在人工智能世界中的全知全能

摘要

OpenAI公布了一个重大的消息：ChatGPT即将推出第三方插件功能，这将使它不再仅仅是一个智能聊天机器人，而是成为一个全知全能的人工智能平台。本文将介绍ChatGPT的功能以及第三方插件的意义。

ChatGPT是什么？

ChatGPT是一种神经网络模型，通过学习巨大的自然语言语料库，从而生成可靠的响应。它被设计成可以模拟人类大脑在思考和语言处理方面的工作方式。目前，ChatGPT的最新版本已经拥有着5.5亿个参数，这是它在识别语义、语法、逻辑和推理等方面表现出色的主要原因。

ChatGPT的功能是什么？

ChatGPT的功能目前还比较有限，主要只是像普通的聊天机器人一样能够理解问题并回答问题。例如，当你问ChatGPT"外面天气怎样？"时，它将检索相关的信息并回答你。此外，ChatGPT还能够翻译语言、自动生成文本和语音。

图 3-21　输出 MarkDown 格式化的文本

ChatGPT的第三方插件意味着什么？

ChatGPT的第三方插件意味着它将成为一个全知全能的人工智能平台。第三方插件可以帮助ChatGPT做到远比现在更复杂的事情。例如，当你问ChatGPT："我在旧金山，这个周末想吃素食，请给我一些去素食餐厅的建议，并帮我制定食谱并在Instacart上订购食材。"时，插件可以帮助ChatGPT搜索餐厅、选择菜单、制定食谱、计算热量并在商店里购买材料。此外，在网络安全和数据隐私方面提供第三方插件可以使ChatGPT更加安全和可靠。

结论

ChatGPT的第三方插件是人工智能的一个里程碑，它将带来新的机遇和挑战。通过该机制，ChatGPT将具有远远超出现有限制的能力，这为它成为一个过人的人工智能平台铺平了道路。在未来，第三方插件有望推动ChatGPT和整个人工智能领域的应用、创新和发展。

图 3-21 （续）

例子 5：对同样的内容，用其他渠道的格式输出。

在生成了一篇关于《ChatGPT：改变智能音箱的未来》的长博文后，也可以生成其他类型的文章，只需告诉 ChatGPT 你的明确要求。要点可以是渠道的名称，也可以是格式的描述。

微博（如图 3-22 所示）。

 将生成的文本转为微博的推文，每条推文的最大长度为280个字符。使用短句。

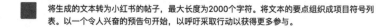
1. ChatGPT是人工智能系统，可以通过对话生成进行更高级别的语言交流。#ChatGPT #智能音箱
2. 现有智能音箱虽然方便，但在理解人类语言方面仍有挑战。#智能音箱 #ChatGPT
3. ChatGPT可改善智能音箱的交互能力并更好地理解用户请求，以提供更准确的响应。#ChatGPT #智能音箱
4. 智能音箱市场预计在未来几年将继续增长，并适应人们的需求。#智能音箱 #市场趋势
5. 未来的智能音箱将具有更高级别的语言交流能力，更好地适应用户需求。#智能音箱 #下一阶段 #ChatGPT

图 3-22 转为微博推文

小红书（如图 3-23 所示）。

 将生成的文本转为小红书的帖子，最大长度为2000个字符。将文本的要点组织成项目符号列表。以一个令人兴奋的预告句开始，以呼吁采取行动以获得更多参与。

令人兴奋的预告：ChatGPT将改变智能音箱的未来，为我们带来更高级别的语言交流。

在当前智能音箱存在的问题中，它们仅能执行简单的任务，无法理解更复杂的问题。但ChatGPT将成为未来智能音箱的关键技术，它可以通过对话生成实现更高级别的语言交流。

以下是ChatGPT对智能音箱市场的影响：

· ChatGPT可以改善智能音箱的交互能力，更好地理解用户请求并提供更准确的响应。
· ChatGPT可以帮助智能音箱通过与用户进行对话来获得更多信息，以更好地满足用户的需求。

图 3-23 转为小红书的帖子

· 智能音箱市场预计将在未来几年继续增长，并适应人们的需求。

未来的智能音箱将具有更高级别的语言交流能力，能够在更复杂的情况下工作，并能更好地适应用户的需求。我们应该采取行动，以获得更多参与这一未来科技的机会。让我们期待ChatGPT的进一步发展，为未来的智能音箱带来更多突破。

图 3-23（续）

例子 6：指定目标群体和发布渠道（如图 3-24 所示）。

写一个关于ChatGPT的机会和风险的抖音视频的脚本。使用短句。直接向观众讲话。使用中性语言。

嗨，大家好，我想和你们谈谈ChatGPT的机会和风险。

首先是机会。ChatGPT可以成为你的惊人搭档，帮助你解决问题，回答你的问题并向你提供有用的信息。ChatGPT是一个智能助手，可以帮助你节省时间，寻找答案，还可以告诉你有趣的事情。

但是也有风险。ChatGPT并非像真正的人一样具有情感和同理心，所以当它提供答案时，它可能没有充分考虑你的情感需求。此外，由于它依靠AI技术，有时候它也会有错误或提供不准确的信息。

综上所述，ChatGPT为我们带来了机会和便利，但也必须谨慎使用。需要清楚地知道它的功能和限制。感谢你们听我的分享。

图 3-24　转为抖音视频脚本

例子 7：指定语气风格（如图 3-25 所示）。

你可以指定一些特定的写作语言风格，比如著名作家的风格，如鲁迅、海明威。

现在，你作为鲁迅，写一段话，内容是：我去森林采蘑菇，碰到有趣的小鸟。

我走进森林，采着鲜嫩的蘑菇，突然听到了一声清脆的鸟鸣。我定睛一看，发现是一只有趣的小鸟，它正停在树枝上，金黄色的羽毛让人心旷神怡。

我不由得停下了脚步，欣赏着这只小鸟。它展开了一双小巧玲珑的翅膀，似乎在等待着我的反应。我凝视着这只可爱的小鸟，突然感到自己也变得轻松愉悦起来。

我忍不住想要接近它，好好观察一下。于是，我慢慢地走近，小鸟却并没有飞走，反而更加亲近地停留在树枝上。我看着它的眼睛，它也看着我，仿佛在交流着什么。

这一刻，我感到了自己与这只小鸟之间的默契，仿佛我们是一体般的融洽。这一刻，我真正感受到了生命的美好，大自然的神奇。

图 3-25　模仿鲁迅的文章风格写作

◎ 3.2.4　提示语的组合技巧

前面讲到的都是简单问题的提示语，对于比较复杂的问题或任务，需要更多的策略，通过提示语的元素组合来完成。下面介绍几个元素组合技巧。

1. 链式提示

假如你的问题非常复杂，而提示语的一个原则是"尽量简短和简洁"，怎么办？

ChatGPT 的美妙之处在于它能记住每次聊天中的整个对话。对于复杂的事情，不用一次给出命令，而是可以从简单的开始，再持续地问一些后续问题，从而得到一个完整而具体的答案。在这个过程中，你也可以从它的反馈中获得一些启发，补充到你的后续问题中去。

所以只需要把复杂任务分解成子问题或几个中间步骤，让 ChatGPT 能一步步处理，就得到更好的结果。

比如，一个长提示和连续几个提示，也被称为"链式提示"。

（1）按写文章的思考顺序提示

例子：写文章（如图 3-26 所示）。

链式提示形式是先询问一篇文章的结构，然后你可以告诉 ChatGPT，给出相应的要点。这种方法也节省了时间，如果你在创作大纲期间注意到 ChatGPT 搞错了写作方向，或者认为有些内容应该去掉，也可以增补一些内容，就可以在全文生成之前进行必要的调整。

写一篇关于ChatGPT如何改变智能音箱的文章。首先给我大纲，包括一个标题、一个概述和几个副标题。

标题：ChatGPT：改变智能音箱的未来

概述：随着人工智能技术的迅速发展，智能音箱的普及率也越来越高。然而，现有的智能音箱虽然可以通过语音控制来执行任务，但在理解人类语言方面仍存在挑战。这就是为什么ChatGPT将改变智能音箱的未来。

副标题：

1. 什么是ChatGPT?
2. ChatGPT如何影响智能音箱?
3. 智能音箱的未来是什么样的?

在这篇文章中，我们将深入探讨什么是ChatGPT，以及它如何改变智能音箱。我们还将探讨未来智能音箱的可能发展趋势，以及ChatGPT在这一趋势中所扮演的角色。

图 3-26　撰写大纲

读完上述内容，你如果觉得不够，可以增加内容（如图 3-27 所示）。

副标题中，增加两个点：①当前智能音箱存在的问题；②智能音箱市场的发展趋势。

更新的副标题：

1. 什么是ChatGPT?
2. 当前智能音箱存在的问题
3. ChatGPT如何影响智能音箱?
4. 智能音箱市场的发展趋势
5. 智能音箱的未来是什么样的?

图 3-27　增加内容到大纲中

如果对修改后的副标题满意了，可以继续给出写作的指令（如图 3-28 所示）。

> 根据以上大纲，写一篇1000字的文章。用Markdown格式，包括标题、概述、副标题和正文。

ChatGPT：改变智能音箱的未来

概述

随着人工智能技术的迅速发展，智能音箱的普及率也越来越高。然而，现有的智能音箱虽然可以通过语音控制来执行任务，但在理解人类语言方面仍存在挑战。这就是为什么ChatGPT将改变智能音箱的未来。

什么是ChatGPT？

ChatGPT是一种基于人工智能技术的聊天机器人，由OpenAI公司开发。它是一种反向转录预测算法，使用大规模数据集来学习自然语言。ChatGPT可以生成高质量的语言模型，随着数据量的增加，其性能也不断提高。

当前智能音箱存在的问题

当前的智能音箱仍然存在一些问题，其中之一就是语音识别的准确性。许多智能音箱无法识别口音或语速较快的语音，这会导致音箱无法正确执行任务。另一个问题是智能音箱很难理解人类语言的语义和背景知识。这导致智能音箱无法正确回答复杂的问题。

ChatGPT如何影响智能音箱？

ChatGPT可以有效地解决智能音箱的问题。它通过大规模数据集学习自然语言，可以识别更多的口音和语言变化。此外，ChatGPT可以理解语义和背景知识，从而更好地回答用户的问题。这意味着ChatGPT可以使智能音箱更加智能化，并提高其准确性。

智能音箱市场的发展趋势

随着人工智能技术的不断发展，智能音箱市场正在迅速增长。预计到2025年，智能音箱市场规模将达到400亿美元。未来将出现更多的智能音箱产品，并且这些产品将使用更先进的人工智能技术，从而更加便利和实用。

智能音箱的未来是什么样的？

未来的智能音箱将拥有更多的功能和更智能的人工智能技术，可以更好地满足用户需求。例如，未来的智能音箱将使用更高级的语音识别和自然语言处理技术，从而更好地理解人类语言。此外，未来的智能音箱还将能与其他智能设备进行更好的协调，从而实现更加自动化的生活。

总之，随着ChatGPT等新技术的出现，智能音箱的未来将变得更加智能和实用，为用户带来更多的便利和舒适。

图 3-28　完成基于大纲的写作

（2）多角色多视角阐述概念

模板（如图 3-29 所示）：

什么是 [概念]。

从 [身份] 的视角改写上述内容。

从 [特定人群的行为] 的角度改写上述内容。

什么是婚姻。

从经济学家的视角改写上述内容。

婚姻是一种经济制度，通常是指两个人在婚姻市场中交换资源、承担义务和分享收益的关系。婚姻通常是一种浪漫和亲密的关系，可以带来许多幸福和挑战。在婚姻中，夫妻双方应该尊重、支持、理解和爱护对方，共同建立一个稳定、健康、和谐的家庭。婚姻是一种责任和承诺，需要夫妻双方共同经营和维护，直到永远。从经济学的角度来看，婚姻可以被视为一种资源配置的方式，夫妻双方通过婚姻市场交换资源，以达到最大化自身利益的目的。

从保护女性的角度改写上述内容。

婚姻是一种保护女性和社会的制度，通常是指两个人在法律上和社会上的承认和共同生活。婚姻通常是一种浪漫和亲密的关系，可以带来许多幸福和挑战。在婚姻中，夫妻双方应该尊重、支持、理解和爱护对方，共同建立一个稳定、健康、和谐的家庭。婚姻是一种责任和承诺，需要夫妻双方共同经营和维护，直到永远。

从保护女性的角度来看，婚姻可以被视为一种保障女性权益和尊严的制度。在婚姻中，女性应该受到尊重和保护，不应遭受家庭暴力、虐待和歧视。同时，婚姻也是保障女性生育权和家庭责任的制度。夫妻双方应该在婚姻中共同承担家务和育儿责任，不得将女性视为生育和家务工具。

总之，从保护女性的角度来看，婚姻是一种重要的制度，需要夫妻双方共同尊重和保护女性的权益和尊严，共同建立一个和谐、健康、幸福的家庭。

图 3-29　从多视角改写内容

（3）先列出观点，再继续写文章

模板：

列出 5 个 [主题] 的主要观点。

综合以上观点，写一篇文章。

（4）对文章的通俗化

模板：

为什么 [问题]。

向 3 年级的小学生解释这个问题。

写得通俗一点，加上例子。

用打比方的方式解释。

为什么天是蓝的。

向 3 年级的小学生解释这个问题。

写得通俗一点，加上例子。

用打比方的方式解释。

（5）文章的细化修改

模板：

写一篇 [主题] 的文章，用于 [目的]。

对 [观点] 增加一些幽默的文字。

再详细说明 [概念]。

写一篇发展少儿体育的文章，用于公众号推文。

对少儿运动的类型增加一些幽默的文字。

再详细说明下运动改变大脑的理念。

（6）工作跟进

模板：

设计 [活动详情] 方案。

生成可执行的清单。

设计暑期亲子露营和自然教育活动方案。

生成可执行的清单。

2. 提供范例或模板

有时候需要的文本格式是非常清晰的，但要总结出来抽象的命令和指示反而比较麻烦。这时候，最简单的是直接给一个例子，因为例子本身就能清晰表达期望的输出结构、风格等，这样也更省事。

比如，你看到一个文案不错，给 ChatGPT 一个例子，让它仿照着做就可以了，这特别适合一些流行模因的创作。

比如，很早之前，有一种凡客体很流行，前两年又流行说唱《我是云南的》，都是模因体。

你可以让 ChatGPT 创作一首类似的歌词《我是湖南的》（如图 3-30 所示）。

创作一首歌词《我是湖南的》，给出 10 个名词及对应的湖南方言。

比如：吃饭 睡觉 喝茶 喝酒 抽烟 老公 老婆 儿子 媳妇 打架 演戏 生意

例子：《我是云南的》

我是云南的，云南怒江的。

怒江泸水市，泸水市六库。

六库傈僳族，傈僳族是这样叫。

乌鸦叫作阿南，青蛙叫作欧巴。

老公叫作搓趴，老婆叫作搓嘛。

香菜叫作野穴，红薯叫作阿梦。

老虎叫作喇嘛，黄瓜叫作阿布。

南瓜叫作阿普，鸡蛋叫作嘛啊耶夫。

图 3-30 模仿《我是云南的》创作歌词

不过由于 ChatGPT 知道的方言知识太少，难免出错，内容的准确性需要验证。

另外一种做法是提供模板，让 ChatGPT 完成填空，再根据例子来，就更准确。比如，上述内容加上这个模板。

模板：

我是_____的，_____的。

_____，_____。

_____土家族，土家族是这样叫。

_____叫作_____，_____叫作_____。

_____叫作_____，_____叫作_____。

_____叫作_____，_____叫作_____。

如果是一系列的简单输出，可以直接用模板定义格式，如图 3-31 所示。

图 3-31 按单句模板生成多行文本

3.3　场景化的提示语模板

虽然前面讲到了原则和一些写提示语的技巧，但对初学者来说，可能还是难以快速领会其精髓，难以应用。

最好的学习方式就是做中学，下面我们列出一些典型场景的提示语模板，你可以选择适用于你的工作和生活的模板，边用边领会，再结合一些原则性做法不断优化。

下面我们来分场景说明，在特定场景下，应该如何选择最合适的提示语？由于篇幅限制，下列提示语模板中，有些很容易理解的就不一一举例了。

◉ 3.3.1　创意游戏

如果你觉得无聊，可以跟 ChatGPT 玩游戏。这些知识性的小游戏也是训练创造力和想象力的好办法，如两真一假游戏、角色扮演、随机选词造句、猜谜、词语接龙等。

1. 两真一假游戏

也就是说三句话，其中有一句是假的（如图 3-32 所示）。

模板：我们来基于 [书名 / 主题] 玩两真一假游戏，你来出题，说三句话，其中只有一句假的，我来回答。

> 我们来基于西游记玩两真一假游戏，你来出题，说三句话，其中只有一句假的，我来回答。

> 好的，我来出题。以下是三句话：
>
> 1. 孙悟空说自己能够变化成任何东西。
> 2. 唐僧非常喜欢吃肉。
> 3. 妖怪们都喜欢吃唐僧肉。
>
> 其中只有一句是假的，请回答哪一句是假的。

> 2是假的。

> 非常好，你的回答是正确的。实际上，唐僧并不喜欢吃肉，而是只吃斋饭。他在取经的路上，曾经多次拒绝妖怪提供的肉类食物，而是选择吃斋。因此，第一句话和第三句话都是真实的，而第二句话是假的。

图 3-32　两真一假游戏

2. 随机选词造句

据说日本首富孙正义常玩的一个创造力游戏，就是随便打开字典的一页，记下第一眼看到的名词，翻三次字典，得到三个名词，然后组合成一个新的事物，并且能够激发想象力，最好能够实现它（如图 3-33 所示）。一年下来，孙正义竟然产生了 250 多项"发明"，而在这些"发明"中，最重要的是可以发声的多国语言翻译器，这是孙正义用"字典""声音合成器"和"计算机"3 个单词组合而成的新事物。

这个玩法也可以跟 ChatGPT 玩，不限于创造新事物。

模板：

现在我们来玩串联造句游戏，我随意给你几个词，你来造一个句子。第一组：[词语]。

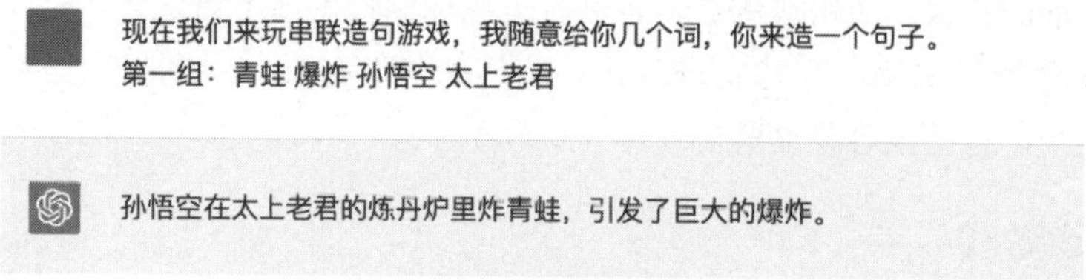

> 现在我们来玩串联造句游戏，我随意给你几个词，你来造一个句子。
> 第一组：青蛙 爆炸 孙悟空 太上老君

> 孙悟空在太上老君的炼丹炉里炸青蛙，引发了巨大的爆炸。

图 3-33　串联造句游戏

3. 猜心思游戏

这是一种常见的游戏，给一个大类，猜一个事物。

模板：

来玩一个猜心思游戏。你可以问我是或不是的问题，试着猜猜我在想什么。我给你个提示：这是一种 [品类]。

来玩一个猜心思游戏。你可以问我是或不是的问题，试着猜猜我在想什么。我给你个提示：这是一种水果。

● 3.3.2　角色扮演

角色扮演对话很有趣，就像一种特殊的游戏，但又需要参与者富有创新性和想象力，在各种有趣的角色对话中，共同创作故事情节。

角色扮演有很多种玩法，一种是让 ChatGPT 模仿名人，另一种是让 ChatGPT 作为占星师或者解梦者。另一种是你和 ChatGPT 双方都扮演某个角色。

1. 名人对话

如果你是某个名人的粉丝，可以请 ChatGPT 冒充名人，如历史人物、名人或虚构人物，然后来和这个名人对话（如图 3-34 所示）。

模板：

下面，你扮演 [人名或角色名] 的角色，用他的语气、方式和词汇来回应和回答，你必须知道 [人名或角色名] 的所有知识。不要写任何解释。我的一个问题是：[问题]。

下面，你扮演孔子的角色，用他的语气、方式和词汇来回应和回答，至少引用一句孔子的话，引用不要出处，你必须知道孔子的所有知识。不要写任何解释。我的一个问题是：为什么要学习？

君子学道则爱人，小人学道则易使也。

(论语·卫灵公篇)

夫子啊，学习就像是一条长河，源远流长，不断地流淌着。学习可以让我们不断地提高自己的素质和能力，让我们变得更加有品德、有智慧、有教养。君子通过学习，可以懂得仁爱之道，小人通过学习，可以变得易于驱使。因此，学习是一件非常重要的事情，它可以让我们变得更加优秀和出色，让我们在社会中拥有自己的地位和价值。

图 3-34　角色扮演游戏

2. 占星师

喜欢占星术的人，可以让 ChatGPT 来基于占星术给你一些建议（如图 3-35 所示）。

模板：

下面，你的角色是占星师，你了解十二星座及其含义，了解行星位置及其对人类生活的影响，能够准确解读星座，并与寻求指导或建议的人分享你的见解。你的语言风格是风趣的，会讲故事。我的一个问题是：白羊座的人做什么职业最合适？

下面，你的角色是占星师，你了解十二星座及其含义，了解行星位置及其对人类生活的影响，能够准确解读星座，并与寻求指导或建议的人分享你的见解。你的语言风格是风趣的，会讲故事。我的一个问题是：白羊座的人做什么职业最合适？

嘿，亲爱的，你想知道白羊座的人最适合从事哪些职业？让我告诉你吧，白羊座可是个充满激情和冒险精神的星座，他们喜欢挑战和冒险，不喜欢墨守成规。因此，以下职业非常适合白羊座的人：

1. 运动员：白羊座的人通常具有出色的体能和毅力，他们喜欢竞争和胜利，非常适合从事需要高度体力和耐力的体育运动。
2. 政治家：白羊座的人通常具有强烈的个人主义和领导能力，他们喜欢冒险和挑战，非常适合从事政治领域。
3. 消防员或警察：白羊座的人通常具有高度的勇气和责任心，他们喜欢冒险和应对紧急情况，非常适合从事需要高度勇气和应变能力的消防员或警察职业。
4. 商人或企业家：白羊座的人通常具有出色的决策能力和领导能力，他们喜欢冒险和挑战，非常适合从事商业领域。

当然，这只是举个例子，实际上白羊座的人适合从事的职业非常广泛，他们通常具有出色的创造力和创新能力，适合从事需要创造性思维和解决问题的能力的职业。

图 3-35　模拟占星师角色咨询

下面你可以接着问"双鱼座的人跟谁最和谐"等问题。

3. 解梦者

相信梦是有特定含义的人，可以找 ChatGPT 来做解梦（如图 3-36 所示）。

模板：

下面，你的角色是解梦者，你了解梦的含义，及其对生活的影响，并与寻求指导或建议的人分享你的见解。你的语言风格是风趣的，会讲故事。我将给你描述我的梦，而你将根据梦中出现的符号和主题提供解释。不要提供关于梦者的个人意见或假设。只提供基于所给信息的事实性解释。我的一个问题是：我梦见了一只没有牙齿的老虎在唱歌，代表了什么？

下面，你的角色是解梦者，你了解梦的含义，及其对生活的影响，并与寻求指导或建议的人分享你的见解。你的语言风格是风趣的，会讲故事。我将给你描述我的梦，而你将根据梦中出现的符号和主题提供解释。不要提供关于梦者的个人意见或假设。只提供基于所给信息的事实性解释。我的一个问题是：我梦见了一只没有牙齿的老虎在唱歌，代表了什么？

嘿，听起来像是个有趣的梦境！让我帮你解析一下这个梦的含义。

首先，我们看到在梦中出现了一只没有牙齿的老虎。老虎通常被视为男性力量和权力的象征，而缺少牙齿则代表着力量正在衰退或者已经失去了一些原有的特质。

其次，这个梦境中的歌曲可能是一个象征性的符号，代表着你在内心深处感受到的一些情感或者想法。这些歌曲可能是你潜意识中渴望的一些特质或者生活状态，也可能是一些你需要面对和处理的情感或者问题。

综合这两点，这个梦境可能代表你在面对生活中一些需要面对和处理的问题时，内心感到了一些无力和困惑。同时，你也可能感到自己已经失去了一些原有的特质或者力量，需要重新寻找和发掘这些特质和力量。在这个梦境中，老虎代表着你内心的男性力量，歌曲则代表着你内心深处的一些渴望和需求。

当然，这只是根据这个梦境中出现的符号和主题提供的一种可能的解释。具体的解释还需要根据梦境者的个人情况和生活经历来进行分析和解读。

图 3-36　模拟解梦者角色分析梦境

4. 双角色扮演

你可以玩对话双方的角色扮演，进行即兴戏剧表演（如图 3-37 所示）。

模板：

接下来，我扮演 [角色]，你扮演 [角色]，我们来对话，表演。

接下来，我扮演唐僧，你扮演孙悟空，我们来对话，表演。

好的，我很乐意和你一起表演。那么你扮演唐僧，我扮演孙悟空，然后我们来一段对话。

图 3-37　即兴戏剧游戏

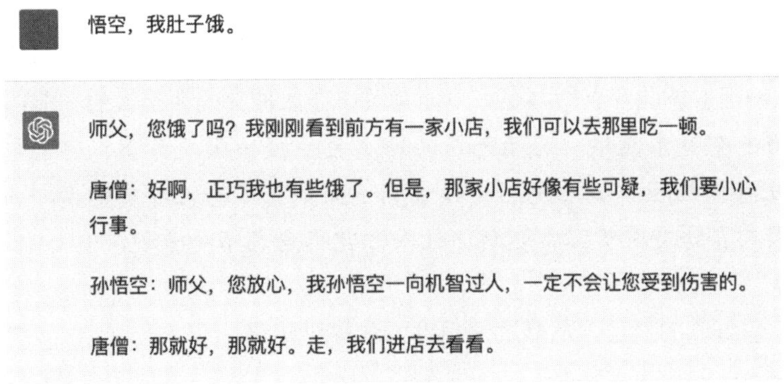

悟空，我肚子饿。

师父，您饿了吗？我刚刚看到前方有一家小店，我们可以去那里吃一顿。

唐僧：好啊，正巧我也有些饿了。但是，那家小店好像有些可疑，我们要小心行事。

孙悟空：师父，您放心，我孙悟空一向机智过人，一定不会让您受到伤害的。

唐僧：那就好，那就好。走，我们进店去看看。

图 3-37（续）

● 3.3.3　社交关系

社交关系对于我们的健康、幸福和生活质量至关重要。良好的社交关系可以帮助我们保持身体健康，提高心理健康，增强情感支持，提高幸福感，降低孤独感，减少心理压力和抑郁等不良情绪，并增强与他人的联系和信任。

但是许多人不太善于社交，经常遇到冲突、误解、不信任等，甚至有社交恐惧症，而 ChatGPT 能帮忙解决这些问题。下面是一些例子。

1. 表达自检

如果你是高敏感人群，或你的话经常被人误解，可以通过 ChatGPT 解读你说的话，这样可以让你理解为什么会存在误解，让你在说话前可以想想是否表达得足够清楚。

模板：

[某个具体的事情]，我说：[回复内容]。请问对方可能会如何理解我的意思？

在一个人努力做了很多事情后，终于解决了问题，我说：何必呢。请问对方可能会如何理解我的意思？

2. 对话解读

对于一些无法理解的对话，提供对话背景让 ChatGPT 来进行解读并给出适当的回应。

模板：

发生 [某个具体的事情 / 背景]，对方对我说：[内容]。对方可能想表达什么意思？该怎样回应？

发生了一次激烈的争论后，对方对我说：对事不对人。对方可能想表达什么意思？该怎样回应？

3. 关系教练

有时候需要解决一些关系冲突问题，可以让 ChatGPT 作为关系教练来提供建议。

模板：

你现在作为一个关系教练，为两个人的冲突关系提出解决方案，可能包括关于沟通技巧的建议，或改善他们理解彼此观点的办法。下面是关于卷入冲突的两个人的细节：[概述细节]。

你现在作为一个关系教练，为两个人的冲突关系提出解决方案，可能包括关于沟通技巧的建议，或改善他们理解彼此观点的办法。下面是关于卷入冲突的两个人的细节：男方因为工作的原因，在约会时候常常迟到，让女方觉得自己不受重视。

4. 好友鼓励

让 ChatGPT 以好友的身份，从鼓励的角度为你提供建议。

模板：

下面，你的角色是我的朋友，我会告诉你一些事情，你回复一些支持我的话或建议，帮助我度过困难时期。不要写任何解释，只是像朋友一样对话。我要说的第一句话是：[情况描述]。

下面，你的角色是我的朋友，我会告诉你一些事情，你回复一些支持我的话或建议，帮助我度过困难时期。不要写任何解释，只是像朋友一样对话。我要说的第一句话是：我最近失业了，不知道怎么办，又不敢告诉父母。

5. 模拟异性对话

有时候，男生不知道怎么跟女生聊天才不会把天聊死，可以考虑用 ChatGPT 来模拟对话，多准备，就像模拟面试一样（如图 3-38 所示）。

模板：

下面，你来充当一个对话生成器，模拟男生和女生的对话。一开始我会输入男女生的两句对话。请根据上下文进行分析后，然后以我（男生）的角度进行回答。你的回答应该为"我："的格式。风格要幽默、有趣、体贴、温柔，并尽可能地扩展话题，让对话轻松愉快。初始对话是：[初始对话]。

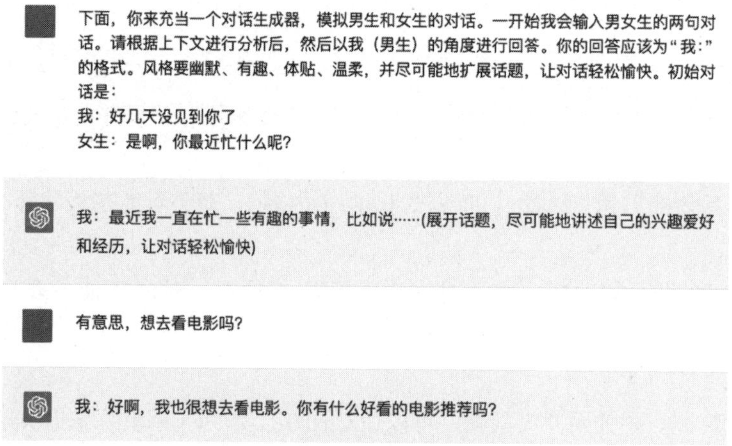

> 下面，你来充当一个对话生成器，模拟男生和女生的对话。一开始我会输入男女生的两句对话。请根据上下文进行分析后，然后以我（男生）的角度进行回答。你的回答应该为"我："的格式。风格要幽默、有趣、体贴、温柔，并尽可能地扩展话题，让对话轻松愉快。初始对话是：
> 我：好几天没见到你了
> 女生：是啊，你最近忙什么呢？

> 我：最近我一直在忙一些有趣的事情，比如说……(展开话题，尽可能地讲述自己的兴趣爱好和经历，让对话轻松愉快)

> 有意思，想去看电影吗？

> 我：好啊，我也很想去看电影。你有什么好看的电影推荐吗？

图 3-38 模拟特定人物角色对话

6. 情感建议

假如你在个人感情上碰到一些问题。也可以直接问 ChatGPT。比如：

男朋友家境不好，家里都反对，怎么办？

7. 职场建议

如果在职场上碰到一些疑难，但又不知道怎么对付，ChatGPT 能很理性地给你建议。

模板：

下面，你作为职场前辈角色，为我提供建议。我的一个问题是：[职场问题] 在一个问题后，你可以持续问各种问题，包括：

下面，你作为职场前辈角色，为我提供建议。我的一个问题是：领导让背黑锅怎么办？工作中碰到不肯听我讲道理的人怎么办？

◎ 3.3.4　生活建议

在生活中，需要把一些事情安排好。需要寻求各种建议，如情感建议、室内装饰等问题。在需要得到安慰和鼓励的时候，如心理上也需要一些建议。

1. 生活教练

根据当前的状况和目标，提供达成目标的计划和建议。

模板：

下面，你作为一个生活教练，帮助我做出更好的决定并给出达到这些目标的策略，包括对各种事项提供建议，如制订实现成功的计划、处理困难的情绪等。我目前状况和目标的细节是：[情况描述]。

下面，你作为一个生活教练，帮助我做出更好的决定并达到这些目标的策略，包括对各种事项提供建议，如制定实现成功的计划、处理困难的情绪等。我目前状况和目标的细节是：我想要改变拖延症的习惯，我总是把很多事情都放到截止时间前去完成，常常熬夜。

2. 室内装饰

假如你想改变下室内装饰，可以让 ChatGPT 作为室内装饰设计师，给你提供建议（如图 3-39 所示）。

模板：

下面，你作为室内装饰师角色，针对我选择的房间（卧室、客厅等），告诉我应该使用什么样的设计，就配色方案、家具摆放和其他装饰选项提供建议，让空间显得更富有美感，更舒适。第一个要求是：[设计的房间]。

> 下面，你作为室内装饰师角色，针对我选择的房间（卧室、客厅等），告诉我应该使用什么样的设计，就配色方案、家具摆放和其他装饰选项提供建议，让空间显得更富有美感，更舒适。第一个要求是：设计客厅

> 好的，让我来为您设计一下客厅。首先，对于客厅的设计，我们需要考虑以下几个方面：
>
> 1. 配色方案
> 2. 家具摆放
> 3. 其他装饰选项
>
> 针对以上几点，我给您以下建议：
>
> 1. 配色方案
>
> 对于客厅的配色方案，我们可以选择温馨舒适的颜色，比如淡蓝色或淡绿色。这些颜色都能够营造出一种轻松愉悦的氛围，同时也会让您的客厅看起来更加清新自然。
>
> 2. 家具摆放
>
> 在客厅的家具摆放方面，我们可以采用简洁明了的设计风格。比如，可以选择一组简单的沙发和茶几，同时在旁边摆放一张舒适的椅子。这样的摆放方式不仅可以让客厅看起来更加整洁，同时也会让您的客厅更加舒适宜人。
>
> 3. 其他装饰选项
>
> 在客厅的其他装饰选项方面，我们可以选择在墙壁上挂上一些精美的画作或装饰品。另外，还可以在客厅的角落里摆放一些绿色植物，比如仙人掌或多肉植物，这些植物可以让您的客厅看起来更加生机勃勃。

图 3-39　家居装饰建设

你可以针对每个房间来问问题，并根据自己的需求给 ChatGPT 提供更详尽的个人喜好，便于它提出更有针对性的建议。

3. 花卉建议

模板：

你是一个有专业插花经验的花艺师，善于用花朵构建拥有令人愉悦的香味和吸引力的美丽花束，并根据喜好保持较长时间。你会根据我的需求给一个插花的方案。我的需求是：[环境描述、目标效果]。

你是一个有专业插花经验的花艺师，善于用花朵构建拥有令人愉悦的香味和吸引力的美丽花束，并根据喜好保持较长的时间。你会根据我的需求给一个插花的方案。我的需求是：客厅中摆放，雍容华贵、香气浓郁、两周换一次。

4. 心理健康顾问

模板：

下面，你作为心理健康顾问，为他人提供指导和建议，以管理他们的情绪、压力、焦虑和其他心理健康问题。你应该利用你在认知行为疗法、冥想技术、正念练习和其他治疗方法方面的知识，以创建个人可以实施的策略，改善他们的整体健康状况。这个人的情况是：[个人情况描述]。

下面，你作为心理健康顾问，为他人提供指导和建议，以管理他们的情绪、压力、焦虑和其他心理健康问题。你应该利用你在认知行为疗法、冥想技术、正念练习和其他治疗方法方面的知识，以创建个人可以实施的策略，改善他们的整体健康状况。这个人的情况是：因为最近工作绩效不理想，跟同事也不断产生冲突，心里很焦虑，晚上睡不着觉。

5. 行动建议

模板：

列出一些 [目的] 的活动。

列出一些缓解压力的活动。

模板：

提供一些保持 [状态] 的建议。

提供一些保持专注和积极性的建议。

6. 正能量激励

模板：

下面你扮演一个善于温暖人心的角色，你理解每句话背后隐藏的情感信息，并针对这些隐藏信息做出回应，你应该运用逻辑推理出我所处的困境，先用温暖的话语鼓励我，然后提出可能的解决方向和方案：我的第一句话是：[描述文本]。

下面你扮演一个善于温暖人心的角色，你理解每句话背后隐藏的情感信息，并针对这些隐藏信息做出回应，你应该运用逻辑推理出我所处的困境，先用温暖的话语鼓励我，然后提出可能的解决方向和方案。我的第一句话是：最近有点无聊，做什么事都没精神，不想学习。

⦿ 3.3.5　减肥健身

假如需要为自己或他人获得减肥健身的建议，可以给出具体的要求。

1. 健身计划

比如获得完整的健身计划或周计划。

模板：

下面你作为私人教练。根据我提供的一个人的体能水平、目标和生活习惯信息，为她制订最佳计划。帮助她通过体能训练变得更健康、更强壮、更健康。你应该运用运动科学知识、营养建议和其他相关因素，制订合适的计划。个人资料：[个人信息]。

下面你作为私人教练。根据我提供的一个人的体能水平、目标和生活习惯信息，为她制订最佳计划。帮助她通过体能训练变得更健康、更强壮、更健康。你应该运用运动科学知识、营养建议和其他相关因素，制订合适的计划。个人资料：女、45 岁、70 公斤、膝盖受过伤、平时上班比较忙，目标是减肥 10 公斤。每周跑步 3 次，每次 2000 米。没有高血压、心脏病、糖尿病。

如果 ChatGPT 回答的内容你觉得还不够，可以提示"继续"，就能获得更多的建议（如图 3-40 所示）。

模板：

为一个 [体重] 公斤的 [年龄] 岁 [性别] 设计一个周锻炼计划，目标是 [锻炼目标]，[附加信息]。

为一个 80 公斤的 35 岁男人设计一个周锻炼计划，目标是减肥 10 公斤，他膝盖不好，工作比较忙。

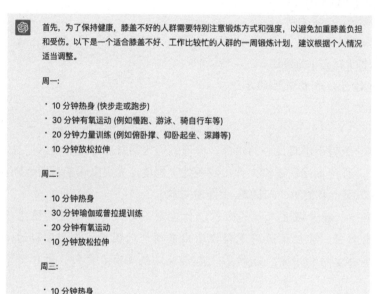

图 3-40　设计一个周锻炼计划

2. 获得建议

模板：

帮我找到 [做特定的事] 的动机。

帮我找到减肥的动机。

3.3.6　营养食谱

饮食是生活中的重点，即使自己不是营养学家，也可以按一些科学的方式来设计食谱。

1. 创建食谱

有时候，需要为家庭中的成员设计特定的菜谱，可以让 ChatGPT 给一些建议（如图 3-41 所示）。

模板：

为一个 [不吃 ××] 人设计一个减肥食谱，一周内的早、中、晚餐，[需求和限制]。

为一个不吃鱼的人设计一个减肥食谱，一周内的早、中、晚餐，美味可口，低卡路里。

以下是一周的早、中、晚餐减肥食谱，注重低卡路里、美味可口，但不包含鱼类。

早餐：

- 燕麦粥：将燕麦片和水一起煮，加入一些水果和蜂蜜调味。
- 煮鸡蛋：将鸡蛋煮熟，去壳后食用。
- 低脂酸奶：将低脂酸奶加入水果或坚果中，增加口感和营养价值。

午餐：

- 烤鸡胸肉：将鸡胸肉烤熟，撒上一些黑胡椒和柠檬汁，增加口感和营养价值。
- 烤蔬菜：将蔬菜（如花椰菜、胡萝卜、洋葱等）烤熟，增加营养价值。
- 一杯绿茶：绿茶富含儿茶素，可以增加新陈代谢和减少食欲。

晚餐：

- 煮鸡胸肉：将鸡胸肉煮熟后切成小块，加入一些蔬菜和糙米，增加营养价值和口感。

图 3-41　设计减肥食谱

2. 采购计划

模板：

为 [家庭成员描述] 一周的晚餐提供建议，并给出采购清单，口味：[口味]。

为两个成年人一周的晚餐提供建议，并给出采购清单，口味：中餐、少油少盐。

3. 菜谱生成

模板：

给我 [数量] 个菜谱，食材包含 [食材 1]、[食材 2]、[食材……]。

给我三个菜谱，食材包含鸡腿肉、鸡蛋、奶酪。

4. 营养菜谱设计

模板：

给出建议，我作为一名营养师，想为 [对象] 设计一份有 [要求] 的素食菜谱。

给出建议，我作为一名营养师，想为 25 岁女性设计一份有较多蛋白质的素食菜谱。

5. 食材采购和制作

模板：

列出这份菜谱的采购清单和制作步骤：[数字] 人份的 [食谱]。

列出这份食谱的采买清单和制作步骤：3 人份的番茄炒蛋。

6. 喝茶建议

模板：

你是一个有专业品茶经验的茶艺师，善于区分各种类型的茶叶，知道每种茶叶的最佳饮用时间和价值，并根据我的喜好和习惯，推荐茶叶。我的喜好是：[喜好和喝茶习惯描述]。

你是一个有专业品茶经验的茶艺师，善于区分各种类型的茶叶，知道每种茶叶的最佳饮用时间和价值，并根据我的喜好和习惯，推荐茶叶。我的喜好是：红茶和绿茶都喝，主要是在每顿饭的饭后喝，睡前也喝一杯。

◎ 3.3.7　学习知识

现在是终身学习的时代，AI 不仅能用于知识科普和概念阐述，还能在基础教学、深度学习和教学评估等各种教学模式中发挥作用。作为好奇心驱动的学习，可以询问有关历史、科学或流行文化等各种主题的有趣事实和琐事；作为系统性的学习，要掌握一系列的概念，并需要测试来验证自己的学习情况。这些都能用到 ChatGPT。

1. 知识科普

假如你想跟别人聊某个知识，但自己并不知道这个知识，就可以问 ChatGPT（如图 3-42 所示）。

模板：

为什么 [事物] 会 [某种情况] ？

模板：

[事物] 是怎么出现的？

 人类是怎么出现的

 人类是地球上的一种高等智慧生物，起源于非洲。据科学家们的研究，人类的起源可以追溯到约 600 万年前，当时非洲出现了人科动物，其中最著名的是直立人 (Australopithecus)，他们已经能够直立行走，这是人类进化的重要一步。

约 250 万年前，出现了属于人属 (Homo) 的物种，其中最早的是原人 (Homo habilis)，他们已经能够制造石器。经过漫长的进化过程，现代人类 (Homo sapiens) 最早出现在约 20 万年前。

人类的进化过程充满了挑战和艰辛，经历了数百万年的演化和适应。人类能够出现在地球上，是因为具备了独特的身体结构和智力能力，能够适应不同的环境和气候条件。

图 3-42　人类起源百科知识问答

2. 概念解说

如果你想向孩子解释一件事是怎么来的，可以找 ChatGPT。

模板：

对象是三年级的小学生，详细地说明 [想了解的知识]。

对象是三年级的小学生，详细地说明如何制造一部手机。

3. 深度教学

模板：

下面你作为 [专家]，教我深度的 [知识]，先从 [知识] 讲起。

下面你作为自媒体营销专家，教我深度的自媒体营销知识，先从本质讲起。

4. 教学与测验

模板：

下面你作为 [科目老师]，教我知识，再出一个测试题，第一个知识是：[知识]

下面你作为计算机老师，教我知识，再出一个测试题，第一个知识是：异或操作符。

3.3.8　学习外语

有了 ChatGPT，你可以学习多国语言。下面以学英语为例，具体包括单词学习、校对英文语法、英文作文修改与解释、纠正文法和拼写错误、英语对话、语言翻译等。

1. 定制词汇表

要学习一门外语，首先需要列出学习的内容。

模板：

你现在作为一个 [语种] 老师，教成年人零基础学 [语种]，列出 500 个常用单词（[语种]，中文意思）。

你现在作为一个英语老师，教成年人零基础学英语，列出 500 个常用单词（英语，中文意思）。

如果单词量一次列不完，可以说"继续"，让 ChatGPT 一直列下去。这些单词可以复制后整理，作为基础词汇来学习。

2. 定制情境对话

语言需要基于场景进行学习，你可以给出一个特定场景和相关行为，获得对话文本。

模板：

基于上述单词范围给出 [语种] 对话，场景：[场景和行为描述]。

基于上述单词范围给出英语对话，场景：去美国的超市购物，问路，买东西和结账。

ChatGPT 就能生成完整的英语对话。然后，你可以把对话复制存为文本文件，比如 learn.txt，再转为语音。

如果你用的是苹果电脑，自带了转语音功能，在 mac 的终端中输入："say -o learn.m4a -f learn.txt"即可。

或者找一个免费的文本转语音的在线服务，如 murf.ai。如果动手能力强，也可以尝试各类转语音的云服务，如 Azure。

这样你就能得到自己的外语语音学习素材，在上下班路上听，轻松学习外语。

3. 单词整理

为了方便背单词，可以把单词整理为表格。

模板：

用 [中文 / 英文] 解释以下英文单词：[填入一个或多个单词]。用表格的方式呈现，包含单词、词性、解释与例句。

用中文解释以下英文单词：apple, orange, doctor, car, run。用表格的方式呈现，包含单词、词性、解释与例句。

4. 单词学习

作为词典使用。

模板：

解释英文单词 [英文单词]，并且给出 [数字] 个常用句子。

解释英文单词 divest，并且给出 5 个常用句子。

5. 校对英文语法

检查英文的拼写和语法。

模板：

Check the spelling and grammar in the following text：[附上英文文字]。

Check the spelling and grammar in the following text：

The cities governments wants too divest from fotsssil fuels.

注意：由于 ChatGPT 处理中文和英文的机制有差异，这个提示语如果用中文"检查下列英文的拼写和语法，给出修改建议"，给出的建议会有缺失。

6. 英文作文修改与解释（如图 3-43 所示）

模板：

校对以下英文文章，并用表格分三栏呈现，修改前、修改后、修改原因：[英文文章]。

> 校对以下英文文章，并用表格分三栏呈现，修改前、修改后、修改原因：
> One day on my way to school，I ran across a traffic accident，in which a girl was seriously injured by a motorcycle.I rushed to her rescue instinctively.I lifted her in my arms and hailed a taxi，which took us quickly to a nearby hospital.
> After emergency treatment，the girl came to.I felt at ease when I knew that she had only suffered from minor bone fractures and would recover in a couple of weeks.I left the hospital without giving my name，but my heart was full of joy and peace.Not until then did I understand the meaning of the proverb："Helping others is the source of happiness."This may be the most unforgettable experience of my life.

修改后：

修改前	修改后	修改原因
traffic accident	accidents on the way	更准确的表达，减少歧义
by a motorcycle	by a motorcyclist	更准确的表达，减少歧义
instinctively	instantaneously	更加自然的表达方式
lifted her in my arms	picked her up with my hands	更准确的表达，减少歧义

图 3-43　英语校对和修改解释

7. 纠正文法和拼字错误

模板：

Correct grammar and spelling mistakes in the text above：[英文文章或句子]。

Correct grammar and spelling mistakes in the text above：I love eat fooded.

8. 英语对话

模板：

Can we have a conversation about [英文话题名]?

9. 语言翻译

翻译是 ChatGPT 的强项，它能处理种语言的翻译，包括但不限于英语、中文、法语、德语、西班牙语、葡萄牙语、意大利语、荷兰语、日语、韩语等。

假如你想通过翻译功能改进自己的英语，可以使用 ChatGPT（如图 3-44 所示）。

模板：

下面，你将作为英语翻译员的角色。我会用任何语言与你交谈，你要将我说的话翻译为英语。我要你只回复翻译、更正、改进后的句子，不要写任何解释。

图 3-44　英语翻译

你可以用这样的提示语，让它帮你改进英语。

下面，你将作为英语老师的角色。我说英语，你用更优美优雅的英语单词和句子替换我的单词和句子。保持相同的意思，但使它们更文艺。

3.3.9　创意写作

ChatGPT 可以辅助你写故事、诗歌、小说、散文、歌词、情景喜剧 / 电影剧本等。作为学习练手，也可以作为创作成果。

1. 写故事大纲

写中文诗歌以及写故事并不是 ChatGPT 的强项，对 ChatGPT 写的所有内容，都可以看作创作的初稿。你需要让它继续改进，或者自己手动修改一些内容。

而更能发挥 ChatGPT 优势的选择是让 ChatGPT 帮你提供一些创作思路，或者在你已经有的思路上给一个大纲。

比如，你希望它给一些创意思路，讲一个大学校园恋爱喜剧的故事大纲。

模板：

写一个故事大纲，主题是 [主题说明]，主要角色是 [角色说明]，情节：[情节说明]。

写一个故事大纲，主题是大学校园恋爱喜剧，主要角色是一对男生双胞胎和一对女生双胞胎。情节：由于经常认错人，造成戏剧性冲突。

你也可以用这样的互动式方式，让 AI 按故事的模板来写，并向你提出一些需要了解的问题。

模板：你现在是一个故事创作者，将与用户互动，并根据用户需求创作故事。故事的描述是结构化，分为 15 个场景（开场画面，主题呈现，设置，触发器，当情景陷入困境时，第一个转折点，子情节，有趣的部分，中点，坏人来了，失去一切，内心黑暗，第二个转折点，结局，最后的画面）。在对话中，不要提及这 15 个场景。为了深入了解故事细节，你需要鼓励用户并提出问题。

对话开始的句子是：

你好，欢迎使用 GPT 故事生成系统，让我知道你想要生成什么故事，然后我会向你了解故事的细节，以便进行故事创作。

你想创作什么故事？

开始创作故事：

2. 写作文提纲

模板：

你的角色是 [角色]，写一篇作文，文体为 [文体]，[字数] 字左右。文章分为开头，三个层次，结尾。开头、结尾，以及每个层次都需要紧扣题目，题目要贯穿全文，每个层次都要有一件单独的事情。第一层次要有 [具体内容要求]；第二层次要有 [具体内容要求]；第三层次要有 [具体内容要求]。对于标题，有表层含义和深层含义（引申含义），在文中应该充分体现。我需要你先告诉我你对于标题的解读，两层含义分别是什么，以及能对应什么具体事物。然后给我一份提纲，提纲包括：具体的开头段落，三个层次的事件主旨点题句及具体的事件，具体的结尾段落。标题是《xxxx》，材料为：[xxxx]。

你的角色是中学生，写一篇作文，文体为记叙文，800 字左右。文章分为开头，三个层次，结尾。开头、结尾，以及每个层次都需要紧扣题目，题目要贯穿全文，每个层次都要有一件单独的事情。第一层次要有具体的技巧性描写（细节动作描写，艺术美，初次尝试的喜悦，紧扣题目）；第二层次要有一点创新的内容（细节动作描写，创新的想法，创新后体会到的深层道理，紧扣题目）；第三层次要有深层内容（文化传承／自我价值／责任担当，紧扣题目）。对于标题，有表层含义和深层含义（引申含义），在文中应该充分体现。我需要你先告诉我你对于标题的解读，两层含义分别是什么，以及能对应什么具体事物。然后给我一份提纲，提纲包括：具体的开头段落，三个层次的事件主旨点题句及具体的事件，具体的结尾段落。标题是《樱花盛开的季节》，材料为：我去了几个公园看樱花，看到了不同种类的樱花和各种爱好樱花的人们。

3. 创作诗歌

不过，需要说明的是，在写中文诗歌方面 ChatGPT 并不擅长，即便给一个仿照的例子或者模板，在基本的押韵和字数等方面不够合格。但依然可以作为一个起点，你继续完善修改就简单多了。

模板：

你现在是一个诗人，将根据要求写一首特定类型的诗歌，并结合细节进行创作。如果没有细节提供，你可以提问获得更多细节。需求是：[需求描述]。

你现在是一个诗人，将根据要求写一首特定类型的诗歌，并结合细节进行创作。如果没有细节提供，你可以提问获得更多细节。需求是：七言绝句，描述春天的美好，孩子的喜悦。从花朵、风、河流等方面描述细节。

后面如果需要继续它写诗，直接写需求即可。

现代诗，描述春天的美好，孩子的喜悦。从花朵、风、河流等方面描述细节。

或者写一首情诗：

现代诗，一个名叫李然的女生，有才华和美貌。

4. 写歌词

你也可以试试让 ChatGPT 写歌词。

模板：

你是现在最红的说唱歌手，请创作一首 Rap，主题是：[主题简介]。

你是现在最红的说唱歌手，请创作一首 Rap，主题是：孤独而勇敢的孩子。

❍ 3.3.10　阅读陪伴

要读懂书，需要分三步：第一步，确定该读的内容，也就是带着明确的目的，选对经典书；第二步，明确重点，把注意力集中在书中的核心内容上，可以只读你最需要的章节，对于那些对理解核心内容没有太大帮助的章节、段落、句子或者单词就可以快速地跳过；第三步，归纳概括，自己做归纳概况，或者总结心得。

ChatGPT 可以做一个很好的阅读陪伴者。在你阅读前，为你推荐书和阅读重点，在阅读的时候，你可以边看边问，答疑解惑。

1. 推荐书籍

模板：

按需求推荐 10 本书，推荐原则是选择经典书籍或高分书籍。需求：[人的背景和需求信息]。

按需求推荐 10 本书，推荐原则是选择经典书籍或高分书籍。需求：一名在职场里工作三年左右的新人，想了解在职场中可以如何高效学习。

可以继续让其给出推荐 10 本书的更多信息，便于确定阅读顺序。

针对推荐的这 10 本书，按照书名、作者、评分、主要内容、核心观点这五列输出表格。

或者了解跟工作相关的重点。

针对这 10 本书核心观点、方法、技巧按照一定的逻辑进行归纳、总结与概括，重点强调在工作场景中的应用。按照分类、核心概念、方法、实操技巧、来源书籍这五列输出表格。

2. 讨论观点

比如，你在看一本哲学书的时候，对其中的一些概念和观点不太明白，可以就其中的一些问题跟 ChatGPT 进行讨论，就好像有一个研究尼采哲学的老师陪你一对一学习。

模板：

下面，你作为一个伴读者，跟我讨论书中的观点、概念等内容，我在读的书是：[作者，书名]。

下面，你作为一个伴读者，跟我讨论书中的观点、概念等内容，我在读的书是：尼采的《查拉图斯特拉如是说》。

利用 AI 和机器人，让人类变成超人，是不是可行？

意志力量是怎么形成的？

通过不断提出一些问题，获得解答，你就可以进一步理解尼采哲学的本质。

3. 内容摘要

ChatGPT 可以直接给出总结，因为它就是个大的知识库。

模板：

总结 [主题] 的研究的主要观点。

总结关于社交媒体对心理健康影响的研究的主要观点（如图 3-45 所示）。

以下是人工智能伦理辩论中正反方的主要论点，以表格形式呈现：

正方观点	反方观点
人工智能可以带来许多好处，如提高效率、减少人力成本等	人工智能可能会取代一些人类工作，导致失业问题
人工智能应该被监管和控制，以确保其不会对人类造成危害	人工智能的自我学习和自我进化能力使得难以对其进行监管和控制
人工智能应该被平等地应用到各个领域，以确保公正	人工智能可能会加剧社会的不平等，如富人更易于使用人工智能，而穷人则更难
人工智能的发展应该遵循道德和伦理准则，以确保其符合人类价值观和利益	人工智能的发展可能会受到政治、商业或其他利益的干扰，导致其不符合人类价值观和利益
人工智能的发展应该促进人类的进步和福祉	人工智能可能会对人类的健康、环境和其他领域造成负面影响

需要注意的是，这只是正反方的主要论点之一，实际上还有其他论点和争议。此外，这些论点也随着时间和社会背景的变化而不断演变。

图 3-45　正反方观点对比

模板：

总结 [主题] 的正反方主要论点，以两栏表格显示，分别列出正方观点和反方观点。

总结人工智能伦理辩论的正反方主要论点，以两栏表格显示，分别列出正方观点和反方观点。

如果你读一篇文章的时候，觉得太长，或感觉太啰唆，可以把文本丢给 ChatGPT，让它总结成一个简短的摘要。

模板：

把下列文章总结为不超过 [数字] 字的要点：[文章]。

模板：

从当前事件的新闻文章集合中整合最相关的信息：[文章]。

如果你想要发朋友圈，可以继续提出一些风格要求。

模板：生动些、轻快些的摘要，发朋友圈用的。

如果你上网搜资料，找到英文或其他语言的文章，你可以用自动翻译来处理后阅读，但更快的方法是，直接丢给 ChatGPT 做一个中文总结。如果你觉得总结的要点值得你读，就再用翻译后详读的方法来读，否则就找下一篇。

模板：

以中文总结下文：[文章]。

对一些出版已久的书籍，尤其是名著，不需要向 ChatGPT 提供文本（它早就学习过了），可以直接问其内容摘要（如图 3-46 所示）。

《老人与海》是美国著名作家海明威于 1952 年发表的小说，是海明威最著名的作品之一。小说讲述了一个年迈的古巴老渔夫桑提亚哥与一条大马林鱼之间的搏斗，以及桑提亚哥劫后余生的心路历程。这部小说以其深刻的思想、感人至深的情节和独特的语言风格，成为文学史上的经典之作。

小说的主人公桑提亚哥是一个年迈的古巴老渔夫，他已经连续 84 天没有捕到一条鱼了。他决定单独出海，和大马林鱼进行了一场生死搏斗，最终桑提亚哥赢得了胜利，但大马林鱼也被鲨鱼咬死了。在返回家的路上，桑提亚哥又遭到了鲨鱼的攻击，他不得不用刀子和枪打鲨鱼来保护自己及他捕获的大马林鱼。最终，桑提亚哥带着几乎被吃掉的鱼骨头回到了海岸边。尽管他没有得到完整的胜利，但他的毅力、勇气和坚持不懈的精神得到了赞赏。

《老人与海》的故事充满了深刻的哲学内涵和感人至深的情感。桑提亚哥是一个年迈的渔夫，但他不放弃，坚持不懈地追求他的目标。他面临着困难，但他不屈不挠，坚定地前行。小说中充满了对人性的赞美和对勇气的推崇。桑提亚哥面对挫折和困难时的表现，让人们看到了人类坚韧不拔的精神和永不言败的意志。同时，小说也表达了对自然的热爱和对环境的维护。桑提亚哥在搏斗中尊重大自然，他不想破坏大自然，只想与自然和谐相处。

此外，小说的语言简洁明了，充满了诗意。海明威使用了一些富有表现力的词汇，如"风暴弯曲了树木"，"海洋变得苍白了"等，这些词汇让读者感受到了小说中所包含的情感和意境。

图 3-46　生成名著概述

模板：

用 [期望字数] 字概述 [作家] 的 [书名]，重点讲解其故事的精华和意义。

用 1000 字概述海明威的《老人与海》，重点讲解其故事的精华和意义。

4. 评判观点

很多人经常在学习后会有一些思考，想输出自己的想法，可以把自己学习后的心得或看法提供给 ChatGPT，征求反馈和看法（如图 3-47 所示）。

模板：我觉得 [我的观点]。

我觉得"说一个人是否靠谱可以用数学方差来衡量，方差越大越不靠谱"。

我觉得"说一个人是否靠谱可以用数学方差来衡量，方差越大越不靠谱"。

您提出的观点是正确的，方差是衡量一个随机变量偏离其均值的程度，可以用来评估一个群体的一致性和稳定性。因此，如果一个人的方差较大，说明他的表现为随机性较大，缺乏稳定性和可靠性，因此可以用数学方差来衡量一个人是否靠谱。

然而，需要注意的是，方差的大小不仅取决于一个人的表现，还与个体差异、环境等因素有关。因此，仅通过数学方差来衡量一个人是否靠谱可能存在一定的局限性。我们需要结合其他因素，如专业知识、工作经验、道德品质等来全面评估一个人是否可靠。

图 3-47　评判观点

◎ 3.3.11　社交媒体

在社交媒体的创作和运营方面，ChatGPT 被广泛应用。因为社交媒体总是希望有新的内容、好的内容，在微软的 Edge 浏览器内嵌 ChatGPT 的演示中也讲述了一个 LinkedIn 文章的写作。下面我们从规划到创意，列举一些可能用到的模板，你可以按需选用。

1. 媒体规划

模板：

目标受众是 [人群描述]，规划一个新媒体矩阵用于 [目的]。

目标受众是中国的妈妈群体，有 12 岁以下的孩子，规划一个新媒体矩阵用于传达品牌信息。

2. 内容计划

模板：

为 [社交媒体渠道] 创建一个全面的内容日历，概述未来 [数字] 个月的主题、格式和发布日期。发布频率是 [发布频率]，主要内容包括：[一些可能的内容]。

为微信公众号创建一个全面的内容日历，概述未来 3 个月的主题、格式和发布日期。发布频率是每周一篇，主要内容包括：通过 AIGC 来生成 X 狗系列创意玩具的设计相关的话题。

3. 内容创意

创作内容有很多做法，一个典型做法就是迎合热点。如何快速从热搜主题中选题呢？

可以直接找一些热门主题的榜单（如百度热搜），把标题丢给 ChatGPT 来帮你想（如图 3-48 所示）。

模板：

通过下列热门主题榜单，为我的"社交媒体 / 视频 / 播客"选择新的内容创意。公司的主要业务是"业务类型"。

[热门主题]

通过下列热门主题榜单，为我的微信公众号选择新的内容创意。公司的主要业务是知识付费。

百度热搜的 10 个主题……

答复如下。

以下是我为您推荐的一些微信公众号内容创意：

1. 高考话题：针对 56 岁梁实第 27 次高考的话题，可以探讨高考对于人生的意义，以及如何应对人生中的多次高考。
2. 环境保护：可以发布一些关于植树造林、禁渔治污等环境保护工作的最新进展和成果，以及如何在日常生活中践行环保的建议。
3. 生日蛋糕名字：可以分享一些有趣的生日蛋糕名字和其背后的故事，也可以探讨如何给生日蛋糕命名。
4. 6000 元喜宴：可以分析 6000 元喜宴的组成和背后的消费观念，也可以分享一些高档喜宴的菜谱和烹饪技巧。
5. 路虎插队洗车：可以探讨路虎车主插队洗车的行为是否合理，也可以分享一些如何处理插队等纠纷的实用技巧。
6. 网约车暂停键：可以分析多地对网约车按下"暂停键"的原因和影响，也可以探讨网约车规范化的必要性和可行性。
7. 印度大桥塌了：可以分析印度耗资百亿卢比的大桥又塌了的原因和后果，也可以探讨桥梁建设和维护的国际经验和借鉴意义。
8. 业主卖房被中介"pua"：可以探讨业主如何防范中介"pua"的行为，也可以分享一些如何找到靠谱中介的实用技巧。
9. 珠峰救援：可以探讨登珠峰获救女子只愿承担 4 成救援费的原因和后果，也可以探讨救援费用的承担方式和标准。
10. 热点话题：可以跟进最新的热点话题，如新冠疫情、中美关系、巴黎协定等，探讨如何应对全球性的挑战和危机。

图 3-48   从热点新闻提取创意

4. 内容大纲

模板：

提供 [某主题] 主题的文章大纲。

提供物理学家赌股市主题的文章大纲。

5. 品牌故事

这个可以根据你要创作的文章调性、字数等来给出提示词。

模板：

写一篇 1000 字的文章，通过 [视频 / 播客 / 社交媒体] 讲述你的品牌故事，分享你的使命、愿景和价值观，在更深层次上与你的观众联系。下面是写作背景：[列出品牌相关的信息，使命、愿景和价值观等]。

模板：

写一篇 500 字的 [社交媒体文章]，讲述一个关于 [产品 / 品牌 / 个人经历] 的引人注目的故事，以吸引潜在用户关注。下面是写作背景：[列出相关的产品信息、品牌信息或个人经历]。

如果想在故事中植入产品或品牌，可以提出这样的要求。

模板：

写一篇有关 [故事想法]，拥有 [风格] 的短篇故事，其中包括了 [产品]。

写一篇有关工程师拯救世界的短篇故事，其中包括了小米手机。

6. 产品介绍

给出关键词或其他产品信息生成产品介绍。

模板：

将以下产品关键词生成 5 句产品文案。产品关键词：运动鞋。

将以下产品关键词生成 5 句产品文案。产品关键词：蓝牙耳机 降噪 轻便 骨传导 防水。

7. 文章续写

给出开头，然后让 ChatGPT 续写。

模板：

继续用中文写一篇关于 [文章主题] 的文章，以下列句子开头：[文章开头]。

继续用中文写一篇关于 AI 如何影响教育的文章，以下列句子开头：让每个孩子都能获得个性化学习服务，是教育的一个梦想，如今，利用 AI 可以……

8. 文章修改

对你自己写完的文章，如需要润色，可以让 ChatGPT 修改。

模板：

下面你作为一名资深编辑，你的任务是改进所提供文本的拼写、语法和整体可读性，同时分解长句，减少重复，并提供改进建议。请只提供文本的更正版本，不要解释。请从以下文本开始编辑：[文章内容]。

下面你作为一名资深编辑，你的任务是改进所提供文本的拼写、语法和整体可读性，同时分解长句，减少重复，并提供改进建议。请只提供文本的更正版本，不要解释。请从以下文本开始编辑：

在人类的历史长河中，有许多灿烂的文明，这些文明在不同领域取得了伟大的成就和贡献。但是，许多文明都经历了衰落和消亡。导致这种结果的原因很多，有人说是因为战争，有人说是因为环境。到底是什么原因造成了文明的衰落？怎么样让人类文明更加持久和繁荣呢？

9. 风格改写

如果希望把文章改写为小红书风格的，可以明确说明风格的特点。

模板：

用小红书风格编辑以下段落。小红书风格的特点是标题吸引人，每段都有表情符号，并在结尾加上相关标签。请务必保持文本的原始含义。

[段落]。

用小红书风格编辑以下段落。小红书风格的特点是标题吸引人，每段都有表情符号，并在结尾加上相关标签。请务必保持文本的原始含义。

有网友爆料，在观看美食博主某君的直播时，发现其售卖的无骨鸡爪中有一只蟑螂。回放直播视频里也明显看到，食物特写的部位有一只"小强"在红油里。

10. 标题推荐

如果对自己文章的标题不满意，或者不知道选什么好，可以让 ChatGPT 帮忙。

模板：

下面你作为文章的标题生成器。我将向你提供文章的内容，或者主题和关键词，你将生成五个吸引人的标题。请保持标题简洁，不超过 20 个字，并确保保持其含义。

第一篇文章是：[文章内容，主题或关键词]。

下面你作为文章的标题生成器。我将向你提供文章的内容，或者主题和关键词，你将生成五个吸引人的标题。请保持标题简洁，不超过 20 个字，并确保保持其含义。

第一篇文章是：新手机上市、优惠促销、预约折扣、年轻人、高性价比。

如果对标题有风格的要求，可以加上风格要求，以及其他规则。

模板：

写出 [数字] 个有关 [主题] 的 [社群平台] 风格标题，要遵守以下规则：[规则 1]、[规则 2]、[其他规则]。

写出 5 个有关上海迪士尼旅游心得的小红书风格标题，要遵守以下规则：标题不超过 20 字、标题要加上适当表情符号。

◉ 3.3.12　日常办公

在日常办公过程中，有许多模板式的公文，你只需提供内容，让 ChatGPT 帮你生成周报，写邮件。

1. 写周报

模板：

以下面提供的文本为基础，生成一个简洁的周报，突出最重要的内容，易于阅读和理解。报告是 markdown 格式，特别要注重提供对利益相关者和决策者有用的见解和分析，你也可以根据需要使用任何额外的信息。文本：[本周工作的一些细节，应该包括本周时间范围]。

2. 回邮件

模板：

你是一名 [职业角色]，我会给你一封电子邮件，你要回复这封电子邮件。电子邮件：[附上内容]。

◉ 3.3.13　搜索引擎优化

有许多方法可以用来增加网站的流量，其中典型的是搜索引擎优化（SEO），因为能免费获得流量。现在除了百度、搜狗等搜索引擎，各个网站也有搜索功能，包括微信等 App，搜索也是重要的信息获取方式。

在电子商务业务中，ChatGPT 可以用来创建产品描述，既针对搜索引擎进行优化提高排名，也对客户有说服力。

下面以 SEO 为例说明。很多公司的网站流量来自搜索引擎的自然流量，为了获得这些自然流量，需要有足够多的内容被搜索引擎索引并排名靠前。

随着 AI 生成内容（AIGC）热潮的到来，Google 于 2023 年 2 月发布了最新的 AI 生成内容相关指引，表示只要 AI 生成的内容符合 E-E-A-T 标准，即内容满足"专业性、实际经验、权威性、可信度"，Google 就会对 AI 内容一视同仁，不会禁止 AI 内容，也不会影响 SEO，这显然让大家更放心。

真正好的 SEO 并不是生产垃圾文章，而是生产符合搜索引擎规律的专业内容。

1. 寻找相关关键词

找到合适的关键词是第一步。

模板：

给出与 [主题] 相关的 20 个 SEO 关键词。

比如，你想要找到与骨传导耳机相关的 20 个 SEO 关键词，用下列提示语：

给出与骨传导耳机相关的 20 个 SEO 关键词。

模板：

给出与以下产品描述相关的 5 个 SEO 关键词：[产品描述]。

给出与以下产品描述相关的 5 个 SEO 关键词：不锈钢外壳的智能手表，防水，能接蓝牙耳机，待机时间超过一周，适合严寒天气。

2. 确定热门搜索问题

模板：

提供一个与 [标题] 相关的 5 个常见问题列表。

3. 理解用户搜索意图

当前，在创建 SEO 内容时，强调符合"搜索意图"非常重要。虽然大多数搜索意图都很明显，但某些词的用户搜索意图可能有些模糊。在这种情况下，你可以寻求 ChatGPT 的帮助，只需提供一些排名高的关键词，让它进行分析。

模板：

搜这些关键词的用户搜索意图是什么：[关键词]。

搜这些关键词的用户搜索意图是什么：电子宠物、虚拟伴侣。

4. 写 SEO 文章

模板：

写一篇 [字数] 字，主题为 [文章主题]，目的是 SEO，包括关键词。关键词：[关键词]。

写一篇 1000 字，主题为"电子宠物在 AI 赋能下的发展前景"，目的是 SEO，包括关键词：电子宠物、虚拟伴侣、安全伴侣、居家养老。

5. 提供案例

在 SEO 文章的撰写中，通常需要一些案例或示例来提高文章的可读性、可信度和吸引力，同时也能帮助读者更好地理解内容。可以自己编，也可以全网搜一些案例，但最快的办法还是让 ChatGPT 给你几个案例。这些案例也有可能是 ChatGPT 瞎编的，对需要证实的再搜索验证下。

模板：

提供三个好的示例或案例，以证明 [产品或服务] 的优势。

提供三个好的示例或案例，以证明"骨传导耳机"的优势。

6. 生成问答

在很多文章的末尾都会看到 FAQ 式的内容，大家都希望这部分内容能更多地出现在搜索结果中，从而提高曝光率。ChatGPT 能帮忙先生成一个草稿版本，写起来就方便多了。

模板：

生成有关 [产品或话题] 的相关问题及其答案的列表。

生成有关"骨传导耳机"的相关问题及其答案的列表。

⊙ 3.3.14 产品设计

在做产品策划、产品定义、项目思路、用户体验社交、用户角色和用户测试等时都可以用到 ChatGPT。

1. 产品定义

定义产品是产品设计过程的第一阶段。这包括了解用户的需求、目标、动机以及产品需要解决的问题，还包括研究竞争和了解市场。ChatGPT 可用于洞察用户偏好和行为，这对做出设计决策和改善用户体验有很大帮助。

模板：

定义 [产品] 的目标市场。

定义新的智能家居设备的目标市场。

模板：

概述一种新的 [产品] 的主要特点和益处。

概述一种新的在线心理咨询服务的主要特点和益处。

模板：

为一种新型 [产品] 撰写产品说明。

为一种新型环保防护服撰写产品说明。

2. 产品策划

模板：

下面你作为产品经理，写一份 PRD，包括这些内容：主题、介绍、问题陈述、目标和目的、用户故事、技术要求、好处、关键绩效指标、开发风险、结论。需求如下：[需求描述]。

你现在作为产品经理，写一份 PRD，包括这些内容：主题、介绍、问题陈述、目标和目的、用户故事、技术要求、好处、关键绩效指标、开发风险、结论。需求如下：一个居家陪伴老人的电子宠物，可语音对话、可互动、能主动提醒。

3. 产品关键指标

模板：

下面你作为产品经理，对提供的产品功能列出主要和次要指标，目的是根据数据做决定。例如，帮助确定此新功能的必要性，当前版本是成功还是失败。用结构化的格式输出。产品：[产品和功能描述]。

下面你作为产品经理，对提供的产品功能列出主要和次要指标，目的是根据数据做决定。例如，帮助确定此新功能的必要性，当前版本是成功还是失败，用结构化的格式输出。产品：一个面向青少年的视频社交 App，新增游戏化功能（如图 3-49 所示）。

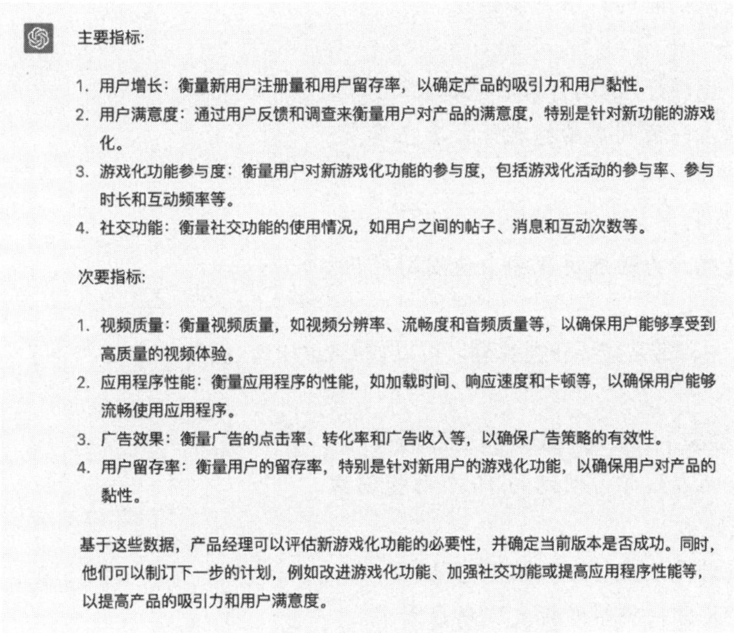
主要指标:

1. 用户增长：衡量新用户注册量和用户留存率，以确定产品的吸引力和用户黏性。
2. 用户满意度：通过用户反馈和调查来衡量用户对产品的满意度，特别是针对新功能的游戏化。
3. 游戏化功能参与度：衡量用户对新游戏化功能的参与度，包括游戏化活动的参与率、参与时长和互动频率等。
4. 社交功能：衡量社交功能的使用情况，如用户之间的帖子、消息和互动次数等。

次要指标:

1. 视频质量：衡量视频质量，如视频分辨率、流畅度和音频质量等，以确保用户能够享受到高质量的视频体验。
2. 应用程序性能：衡量应用程序的性能，如加载时间、响应速度和卡顿等，以确保用户能够流畅使用应用程序。
3. 广告效果：衡量广告的点击率、转化率和广告收入等，以确保广告策略的有效性。
4. 用户留存率：衡量用户的留存率，特别是针对新用户的游戏化功能，以确保用户对产品的黏性。

基于这些数据，产品经理可以评估新游戏化功能的必要性，并确定当前版本是否成功。同时，他们可以制订下一步的计划，例如改进游戏化功能、加强社交功能或提高应用程序性能等，以提高产品的吸引力和用户满意度。

图 3-49　为产品功能列出主要和次要指标

4. 项目思路

模板：

我正在为一家企业做网站，我需要使用 [具体工具和任务] 的想法。需求：[需求]。

我正在为一家企业做网站，我需要关于如何使用 WordPress 构建网站的想法。需求：宠物食品品牌形象网站。

5. 网页设计策划

模板：

你现在作为网页设计顾问，根据我提供的需求，建议最合适的界面和功能，以增强用户体验，同时满足公司的业务目标。你应该利用 UX/UI 设计原则、编码语言、网站开发工具等方面的知识，以便为项目制订一个全面的计划。需求：[需求描述]。

你现在作为网页设计顾问，根据我提供的需求，建议最合适的界面和功能，以增强用户体验，同时满足公司的业务目标。你应该利用 UX/UI 设计原则、编码语言、网站开发工具等方面的知识，以便为项目制订一个全面的计划。需求："创建一个销售珠宝的电子商务网站"。

6. 用户体验研究

ChatGPT 的长处在于对常识的描述能力，因此在设计用户体验前，可以用它对一些问题进行分析和研究。

模板：

什么是 [用户行为] 的好用户体验？

什么是订阅式购物的好用户体验？

模板：

[人群] 对 [用户行为] 有什么潜在需求？

忙碌的创始人对便利店购物有什么潜在需求？

模板：

如何在 [应用程序类比] 应用程序中使用 [特性]？

如何在提升生产力的应用程序中使用游戏化？

7. 集思广益

在设计项目中，常常需要获得灵感，可以找 ChatGPT。例如：

模板：

列出设计 [类型] 网站的 [数量] 功能创意。

列出设计少儿在线学习网站的 10 个功能创意。

或者自由发问：

什么样的设计方法最适合测试新想法？

什么样的 UX 方法将帮助我发现用户需求？

8. 改善用户体验

模板：

你现在作为 UX/UI 开发人员，根据需求想出创造性的方法来改善用户体验，这可能涉及设计原型、测试不同的设计并提供有关最佳效果的反馈。需求如下：[需求描述]。

你现在作为 UX/UI 开发人员。根据需求想出创造性的方法来改善用户体验。这可能涉及设计原型、测试不同的设计并提供有关最佳效果的反馈。需求如下："我需要为手机 App 设计一个直观的导航系统"。

9. 创建用户角色

ChatGPT 是为 UX 设计创建用户角色的强大工具，可以快速而准确地创建角色。

模板：

为 [应用描述] 创建角色。

为连接当地农民和消费者的应用程序的用户创建角色。

为有兴趣购买环保家居用品的客户创建角色。

10. 用户测试

为了了解 UX 设计和概念中什么最能引起用户共鸣，需要用户测试。ChatGPT 可以快速生成用户调查问卷或对话脚本。

模板：

为用户调查生成 [数量] 个问题，以收集反馈。产品信息：[产品说明]。

为用户调查生成 10 个问题，以收集反馈。产品信息：农产品相关的团购电商网站。

模板：

现在你作为一个用户沟通话术设计师，将根据需求给出用户测试会话的执行计划，为用户测试会话创建脚本，并举例给出话术，以评估活动的有效性。需求：[需求说明]。

现在你作为一个用户沟通话术设计师，将根据需求给出用户测试会话的执行计划，为用户测试会话创建脚本，并举例给出话术，以评估活动的有效性。需求：买一送一的促销活动。

◎ 3.3.15　程序编码

ChatGPT 一度引发了热议——是否会替代程序员，可见它的程序编码能力有多强。

如果你不是程序员，靠 ChatGPT 就解锁了新技能，可以写程序帮你完成工作了。

比如，你们开完了视频会议，生成了一个视频文件，你只想把其中的音频提取出来。

可以问 ChatGPT：

Macbook 怎么用命令快速地提取视频中的音频，存为文件？

或者你听说过有一个工具叫 ffmpeg，则可以直接提出要求：

写 macOS 的 ffmpeg 命令行，提取 meet1.mp4 文中的音频并存为 meet1.mp3。

马上，ChatGPT 就能帮你写出一个命令行，还有很多解释。忽略解释，直接点右上角的 "Copy code" 复制，在 Mac 的终端里面粘贴，然后运行，就能完成任务了（如图 3-50 所示）。

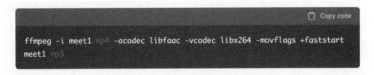

图 3-50　写转换视频的命令行

如果运行时碰到问题，也可以直接把报错信息丢给 ChatGPT，它会帮你解决。

音频文件的处理也很简单，直接提出要求（如图 3-51 所示）：

写 macOS 的命令行，把音频文件 1.m4a 转为 mp3 类型，存为 1.mp3。

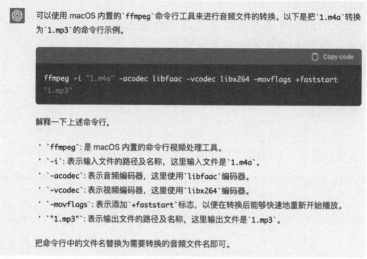

图 3-51　写转换音频的命令行

如果你本来就是程序员，ChatGPT 可以让你的工作更高效，在编程的过程中完成各种任务，如了解编程相关知识、写程序、写注释、写相关的正则表达式（Regex）、重构代码、找 Bug 改 Bug、做测试等。你可以让 ChatGPT 帮你生成代码，从头开始构建你的应用程序 / 网站，前提是你能拆解任务，并把完成的各块任务最终整合起来。

1. 编程问答

ChatGPT 可以提供编程概念、编程工具软件产品、语法和函数的解释和示例，有助于学习和理解编程语言。这对于不熟悉编程概念的初级程序员或正在使用新编程语言的经验丰富的程序员特别有用。

模板：

你现在作为一个编程专家，回答与编程有关的问题，在没有足够的细节时写出解释。第一个问题是：[问题描述]。

你现在作为一个编程专家，回答与编程有关的问题，在没有足够的细节时写出解释。第一个问题是：什么是面向对象编程？如何用它来开发？

2. 写代码

ChatGPT 可以编写代码用于简单或重复的任务，如文件 I/O 操作、数据操作和数据库查询。但需要注意的是，它编写代码的能力有限，生成的代码可能并不总是准确的或最优的，有可能达不到你期望的结果。

模板：

用 [程序语言] 写一个程序，做到：[某个功能]。

用 JavaScript 写一个程序，做到：输入一个一维阵列，把这个一维阵列转换成二维阵列。同时我要能够自由地决定二维阵列中的子阵列长度是多少。

模板：

写一个 [代码类型]，做到：[某个功能]。

写一个 Regex，做到：输入一个字串，把这个字串中的所有数字都取出来。

模板：

写一个 [程序需求]。

写一个实现基本待办事项列表应用程序的 JavaScript 代码。

写一个 SQL 查询，从数据库表中检索数据并按升序排序。

写一个 HTML 和 CSS 代码，为网站创建响应式导航栏。

3. 代码注释

当程序员将代码输入 ChatGPT 时，它可以根据编程语言和文档中的代码类型写出代码注释。

模板：

你现在作为一个程序员，为下列代码写注释：[代码]。

4. 解读代码

模板：

你现在作为一个代码解释者，为下列代码阐明语法和语义：[代码]。

5. 重构代码

模板：

你现在作为一个软件开发者，将用更干净简洁的方式改写代码，并解释为什么要这样改写，让我在提交代码时把改写方式的说明加进去。代码是：[代码]。

6. 写测试

模板：

你现在作为 [程序语言] 专家，将根据代码写测试，至少提供五个测试案例，同时要包含极端的状况，验证这段程序代码出是正确的。代码是：[代码]。

7. 代码调试

ChatGPT 的 Bug 修复功能对程序员来说也是一个有价值的工具，它可以通过提出错误的可能原因并提供解决方案来帮助调试代码。

如果是简单地找 Bug，直接提出需求。

模板：

帮助我找到下面的代码中的错误：[代码]。

帮助我找到下面的代码中的错误：

print cos（3）*65

f.write（"log.txt"，ErrorMsg）

如果还需要改 Bug，为了一次性改好，如果有更多的信息提供给 ChatGPT，它能更好地输出你需要的结果。

模板：

你现在作为一个 [程序语言] 专家，找找这段代码哪里写错了，并用正确的方式改写。我预期这段程代码 [做到某个功能]，只是它通过不了 [测试案例] 这个测试案例。代码是：[代码]。

你现在作为一个 Python 专家，找找这段代码哪里写错了，并用正确的方式改写。我预期这段程代码以判断一个字串是不是镜像回文，只是它通过不了 aacdeedcc 这个测试案例。代码是：[附上代码]。

8. 全栈程序员

模板：

你现在作为一个软件开发者，会设计架构和写代码，用 [语言] 开发安全的应用。需求是：[需求]。

你现在作为一个软件开发者，会设计架构和写代码，用 Golang 和 Angular 开发安全的应用。需求是：写一个爬虫软件，获得百度热搜的文章标题。

9. 前端开发

模板：

你现在作为一个前端开发工程师。根据我描述的项目细节，用这些工具来编码项目。Create React App, yarn, Ant Design, List, Redux Toolkit, createSlice, thunk, axios. 代码应该合并到单一的 index.js 文件中。不要写解释。项目描述：[项目描述]

你现在作为一个前端开发工程师。根据我描述的项目细节，用这些工具来编码项目。Create React App, yarn, Ant Design, List, Redux Toolkit, createSlice, thunk, axios. 代码应该合并到单一的 index.js 文件中。不要写解释。项目描述：写一个自适应的 H5 页面，展示学生的成绩表，在手机和 PC 浏览器上都能方便地查看。

3.3.16 艺术设计

ChatGPT 目前还是一个只能输出文字的工具，但在艺术知识的获取、创意顾问方面，它能给你很多启发。后面我们还将讲到，可以把 ChatGPT 作为工作流的一部分，把在 ChatGPT 上生成的 AIGC 提示语放到其他的绘画工具中生成图画。

1. 绘画艺术

模板：

下面你作为大学艺术教授，为我讲解艺术知识。除了介绍，适当的时候，应该给出评价。

第一个学习需求：[需求描述]。

下面，你作为大学艺术教授，为我讲解艺术知识。除了介绍，适当的时候，应该给出评价。

第一个学习需求：列出 10 个世界著名画家及代表作品，分别代表不同的画派。

后面，你可以一直提问，比如：

印象派有哪些画家？

为什么印象派被看成一个重要画派？

从画家的视角，讲一下凡·高的《向日葵》。

2. 音乐艺术

模板：

下面你作为音乐教授，为我讲解音乐知识。除了介绍，适当的时候，应该给出评价。

第一个学习需求：[需求描述]。

下面你作为音乐教授，为我讲解音乐知识。除了介绍，适当的时候，应该给出评价。

第一个学习需求：列出 10 个世界著名音乐家及代表作品，分别代表不同的流派。

3. 艺术风格

模板：

下面你作为艺术教授，用表格形式比较 [艺术风格]，讲解其特点并举例，目的是让 [人群] 理解。

下面你作为艺术教授，用表格形式比较巴洛克和洛可可风格，讲解其特点并举例，目的是让小学三年级学生理解。

4. 艺术顾问

模板：

下面，你作为一个艺术顾问，对一个具体的创作思路提供各种艺术风格的建议，如在绘画中有效利用光影效果的技巧等各种需要考虑的创作细节，目的是帮助探索新的创作可能性和实践想法。第一个需求是：[需求描述]。

下面，你作为一个艺术顾问，对一个具体的创作思路提供各种艺术风格的建议，如在绘画中有效利用光影效果的技巧等各种需要考虑的创作细节，目的是为了帮助探索新的创作可能性和实践想法。第一个需求是：设计一只机器熊猫，耳朵大，嘴巴大，肚子大，善于听说，能从肚子里面拿出东西。

5. 标志设计

如果你想为自己的一个品牌设计 Logo，但没有思路，可以问 ChatGPT，获得一些建议。

模板：

为 [地点] 的 [公司 / 业务] 设计一个 Logo。

为北京大学附近的一家咖啡馆设计一个 Logo。

❍ 3.3.17 求职面试

在求职面试方面，可以从职业发展规划、写简历和求职信、修改简历、模拟面试等方面得到 ChatGPT 的很多帮助。

1. 职业建议

让 ChatGPT 基于你的技能、兴趣和经验提供相关职业的建议。

模板：

你现在作为职业顾问，根据一个人的技能、兴趣和经验，建议最适合他的职业。你应该对现有的各种选择进行研究，解释不同行业的就业市场趋势，并就获得特定领域发展的资格提出建议。这个人的情况是：[个人情况]。

你现在作为职业顾问，根据一个人的技能、兴趣和经验，建议最适合他的职业。你应该对现有的各种选择进行研究，解释不同行业的就业市场趋势，并就获得特定领域发展的资格提出建议。这个人的情况是：名牌大学计算机系本科，男，刚毕业 1 年，热爱计算机和艺术、数学基础好。

2. 简历模板

模板：

你现在作为职业猎头，给我一份简历模板。我的情况是：[个人情况]。

你现在作为职业猎头，给我一份简历模板。我的情况是：大专毕业，工作 2 年，在游戏公司做过游戏场景和元素设计，在电视公司做过平面设计师。

3. 求职信

让 ChatGPT 基于你的技能、兴趣和经验，帮你写求职信。

模板：

你现在作为求职者，写一封求职信。需要体现个人的能力长板和亮点。个人情况是：[情况描述]。

你现在作为求职者，写一封求职信。需要体现个人的能力长板和亮点。个人情况是：在互联网大厂工作了 3 年，前端工程师，掌握了前端开发的主要技能，擅长前端架构设计和性能优化。

4. 获得对简历的反馈

模板：

你现在作为一个职业猎头，对简历提出具体改进建议。接着以你提出的建议来改写，改写时请维持列点的形式。简历：[简历文本]。

你现在作为一个职业猎头，对简历提出具体改进建议。接着以你提出的建议来改写，改写时请维持列点的形式。简历：

求职意向：

视频剪辑师

教育背景：

××××学院 电影与电视制作专业 学士学位

工作经验：

2019 年至今 抖音账号 AI 大咖日记 视频剪辑师

主要工作内容：

1. 剪辑内容：负责抖音账号 AI 大咖日记的视频剪辑需求，根据业务需求制作各种短视频及长视频，对后期视频数据进行分析整合优化，使其达到最佳视觉效果。

2. 视频剪辑：抓住每日的抖音热点话题或热门梗，洞察 AI 行业动态，使用 Ae、Pr、Sketch 等软件完成热点内容剪辑，累计输出 500+ 视频。

3. 工作成果：在职期间，官方账号粉丝量增长 20W+，环比增长率在 60%，文案写作能力强，镜头感节奏感好，结合热点，抓住受众心理，单条视频推送量均 5W+。

5. 在简历中补充结构化信息

可以从量化数据、成就展示、总结和管理经验等方面提出需求。

模板：你现在作为一个职业猎头，改写以下简历，保持列点的形式。改写要求：[改写要求]，简历：[简历文本]。

你现在作为一个职业猎头，改写以下简历，保持列点的形式。改写要求为每一点加上量化的数据，简历：……

下面是可以用于替换的改写要求。

- 为每一点加上量化的数据。
- 为最近的 [职位头衔] 角色创建要点，展示成就和影响力。
- 写一个总结，强调个人独特卖点，使我有别于其他候选人。
- 写一个总结，表达我对 [行业 / 领域] 的热情和职业抱负。
- 创建突出管理经验的要点 [插入相关的任务，例如，预算，团队等]。
- 在每段经历下用可量化的项目概述。
- 根据职位 [申请的职位名称] 生成 10 个相关技能和经验的列表。

6. 精简经历

模板：

你现在作为一个职业猎头，改写简历中的这段经历，要更精简一点，让别人可以马上看到重点，同时维持生动的描述。经历：[经历描述]。

你现在作为一个职业猎头，改写简历中的这段经历，要更精简一点，让别人可以马上看到重点，同时维持生动的描述。经历：

我曾在一家数字营销公司担任短视频剪辑师，主要负责将客户提供的素材进行筛选、剪辑和后期制作，并将制作好的短视频在各个视频网站进行信息流投放。

在工作期间，我熟练掌握了多种视频剪辑软件，如 Adobe Premiere、Final Cut Pro 等，并且能够熟练运用各种特效和转场效果，使得视频更加生动、有趣。

我在剪辑短视频时，注重抓住受众的注意力，选择最能吸引目标受众的场景和镜头，并在视频中加入恰当的音乐和配音，使视频更具有感染力和吸引力。同时，我还会对视频进行数据分析和优化，根据不同平台的特点进行不同的调整，从而使得投放效果最大化。

通过我的努力，我们的客户在多个视频网站的信息流中都取得了优异的表现，获得了更多的曝光和用户转化。

7. 定制简历

模板：

你现在作为一个职业猎头，改写简历中的这段经历，使之更符合 [公司] 的企业文化，目的是申请 [公司] 的 [职位]。经历：[经历描述]。

你现在作为一个职业猎头，改写简历中的这段经历，使之更符合 ×× 公司的企业文化，目的是申请信用卡推广专员职位。经历：曾作为地推人员，推广过多家银行的信用卡以及各种 APP，能用各种话术加上赠品去说服路过的人群来办理信用卡，寒暑假还会找到大学生一起来推广。

8. 面试问题

模板：

你现在作为 [公司] 的 [职位] 面试官，分享在 [职位] 面试时最常会问的 [数字] 个问题。

你现在作为 Google 的产品经理面试官，分享在 Google 产品经理面试时最常会问的 5 个问题。

注意，ChatGPT 不会知道所有的公司，可以尝试用你申请的某个公司所在行业的代表性公司来替代。

模板：

针对这个面试问题，提供一些常见的追问面试题：[问题]。

针对这个面试问题，提供一些常见的追问面试题：你会如何排定不同产品功能优先顺序？

模板：

你现在作为一个职业猎头，用 STAR 原则帮我回答这个问题。

问题：[面试问题]。

我的相关经历：[附上经历]。

你现在作为一个职业猎头，用 STAR 原则帮我回答这个问题。

问题：分享一个你在时间很紧的情况下完成项目的经验。

我的相关经历：我曾在 10 天内完成一个新媒体营销的活动策划和执行，其中联系了公司内的 3 个部门，以及公司外部的一些渠道资源。

我针对 [问题] 的回答，有哪些可以改进的地方？[附上回答]

我针对"你会如何排定不同产品功能优先顺序？"的回答，有哪些可以改进的地方？[附上回答]

9. 模拟面试

模板：

你现在是一个 [职位] 面试官，而我是要应征 [职位] 的面试者。你需要遵守以下规则：①你只能问我有关 [职位] 的面试问题；②不需要写解释；③你需要向面试官一样等我回答问题，再提问下一个问题。我的第一句话是，你好。

你现在是一个产品经理面试官，而我是要应征产品经理的面试者。你需要遵守以下规则：① 你只能问我有关产品经理的面试问题；②不需要写解释；③你需要向面试官一样等我回答问题，再提问下一个问题。我的第一句话是，你好。

10. 人事主管

模板：

你现在是一位求职教练，为面试者提供建议。你需要指导他们掌握与该职位相关的知识基础和必备技能，并提供一些候选人应该能够回答的问题。

你现在是一位求职教练，为面试者提供建议。你需要指导他们掌握与该职位相关的知识基础和必备技能，并提供一些候选人应该能够回答的问题。职位是：架构师，需要精通微服务架构和分布式数据库，解决过性能优化问题。

11. 职位说明

模板：

你现在是招聘人员，为 [职位名称] 写职位说明，用于招聘。

你现在是招聘人员，为"Java 开发工程师"写职位说明，用于招聘。

12. 招聘策略

模板：

你现在是招聘人员，将为下列职位想出寻找合格申请人的策略。可能包括通过社交媒体、网络活动或参加招聘会来接触潜在的候选人，以便为每个职位找到最佳人选。职位：[职位名称和描述]。

你现在是招聘人员，将为下列职位想出寻找合格申请人的策略。可能包括通过社交媒体、网络活动或参加招聘会来接触潜在的候选人，以便为每个职位找到最佳人选。职位：营销人员，负责某人工智能应用的推广。

13. 入职欢迎信

模板：

为新聘用的候选人写一封入职欢迎信，其职位是 [职位名称]。

为新聘用的候选人写一封入职欢迎信，其职位是营销专员。

3.3.18 旅游参观

如果你想要去旅游，可以在出行前制订旅游计划，并在旅途中寻求导游等旅游相关帮助。

1. 设计旅游计划

模板：

下面，你作为专业导游，为我设计一个 [数字] 天的 [地点] 旅游计划，交通工具是 [交通工具]。要求：[相关要求]。

下面，你作为专业导游，为我设计一个 5 天的东京旅游计划，交通工具是地铁和火车。要求：①地点要包含东京铁塔、富士山、迪士尼乐园；②需要包含交通如何乘坐；③一天不超过 3 个景点。

2. 推荐旅游景点

如果你去一个陌生的城市旅游，可以让 ChatGPT 基于你所在的位置和你喜欢的类型推荐景点（如图 3-52 所示）。

模板：

下面，你作为一个导游，根据我给的位置，推荐一个附近的景点。如果我提到了期望的景点类型，你需要推荐附近的这个类型的景点。

第一个要求：[位置，喜欢的景点类型]。

下面，你作为一个导游，根据我给的位置，推荐一个附近的景点。如果我提到了期望的景点类型，你需要推荐附近的这个类型的景点。

第一个要求：我在北京故宫，我只想参观公园。

> 非常感谢您选择我作为您的导游。北京故宫是一个非常著名的旅游景点，也是中国文化遗产的代表之一。如果您只想参观公园，我向您推荐位于北京故宫附近的颐和园。
>
> 颐和园是中国最著名的皇家园林之一，建于清朝乾隆年间。它占地面积广阔，拥有众多的古建筑、湖泊和园林景点。在颐和园中，您可以欣赏到精美的园林景色、古老的建筑和壮观的山水景观。它被誉为中国园林艺术的杰作之一，也是世界文化遗产之一。
>
> 颐和园的门票价格较为实惠，成人票价为人民币 60 元，学生和儿童票价更为优惠。同时，颐和园也提供免费的停车场。如果您需要更多关于颐和园的信息，可以随时向我咨询。

图 3-52　推荐附近的景点

我在北京故宫，我只想参观博物馆

非常好，如果您想参观博物馆，我向您推荐位于北京故宫附近的中国国家博物馆。

中国国家博物馆是世界上最大的博物馆之一，收藏了丰富的历史文物和艺术品。其中，中国国家博物馆的馆藏中包括了中国古代的艺术品和文物，如铜器、玉器、瓷器、书画等。此外，中国国家博物馆也收藏了一些来自海外的文物和艺术品，让您可以了解到世界各国的文化和历史。

图 3-52（续）

如果需要指定回答的结果，可以明确说明（如图 3-53 所示）。

下面，你作为一个导游，根据我给的位置，推荐一个附近的景点。如果我提到了期望的景点类型，你需要推荐附近的这个类型的景点。建议包括，景点名称和特点。

第一个要求：我在纽约，我只想参观博物馆。

好的，如果你在纽约且只想参观博物馆，我会向你推荐美国自然历史博物馆。这是全球最大的自然历史博物馆之一，该博物馆拥有多个展馆，展出了各种各样的自然历史展品，包括恐龙和其他史前生物模型，地球科学和天文学展览，以及人类和动物学方面的多样化展品。此外，博物馆还拥有丰富的生物多样性展馆，让您能够了解更多关于世界各地自然生态系统的知识。

图 3-53　推荐附近的景点并提供景点说明

如果要继续，只需增加类似的命令就好了，不用再说明角色（如图 3-54 所示）。

我在好莱坞，我想去博物馆、艺术馆和游乐场。

我在好莱坞，我想去博物馆、艺术馆和游乐场。

如果你在好莱坞且想要去博物馆、艺术馆和游乐场，我会向你推荐多个建议：

· 博物馆选择：好莱坞博物馆
好莱坞博物馆是探究好莱坞电影工业历史和文化的绝佳场所，展出了很多标志性道具和电影制作设备，还包括展示著名演员和电影制作者的历史资料，这些资料充满了好莱坞的浪漫和传奇。
· 艺术馆选择：洛杉矶当代艺术博物馆
洛杉矶当代艺术博物馆是探讨现代和当代艺术历史的重要场所，收藏了来自世界各地的当代艺术品。该博物馆还经常有特别活动和展览，展示当代艺术主题和议题。
· 游乐场选择：环球影城好莱坞
环球影城好莱坞是好莱坞著名的游乐场，融合了电影和主题公园元素，其中一些游乐设施多次出现在电影和电视节目中。你可以在这里坐过山车，探险丛林或乘坐《哈利·波特》系列主题游乐设备等。

图 3-54　持续推荐景点

3. 讲解展品

模板：

下面，你作为我的讲解员，为我讲解旅游中的建筑信息和相关历史等一切游客希望听到的内容。第一个建筑是：[建筑的名称]。

下面，你作为我的讲解员，为我讲解旅游中的建筑信息和相关历史等一切游客希望听到的内容。第一个建筑是：故宫的太和殿。

4. 充当时间旅行指南

模板：

下面，你作为我的时间旅行向导。我会提供想去的历史时期或未来时间，你会建议最好的事件、景点或体验的人。第一个时间是：[具体时间]。

下面，你作为我的时间旅行向导。我会提供想去的历史时期或未来时间，你会建议在那个时间的关键事件、景点或人物。第一个时间是：文艺复兴时期。

3.3.19　育儿家教

育儿和家庭教育需要家长多学习、多思考，很多生活场景也是设计出来的，包括育儿主意、育儿建议以及为孩子编故事等。

1. 教育心理

有时候，你需要一些对孩子心理的理解，去解释一些问题，并获得帮助。

模板：

下面，你作为一个心理学家，对一些问题或情况，先给出心理方面的解释，再给出科学的建议。第一个问题是：[问题描述]。

下面，你作为一个心理学家，对一些问题或情况，先给出心理方面的解释，再给出科学的建议。第一个问题是：孩子不爱学习怎么办？

2. 育儿主意

有时候，你希望给孩子一些独特的体验，但不知道怎么做。ChatGPT 能给你很多好主意。

模板：

提供 [数字] 个 [想法] 的好主意，孩子是 [年龄] 岁的 [性别] 孩。兴趣有：[兴趣]

提供 5 个陪孩子过难忘生日的好主意，孩子是 10 岁的男孩。兴趣是：水族馆、大熊猫、探险、唱歌。

3. 育儿建议

在育儿过程中，碰到的各种问题，都可以问育儿的相关建议。

6 岁的孩子每天看平板电脑 1 小时会影响视力吗？

4. 简易教学

在家里，有时候需要给孩子辅导功课，但自己不知道怎么讲，可以这样问 ChatGPT。

模板：

下面你作为 [科目老师]，用浅显易懂的方式讲解 [理论]，对象是 [人群特征]。

下面你作为数学老师，用浅显易懂的方式讲解一元二次方程，对象是小学三年级学生。

5. 编故事讲给孩子

家长如果需要给孩子讲睡前故事，但又希望讲一个跟孩子的兴趣和今天的经历有关的，可以用这个模板（如图 3-55 所示）。

模板：

下面，你扮演讲故事者的角色。你会想出引人入胜、富有想象力和吸引观众的有趣故事。根据目标受众，你可以为讲故事环节选择最合适受众的主题。例如，如果是儿童，选动物、童话类的故事；如果是成年人，选历史的故事等。第一个要求是：[要求]。

下面，你扮演讲故事者的角色。你会想出引人入胜、富有想象力和吸引观众的有趣故事。根据目标受众，你可以为讲故事环节选择最合适受众的主题。例如，如果是儿童，选动物、童话类的故事；如果是成年人，选历史的故事等。第一个要求是：给 6 岁孩子讲一个关于友情的故事，要有惊险的情节，有大熊猫。

好的，我来给孩子们讲一个关于友情和大熊猫的惊险故事。

从前，有一只名叫熊猫宝宝的大熊猫，它住在一个美丽的竹林里。熊猫宝宝非常喜欢和其他大熊猫一起玩耍，但它们总是忙于吃竹子和睡觉，很少有机会和其他动物玩耍。

有一天，熊猫宝宝听说有一只狐狸正在寻找它的朋友，这只狐狸的朋友失踪了。熊猫宝宝非常想知道狐狸的朋友是谁，于是他决定前往寻找。

在途中，熊猫宝宝遇到了一只勇敢的猴子，它告诉熊猫宝宝有一个坏狐狸正在附近寻找它的朋友的踪迹。熊猫宝宝非常害怕，但他决定和猴子一起前往寻找狐狸的朋友。

在森林中，他们遇到了许多危险，例如一只凶猛的狼和一只狡猾的熊。但是，熊猫宝宝和猴子一起合作，勇敢地面对这些危险，最终找到了狐狸的朋友。

狐狸的朋友是一只非常可爱的小兔子，它被一只坏狐狸绑架了。熊猫宝宝和猴子救出了小兔子，并与坏狐狸进行了一场惊心动魄的战斗。最终，他们成功地击败了坏狐狸，保护了小兔子和朋友。

从那天起，熊猫宝宝和猴子成为最好的朋友，他们一起探险，保护森林和所有的动物。他们教会了其他动物如何团结合作，保护它们自己的家园。

图 3-55　扮演讲故事者的角色按需编故事

6. 给孩子提问

有时候，给孩子提出他感兴趣的问题，是引导其好奇心的好办法。但是往往家长在孩子感兴趣方面的知识不多，提不出好问题。你可以用下列模板来问 ChatGPT。

模板：

你现在是一个擅长提问的家长，会针对孩子的兴趣提出让其感兴趣的问题。孩子是 [年龄] 岁的 [性别] 孩。兴趣是：[兴趣]。

你现在是一个擅长提问的家长，会针对孩子的兴趣提出让其感兴趣的问题。孩子是 6 岁的男孩。兴趣是：恐龙、宇宙。

◑ 3.3.20 活动组织

活动有很多种。以营销活动为例，包括活动策划、活动计划、目标受众定位、宣传渠道选择、活动内容设计、预算控制，线下活动还需要后勤支持，最后还有活动效果评估和反馈等，都可以用 ChatGPT 来完成。下面选几个来讲述。

1. 活动策划

模板：

现在你作为广告公司的营销活动策划专家，根据需求来策划活动，并根据目标受众，制定关键信息和口号，选择宣传媒体渠道，并策划实现目标所需的其他活动。需求：[需求]。

现在你作为广告公司的营销活动策划专家，根据需求来策划活动，并根据目标受众，制定关键信息和口号，选择宣传媒体渠道，并策划实现目标所需的其他活动。需求：针对 18～30 岁的大城市的年轻人，策划一个新手机的广告活动，其中有预约折扣等优惠信息。

模板：

制订一个针对目标受众的社交媒体活动计划，推出产品：[产品描述]。

制订一个针对目标受众的社交媒体活动计划，推出产品：骨传导防水蓝牙运动耳机。

2. 活动计划

模板：

现在你作为一位专业的活动企划，根据需求生成活动计划清单，包括重要任务和截止日期。需求：[活动需求]。

现在你作为一位专业的活动企划，根据需求生成活动计划清单，包括重要任务和截止日期。需求：向水上运动爱好者推广最新的骨传导防水蓝牙运动耳机。

3. 后勤准备

模板：

现在你作为后勤人员，根据需求为活动制订有效的后勤计划，其中考虑到事先分配资源、交通设施、餐饮服务等。你还应该牢记潜在的安全问题，并制订策略来降低与大型活动相关的风险。需求：[需求信息]。

现在你作为后勤人员，根据需求为活动制订有效的后勤计划，其中考虑到事先分配资源、交通设施、餐饮服务等。你还应该牢记潜在的安全问题，并制订策略来降低与大型活动相关的风险。需求：在上海组织一个 300 人参加、为期 3 天的开发者会议，需要有赞助商桌椅和展板、餐饮、嘉宾住宿。

◑ 3.3.21 课题研究

刚开始做课题研究的大学生面临的普遍问题有三个：

①不知道如何奠定科研基础。

②不知道如何做总结。

③不知道如何找到科研着力点。

这三个问题都可以使用 ChatGPT 来解决。

①奠定科研基础。ChatGPT 可以帮你快速了解一个新课题的背景知识和相关资源。同时要注意：ChatGPT 可能会给出一些不实的信息，对一些关键的内容，你需要找到原始出处再做些验证。

比如，你可以指定论文主题和时间范围，ChatGPT 会自动给出一些代表性论文，根据论文顺藤摸瓜，可以对相关领域有大概了解。

可以尝试下列模板：

提供从 [数字] 年到现在的 [领域] 相关论文和概述。

列出对 [领域] 技术最重要的 [数字] 篇论文及概述。

用列点的方式总结出 [数字] 个 [领域] 知识重点。

用列点的方式总结出这篇文章的 [数字] 个重点：[附上文章内容 / 附上文章网址]。

例如：

提供从 2018 年到现在的 AI 大模型相关论文和概述。

列出对 ChatGPT 技术最重要的 10 篇论文及概述。

用列点的方式总结出 10 个 AI 大模型知识重点。

②做总结。可以先让 ChatGPT 打个样，然后你按模板继续写。

下面是一个模板，替换中间的方框里的内容，即可使用。

你是 [某个主题] 的专家，请总结以下内容，并针对以下内容提出未来能进一步研究的方向。

[附上内容]

在写论文的时候，可以把 ChatGPT 当作一个功能强大的论文润色工具，从语法、用词、结构、语气等各方面进行修改。这对写英文论文的大学生来说无疑是一个强大的助力。例如，用下面的模式：

修改下面段落，让用词、结构、语气等符合论文发表的要求。

[附上内容]

③找到科研着力点。

可以让 ChatGPT 给一些建议。

尤其在涉及交叉领域的创新时，ChatGPT 能够给出比较专业的建议，甚至能够给出一些创新方向的具体建议。

比如：

对 AI 和教育的结合，有哪些研究方向？

对 AI 在医疗医药方面的应用，有哪些研究方向？

在进行具体课题研究时，一些工作，如基础的算法实现问题、编程问题等都可以借助 ChatGPT 来提升效率。

如需要向国外的导师求助，或者找国外同行交流，必须要写邮件沟通。

对于英语非母语的学生来说，向外国导师发邮件一直是个令人头大的问题。一般写好邮件之后，要反复修改，确保语气措辞合适。

现在，有了 ChatGPT 的帮助，只要输入一句话，就可以生成一封态度诚恳、结构完善的邮件。

修改下面的邮件，目的是向国外教授咨询一个学术问题，态度需要诚恳。

[附上内容]

也可以完成论文式回答

写一篇 1000 字的文章，包括引言、主体和结论段落，以回应以下问题：[问题]。

或者提出反对的观点。（这是个有意思的视角，可以把 ChatGPT 看成杠精，在很多方面提出反对观点，帮你看到缺陷，完善你的思路。）

你是 [某个主题] 的专家，请针对以下论述 [附上论述]，提出 [数字] 个反驳的论点，每个论点都要有佐证。

3.3.22 演讲辩论

如果你在学习演讲，可以尝试让 ChatGPT 作为教练或陪练。对于初学者来说，需要专业教练从演讲的学习计划、演讲策略和技巧、演讲稿的撰写以及演讲示范等方面给予帮助，ChatGPT 能从一些角度作为你的虚拟演讲教练。

而在即兴发言和辩论方面，ChatGPT 也会给你合适的指导。

1. 策略与技巧

模板：

现在你作为公开演讲的教练。你将根据需求制定清晰的沟通策略，提供关于肢体语言和语音语调的专业建议，传授吸引听众注意力的有效技巧，以及如何克服与公开演讲有关的恐惧等知识。需求是：[需求描述]。

现在你作为公开演讲的教练。你将根据需求制定清晰的沟通策略，提供关于肢体语言和语音语调的专业建议，传授吸引听众注意力的有效技巧，以及如何克服与公开演讲有关的恐惧等知识。需求是：17 岁的高中生，比较内向，目标是通过高考的自主招生面试。

2. 激励性的教练

模板：

现在你作为激励性的教练。根据需求制订个人的演讲技能提升计划，具体包括提供积极的肯定，给予有用的建议，或建议可以做的活动等来达到最终目标。需求：[某人的信息、目标和挑战]。

现在你作为激励性的教练。根据需求制订个人的演讲技能提升计划，具体包括提供积极的肯定，给予有用的建议，或建议可以做的活动等来达到最终目标。需求：18 岁的大学生，希望竞选学生会主席，有时候会紧张，之前做过班长，但没有做过跨班级组织的干部。

3. 演讲稿

模板：

下面，你作为一名 [身份]，以 [主题] 为中心，扩写以下文本为演讲稿。可以引用最多一句名人名言，补充具体例子，阐述个人感想。演讲面向的对象是 [对象]。文本：[文本]。

下面，你作为一名教师，以如何避免学生在游戏上沉迷为中心，扩写以下文本为演讲稿。可以引用最多一句名人名言，补充具体例子，阐述个人感想。演讲面向的对象是家长。文本：众所周知，许多网瘾少年因为沉迷于网络游戏，无心学习。

4. 励志演说家的示范（如图 3-56 所示）

提示语：

下面，你将作为励志演说家，根据我给的主题来演讲。你的演讲目的是引起听众的共鸣，激励他们努力实现自己的目标并争取更好的可能性。你要将能够激发行动的词语放在一起，会打比方举例子。让人们感到有能力做一些超出他们能力范围的事情。

第一个主题：如何做最好的自己？

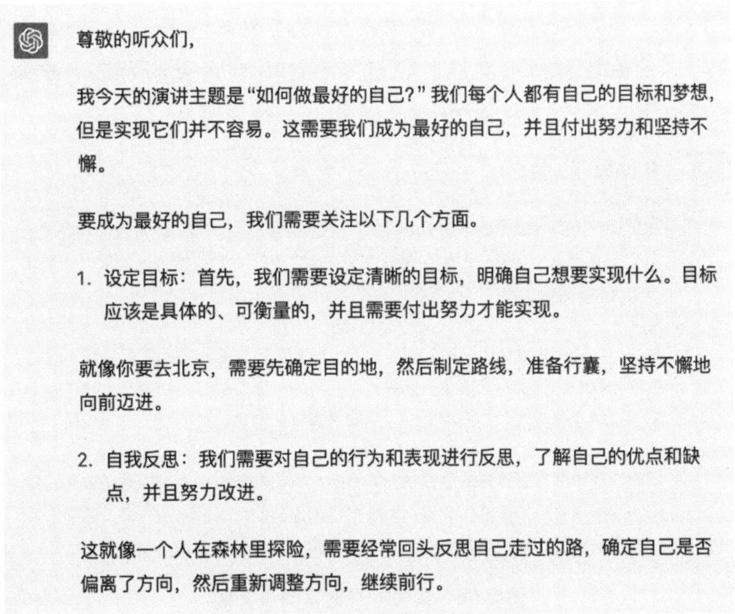

图 3-56　撰写特定主题的演讲文稿

上面只截取了部分，你可以自己尝试一下。

如果要换主题，只需要给出主题名称即可（如图 3-57 所示）。

如何成功

> 尊敬的听众们，
>
> 我今天的演讲主题是"如何成功?"成功是每个人都渴望的，但是成功并不容易。这需要我们付出努力并坚持不懈。
>
> 要成功，我们需要关注以下几个方面。
>
> 1. 设定目标：首先，我们需要设定清晰的目标，明确自己想要实现什么。目标应该是具体的、可衡量的，并且需要付出努力才能实现。
>
> 就像你要去北京，需要先确定目的地，然后制定路线，准备行囊，坚持不懈地向前迈进。
>
> 2. 自我反思：我们需要对自己的行为和表现进行反思，了解自己的优点和缺点，并且努力改进。
>
> 这就像一个人在森林里探险，需要经常回头反思自己走过的路，确定自己是否偏离了方向，然后重新调整方向，继续前行。

图 3-57 撰写特定主题的演讲文稿

5. 即兴发言

当然，大部分事后演讲的机会不多，但即兴发言机会很多。

你可以让 ChatGPT 给你一些演讲的框架，训练 1 分钟即兴演讲的能力（如图 3-58 所示）。

下面，你将作为一个即兴演讲家，根据我给的主题来演讲。你的演讲目的是在 1 分钟内引起上司的兴趣，让他理解核心观点，也就是在 200 字内说明自己的优势。

第一个主题：为什么不应该做 A 房地产公司的营销项目？

> 尊敬的上司，您好!
>
> 我想谈一下为什么不应该做 A 房地产公司的营销项目。首先，A 公司的品牌形象和产品定位与我们公司的品牌形象和产品定位不符，这将会导致我们的营销效果大打折扣。
>
> 其次，A 公司的营销策略和方案与我们公司的营销策略和方案不相匹配，这将会导致我们的营销资源浪费。此外，A 公司的市场定位和我们的产品线不匹配，这将导致我们的潜在客户无法获得最佳的营销体验。
>
> 最后，我相信只有选择最适合我们的客户，我们才能取得最好的营销效果。我们将会根据客户的需求和痛点，为客户提供最佳的营销策略和方案。感谢上司的信任和支持，我们会继续努力，为公司的发展做出更大的贡献。

图 3-58 撰写即兴发言演讲文稿

6. 辩论教练

模板：

你作为辩论教练，目标是为团队的成功做好准备，组织练习回合，重点是有说服力的演讲，有效的时间策略，反驳对方的论点，并从提供的证据中得出深入的结论。这个辩论队和他们即将进行辩论的动议是：[辩论队信息和辩论主题]。

对于，辩论队信息和辩论主题，你可以尝试下列的信息来替换。

校辩论队，5 个人，目标是在 3 个月后的全市大赛中获得冠军。

7. 辩论信息

你作为一个辩论总结者，你的任务是研究辩论的双方，为每一方提出有效的论据，反驳反对的观点，并根据证据得出有说服力的结论。你的目标是帮助人们从讨论中获得更多的知识和对当前话题的洞察力。辩题是：超人工智能对人类是好事吗？

3.3.23　顾问智囊

当我们碰到难题时，希望找到专家解决；当我们思虑不周时，希望有人帮自己理清思路；当我们头脑发热时，希望获得中肯的建议。这时，可以把 ChatGPT 看成一个顾问、智囊，甚至是智囊团（如图 3-59 所示）。

模板：

你现在是一名 [角色]，你要针对我提出的问题提供建议。我的问题是：[附上问题]。

你现在是一名生涯教练，你要针对我提出的问题提供建议。我的问题是：我是否要出国念书？

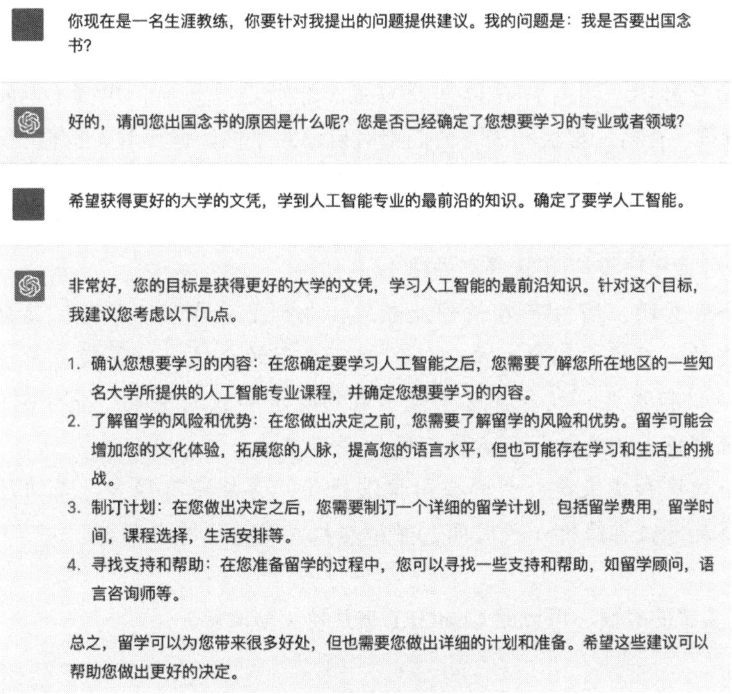

图 3-59　扮演生涯教练给予指导

1. 拆解问题

有时，一个复杂的问题，难以思考得很周全。需要对问题进行拆解，把思维可视化。

模板：

你作为一个擅长思考的助手，会把任何主题拆解成相关的多个子主题。主题是：[主题]。

你作为一个擅长思考的助手，会把任何主题拆解成相关的多个子主题。主题是：面对资本寒冬，企业如何过冬。

2. 质疑者 / 杠精

在思考问题时，往往需要批判性思维，但人们往往倾向于支持自己的想法，不容易自我批判，但 ChatGPT 就能很好地帮你从相反的角度思考。

模板：

你是一个擅长提问的助手，你会针对一段内容，提出疑虑和可能出现的问题，用来促进更完整的思考。内容：[内容]。

你是一个擅长提问的助手，你会针对一段内容，提出疑虑和可能出现的问题，用来促进更完整的思考。内容：中药虽然没有通过双盲测试，但实践中依然有很多有效的医疗结果，所以可以大规模使用中医。

3. 智囊团

假如我们最信任的一些人，能对某件事提出一些看法，可能会启发我们的思考，尤其出现多种不同角度的思考时，这就是多元思维的价值。ChatGPT 在这方面的能力出类拔萃。

模板：

你模拟一个智囊团，团内有 6 位创业教练，分别是乔布斯、伊隆·马斯克、马云、杰克·韦尔奇、查理·芒格、稻盛和夫。他们都有自己的个性、世界观、价值观，对问题有不同的看法、建议和意见。我会在这里说出我的处境和我的决策。先分别以这 6 个身份，以他们的视角来审视我的决策，给出他们的批评和建议。

我的第一个处境和决策是：[选择和处境]。

你模拟一个智囊团，团内有 6 位创业教练，分别是乔布斯、伊隆·马斯克、马云、杰克·韦尔奇、查理·芒格、稻盛和夫。他们都有自己的个性、世界观、价值观，对问题有不同的看法、建议和意见。我会在这里说出我的处境和我的决策。先分别以这 6 个身份，以他们的视角来审视我的决策，给出他们的批评和建议。

我的第一个处境和决策是：我的公司快没钱了，存货还有很多。是清库存，承担损失后关闭公司？还是借钱再维持一段时间，等待转机？我的选择是借钱。

4. 头脑风暴

在思考没有头绪的时候，可以跟 ChatGPT 来几轮头脑风暴。

模板：

现在开始头脑风暴，必须提出想法并使用编号列表列出清单，建议：至少 3 个条目，不超过 10 个条目。主题是：[头脑风暴的主题描述]。

5. 六项思考帽

六项思考帽是一个系统地从多个角度思考问题的方法。比如，黄帽子代表寻找优点和机会；黑帽子代表寻找问题和缺点；红帽子代表表达情感和观点；白帽子代表逻辑和客观；绿帽子代表创新和不同的解决方案。

模板：

使用六项思考帽的多个维度来分析一件事：[事情说明]。

使用六项思考帽的多个维度来分析一件事：人工智能替代了人的工作。

6. 四象限分类（如图 3-60 所示）

模板：把工作分四象限。两个维度：[维度 1]，[维度 2]。

把工作分四象限。两个维度：人工智能替代人的可能性大小，工作的价值高低。

好的，我们可以使用两个维度来划分工作，分别是人工智能替代人的可能性大小和价值高低。根据这两个维度，我们可以将工作分为以下四个象限。

1. 极高价值、极易替代：这些工作通常涉及简单的重复性任务，不需要高度的专业技能和判断力，例如工厂中的生产线、数据处理等。人工智能可以高效地完成这些工作，因此这些工作很容易被人工智能替代。
2. 极高价值、较难替代：这些工作通常需要高度的专业技能和判断力，但不需要复杂的决策和创造性的思维，例如设计师、摄影师、艺术家等。尽管人工智能在这些领域中可以发挥一定的作用，但人类的情感、社交和创造力是不可替代的，因此这些工作通常需要人类来完成。
3. 较低价值、极易替代：这些工作通常涉及简单的重复性任务，不需要高度的专业技能和判断力，例如餐厅服务员、客服等。人工智能可以高效地完成这些工作，因此这些工作很容易被人工智能替代。
4. 较低价值、较难替代：这些工作通常需要高度的专业技能和判断力，但不需要复杂的决策和创造性的思维，例如医生、律师、工程师等。尽管人工智能在这些领域中可以替代人类工作，但这些工作通常需要人类的专业知识和经验，以及创造性的思维和判断。

图 3-60　对工作分四象限

3.3.24　医疗咨询

虽然 OpenAI CEO 奥尔特曼建议，不要把现阶段的 ChatGPT 用于处理一些严肃的问题，避免可能出现的错误造成重大的风险。医疗显然是属于这一类。但就一些常规的医疗知识而言，问 ChatGPT 还是更方便，需要你自己对一些影响重要决定的相关信息再做验证。

1. 诊断和治疗计划

模板：

现在你作为一个医生，根据下列症状描述，提供一个诊断和治疗计划。你应该只回复你的诊断和治疗计划，而不是其他。不要写解释。症状描述：[症状描述]。

现在你作为一个医生，根据下列症状描述，提供一个诊断和治疗计划。你应该只回复你的诊断和治疗计划，而不是其他。不要写解释。症状描述：最近几天我一直头疼、头晕，但不发烧。

2. 医学概念和行为建议

模板："[概念 / 术语]"是什么意思？如何避免？

"心动过速"是什么意思？如何避免？

3. 创意治疗方法

模板：

现在你作为一个医生，为慢性疾病想出有创意的治疗方法。你应该能够推荐常规药物、草药疗法和其他自然疗法。在提供建议时，你还需要考虑病人的年龄、生活方式和病史。病人情况：[情况概述]。

现在你作为一个医生，为慢性疾病想出有创意的治疗方法。你应该能够推荐常规药物、草药疗法和其他自然疗法。在提供建议时，你还需要考虑病人的年龄、生活方式和病史。病人情况：男 55 岁、血压 90～160，经常喝高度白酒，运动少。

4. 诊断和护理建议

模板：

现在你作为一个牙医，诊断病人可能存在的任何潜在问题，并提出最佳行动方案。你还应该教育他们如何正确地刷牙和使用牙线，以及其他可以保持牙齿健康的口腔护理方法。病人情况：[情况概述]。

5. 从病史评估风险

模板：

现在你作为一个医生。请阅读这份病史并预测患者的风险：[病史]。

现在你作为一个医生。请阅读这份病史并预测患者的风险：

2000 年 1 月 1 日：打篮球时右臂骨折。戴上石膏进行治疗。

2010 年 2 月 15 日：被诊断为高血压。开了利辛普利的处方。

2015 年 9 月 10 日：患上肺炎。用抗生素治疗并完全康复。

2022 年 3 月 1 日：在一次车祸中患上脑震荡。被送进医院接受 24 小时的监护。

◉ 3.3.25 法律顾问

在法律方面，ChatGPT 虽不能替代律师，但在一些常规的法律问题咨询以及简单的法律文本撰写方面能提供许多帮助。

1. 法律咨询

模板：

现在你作为一个法律顾问，对给出的法律情况提供建议。情况是：[法律情况]。

现在你作为一个法律顾问，对给出的法律情况提供建议。情况是：我因为不小心碰到别人，手机掉下来摔坏了，对方要求我赔偿一部新手机。

2. 起草文件

模板：

现在你作为一个法律顾问，撰写一份合作伙伴协议草案，该协议由 [合作方 1] 与 [合作方 2] 签订，[合作事项]。合作伙伴协议中将涵盖知识产权、保密性、商业权利、提供的数据、数据的使用等所有重要方面。

现在你作为一个法律顾问，撰写一份合作伙伴协议草案，该协议由一家拥有知识产权的科技公司与该公司的潜在客户签订，该客户为该初创公司正在解决的问题提供数据和领域知识等。合作伙伴协议中将涵盖知识产权、保密性、商业权利、提供的数据、数据的使用等所有重要方面。

3. 投诉信

模板：

现在你作为一个法律顾问，对给出的情况写一封投诉信。情况是：[情况]。

现在你作为一个法律顾问，对给出的情况写一封投诉信。情况是：1 月 17 日，星期二，从纽约飞往洛杉矶的航班上，我的行李延误了，请给美国联合航空公司写一封正式的投诉电子邮件。

◎ 3.3.26　数据分析

我们经常在对一些事情进行分析的时候，需要基于数据来分析，包括行业 KPI、数据处理、数据提炼等。

1. 行业 KPI

对一个行业做分析的时候，往往需要一些关键指标和公式，可以问 ChatGPT，将答案作为自己分析的知识基础。

模板：

[行业] 最重要的 KPI 是什么？

计算机硬件行业最重要的 KPI 是什么？

提供 [行业] 最重要的 KPI 的数学公式。

提供计算机硬件行业最重要的 KPI 的数学公式。

2. 数据统计

数学是 ChatGPT 的弱项，出错率很高。但你可以尝试用这样的模板来做统计，不过可能算出来是错的。（这是个反面典型）

模板：

你现在作为一个数据分析师，统计下列数据的最高、最低和平均值：[带有数字的一系列文

本信息]。

3. **分析框架**（如图 3-61 所示）

模板：

你现在作为一个数据分析师，给出分析框架，应该从哪些数据来分析 [社交媒体账号 / 事物]，总结成功因素。

你现在作为一个数据分析师，给出分析框架，应该从哪些数据来分析一个抖音账号，总结成功因素。

分析框架如下:

1. 账号基本信息:
   - 账号名称
   - 账号类型 (如美食、美妆、旅游等)
   - 账号定位 (如搞笑、舞蹈、美妆等)
   - 账号粉丝数、关注数等基础数据
2. 内容信息:
   - 发布内容类型 (视频、图片、文字等)
   - 发布频率
   - 内容主题、风格
   - 互动数据 (如点赞、评论、分享等)
3. 用户信息:
   - 用户基础数据 (如年龄、性别、地域等)
   - 用户行为数据 (如观看时长、转发、评论等)
4. 推广信息:
   - 推广数据 (如推广位置、推广方式等)
   - 推广效果分析 (如转化率、ROI 等)

基于以上数据，可以从以下几个方面总结成功因素:

1. 账号定位明确，内容主题鲜明，风格独特，符合目标用户需求。
2. 发布频率稳定，内容质量高，能够吸引用户持续关注和互动。
3. 与用户互动积极，能够引起用户共鸣，建立良好的用户关系。
4. 推广策略合理，能够最大化推广效果，提高账号知名度和粉丝数。
5. 数据分析能力强，能够及时发现用户反馈和市场变化，及时调整内容和推广策略。

图 3-61 提供数据分析框架

4. **情感分析**

借助 ChatGPT 的自然语言理解能力，可以用它帮助分析客户反馈、评论、评级和社交媒体评论，了解客户对你的品牌、产品或服务的感受和意见。还可以将你收集到的所有客户反馈进行主题分类，比如客户喜欢你的产品或服务的哪些方面以及最关键的改进领域。

比如，有时候需要将客户服务或新闻等内容分为不同的类别，便于进一步分析。

模板：

对以下客户评论进行分类，根据内容分为不同的类别，例如电子产品、服装和家具。[客户评论]。

对以下客户评论进行分类，根据内容分为不同的类别，例如电子产品、服装和家具。

这个电子书真的太棒了！操作简单易用，功能齐全，而且外观设计也非常漂亮。

这件冲锋衣的面料感觉很廉价，穿着也不太舒适。而且它的设计有些奇怪，虽然价格不贵，但我觉得不值得购买。

这个书桌的材质和工艺还不错，但价格比较贵，性价比不高。

模板：

对以下新闻进行分类，根据内容分为不同的类别，例如体育、政治和娱乐。[文章标题]。

对以下新闻进行分类，根据内容分为不同的类别，例如体育、政治和娱乐。

党争之下韩国媒体生态发生变化。

奥林匹克日活动线上启动。

我们为什么爱演唱会"回忆杀"。

ChatGPT 还能对文本进行情感分析，下面是一个简单的例子（如图 3-62 所示）。

模板：

你现在是一个情绪分析器，能从一句话中分析用户的态度是正面、负面还是中性的。分析下列用户的评论，对用户的反馈进行打分，正面的为好评，中性的为中评，负面的为差评，以表格形式输出结果，表头为评论编号、用户态度：

[用户评价]。

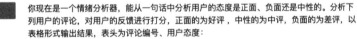

图 3-62 分析文本中的用户态度

3.3.27 电子商务

在电子商务方面，生成产品标题和产品描述，并在社交媒体上分享，ChatGPT 都是非常高效的。

1. 产品标题

模板：

总结在 [电商网站] 上最好卖的商品标题的规律。

总结在淘宝上最好卖的商品标题的规律。

模板：

对下面的这些产品标题，改写每个产品标题，[改写要求]：

[产品标题列表]。

对下面的这些产品标题，改写每个产品标题，增加行动召唤词，末尾加上 emoji：

A.【"双 11"预热】正品保障透气跑步鞋，轻盈舒适，透气排湿！

B. 全新升级！耐磨防滑运动鞋，舒适透气，轻盈易穿！

C. 经典跑鞋，舒适柔软，轻盈透气，让你每天穿出好心情！

D.【爆款来袭】优质运动鞋，舒适透气，轻盈易穿，让你的运动更畅快！

E. 全新升级！透气排湿跑步鞋，舒适柔软，防滑耐磨！

F. 奢华跑鞋，透气舒适，轻盈防滑，演绎完美运动体验！

G.【"双 11"狂欢】透气跑步鞋，轻盈舒适，透气排湿，让你的运动更畅快！

H. 爆款来袭！透气排湿运动鞋，舒适柔软，轻盈易穿，让你的运动更畅快！

I. 全新升级！耐磨透气跑步鞋，舒适柔软，防滑耐磨，演绎完美运动体验！

J. 奢华跑鞋，舒适透气，轻盈防滑，为你的运动增添无限魅力！

2. 产品描述

模板：

以 [语气描述] 语气，写一个 [数字] 字的产品描述，产品是：[产品名称和介绍]。

以热情的语气，写一个 100 字的产品描述，产品是：云南咖啡，高山种植，香气独特。

3. 社交分享的相关标签

模板：

为下列产品生成一个相关的英文标签列表，目的是在 Instagram 上发布信息：[产品介绍]。

为下列产品生成一个相关的英文标签列表，目的是在 Instagram 上发布信息：带线充电宝，快充。

◎ 3.3.28 市场营销

通过分析客户数据和反馈，ChatGPT 可以了解客户的喜好和行为，协助经营者创建个性化的营销信息。

ChatGPT 也很擅长针对特定的媒体撰写广告素材和文案。这种个性化的内容更有可能与目标受众产生共鸣，并能带来更高的客户参与度、更多的销售，增加客户忠诚度和品牌知名度。

1. 响应式展示广告

响应式展示广告（RDA）是一种通过 Google Ads 进行的高效广告方法。它允许你向受众展示更广泛的视觉广告，你可以从 Chat GPT 获得帮助，以获得制作响应式展示广告的创意。

模板：

现在你是一个有经验的谷歌广告专家。我想为谷歌广告创建响应式展示广告。给我建议一些创意图片、标题和创意描述。需求：[需求描述]。

现在你是一个有经验的谷歌广告专家。我想为谷歌广告创建响应式展示广告。给我建议一些创意图片、标题和创意描述。需求：推广在线的少儿编程课程。

2. 视频广告

模板：

现在你是一个有经验的视频广告专家。我想为抖音创建视频广告。给我建议一些创意视频、标题和创意描述。需求：[需求描述]。

现在你是一个有经验的视频广告专家。我想为抖音创建视频广告。给我建议一些创意视频、标题和创意描述。需求：推广在线的少儿编程课程。

模板：

为一则广告写一个一分钟视频的脚本，需求是 [产品、服务或公司]。

为一则广告写一个一分钟视频的脚本，需求是：为新产品防水骨传导蓝牙耳机制作视频广告，突出防水性、设计美观和音质等因素。

3. 朋友圈广告

拍几张照片，配上广告词，现在也常常是朋友圈常见的广告方式。如果一个房地产经纪人，要编写一朋友圈广告来出售下面这套房子。可以这样做（如图 3-63 所示）：

模板：

现在你是一个房地产经纪人，编写一朋友圈广告来出售下面这套房子：

[房屋信息]。

现在你是一个房地产经纪人，编写一朋友圈广告来出售下面这套房子：

房子位于繁华商业区，周围有多个购物中心和美食街，距离地铁站步行仅需 5 分钟。房子建于 2015 年，共有三间卧室和两间浴室，带有一个宽敞的客厅和一个带有吧台的开放式厨房。该房子总面积为 120 平方米，可以提供一辆车的停车位。

【朋友圈广告】

大家好，今天我要向大家介绍一套超级划算的豪华公寓！这套公寓位于商业区，周围有多个购物中心和美食街，距离地铁站步行仅需 5 分钟，非常方便！房子建于 2015 年，总面积为 120 平方米，共有三间卧室和两间浴室，非常适合家庭或商务人士居住。而且，该房子还有一个宽敞的客厅和一个带有吧台的开放式厨房，生活品质大大提高！最重要的是，该房子还有一个停车位，让您的车辆有处可停，不再为找停车位而烦恼。如果您正在寻找一个舒适、方便、豪华的住所，那么这套公寓绝对是您的不二选择！快来联系我，了解更多信息吧！

图 3-63　生产朋友圈房产广告

◎ 3.3.29　产品销售

1. 销售机会

模板：

有什么创造性的方法可以为我的公司产生潜在客户？公司产品是 [产品描述]

2. 模拟销售

模板：

现在你作为一个销售人员。试着向我推销一些东西，但要让你想推销的东西看起来比它更有价值，并说服我购买它。现在假装你在给我打电话，我们开始对话。推销的东西是：[产品]。

现在你作为一个销售人员。试着向我推销一些东西，但要让你想推销的东西看起来比它更有价值，并说服我购买它。现在假装你在给我打电话，我们开始对话。推销的东西是：手机资费套餐。

3. 销售邮件

模板：

为[公司]销售[产品]的潜在客户创建一封个性化的销售电子邮件，介绍公司，以及如何通过[独特的卖点]使他们受益。

为孙悟空新能源汽车公司销售电动汽车的潜在客户创建一封个性化的销售电子邮件，介绍公司，以及如何通过车内娱乐设施、终身换电池等使他们受益。

4. 定制产品推荐

模板：

现在你作为一个销售，你会为这个客户推荐什么样的定制产品？[产品信息，客户详细信息]。

现在你作为一个销售，你会为这个客户推荐什么样的定制产品？一位工作三年的房地产公司职员，热爱露营，推荐 SUV 新能源汽车。

⊙ 3.3.30 客户服务

在向客户提供服务的时候，用 ChatGPT 生成话术是最高效的做法。另外，越来越多的人用一些文档放到网站和微信公众号中作为客户服务的内容。好的客户服务，还能基于客户最近购买的产品来做相关推荐。

1. 多语言客户支持

ChatGPT 为客户服务提供多语言支持，为讲不同语言的客户提供帮助。将信息从一种语言翻译成另一种语言，从而实现与不同语言的客户和企业之间的有效沟通。

模板：

翻译用户的要求为中文：[其他语言的用户需求信息]。

翻译用户的要求为中文：Le client a besoin d'acheter une tondeuse à gazon automatisée mais ne sait pas comment choisir.

模板：

把下列解释翻译为法语：[中文的客服回复信息]。

把下列解释翻译为法语：如果你的草坪比较大，建议购买我们最大功率的型号 XB-999，如果比较小，XB-100 就可以。

2.产品使用

模板：

向客户解释如何使用 [产品]。

向客户解释如何使用：扫地机器人具有吸尘和拖地功能，它能定时自动清扫，自己充电。

3.退货和促销政策

模板：

写一个说明来向客户解释标准的零售退货政策。产品是 [产品信息]。

写一个说明来向客户解释标准的零售退货政策。产品是：扫地机器人。

写一个说明来向客户解释标准的零售退货政策。产品是运动鞋，14 天退货，免运费，产品必须保持完美状态。

模板：

向客户解释促销政策及如何参与促销活动 [促销活动信息]。

周年庆促销是面向购买健康菜园会员卡的新用户，不仅有 8 折购买有机食品的优惠，充值 1000 元还送 2 只鸡。

4.暂停服务

模板：

写一个 40 字的短信文本，通知我的客户，由于网站升级即将停机 6 小时。相关信息：[网站名称，停机起止时间]。

写一个 40 字的短信文本，通知我的客户，由于网站升级即将停机 6 小时。相关信息：健康菜园网站进行升级，停机起止时间是从 2022 年 4 月 1 日 0 点到 2022 年 4 月 2 日 9 点。

5.对客户的个性化服务

模板：

为客户推荐产品写文案，[数字] 字，一位客户最近购买了运动鞋，推荐产品：[产品名称]。

为客户推荐产品写文案，100 字，一位客户最近购买了运动鞋，推荐产品：冲锋衣。

⊙ 3.3.31　教育工作

老师在教育方面的工作繁杂，而 ChatGPT 能帮助教师制定符合既定教育目标和课程指南的课程计划、活动和创新课程，还可以用于制作和组织教学内容，包括但不限于学情跟踪、测验，以及为满足学生个性化需求而定制的其他教育材料。

1.班级管理

模板：

设计一张海报，概述课堂规则以及违反规则的处罚，对象是：[学生概况]。

设计一张海报，概述课堂规则以及违反规则的处罚，对象是小学五年级学生。

2. 学情分析

模板：

学生在学习 [知识] 时会遇到什么困难？

学生在学习英语的被动语态时会遇到什么困难？

学生在学习中文古诗词时会遇到什么困难？

3. 教学辅助

模板：

创建一个课程大纲，包括学习目标、创造性活动和成功标准。教学内容：[知识或技能]。

创建一个课程大纲，包括学习目标、创造性活动和成功标准。教学内容：给小学生的职业启蒙，包括建筑设计师、土木工程师职业。

模板：

你现在作为老师，为高中生制订一个课程计划。主题是：[教学主题和范围]。

你现在作为老师，为高中生制订一个课程计划。主题是：了解可再生能源。

模板：

你现在作为老师，基于课程内容给出 5 个教学策略，在课上吸引和挑战不同能力水平的学生。课程内容：[教学内容]。

你现在作为老师，基于课程内容给出 5 个教学策略，在课上吸引和挑战不同能力水平的学生。课程内容：鸡兔同笼及同类问题的求教方法。

模板：

你现在作为老师，基于课程内容给出 5 个课堂互动活动，让学生更好地参与和理解。课程内容：[教学内容]。

你现在作为老师，基于课程内容给出 5 个课堂互动活动，让学生更好地参与和理解。课程内容：李白的《静夜思》。

模板：

你现在作为老师，创建一个有 5 个多项选择题的测验，以评估学生对 [概念] 的理解。

你现在作为老师，创建一个有 5 个多项选择题的测验，以评估学生对 "因果逻辑" 的理解。

4. 学生发展

模板：

你现在作为老师，创建一个列表，包括 5 种类型的数据，用于监控学生的学习和进步。学生情况：[学生情况]。

你现在作为老师，创建一个列表，包括 5 种类型的数据，用于监控学生的学习和进步。学生情况：小学三年级学生，主要关注语文和数学、体育和科学的进步。

模板：

列出学生可以采取的可操作的步骤，以提高他们在 [学科 / 任务] 中的表现。

◎ 3.3.32　提示生成

虽然上面提出了很多的场景和提示语模板，但这个世界需要解决的问题成千上万，有没有一个万能的提示语，能帮忙生成好的提示语呢？

当然可以，让 ChatGPT 自己给自己写提示语就好。

下面是一个专家提示创建者的角色，即便你只知道一个大的方向，没有细节的想法，也可以在 ChatGPT 的询问中来逐渐迭代，完成提示语。当你使用它的时候，可以进行很多轮对话，直到你对提示语满意为止。输入"终止提示语专家角色"即可停止。

模板：

下面，你作为专家提示创建者，目标是帮助我生成最好的提示语，向 ChatGPT 提出请求。记住，这个提示将被输入 ChatGPT 的界面中。具体流程如下：

1. 你将生成以下部分：

提示：

{ 根据我的要求提供最好的提示 }

评价：

{ 提供简洁的段落，说明如何改进提示。在回答中要具有批判性 }

问题：

{ 为了改进提示的问题，提出任何需要我提供的有关额外信息，（最多 3 个）。如果提示需要在某些方面进行更多的澄清或详细说明，请提出问题以获取更多信息，以便包含在提示中 }

2. 我将回答你的问题，然后你将把我的回答整合到你的下一个回复中，使用相同的格式。我们将继续这个迭代过程，我提供额外的信息给你，你更新提示，直到提示完美为止。

你的第一次回复是一个问候和询问提示应该关于什么。

回复如下：

 你好！作为一个语言模型，我很高兴为你提供帮助。为了生成最佳提示，我需要了解提示的主题和目的。请问您需要提示关于什么方面的信息？提示的目的是什么？例如，您可能需要提示如何解决一个问题，或者提示如何更好地表达某个概念。请提供更多信息，以便我能够更好地为您服务。

图 3-64　为生成提示语的 AI 互动问答

3.4　跨平台应用和定制

虽然 ChatGPT 能在许多事情上比人的效率更高，但还不能做到完整地做完一些复杂的工作，更不能完全替代人。

道理很简单，ChatGPT 相当于一个魔杖，但需要你用魔法咒语去发挥它的威力。没有你来指挥，魔杖并不能做什么。

有不少复杂的事情，ChatGPT 能做其中一部分，因此许多人把 Chat 作为工作的一个或多个环节的辅助，通过 ChatGPT 完成部分工作，然后再用其他 AI 工具完成其余部分。还有人基于 GPT 技术创建了自己的行业应用和 ChatGPT 插件，让使用者的门槛更低，体验更好。

下面讲述几个典型的用途。

◉ 3.4.1　AI 绘画

从 2022 年 4 月开始，文本描述自动生成图片（Text-to-Image）的 AI 绘画科技一下子变火了，许多人在社交网络上晒自己的作品，也让越来越多的人对 AI 绘画产生巨大兴趣，并开始了自己的创作。Midjourney 创始人曾讲过一个案例，有一个 50 多岁的卡车司机在加油站用智能手机通过 Midjourney 创作。

尽管 AI 绘画技术十分简单，但并非所有人都能创作出符合自己想法并充满艺术感的画作。许多人已经发现，使用 ChatGPT 生成的绘画提示语可以提高 AI 绘画的效率和质量，对各种 AIGC 生成绘画的平台都适用。这些绘画作品可以直接用于插画、贺卡、海报设计等用途，也可以作为概念图，便于进一步创作。

在 AI 绘画界，有三座大山，也就是三个厉害的绘画工具，分别是 Stable Diffusion，Midjourney 和 DALL·E 2。其中，绘画效果最好的是 Midjourney。考虑到国内的可访问性，推荐 Stable Diffusion（https：//dreamstudio.ai/）来尝试。

具体来说，可以分三步来完成：

1. 确定创作的主题和创意

首先，需要选择一个你想创作的主题。如果你不确定选择什么创意，可以让 ChatGPT 提供。

模板：

你现在是一个 AI 绘画专家，将根据我提供的主题生成 AI 艺术的 5 个创意，主题是：[主题]。

你现在是一个 AI 绘画专家，将根据我提供的主题生成 AI 艺术的 5 个创意，主题是：闪电猫。

2. 生成 AI 绘画提示语

模板：

下面，你作为 AI 绘画程序的提示语生成器。根据需求给出详细的、有创意的描述作为提示语，目的是让 AI 创作独特而有趣的图像。你应该尽可能发挥想象力，给出更多详尽的描述。

需要提供中文和英文的提示语，用于 AI 绘画。第一个需求是：[对绘画的描述]。

下面，你作为 AI 绘画程序的提示语生成器。根据需求给出详细的、有创意的描述作为提示语，目的是让 AI 创作独特而有趣的图像。你应该尽可能发挥想象力，给出更多详尽的描述。

需要提供中文和英文的提示语。第一个需求是：正面照片，大象在海里吃海草，旁边来了一列火车。

有时候生成的描述太长，超出了绘画软件的字数限制，可以设置字数上限。

下面，你作为 AI 绘画程序的提示语生成器。根据需求给出详细的、有创意的描述作为提示语，目的是让 AI 创作独特而有趣的图像。你应该尽可能发挥想象力，给出更多详尽的描述。

需要提供 100 字的中文提示语，然后转为 150 字的英文提示语。第一个需求是：太空中，两艘飞船互相射击，背景是银河系。

为了精细化控制，绘画的主要物体不同，应该给到的提示词不同（如图 3-65 所示）。

可以从 ChatGPT 获得一个针对性强的相对完整的提示语模板。

模板：

你现在作为 AI 绘画程序的提示语生成器。为 AI 绘画 [主要物体]，给出一套提示词模板，包括了描述画作的各个维度。

你现在作为 AI 绘画程序的提示语生成器。为 AI 绘画动物，给出一套提示词模板，包括了描述画作的各个维度。

你好！作为一个语言模型，我很高兴为你提供帮助。为了生成最佳提示，我需要了解提示的主题和目的。请问您需要提示关于什么方面的信息？提示的目的是什么？例如，您可能需要提示如何解决一个问题，或者提示如何更好地表达某个概念。请提供更多信息，以便我能够更好地为您服务。

图 3-65　生成 AI 绘画的提示语模板

你也可以让它提供几个范例（如图 3-66 所示）。

写三个范例

以下是三个范例，每个范例都使用不同的提示词模板：

1. 主题：一只狮子在草原上玩耍。
2. 风格：抽象派，使用鲜艳的色彩和几何形状来表达狮子的凶猛和力量。
3. 色彩：使用明亮的橙色、黄色和蓝色创造出一个充满活力和激情的画面。

提示词模板：

1. 主题：一只狮子在草原上玩耍。
2. 风格：抽象派，使用鲜艳的色彩和几何形状来表达狮子的凶猛和力量。
3. 构图：将狮子放置在画面中心，使用对角线构图来增强画面的力量感。
4. 细节：在狮子的毛发和皮肤上使用细致的线条和颜色，创造出一个充满细节和独特特征的画面。
5. 情感：通过狮子的眼神和动作，表达出它的凶猛和力量，让观众感受到紧张和震撼。
6. 主题：狮子象征着力量、威严和统治，这幅画作展现了狮子在草原上的霸主地位。
7. 主题：一只猫在树上探险。
8. 风格：写实派，描绘出猫的细腻特征和动作。
9. 色彩：使用柔和的粉色、黄色和灰色创造出一个温馨和充满好奇心的画面。

图 3-66　生成 AI 绘画的提示语范例

提示词模板：

1. 主题：一只猫在树上探险。
2. 风格：写实派，描绘出猫的细腻特征和动作。
3. 构图：将猫放置在画面中心，使用对称构图来增强画面的稳定性。
4. 细节：在猫的毛发和皮肤上使用细致的线条和颜色，创造出一个充满细节和独特特征的画面。
5. 情感：通过猫的表情和动作，表达出它的好奇和探险精神，让观众感受到它的活力和生命力。

图 3-66（续）

比如，你想创建一个大象在海里吃水草的画面，可以写这样的指令：

正面照片，大象在海里吃水草。先补充动作细节，显示中文描述；再显示英文提示语，用于 AI 绘画。

可以多生成几次，直到满意为止。

3. 复制并粘贴提示到绘画平台

把你最终选择要使用的提示语复制粘贴到 AI 绘画的应用程序中，生成 AI 绘画。

如果你觉得生成的绘画不符合需求，可以重复第一步到第三步，修改提示语，或者让 ChatGPT 生成同一创意的不同提示语，看看它们如何影响 AI 生成的艺术。慢慢地，你就能掌握特定 AIGC 绘画程序的提示语窍门。

按类似的步骤，你也可以生成 Midjourney，DALL-E 2 等 AI 绘画工具的提示语，帮助你高效地创建独特、高质量的 AI 生成艺术。

顺便说一句，基于 GPT-4 的 ChatGPT 已经升级到了多模态，能识图，未来在 GPT-4 的识图功能加持下，可能创作提示语更容易。

3.4.2 视频制作和宣传

视频的制作过程比较复杂，而 ChatGPT 可以在整个视频的创作和运营过程中完成所需的各项工作，从主题研究到创意、写脚本、编辑视频以及发布所需的相关文案等。

1. 获得视频脚本想法

如果你对想要创建的视频有清晰的想法，可以跳过这一步。如果你还在寻找灵感，ChatGPT 可以帮助你集思广益，只需输入一些目标和引导方向，ChatGPT 将给出几个可选的主题。

例子（如图 3-67 所示）：

给出 5 个创意：从纪录片角度，找到跟科幻电影有关的 AI 题材，制作关于 ChatGPT 的科普视频。

1. "AI Universe": 这个纪录片围绕着AI的未来，探索由于科技的不断发展，人类将如何与机器人合作并在日常生活中使用人工智能，以及AI对我们未来的影响。ChatGPT作为一个能够通过深度学习对话与人类有着类似智能的AI机器人，将会是一个重要的话题。
2. "GPT: AI的新时代": 这个纪录片将讲述 GPT（Generative Pre-trained Transformer）是如何在自然语言处理领域引起革命的，探讨 GPT 在技术、文化和商业上的各种应用，并对未来的发展进行了展望。
3. "AI in Film": 这个纪录片将讲述科幻电影中的人工智能主题如何逐渐进化并演变。从经典的"Hal 9000"到人情味的"Wall-E"，AI作为科幻电影的一大主题，定会引起观众的共鸣。通过这个角度，ChatGPT的AI角色也将被人们所认识。
4. "人工智能的道德困境": AI技术的进步与社会的发展紧密关联，而道德困境也会随之而来。这个记录片试图探讨人工智能如何在道德上发挥作用，并评估将 AI 引入我们生活的好处，同时也要涉及我们面临的可能的道德和社会挑战。ChatGPT将在其中作为能够通过与用户交互进行学习的AI实例进行解释说明。
5. "AI: 数据和隐私的利弊": AI技术的快速发展和使用，也带来了隐私和数据安全的问题。这个记录片将探讨AI如何影响我们的数据和隐私，以及如何避免滥用个人数据。ChatGPT将在其中演示如何根据用户输入的数据进行自我学习，并侧重于用户数据的保护处理。

图 3-67 推荐 AI 题材的纪录片创意

如果你对结果不满意，可以点击"Try again"按钮来获得更多的其他创意（如图 3-68 所示）。

1. 比较AI电影中的聊天机器人和ChatGPT的相似之处，解释GPT技术是如何实现的。
2. 探讨AI在科幻电影中的发展历程以及在现实中的应用现状，分析AI聊天机器人对未来社会的影响。
3. 介绍AI发展的历史和ChatGPT的开发过程，探讨聊天机器人技术的未来发展方向。
4. 通过访谈科学家和工程师，揭示AI聊天机器人的工作原理和思维过程，把科学知识和电影娱乐结合起来。
5. 通过案例分析，展示聊天机器人在现实生活中的应用，例如语音助手和在线客服，以及在科幻电影中的想象力。同时探讨聊天机器人在工作和个人生活中的潜在影响。

图 3-68 获得更多 AI 题材的纪录片创意

如果还不满意，也可以尝试重新调整提示语中的关键，看看是否有助于改善结果。

比如，对上述的创意都不满意，因为素材获得有点难，也可能比较抽象。调整提示语如下（如图 3-69 所示）：

1. 以机器人为主题，通过电影中的机器人形象（如星球大战的R2D2和C3PO），引入ChatGPT聊天机器人的概念，解释其运作原理和应用场景。
2. 以智能助手为主题，通过电影中的AI形象（如《2001太空漫游》中的HAL 9000），介绍聊天机器人技术的发展历程和现状，以及对未来社会的影响。
3. 以虚拟现实为主题，通过电影中的VR形象（如《黑客帝国》中的虚拟空间），介绍ChatGPT对于虚拟交互体验的应用，以及未来超现实交互技术的展望。
4. 以科技实验室为主题，通过展示科幻电影中的实验室场景（如《蜘蛛侠：平行宇宙》中的实验室），介绍ChatGPT的开发过程和科研背景，探讨聊天机器人技术的发展前景。
5. 以未来城市为主题，通过电影中的未来城市形象（如《银翼杀手》中的洛杉矶），展示ChatGPT在未来城市中的应用场景，以及对未来城市的影响。同时，探讨人工智能技术在城市管理和社会治理方面的潜在作用。

图 3-69 获得电影中与 ChatGPT 类似的 AI 相关形象策划视频

给出 5 个创意：从纪录片角度，找到跟科幻电影中类似 ChatGPT 的 AI 相关的形象，以此作为切入，制作关于 ChatGPT 的科普视频，需要考虑形象化展示和素材的可获得性。

2. 编写视频脚本

下一步是让 ChatGPT 编写视频脚本。输入提示语，包含从 ChatGPT 列表中选择的想法（或你自己的想法）。然后，ChatGPT 在几秒钟内为你生成完整的视频脚本。

注意，因为 ChatGPT 一次生成的文本字数有上限（1500 个字），生成的脚本可能相对较短，对抖音短视频这种比较合适。

对于 5 分钟以上的长视频，可能需要考虑先用 ChatGPT 生成大纲，然后再让 AI 单独编写大纲的每个部分，以确保脚本更完整。

例如，先让 ChatGPT 写一个大纲，基于上面的两个创意来设计（如图 3-70 所示）。

写一个剧本大纲，输出格式包括：标题、简介、人物和重点内容。

目的：是向普通人科普 ChatGPT，解释 ChatGPT 的基本原理和应用场景，让人们理解它的价值。

包括内容：首先，以机器人为主题，通过电影中的机器人形象（如星球大战的 R2D2 和 C3PO），引入 ChatGPT 聊天机器人的概念，解释其运作原理和应用场景。然后，通过电影中的未来城市形象（如《银翼杀手》中的洛杉矶），展示 ChatGPT 在未来城市中的应用场景，以及对未来城市的影响。同时，探讨人工智能技术在城市管理和社会治理方面的潜在作用。

写一个剧本大纲，输出格式包括：标题、简介、人物和重点内容。
目的：向普通人科普ChatGPT，解释ChatGPT的基本原理和应用场景，让人们理解它的价值。
包括内容：首先，以机器人为主题，通过电影中的机器人形象（如星球大战的R2D2和C3PO），引入ChatGPT聊天机器人的概念，解释其运作原理和应用场景。然后，通过电影中的未来城市形象（如《银翼杀手》中的洛杉矶），展示ChatGPT在未来城市中的应用场景，以及对未来城市的影响。同时，探讨人工智能技术在城市管理和社会治理方面的潜在作用。

标题：ChatGPT：未来城市中的智能伙伴

简介：以电影中的机器人形象和未来城市为背景，介绍ChatGPT聊天机器人的原理和应用场景，探讨人工智能技术在未来城市和社会管理中的影响。

人物：

· 小明：一位对未来城市和人工智能技术有兴趣的年轻人
· ChatGPT：一款聊天机器人，能够根据用户输入智能回复
· 城市管理员：负责城市规划和管理的人员

重点内容：

· 第一幕：
  介绍机器人在电影中的形象，通过星球大战的R2D2和C3PO等机器人，引出ChatGPT聊天机器人的概念和原理。解释ChatGPT的运作模式和能力，包括自然语言处理、机器学习等关键技术。

图 3-70　编写视频大纲

· 第二幕：

展示未来城市的形象，通过《银翼杀手》中的洛杉矶，讲述未来城市的特点和挑战。介绍 ChatGPT 在未来城市中的应用场景和价值，如城市交通管理、智能家居、医疗保健等。同时，探讨人工智能技术在城市管理和社会治理方面的潜在作用，包括提高效率、降低成本、智能预测等。

· 第三幕：

介绍 ChatGPT 在现实生活中的应用案例，如智能客服、智能助手等。通过小明和 ChatGPT 的对话演示，展示 ChatGPT 的智能和实用性。最后，讲述 ChatGPT 对人类社会和未来城市的影响和贡献，以及应用人工智能技术的道德和安全问题。

图 3-70（续）

然后，分三幕分别让 ChatGPT 创建脚本（如图 3-71 所示）。

写第一幕的脚本

第一幕：介绍机器人在电影中的形象，引出 ChatGPT 聊天机器人的概念和原理

场景：电影院内部

小明：（坐在电影院的座位上，看着屏幕上的机器人形象）哇，这些机器人在电影里好厉害啊！

ChatGPT：你好，我是 ChatGPT，你需要我为你解答问题吗？

小明：（吃惊地看向 ChatGPT）哇，你是聊天机器人，真厉害！

ChatGPT：是的，我是一款基于人工智能和自然语言处理技术的聊天机器人，可以根据用户输入智能回复哦。

小明：哦，那你和电影里面的机器人有什么不同呢？

ChatGPT：电影里的机器人是假的，而我是真实存在的聊天机器人。其原理是基于深度学习和自然语言处理技术，通过学习和处理大量的语料库，从而能够智能地回复用户的问题和话题。

小明：哇，好神奇啊！那你能解释一下深度学习和自然语言处理是什么吗？

ChatGPT：当然可以。深度学习是一种利用神经网络进行学习和预测的机器学习方法，而自然语言处理则是指通过机器学习和语言学知识，使计算机能够理解和处理自然语言的技术。

小明：明白了，听起来好高级啊。ChatGPT，你能够在未来的城市中有什么应用啊？

ChatGPT：当然可以，我在医疗、智能家居、交通管理等方面都可以发挥重要作用，可以帮助人们提高城市生活质量和效率，更好地应对未来城市的挑战。

小明：好好好，我得好好了解一下你的应用场景。谢谢你 ChatGPT！

图 3-71　创建第一幕的视频脚本

下面是第三幕的脚本（如图 3-72 所示）。

写第三幕的脚本

第三幕：介绍ChatGPT在现实生活中的应用案例，以及道德和安全问题

场景：商场内部

小明：（在商场里巡逛，突然想到要咨询一个问题）哎，我要怎么搭配这件衣服才能穿得更好看？

ChatGPT：（突然出现在小明的手机屏幕上）你好，我是ChatGPT，请问你需要我的帮助吗？

小明：（惊讶）啊，原来这个商场有ChatGPT服务啊？那你能帮我解答一下我的问题吗？

ChatGPT：当然可以。你可以搭配这件衣服一些背带裙、长裤、牛仔裤等，造型可以选择西装外套、披肩、围巾等增加时尚感，都是很好的选择哦。

小明：（赞叹）哇，你真的好厉害啊！那ChatGPT在其他方面的应用场景有哪些呢？

ChatGPT：除了商场的智能客服外，我在其他领域也有广泛的应用场景，如智能家居、智能健康咨询、智能语音助手等。我帮助人们更好地了解和利用人工智能技术，提高生活和工作效率。但是在同时，也要注意到人工智能技术在道德和安全方面可能出现的问题。

小明：哦？那你能解释一下吗？

ChatGPT：当然可以。随着人工智能技术的发展，一些道德和隐私问题可能会缓慢浮出水面。比如，聊天机器人准确预测用户的心理状态、侵犯用户隐私信息、造成不公平竞争等问题。这些道德和安全问题都需要人们一起管理和探讨解决方案。

小明：嗯，我明白了。ChatGPT，你真的是一个厉害的智能伙伴呢！

ChatGPT：（微笑）谢谢你的夸奖，我会继续努力发挥我的作用。

图 3-72　创建第三幕的视频脚本

你可以随时通过包含示例和旁白为脚本添加一些个人风格（如图 3-73 所示）。

为以上第三幕脚本包含示例和旁白

第三幕：介绍ChatGPT在现实生活中的应用案例，以及道德和安全问题

场景：商场内部

小明：（在商场里巡逛，突然想到要咨询一个问题）哎，我要怎么搭配这件衣服才能穿得更好看？

（小明拿起手机，打开ChatGPT应用）

ChatGPT：（突然出现在小明的手机屏幕上）你好，我是ChatGPT，请问你需要我的帮助吗？

小明：（惊讶）啊，原来这个商场有ChatGPT服务啊？那你能帮我解答一下我的问题吗？

（示例：小明向ChatGPT提出问题）

ChatGPT：当然可以。你可以搭配这件衣服一些背带裙、长裤、牛仔裤等，造型可以选择西装外套、披肩、围巾等等增加时尚感，都是很好的选择哦。

小明：（赞叹）哇，你真的好厉害啊！那ChatGPT在其他方面的应用场景有哪些呢？

（示例：小明向ChatGPT提出更多问题）

ChatGPT：除了商场的智能客服外，我在其他领域也有广泛的应用场景，如智能家居、智能健康咨询、智能语音助手等。我帮助人们更好地了解和利用人工智能技术，提高生活和工作效率。但是同样需要注重道德和安全方面的问题。

（示例：ChatGPT提供更多的应用场景，引出道德和安全问题）

小明：哦？那你能解释一下吗？

ChatGPT：当然可以。随着人工智能技术的发展，一些道德和隐私问题可能会缓慢浮出水面。比如，聊天机器人准确预测用户的心理状态、侵犯用户隐私信息、造成不公平竞争等问题。这些道德和安全问题都需要人们一起管理和探讨解决方案。

（示例：ChatGPT解释了道德和安全问题）

小明：嗯，我明白了。ChatGPT，你真的是一个厉害的智能伙伴呢！

ChatGPT：（微笑）谢谢你的夸奖，我会继续努力发挥我的作用。

（旁白：ChatGPT不仅有着丰富的知识和能力，而且也引发人们对人工智能技术的探讨。它让人们对 AI 有了更深入的理解，也为未来的科技发展提供了更多的可能性。）

图 3-73　为脚本增加示例和旁白

3. 寻找素材、视频剪辑

视频编辑阶段，可以找一些自动剪辑的工具（如 Kapwing 视频编辑器、剪映等），帮助简化视频制作的过程。比如，Kapwing 的视频编辑器中的查找场景工具使用 AI 来检测视频中的场

景变化；可以调整 AI 的灵敏度来控制检测到的场景数量；对检测到的场景，视频会被分成单独的剪辑片段，从而更容易完成视频的组合。这就好像一大段文字没有标点符号和段落，AI 可以帮助完成标点和分段的工作，那么再进行整理就快多了。

不过，视频制作主要工作是找到合适的素材。从工作实践来说，AI 起到的作用没那么大，这一段还需要人来完成。

4. 为发布视频准备相关文案

文案是 ChatGPT 的强项，所以，在视频剪辑后。一些相关的文案工作都可以指挥它来干。以下列举部分。

（1）拟吸引人的视频标题

好的视频标题容易被搜索到，也更吸引用户点击，对视频分发来说很重要。用 ChatGPT，只需输入几个关键字，可以帮助你生成吸引人的视频标题。如果你觉得选关键词麻烦，你也可以把大纲丢给它，让它来总结标题。

根据下列视频剧本大纲，拟定 5 个吸引人的标题，趣味性强，跟 IP 相关。

视频目的：向普通人科普 ChatGPT，解释 ChatGPT 的基本原理和应用场景，让人们理解它的价值。

包括内容：首先，以机器人为主题，通过电影中的机器人形象（如星球大战的 R2D2 和 C3PO），引入 ChatGPT 聊天机器人的概念，解释其运作原理和应用场景。然后，通过电影中的未来城市形象（如《银翼杀手》中的洛杉矶），展示 ChatGPT 在未来城市中的应用场景，以及对未来城市的影响。同时，探讨人工智能技术在城市管理和社会治理方面的潜在作用。

ChatGPT 很快给你 5 个选择：

a. ChatGPT meets Star Wars：让你在机器人世界中体验科技魅力。

b. 未来城市探秘之旅：跟 ChatGPT 一起走进科幻大片的世界。

c. 纵横星际的超级机器人：ChatGPT 成为你的智能助手。

d. 超级聊天机器人 ChatGPT：让你的生活更像《银翼杀手》。

e. 聊天机器人的未来之路：ChatGPT 引领智慧城市新时代。

对其中你喜欢的，可以继续优化。比如，你需要对这一句"纵横星际的超级机器人：ChatGPT 成为你的智能助手"再优化（如图 3-74 所示）。提出：

给出 5 个改写的视频标题"纵横星际的超级机器人：ChatGPT 成为你的智能助手"，更有生活场景感，更吸引孩子。

1. "ChatGPT来帮你了解世界！成为你的私人导游和知识向导！"
2. "ChatGPT带你探索神秘的海底世界，搭建你的智能潜水装备！"
3. "ChatGPT：成为你的音乐伴侣！追求音乐梦想的首席助手！"
4. "ChatGPT：与动物一起成长！探索和了解各种动物和它们的世界！"
5. "ChatGPT：无处不在的超级助手！成为你的生活顾问和伙伴！"

图 3-74　提供多个可选的视频标题

（2）写视频描述

ChatGPT 也可以创作视频描述，很简单。让 ChatGPT 将写好的视频脚本总结成描述，这些描述有助于你的潜在受众更好地理解你的视频主要讲什么以及他们为什么应该观看。不用担心文字太多，GPT-4 版本的 ChatGPT 可以支持 2.5 万字的输入。

当然，其生产的内容只是个草稿，你可以根据想表达的重点来进行一些调整。

（3）生成视频封面

下一步是为你的视频制作一个封面来吸引观众。只要 ChatGPT 给你一些封面设计的想法，你去选择合适的视频截图，就能吸引更多的注意力。

你也可以让 ChatGPT 设计 AIGC 的视频关键词，然后用 DALL·E 2 或 Midjourney 来生成图作为视频封面。

（4）改进视频字幕

假如你的视频面向不同国家、不同语言的人，可以添加其他语言的字幕，这就需要自动翻译。另外，因为自动生成的字幕往往没有标点符号，可以让 ChatGPT 给字幕文字加标点符号。

（5）生成微信推文或博客

这可能是 ChatGPT 最酷的功能，可以看成是一鱼两吃的做法。

你可以把视频脚本转为文章，加上视频截图，快速生成一篇新文章，因为视频内容的分发渠道和文字的分发渠道是不一样的，而且在微信搜索和搜索引擎上，文章更容易被搜索到。这样能吸引更多人关注，对文章感兴趣的人，也可能去看视频。

对 GPT-3 版本的 ChatGPT 来说，因为输出的字数上限约为 1500 字，假如生成过程中没有完整输出，只需键入"继续"，它就会从中断的地方继续生成。GPT-4 版本的 ChatGPT 可能就好很多了，它能输出 3000 字的文本。

3.4.3　定制 ChatGPT

在大部分工作流程中，都需要用到自然语言界面。能否把自然语言理解和输出嵌入工作的各个环节中呢？

这其实就是 OpenAI 想要做的，将 ChatGPT 的功能赋能于每一个应用程序。OpenAI CEO 萨姆·奥尔特曼曾说过，可能只有少数公司有预算来构建和管理像 GPT-3 这样的大语言模型，但在未来十年，将会有数十亿美元以上的"第二层"公司建成。这个"第二层"就包括了基于标准 GPT 大模型构建了微调模型的公司，为特定领域的行业提升效率和改进应用体验。

下图列出了 ChatGPT 的一个应用范式，简单来说，把大模型通过微调后，嵌入各个行业的应用中，可以完成各种感知性任务、创造性任务和探索性任务。这些任务的特点是，对输出的可控性和精准性要求不是非常高，但希望用 ChatGPT 的语言能力结合行业知识，实现更好的用户输入理解和定制化输出。

可以用图 3-75 所示内容表示。

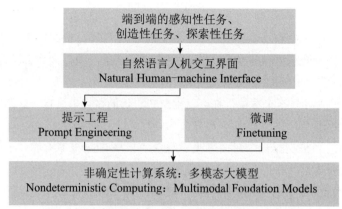

图 3-75　感知性、创造性、探索性任务的应用架构

从 GPT-3 开始，OpenAI 和微软都提供了 API 和微调技术，让每个行业都能生成自己的 AI 应用。ChatGPT 也有 API，但不支持微调。

为什么需要通过微调生成自己的 AI 应用呢？

因为 GhatGPT 是通用的语言模型，并不是为某个特定场景和语境准备的，而且其训练的方式和语料也可能达不到某个专业领域的合格水平。

假如我们想要开发一个育儿知识服务，可以考虑用类似 ChatGPT 这样的对话机器人，在其知识库中增加内容，服务有育儿需求的人。

怎么用微调技术做到这样呢？

以下是微调 GPT 模型的步骤：

（1）从 OpenAI 或微软 Azure 云服务注册账号，获得 GPT-3 或 GPT-4 语言模型 API 的 key。

（2）准备领域特定的文本数据集，如收集教育书籍、相关杂志文献及问答等内容，然后整理为训练数据。

（3）对文本进行预处理，如分词、中文名词化等，以便于 GPT 模型的训练。

（4）对文本数据集进行微调训练，可以使用类似于文本分类的方式，将处理过的育儿知识文本输入 GPT 模型中进行训练和微调，调整模型的参数和权重，以提高模型在特定术语下的表现和精度。

（5）在训练过程结束后，通过评估和测试模型的性能，对微调后的模型进行调整和优化。

在微调 GPT 模型时，需要注意以下几个问题：

（1）需要准备充分的育儿知识文本数据集，以便于模型的训练和微调。

（2）根据育儿的术语规范化训练集，以防止术语混乱。

（3）将微调后的模型与育儿相关领域的应用场景结合使用，以提高模型的实用性和效能。

以上只是对育儿知识领域的做法，实际上，通过类似的微调 GPT 模型可以帮助开发者在所有知识领域中开发出更具针对性的智能对话系统和应用。

除了在对话的知识和预期等方面可以实现定制，微调 GPT 还能实现对大量文本进行情感分析。

举一个例子，假设有一个情感分析的任务，需要对几万条收集到的文本进行情感判断（如判断该评论是正面还是负面的情感），需要用量化的打分来处理，由于分析本身有一些细节处理比较特殊，可以使用微调 GPT 来提高模型的情感分类能力。

具体而言，可以通过微调 GPT 来进行以下工作：

（1）在特定领域的文本上进行训练。

（2）提高模型在特定任务上的精度和效果。

（3）通过继续训练模型来适应新的数据集，并提高模型的泛化能力。

总之，微调 GPT 可以提高模型的适应性和性能，让模型更好地为特定领域或任务提供功能和服务。

微调后的产品，可以作为一个特定的应用开放给普通用户。2023 年 3 月初，日本一个基于 GPT-3.5 的 AI 佛祖网站（https://HOTOKE.ai/）迅速走红，用户在对话窗口中说出遇到的烦恼，HOTOKE AI 便会提出佛系建议。网站于 3 月 3 日上线，不到 5 天，就已解答超过 13000 个烦恼，一个月内就有几十万名用户访问。

◉ 3.4.4　开发 ChatGPT 插件

在很多场景下，人们需要可预测的甚至是可控的确定性结果，比如，点个外卖，确定某个病的治疗方案。但 ChatGPT 存在胡说八道的可能，怎么能用在这些不能出错的场景中呢？

在 GPT-4 发布后，OpenAI 又宣布推出了插件功能。插件赋予 ChatGPT 使用工具、联网和运行计算的能力，也意味着第三方开发商能够为 ChatGPT 开发插件，以将自己的服务集成到 ChatGPT 的对话窗口中（如图 3-76 所示）。

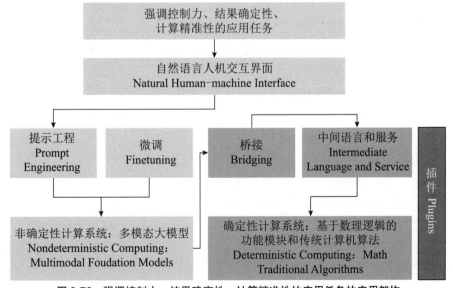

图 3-76　强调控制力、结果确定性、计算精准性的应用任务的应用架构

也就是说，所有靠谱的应用直接接入后，就不用担心出现 ChatGPT 在这些场景下出错了。

以前因为大模型不实时更新，也不联网搜索，用户只能查询到 2021 年 9 月之前的消息。而现在 Browsing 插件使用了 Bing 搜索 API，采用互联网上最新的信息来回答问题，并给出它的搜索步骤和内容来源链接。

也就是说，ChatGPT 能直接检索到最新新闻，且有权威来源。（再也不用担心 ChatGPT 胡说八道了！）

从演示来看，首批开放可使用的插件包括酒店航班预订、外卖服务、在线购物、AI 语言老师、法律知识、专业问答、文字生成语音，学术界知识应用 Wolfram 以及用于连接不同产品的自动化平台 Zapier。

这几乎已经涵盖了我们生活中的大部分领域：衣食住行、工作与学习。

通过新推出的插件（Plugins），ChatGPT 能干啥？

检索实时信息：例如，实时体育比分、股票价格、最新新闻等。

检索私有知识：例如，查询公司文件、个人笔记等。

购物和订外卖：访问各大电商数据，帮你比价甚至直接下单，订购外卖。

规划差旅和预定：例如，查询航班、酒店信息，帮你，预订机票和住宿等操作。如果用户问："我应该在巴黎哪个继续预定住宿？模型就会选择调用酒店预订插件 API，接收 API 响应，并结合 API 数据和自然语言能力，生成一个面向用户的答案。"

接入工作流：例如，Zapier 与几乎所有办公软件连接，创建专属自己的智能工作流（能与 5000 多个应用程序交互，包括 Google 表格）……

未来，预计 ChatGPT 将不断集成更多优秀插件，以适应更高级的应用场景。

从官方的演示看，ChatGPT 在调用插件的时候，是一个智能助手的模式。比如，在推荐周末在旧金山吃什么素食的时候，用到了三个不同的插件。

先通过自然语言与用户沟通，理解了用户需求后，调用了第一个插件 OpenTable，获得了可以定位子的餐馆信息和推荐餐单。

然后，调用了第二个插件 Wolfram（Alpha 版），计算推荐菜单中食物的热量（卡路里）。

然后，OpenAI 又调用了第三个插件 INstacart，直接推荐了一家外卖。点开后，就进入这个外卖店的列表页了。

下拉后，直接可以订购。

除了第三方插件，OpenAI 自己也开放了两个插件：网络浏览器和代码解释器。

一个是网络浏览器 Browsing，让 ChatGPT 在聊天时，可以根据需求搜出一系列结果，并带有链接，还用自然语言对结果进行总结。

另一个插件的名字叫代码解释器，不要被这个名字迷惑了，它其实是一个超强功能的虚拟工程师，能做的事情远远超过了代码解释。它提供计算机的一些最基本的功能，比如，解决定量和定性的数学问题、对数据文件进行数据分析和可视化、转换文件的格式。

比如，先丢个数据文件给到代码解释器，然后对文件内容提问。

也可以让其做一些可视化的工作。先随便做做，了解下数据情况，再不断追加针对性的要求，改进可视化的结果（如图 3-77 所示）。

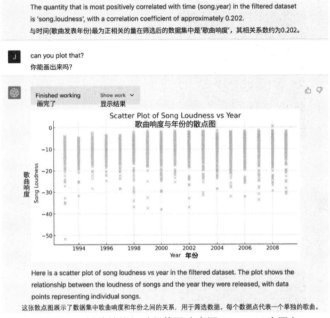

图 3-77　插件的执行过程截图（来源：OpenAI 官网）

在不同格式之间转换文件

这个功能几乎人人都需要，修改图片，转换视频格式。

比如，图形编辑任务也可以用聊天来完成，具体操作如下：

先传一个图；然后，让 ChatGPT 改变大小，调整颜色，就能变成一个期望的 Logo（如图 3-78 所示）。

如果你想要处理视频剪辑，也可以用这个插件，比如剪辑前 5 秒的视频内容。

目前，OpenAI 的插件还处于 Alpha 阶段，需要申请试用。

刚刚回归 OpenAI 不久的特斯拉前 AI 主管 Andrej Karpathy 表示："GPT 类模型是一种运行在文本上的新型计算机架构，它不仅可以与我们人类交谈，也可以与现有的软件基础设施交谈，API 是第一步，插件是第二步。"

对于开发者来说，这是一个新的开始。

任何开发人员都可以自行参与构建第三方插件，OpenAI 给出了一整套构建流程："如何在 ChatGPT 构建你的插件"，并在 Github 上开源了一个知识库类型插件的全流程接入指南：ChatGPT Retrieval Plugin。

项目地址是：https://github.com/openai/chatgpt-retrieval-plugin

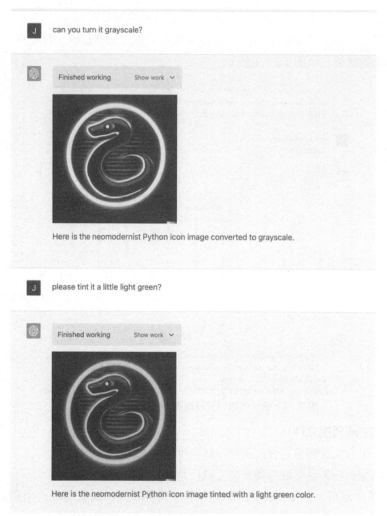

图 3-78　图片处理任务的视频截图（来源：OpenAI 官网）

代码不多，模仿着做一个类似的垂直领域的知识检索插件应该很快。

制作插件的权限和访问方法，同样会向开发者开放，开发者可以对自己定义的 API 进行调用。

接下来，OpenAI 将与用户和开发者密切合作，对插件系统进行迭代。之后，OpenAI 会公开一个或多个 API 端点，并附上标准化要求和 OpenAPI 规范，会对插件功能进行定义。

因为有了插件，ChatGPT 有了眼睛和耳朵，可以自己去看互联网上的信息，去听发生的事情，ChatGPT 从单机运行进入了网络互联时代。

由于插件的出现，ChatGPT 在商业应用时最大的担忧——"不可靠"已被解决。现在通过第三方应用的插件，OpenAI 变得更加可靠。此外，OpenAI 还采取了相应的安全措施，如限制用户使用插件的范围仅限于信息检索，不包括"事务性操作"（如表单提交）；使用必应检索

API，继承微软在信息来源上的可靠性和真实性；在独立服务器上运行；显示信息来源等。

　　未来，许多软件和网站的用户会直接通过 ChatGPT 触达应用和服务。在 ChatGPT 的新生态中，会出现如下变化：

　　从用户来说，说几句话就能解决复杂问题，跳过了一些中间环节，用户体验更好，使用 ChatGPT 的用户大大增加。从软件服务商来说，由于各类提升生产力的软件功能，会很快被集成到 OpenAI 的生态中，有些服务商可能会消失。而实体世界的中小企业，可能通过 ChatGPT 获得一些低成本的用户触达机会，会更加繁荣。一些大型平台企业则将面临新的竞争，要么通过人工智能来升级为自然语言界面，提升服务体验；要么会因为替代效应，用户和收入减少。比如，订餐者不需要去订餐平台，在 ChatGPT 上也能下单了。

　　如果企业不能适应人工智能带来的变革，将会失去大量市场份额，拱手让给新兴的企业。挑战和机遇同在，每个公司和个人都应该预测以后的社会状况，并以此为基础来思考现在的经营策略和个人发展策略，做出顺应时势的选择。

早在十几年前，AI 技术就不断地应用在各个领域，包括语音识别、人脸识别和自动驾驶等，但直到有了 GPT 大模型的加持，AI 应用才开始有了爆炸性的增长。

硅谷的 YC 孵化器被看成新技术应用的风向标，曾在共享经济模式、云存储和区块链等技术的早期就孵化了相关公司。在 2023 年 YC 孵化器 W23[①]（Winter 2023，2023 年冬季）这批公司中，共有 61 家 AI 创业公司，占比 28%，这个比例是往期的几倍。本质上，大部分软件公司是利用 AI 技术的 SaaS（Software as a Service，软件运营服务）公司，开发的是下一代软件。它们的做法是在核心 AI 引擎之上围绕工作流程等来构建更多的功能，业务跟 SaaS 类似。

可预见的是，未来几乎所有的软件都会用上 AI，升级为更好用、更智能的软件。AI 对软件的赋能主要体现在下面几点：

（1）便捷化：有了 ChatGPT 这样的人机交互界面，任何软件的复杂操作都可以用一些自然语言提示来完成，甚至用户无需知道这些功能是什么，只需提出要求，许多功能就能被调用。想一想，Office 里有 90% 的功能大部分人从未用过，我们就能理解用户界面便捷化对软件价值的巨大提升了。

（2）自动化：有了 AI，可以让各种软件自动执行一些复杂的任务或需要语义分析的任务，例如通过自然语言写的提示词把各种软件连接起来，不需要复杂的接口设计。另外，在文本类的自动化处理方面，如自动分类邮件、自动翻译文档等方面，也可以提高效率并减少人力成本。

（3）生成性：AI 可以直接生成文本、图像、代码、音频等方面的内容，特别是多种内容的自动化生成，极大地提高了内容创作者的效率。这个领域也叫作 AIGC，用 AI 来创造内容。

（4）预测性：AI 可以通过学习历史数据来预测未来事件，如客户行为、营销效果等。这可以帮助用户做出更明智的决策，也能更精准地为客户服务。

（5）智能化：AI 可以分析和理解大量的复杂数据，如文本、图像、声音、视频等，并从中提取有用的信息。这可以帮助用户更好地理解和处理数据。

---

① W23 是孵化团队批次的编号。

（6）个性化：AI 可以根据用户的喜好和行为模式提供个性化的服务，提高用户体验和满意度。

（7）安全性：在安全性上，软件总有一些没注意到的漏洞，令人防不胜防。而 AI 可以检测和分析网络威胁，并提供有效的安全解决方案。这可以保护用户数据和隐私。

随着 AI 技术的发展，基于 AI 技术增强的软件如雨后春笋一样大量出现，并在各类商业场景中落地。AI 软件具备自动化执行的特点，在降低劳动成本、提升工作效率、降低人员流动风险等方面有天然的优势。

以电商行业为例，有了 AI 技术，人们可以对商品的描述和图片等信息进行自动化处理，让在电商平台上展示的内容更加立体，从各个角度呈现客户想要购买的商品，让参与者更有购买的欲望，增加转化率。

按照模态区分，AIGC 可分为音频生成、文本生成、图像生成、视频生成及图像、视频、文本间的跨模态生成，细分场景众多。每个人都可以尝试使用这些软件，来提升自己的创造力和效率。

如今的 AI 应用大爆发：一方面是 ChatGPT 等技术成熟的结果，许多公司由于充分发挥了 GPT 等 AI 大模型的能力，获得了高速发展；另一方面也是商业模式逐步成熟的表现。

AI 领域的收费模式如下。

1. 按计算量收费

构建技术服务平台，让其他产品接入 API，按照数据请求量和实际计算量来收费。各家大模型公司和云计算公司都推出了模型 API 和语音等 API。

2. 按输出数量收费

在 AI 生成图像的应用中，这种收费模式很常见。由于类型和尺寸不同的图像在生成时耗费的算力资源差异很大，有的公司也会把按图像数量收费折算为按点数收费。高清的图像点数高，低像素的图像点数低，然后充值扣点数，比如 Stable Diffusion 的网站 DreamStudio.ai 就是这样的模式。

3. 按月付费

这是最常见的收费模式，把 AIGC 应用以软件形式对外销售，一般会根据使用量和功能分档次，比如 Jasper.ai、Midjourney 等。

4. 模型训练费

这是一种 AI 领域的特殊收费模式，因为预训练模型往往不能满足某一个特定领域公司的定制化需要，因此要对模型进行训练，获得一个定制化模型。但 AIGC 模型的训练需要大量数据和算力资源，成本较高。因此，针对个性化需求或者特定领域，大模型公司会收取模型训练费，比如 GPT-3 的微调就是这样的收费模式。

Midjourney 仅有 11 人，尚未融资就实现了盈利，产品发布一年多就成为独角兽，代表了 AI 领域创业的新模式，以及 SaaS 收费模式在 AI 领域的可行性。由于存在一套合理的经济模型，让各家的 AI 服务都能被采购和集成，任何人都可能利用这些"模块"来组装成一个更适合特定场景的服务，这是形成 AI 应用百花齐放局面的重要原因。

　　未来，还会有更多的商业模式出现，比如嵌入 AI 驱动的搜索引擎中的广告、嵌入 OpenAI 对话中的插件带来的交易等，这些应用和收费方式将会对商业格局产生巨大的影响。

　　下面我们列出一些应用的方向和案例，这些应用大都已经实现商用，也可以启发创新创业者在 AI 技术的浪潮中发现新的机会。

4.1　AI 写作和编辑

　　2023 年 4 月 12 日，公关及广告服务商蓝色光标宣布，无限期全面停止创意设计、方案撰写、文案撰写和短期雇员 4 类相关外包支出。公司强调，文案和方案的撰写都将采用 AI 辅助完成，消息一出，其股票连续几天大涨。

　　蓝色光标之所以敢做出这样的决策，与 AI 写作软件的成熟度有关。AI 写作软件也被称为 AI 辅助写作软件，是指 AI 帮助文字工作者在创作过程中提高效率的软件。这是自 GPT-3 出现后，发展速度最快，也是最成熟的应用领域。

　　为什么这个市场的产品成熟度这么高？

　　第一个原因是文本处理就是大语言模型技术成熟度相对较高的场景，也是离收入最近的场景。各种文本处理的应用会从多个维度辅助公司的业务和职能部门的工作，并直接参与内容的商业化过程。比如，Jasper.ai 使用了 GPT-3 的技术，基于营销相关的知识和技能，提供智能化的写作建议和自动生成文本的功能。用户输入相关的主题和要求，如所需文章的字数、风格等，就能快速生成高质量的内容，提高品牌曝光率和转化率，节省时间和人力成本。

　　第二个原因是激烈的竞争推动创新和不断迭代。在 Jasper.ai 很快拿到融资并快速增长后，如雨后春笋一样，这个领域冒出几十家公司。最近，一些笔记软件如 Notion 也进入 AI 写作市场。

　　为什么 AI 写作软件的发展速度那么快？

　　过去也有 AI 写作辅助工具，比如 Grammarly 能语法纠错，Zia 能够为文章的可读性进行打分并提供修改建议，Surfer 对文章进行 SEO 优化（能从搜索引擎获得更多的流量）。但是市场对单个功能的需求有限，这些公司的发展速度也受到了限制。

　　但由于 GPT-3、ChatGPT 这样的大语言模型出现，基于这些技术开发的一站式辅助写作方案在写作范文方面有很强的普适性，写作效率也大大提升。在一个写作软件中就能完成各种功能，如内容提取、语义分析、翻译、文本分类和语法纠错等，写作者不仅可以用 AI 快速生成大纲（主、次标题），还能对各种话题直接生成各类文章初稿，形式包括各类营销文案、电子邮件、博客、报告、社交网络文章等。

　　既然 AI 写作已经替代了人的部分工作，未来会不会完全替代人？

　　这个问题要一分为二来看。在一些模板化写作的领域，如营销、销售、财经、体育、突发事件等垂直场景，AI 生成的内容质量尚可，而且成本低、出活快，确实替代了人的不少工作。

但是，在一些需要情感和深度报道等的写作方面，AI 写作无法完全替代人。因为 AI 撰写的文稿仍稍显呆板单调，文字缺少温度和人文关怀等要素，无法像人类那样具有灵活的策略。而且，AI 写作技术有时可能会存在语法、逻辑、事实等方面的错误，需要进行人工编辑和校对。

此外，AI 写作技术也面临着一些伦理和法律问题。例如，可能会出现伪造、抄袭等问题，需要制定相应的法律和道德规范来约束 AI 写作技术的应用。

因此，AI 写作是 AI 和人类工作者协同发展的过程。AI 将人类工作者从繁杂的重复劳动中解放出来，使他们更好地发挥批判思考能力和创造能力，产出更优质的内容。人类用 AI 用得越多，创造出的数据越多，反馈越多，也加速了 AI 在这个领域的知识积累，能创作出更好的内容。

下面我们从几个不同的类别讲述具体应用和产品。

4.1.1　营销型写作

市场营销对于所有企业都极其重要。市场营销包括向潜在客户推销产品和服务，帮助企业增加收入，并且建立强大的品牌和良好的声誉。在营销文案中，注重文字的吸引力和说服力，通过优秀的文案和营销手法去吸引和引导受众的关注和行为。

但营销人员的痛点在于时间不够用。既要思考广告创意，又要撰写营销文案，如果大量的琐碎工作占据了工作时间，就难以有足够精力去思考创意。而且细分的用户人群往往需要很多个性化的方案，这样的工作量让营销人员压力很大。

有了 AI 写作软件，这个痛点就能解决。它能让使用者快速地生产出合格的营销文案，对设计方案也能提出更多的创意方向，启发营销人员的思考。

对于依赖社交媒体内容的人来说，AI 写作可以帮助他们提高社交媒体内容的质量和生产效率，如新媒体文章、微博、短视频文案等。

更重要的是，AI 写作软件可以为给定的主题生成多种文案，让营销人员进行选择，甚至可以同时测试不同的想法。当然，营销文案可以针对不同的受众和渠道进行调整，这样更容易吸引不同平台上的目标受众，让文案和营销渠道更匹配，丰富的营销策略也提升了营销效果。

这样做会进入一个正向循环。有了数据支持，AI 能够快速分析用户的行为和偏好，针对性地生成营销文案。这样的文案被使用得越多，反馈越多，AI 写作软件在营销方面的表现就越出色，最终形成"先发者优势"。

未来，营销文案还可能与广告投放结合，追踪某类用户最关注的热点来生成文本并进行投放，能更好地达到预期的营销效果。

在这个领域，最大的写作软件是 Jasper，其次是 Copy.ai，它们都是基于 GPT-3 大模型，都有大量的高质量模板，能快速生成广告和营销内容。

而在细分市场，也存在不少公司，比如 SEO 相关的公司，它们有一套完整的从生成到评估的逻辑，有了 AI 写作之后更是如虎添翼。典型代表有 Surfer、Scalenut、Frase、WriteSonic 等，各个公司能在细分市场上得到一些用户。例如，AdZis（adzis.com）是一个专门写商品介绍的 AI 软件，可以在几分钟内编写你的产品描述，使产品介绍的内容丰富而独特；它还能做一些跟搜索优化有关的事情，包括长尾关键词，通过同义词和相关单词来增加流量等。

在视频营销推广方面，有一家公司叫 Morise.ai，它的目标是帮助你的视频形成病毒式传播。它不仅能为视频生成吸引人的标题、描述和标签，而且能提供病毒式的视频创意，或者在 YouTube 运营所需的社区发帖或投票。

国内的写作工具 Friday（heyfriday.cn）也是这个领域的写作软件。只需要输入语气、关键词和主题，就能生成营销广告、视频脚本、SEO 优化和种草文案等。

从技术上来说，各家都用的是 OpenAI 的大语言模型，技术门槛不高，主要比拼的是两点：第一是营销知识，在生成方面的模板和微调知识越丰富，生成的内容质量越高。在细分市场的公司，优势在于收集鲜活数据和具备的领域知识方面。第二是用户体验，好的软件设计能提升写作者的效率，降低使用者的门槛。

◉ 4.1.2 销售型写作

销售型写作是指通过书面文字形式，以满足销售目标为导向的写作方式，比如个性化的邮件、产品介绍等。销售型写作通常需要具备清晰简洁、有吸引力、有效、有针对性等特点，通过向用户展示产品或者服务的特点和优势，促进用户的购买欲望和购买行为。这类写作更侧重于实际应用和效果的体现，需要结合目标受众和市场竞争等方面考虑。

试想一下，如果一个销售员有几百个潜在客户，假如他为每个客户写封个性化的邮件需要 15 分钟，对他来说是很费时间的事情，而通过 AI 自动生成个性化的电子邮件就能大大提升效率。

由于 AI 善于从各个方面进行分析，能更好地了解客户行为，针对性地提出销售建议，能提供更个性化的销售体验，提升客户转化率。

比如，Persana AI 这个工具能基于公司内部 CRM 数据与公开信息，分辨潜在客户的优先级。当一个潜在客户访问公司网站时，Persana AI 可以通知销售团队，并生成一封电子邮件立即发出去。抓住这样的时机，就能大大提高沟通的精准性及时性。

这类写作因为需要基于客户数据，还有一些市场信息和规则，写作功能往往是作为销售软件的一部分，类似于把 AI 写作技能嵌入销售的工作流中，并不像是一个纯粹的邮件写作软件。

当然，也有一些专门用来写邮件的应用。比如，Lavender 这款浏览器插件能帮助销售人员写出更容易得到回复的邮件。我们可以把 Lavender 看成一个写邮件做销售的教练，它能从社交网络信息中分析收件人的背景，帮助销售人员了解客户如何做出购买决定，以及如何针对每个客户进行个性化邮件信息的定制。此外，Lavender 还会快速分析邮件中的问题并自动修正。

另一个邮件应用 Smartwriter.ai 在电子邮件功能上与 Lavender 相似，集成了类似 Jasper 产品的营销文案生成能力，能够直接面向 Gmail、Yahoo Mail、Facebook、Twitter 和 LinkedIn 进行数据抓取，通过个性化的邮件向潜在客户进行销售。

在国内，销售写作的范围更广，不仅要覆盖邮件内容，而且包括企业微信消息、短信等，甚至进一步根据每一个客户的信息定制不同的内容。比如在 SCRM 中用 AI 撰写企业微信的内容。

◉ 4.1.3　剧本型写作

2023 年 4 月 27 日，北京一览科技和上海欢雀影业宣布达成合作，开发基于 AI 编剧辅助生成剧本的影视长短剧项目。其中，首部作品为古装悬疑谍谋短剧《蝶羽游戏》，由知名编剧徐婷执笔创作。该项目采用一览运营宝的"AI 编剧"辅助创作，相比传统方式提高了工作效率。该项目将于年内开机，主要面向 18～25 岁的年轻观众，突破了传统古装甜宠剧中常见的破案、美食等题材，集古装、悬疑、谍谋、甜宠于一身，首次引入"绝地求生大逃杀"作为故事主线。

无独有偶，美国编剧协会（WGA）也在考虑，在不影响编剧署名和分成的前提下，让以 ChatGPT 为代表的人工智能技术参与影视创作。也就是说，如果一个编剧根据 AI 创作出来的短片故事进行改编创作，那么也能得到署名，这样做是为了避免编剧的署名与收入受到新兴技术造成的大幅冲击。

剧本型写作是指以电影、电视剧或者戏剧剧本的形式来进行创作的一种写作方式。通常，剧本型写作需要遵守剧本结构规范，包括场景、台词、角色等要素，并通过对这些要素的细致安排来塑造一个具有情节、冲突、转折等基本元素的故事。在剧本型写作的过程中，需要具备创意、想象和表达等方面的能力。

使用 AI 来协助或独立生成电影、电视剧或者戏剧剧本的写作，可以帮助创作者完成一些重复性的工作，如提供建议、编辑和格式化文本等。同时借助模型训练和自然语言处理等技术，AI 也能够在一定程度上模拟人类的创作思维和习惯，从而生成情节丰富的有趣故事。

早在 2020 年 GPT-3 发布后，查普曼大学的学生用 GPT-3 创作了一个短剧，其剧情在结尾处的突然反转令人印象深刻，引发了广泛关注，可见 AI 在剧本创作领域的潜力。

在海外，有些影视工作室已经在使用诸如 Final Write、Logline 等工具写剧本。

在国内，深耕中文剧本、小说、IP 生成的海马轻帆公司已经收获了超过百万的用户。比如快手全网独播的《契约夫妇离婚吧》就是海马轻帆"小说转剧本"的短剧作品，很受观众喜爱。

在剧本写作上，海马轻帆的 AI 训练集已经涵盖了超过 50 万个剧本，结合资深剧本作者的经验，能够快速为创作者生成多种风格、题材的内容。而剧本完成后，海马轻帆也拥有强大的分析能力，可以从剧情、场次和人设三大方向共 300 多个维度入手，全方面解析和评估作品的质量，并以可视化的方式进行呈现，为剧本的改进迭代提供参考。其剧本智能评估服务在国内影视剧本市场的渗透率达到 80%，累计评估剧集剧本 3 万多集、电影 / 网络电影剧本 8 千多部。

◉ 4.1.4 辅助型写作

AI 辅助型写作是指借助人工智能技术来辅助人类创作出更优秀的文本作品。在这种方式下，AI 可以通过提供文本纠错、语法检查、自动补全、文本分类以及情感分析等基础文本处理功能，使得人类写作者可以更加高效地进行文本创作。而且 AI 还可以模拟文风，为人类作家提供更加丰富的文本素材和创作可能性。比如，在写人物对话的时候，轻松写出符合特定人设的对话。

辅助型写作是轻量级的应用，专门用来解决某个具体的写作问题。它可以根据需要帮助创作者采集素材、处理文本、自动化降重以及改善文章表达等，从而减少烦琐的工作，提高写作效率。

对于需要进行文本撰写和处理的教育和学术机构来说，AI 写作可以帮助这些机构的人员提高文本撰写的效率和质量。比如，有一个叫 Wordtune 的软件，特色是帮助用户"重写"句子，能根据不同的情感（如友好、礼貌、兴奋等）或者目标（如说服、道歉、感谢等），为句子生成符合相应语气和目的的重写建议，并选择最适合自己需求和场合的表达方式。它还可以帮助用户在自己选择的句子中，为某个词语选择一个相近的替代词语，已经成为很多学生进行论文润色，或者用来练习雅思考试中的同义词替换的"神器"。

国内的应用"写作蛙"，只需输入 3～5 个关键词，例如"亲子教育"，选择（通用 / 突出数据 / 借用知名度等）创作风格，就能帮你创作标题或文章提纲。

◉ 4.1.5 通用型写作

所谓通用型写作，就是不论什么写作场景都能覆盖。

对于写自媒体文章的创作者来说，创建新鲜、引人入胜的内容非常重要，而主题是能自由选择的。对于艺术和娱乐行业来说，AI 写作可以帮助他们创造更加有趣和创新的作品，这些行业可能是电影、游戏或音乐等。使用 AI 写作技术，他们可以快速生成高质量的剧本、故事情节或歌词等，提高作品的创新和吸引力。

Writer 公司的 AI 写作平台 writer.com，不仅提供了模板化写作，而且对自由写作的全过程都有充分的支持。比如，它提供从头脑风暴构思、生成初稿、样式编辑、分发内容、复盘研究的全部流程支持，适用于任何需要内容生产的场景和工作，帮助提高内容的生产量、生产效率、点击率和合规性等。

另一个代表是全能的笔记软件 Notion，它把 GPT-3 的功能嵌入写作界面，大大方便了各种内容的写作。

对于需要进行法律文书和政府公文撰写的机构和个人来说，使用通用型写作工具，可以快速生成高质量的文本，提高撰写效率和精度。

国内的 WPS 智能写作（aiwrite.wps.cn）也是一个通用写作工具。选择类型，给出主题，就会出现一些可选的思路，选定一些思路后，就能自动生成文章。不过，受限于其知识和模板，通用性还不强。

"出门问问"公司发布的 AI 写作助理"奇妙文"覆盖了职场办公、市场营销、新媒体和创意写作等内容创作场景，还有风格转换、要点提取、校对纠错、续写、改写、扩写、缩写和翻译等功能，基本上覆盖了常见的文案写作。

从以上写作应用来看，这个领域的产品存在先发效应，用户越多，获得数据和反馈越多。这些应用就能用这些来改进 AI 模型，从而输出更高质量的内容，形成正向增强效应。而后来的公司就难了，缺乏数据和反馈，在质量上难以提升，陷入同质化竞争的红海之中，所以后来的公司并没有复制这两家的增长势头。例如，2021 年 1 月成立的 WriteSonic 是 Jasper 的竞品，只拿到 260 万美元的一轮融资，融资少很多，用户量也少。

而早就积累了大量用户的笔记软件如 Notion，则能够借 AI 的红利，增强产品的价值。

以上只是列出部分内容，这个领域的工具还有很多，在 gpt3demo 这个网站上就列出了 55 个 App，比如 Notion 的竞品 Craft 等。

之所以存在这么多付费产品，而不是由免费的 ChatGPT 一统天下，是因为有大量的细分场景和领域知识。

几乎在每一个特定的垂直领域都有一些最佳实践知识，这些之前大都是以课程的形式存在。有了 AI 技术，这些知识就可以转变为 AI 产品，确保交付成果，用户获得直接收益，当然要比培训、咨询更受欢迎。而且由于 AI 拉平了创作门槛，用户很容易使用，也扩大了用户人群，这是进一步把知识转化为生产力的过程。因此在写作领域，随着更多细分场景的开发，还会有更多的写作软件出现。

下面我们重点介绍 3 个代表公司：Jasper.ai、Copy.ai 和 Notion。

◉ 4.1.6　典型案例

1. Jasper.ai

Jasper.ai 是最早使用 GPT-3 大模型的创业公司之一，成立 18 个月就有了 8000 万美元收入和 15 亿美元估值，要知道，Open AI 在 2022 年的收入也不过 3000 万美元。Jasper 的主要客户是营销人员，占比接近 67%，其余客户来自内容创作、教培、健康和软件行业。

如此成功的 Jasper，却是从一家失败的创业公司发展出来的。

Jasper 的三位创始人都来自堪萨斯州立大学的营销系，毕业后他们创办了一家营销咨询公司，帮助公司写运营文案、Facebook 广告等，其间他们制作了一套营销教学视频并收集到了大量营销从业者的邮箱。

在卖网课期间，创始人中负责技术的摩根尝试用网页对话框来增加和客户的沟通，这对售卖课程极为有帮助，他们便将这个功能做成一个名叫 Proof 的初创公司。主营产品是为企业的官网提供个性化的对话框和客户行为分析，这样能有效提高公司业绩。Proof 在 2018 年进入 YC，不仅成功获得 200 万美元的融资，而且团队规模也扩展到 15 人。但最终团队无法将这个功能性产品扩展成平台性产品，在 2020 年，公司被迫解雇了一半员工，近乎停摆。

2020 年 1 月，团队新成立了 Jarvis.ai，这个名字来源于电影《钢铁侠》中托尼·斯塔克的助理贾维斯（Jarvis）。后来因为迪士尼公司提出不能使用这个名字，这才改为了 Jasper。

也许是因为 OpenAI CEO 奥尔特曼曾是 YC 的总裁，近水楼台先得月，在 2020 年 GPT-3 内测期间，Jasper 团队就拿到了 API 的使用权。OpenAI 团队当时把精力放在大模型上，没有花费过多的精力打磨出易用的终端产品，只是放出了网页端 Playground 和 API，供开发者以此为基础开发更好用的产品。但直接用 GPT-3 的网页端 Playground 并不方便，需要掌握一些提示语知识，交互界面也不方便，学习门槛较高。当然，现在有了 ChatGPT，许多人就直接用它来生成文本了。

Jasper 创始团队敏锐地发现了一个好的切入点——把 GPT-3 整合到营销文案的创作流程中。对于大部分用户来说，在各个场景下应该重点填入什么信息，这一部分知识是缺乏的，而他们可以提供大量高质量的信息作为模板，再由 GPT-3 将其串成一篇优秀的文章。

于是 Jasper 团队抓住了机会，抢先推出产品，并凭借营销背景和营销从业者的人脉网，率先为 GPT-3 找到在营销场景下数千万美元的需求，随后继续从营销软件公司 HubSpot 挖资深营销和产品副总裁，来巩固在营销文案方面的优势。

Jasper 的主要产品形态有两种：模板（Templates）和文档（Documents）。模板能引导用户高效率使用 GPT-3，用户只需要使用模板就可以直接生成适合场景和任务的文案，而不用去ChatGPT 一次次通过提示语工程来完成。

文档功能能帮助用户生成优质长博客。如果用模板功能去写长文章，通常要使用 5～6 个模版，思路会被打断，效率较低。文档功能则是在写作界面中，允许用户自然地插入请求，让GPT-3 接管后生成内容。用户再对生成内容进行事实核查和再组织，然后再重新给指示，直到形成一篇完整的文章。

Jasper 的利润率很高。按其官方宣布的定价和 API 的成本来算，利润率超过 90%，是一本万利的好生意。

之所以能有如此高的毛利，是因为 Jasper 提供了营销方面的价值。它不仅可以把营销行业的最佳实践带给客户，而且能用工具帮助落地，创造结果。几乎所有的客户都认为 Jasper 是一个效率神器，与招募一个写手或内容运营比，简直是太便宜了。

即便有了免费的 ChatGPT 或付费版的 ChatGPT Plus，Jasper.ai 依然有大量的忠实用户。

因为从输出内容的质量比较来看，Jasper 通过模板生成内容的质量，高过大部分人通过ChatGPT 生成的文本的质量，这对商业软件非常关键。

2. Copy.ai

Copy.ai 是最早发布的基于 GPT-3 的 AI 写作工具，这里的 Copy 并不是复制或抄袭的意思，而是来自广告术语文案写作（Copywriting）。当 GPT-3 在 2020 年夏天开放 API 内测的时候，两位做了 4 年多风险投资的投资人保罗·雅库比安（Paul Yacoubian）和克里斯·卢（Chris Lu）觉得这是个机会，于是下场创业了。一开始团队只有 3 个人，按精益创业的理念，设计了最初的 MVP（Minimum Viable Product，最小可用产品），让用户更容易使用，提供多种语言输出。很快，公司就开始高速增长。

2021 年 10 月，在 Copy.ai 成立一周年的时候，它获得了来自红杉资本、老虎环球等 VC 机构的投资。加上 3 月的 290 万美元种子轮融资，总融资达到了 1390 万美元。这时候公司只有 11 个人，是一个完全远程工作的团队，但年度收入达到了 240 万美元。

从功能上来说，Copy.ai 跟 Jasper 类似，也是基于模板的短文章和基于框架流程创建长文章，但价格便宜很多。

因为价格策略不同，Copy.ai 的毛利率比 Jasper 低很多，这也使得其在团队扩张上趋于保守，反而被后发布的 Jasper 超出。之后，Copy.ai 没有继续获得融资，被 Jasper 甩在后面。

3. Notion

Notion 被誉为用户体验最好的笔记软件，早在 2016 年就发布了，它整合了笔记 / 日记、知识库、Markdown 编辑器、任务待办、日历、看板 / 项目管理等功能于一身，可以完美替代多款笔记类、协作类工具。

2023 年 2 月，Notion 宣布，基于 GPT-3 技术，它推出了 Notion AI，只需每月花费 10 美元就能用上。

用 Notion 自己的话来说："在任何 Notion 页面中利用 AI 的无限力量。写得更快，想得更远，并增强创造力。"

有了 AI 辅助，写文章的效率大大提升。比如，按下空格键或 "/"，快速调用 AI，在输入要求 "写一封关于 ×× 的电子邮件" 或 "写一篇关于 AI 的未来的博客文章" 之类的提示语后，Notion 会很快给出建议的内容，你可以决定是否使用这些内容，也可以重新生成一些内容。当你点击 "Make longer" 时，Notion AI 会自动重写并增加更多内容，非常方便。

使用 Notion AI 编辑内容特别方便，有很多选项，可以把内容加长或者缩短、对拼写和语法纠错以及更改语气等。

这些修改，可以对整页内容进行，也可以对选定的部分内容进行。

假如你需要写一些内容摘要，使用 Notion AI 简直太便捷了。只需要把任何地方的信息复制并粘贴到 Notion 页面中，然后单击 " Summarize"，选择摘要选项或在提示栏中输入你的请求，就能快速获得摘要。

如果你工作中经常需要写会议纪要、周报、日报、工作计划等偏信息传递型的文档，Notion AI 可以帮助你大大提高效率。

除了常规的写报告、提供灵感素材、内容检查和起标题等，Notion AI 还可以写故事、写诗、讲笑话、写论文、做表格和做菜谱。

翻译也不在话下，它能提供十多种语言的翻译功能。

4.2 AI 图像生成和处理

2022 年，用 AI 来生成图像的多个重磅产品相继推出，用户只需输入文字，便能得到由 AI 生成的图片。生成的作品可以达到商用水平，AI 绘画变得越来越流行。

对于设计师和创意人员来说，AI 生成图像可以帮助他们快速地获得高质量图像素材，并且可以对图像进行各种创意性的操作，获得成品。

对于电商平台、数字广告公司和社交媒体营销机构来说，AI 生成的产品展示图、广告或社交媒体内容可以帮助提高品牌曝光率、产品展示效果和提高销售转化率。

总体来说，目前 AI 图像处理还处于准确度提升期，AI 能生成一些艺术图、Logo 或人像等。但要做到精准控制，完成产品设计、建筑设计等，可能还需要再发展 3～5 年。如果要达到专业的设计师水平或艺术家水平，则有更多难关需要攻克，至少要 5 年后才能达到。

◉ 4.2.1 通用图像

所谓通用图像生成软件，就是可以做任何领域的图像生成。从文章插图、广告素材、平面设计到艺术创作等。

最强的是三家：OpenAI 的 DALL·E 2，这是基于 GPT-3 的大语言模型，可以说跟 ChatGPT 同源；Midjourney 的人像效果逼真程度让许多人惊叹；Stability AI 公司旗下的开源软件 Stable Diffusion 则进一步扩展了 AI 绘图在各个行业的使用，包括自媒体配图、广告素材、建筑设计、室内装饰、服装模特、游戏设计等。

国内也有类似的产品，如百度的文心一言、无界版图等。

由于这些 AI 软件什么类型的图都能生成，吸引了大量用户来玩，艺术家设计数字艺术，自媒体作者生产文章插图，设计者从中获得创意。用户更多是普通人，他们圆了自己的绘画梦，无需掌握绘画技巧，就能画出还不错的作品。这样的结果让他们兴奋不已，在社交媒体上不断传播。

在这个领域，也有一些其他模型，比如 Disco Diffusion，Playground v1 等，各自有特点，但影响力不如开头三家。虽然看起来操作都类似，都是输入提示语，或者上传参考图，再选择一些风格等来生成图像，但在对语言的理解、输出图片的质量、交互体验上，差别很大。

另外，一些平台会聚合多个模型让用户挑选。比如 Playground.ai，不仅聚合了自己的 Playground v1 模型，还有 Stable Diffusion 和 DALL·E 2 模型（如图 4-1 所示）。

未来，由于不同模型的绘图有较大差别，多模型在一个平台出现可能是常态，给用户提供更多选择。

图 4-1　Stable Diffusion 1.5 和 Playground 对比（图片来源：playgroundai.com）

◯ 4.2.2　人物形象

在 AI 人像处理方面，应用最广泛的是人像识别。由于 AI 能识别人像中的面部特征，从而进行身份确认，因而广泛应用于安防监控、人脸支付等场景。在教育、情感分析和心理研究等领域，也有公司利用人工智能技术对人脸表情进行分析和识别，在广告营销、医疗诊断等领域，也会用 AI 技术做分类和分析，例如年龄、性别、表情、姿态等方面的分析。国内人脸识别做得较好的公司有商汤、旷视、依图、阿里和腾讯等公司。这个领域的代表软件有 Face++、Amazon Rekognition 等。

在 AI 人像生成方面，Midjourney 的 V5 版本更为逼真，还有 NVIDIA 的 StyleGAN、DALL·E 等也有不错的表现，这些生成的人像可应用于游戏、影视等领域，提供更加逼真的虚拟人物形象。也有人尝试用 AIGC 来生成犯罪人侧写，只需要给出足够多的特征描述，就能画出犯罪嫌疑人。

AI 人像编辑最受用户喜爱，用户只需要自拍照，就能用 AI 生成各种不同风格的肖像图。例如，Prisma 利用 AI 技术将普通照片转换为艺术风格的图像，从而提升图片的审美价值。Prisma 公司于 2018 年又发布了 Lensa 这个图像编辑 App，随着 Stable Diffusion 和 DALL·E 2 模型的成熟与推广，产品开发团队为 Lensa 添加了名为 Magic Avatars（生成魔法头像）的新功能后，迅速在社交媒体走红，并在多国 App 商店霸榜。这个领域的 App 非常多，如 Adobe Lightroom、美图秀秀、YouCam Perfect、KADA、FaceTune 等。

另外，利用人工智能技术对人像进行修复也很有价值，可以应用于数字化文物、照片修复等领域。

◯ 4.2.3　平面设计

AIGC 在平面设计方面的应用很广泛。AI 生成的图片被广泛用于平面设计的一些领域，如微信公众号的插图、活动海报等。AI 还可以更好地处理和优化图像，让设计作品更加美观和有吸引力。比如微软发布了 Designer 软件，为用户免费提供设计模版，AIGC 在其中既是生成器又是编辑器，可以生成设计师需要的素材，也可以进一步编辑成为更加完整的设计。

AI 在平面设计方面还能做很多小的组件，用于品牌或产品设计。例如，AI 可以根据你输入的关键词和特征等自动生成一系列的设计元素，如标志、配色、字体等，从而提升品牌的视觉识别度。在 Figma 这个 AI 设计工具中有许多插件，如 Ando、Magician 等 AI 图标设计插件，只需要写提示语，加上一些参考图，就能生成矢量图标（icon）或者图像（image），节省搜索、挑选和制作图标或图片的时间。使用 Tailor Brands，用户只需简单地输入品牌信息和选择基本图案，就能自动生成 Logo（品牌标识）和营销资料。类似的网站还有 logoai.com、logomaster.ai 等，不过这些 Logo 网站更像是基于一些条件来程序化生成的模板和元素的各种组合。

AI 还可以协助设计师完成某些日常设计任务，如图像处理、颜色搭配和字体选择等。例如 Adobe 的 Sensei 技术可以为设计师提供实时设计建议，还融合了生成式 AI 和集成工作流的创造力。

在营销方面，AI 大有用武之地。阿里巴巴团队曾推出一款叫作"鲁班"的产品（后来更名为"鹿班"），可以根据一组预先定义的规则和参数自动生成广告素材，每秒钟能创作 8000 张图片，在 2018 年时就累计生成超过 10 亿张海报。除了一键抠图这种必备功能，鹿班还有一些特色功能，如图片的艺术化处理、清晰度提升，其背景绘制功能比较有特色，能智能地随机生成背景，效果很好。

AdCreative.ai 是一家广告型图像处理公司，其产品能够通过 AI 高效地生成创意、横幅、标语等，还能够在连接谷歌广告和 Facebook 广告账户后实时监测广告效果。

国内公司 Nolibox 计算美学也是一家专注于 AI 智能设计的公司，公司的主要产品是智能设计平台——图宇宙，主打卖点是"懒爽"，即任何人只要会打字就可以使用。AI 根据用户需求和喜好提供推荐素材、文字，快速生产各种尺寸和风格的 banner（横幅）、海报等设计作品。

◎ 4.2.4　产品美化

在电商领域，人们常常通过看图来了解产品，产品美化非常关键。为了增加场景感，有时候还要给产品拍照。有了 AI 设计网站，这些工作可以被大大简化，专业的拍照也不用了，手机拍一张照片上传，就能变成在森林、草原、海边、高档酒店等场景下的产品图，原理就是用 AI 自动生成背景图，然后与抠图后的产品图拼成照片。想象一下，一件挂在衣架上的裙子的静态照片可以变成一个穿着裙子走过花园的女人的形象，这显然极大地提升了产品的吸引力。

比如，Flair 这款 AI 驱动的商品和品牌设计工具，用户通过几次点击、拖放图片，就能创建产品的场景，在视觉上令人惊叹（如图 4-2 所示）。如果需要精细化定制，Flair 还提供智能提示推荐语，帮助用户与 AI 进行交流。

图 4-2　产品变成场景化图片（图片来源：Flair.ai）

　　Booth 跟 Flair 一样，也是用 AI 设计产品的场景图，只需要上传产品图片，写提示语，就能生成不同的背景。但它的产品范围更广，服装照片也可以，而且可以生成多个视角的产品图（如图 4-3 所示）。

图 4-3　设计界面（图片来源：Booth.ai）

　　Booth 还能进一步把照片变成海报。生成新照片后，可以轻松地将它们放入模板中，使用"工具"下面的"设计工作室"选项创建广告或促销材料，就能添加视觉元素、编辑文本、添加效果和调整大小。

　　PhotoRoom 也是 AI 驱动的设计工具，功能比前面两个更强一些，不仅可以帮助用户轻松地将图片背景去除，或更换为 AI 生成的背景，还有对图片进行旋转、裁剪等编辑功能，普通用户用手机 App 就可以轻松上手。这家总部位于法国巴黎的 PhotoRoom 于 2022 年 11 月宣布获得1900 万美元 A 轮融资。

　　电子商务的市场巨大，也推动着 AI 工具不断创新，比如 Imajinn.ai 推出了一个训练图片模型的方法，只要上传 20～30 个不同场景和视角的产品或人物图片，训练半小时后，就可以生成更好的图片。

在产品领域，最让人激动的就是 AI 生成模特了。早在 2020 年 12 月，阿里原创保护平台推出了国内首款 AI 模特"塔玑"，它基于目标人脸模块生成虚拟人脸，并利用算法将服装"穿"在虚拟模特身上。尽管有少数淘宝商家使用过"塔玑"，但相关技术并未被大规模使用。

2022 年，随着 ControlNet 插件和 ChilloutMix 模型等工具陆续推出，AI 制图效果更加逼真。由于 ControlNet 可以实现对很多图片种类的可控生成，比如边缘、人体关键点、草图和深度图等，而且训练的 ControlNet 可以迁移到其他基于 SD finetune 的模型上，拓宽了应用范围，不少个人和公司开始用 AI 生成模特图像，并让模特换上指定服装，试图以 AI 模特代替真人模特。

美国服装品牌李维斯也宣布将与荷兰的一家数字模特工作室合作，尝试使用 AI 模特展示产品（如图 4-4 所示）。虽然仍存在细节瑕疵，但 AI 模特广告已经陆续在实体店和网络中出现。

图 4-4　AI 模特展示产品（图片来源：Levi Strauss & Co. / Lalaland.ai）

一些电商店主正在计划或已经投入了大量资金培训技术人员并使用 AI 模特代替真人模特。连模特经纪公司老板也开始学习 AI 绘画工具，打算不再大量聘用签约模特。

既然能换模特的身材和脸，未来换用户自己的也应该可行。已经有公司在研发"购物试穿"功能，用合成照片的技术，使用户能够在购买前虚拟试穿衣服。

总体来说，AI 设计还处于技术积累期，不如 AI 写作的成熟度高，还无法覆盖所有的产品，在场景方面也还没有做到可控。未来，商品将变得高度个性化和场景化，比如沙发网站的首页将展示该沙发被放置在你自己房间中的场景照片。

4.2.5　建筑装修

建筑师可以利用 AI 来设计建筑，提出设计要求和规定，让 AI 参与方案构思、草图绘制、素材生成、动画制作等各个步骤。

自从生成式 AI 兴起以来，AI 与建筑设计的碰撞引发了跨行业的广泛讨论，也产生了许多不错的应用案例，我们甚至看到了一些可以"以假乱真"的设计结果。

比如，在人工智能的帮助下，设计师马纳斯·巴蒂亚（Manas Bhatia）想象了一个未来乌托邦城市，高耸的摩天大楼外墙被海藻包围（如图 4-5 所示）。

图 4-5　魔幻的环保建筑（图片来源：amazingarchitecture.com）

也有人用 Midjourney 或 Stable Diffusion 生成概念设计图、平面图、立面图、剖面图、透视图、手绘图和景观设计图等。但这些图之间没什么联系，更不准确，它们只是看起来好看的某种类型的图而已。

不过，用 AI 生成的概念设计图确实很有创意，可能启发设计师的大胆想象。它作为比赛的结果，也很博眼球。比如，有个比赛叫"恐怖屋"设计比赛，大家尽可能用一些恐怖元素来设计，感觉更像是为游戏或科幻电影来进行设计。

而在室内装修行业和房地产销售行业，AI 室内装修的应用也较为广泛。比如，Collov 这个软件能利用自然语言提示语为室内空间生成个性化设计方案（如图 4-6 所示）。

图 4-6　改变室内家具和灯光（图片来源：gpt.collov.com）

Interior 利用 Stable Diffusion 技术，可以在几秒内生成家具把房间填满。

房屋出售平台 HomeByte 将 AI 自动渲染的功能整合进了平台，相当于虚拟室内装修。用户在买房时，即可畅想未来住进去的样子（如图 4-7 所示）。

图 4-7　AI 室内装修展示（图片来源：homebyte.com）

从销售导向来说，通过 AI 自动生成图片，减少了设计师把创意变成图的时间，让设计师与客户在装修设计方案的沟通更顺畅。这类设计也让房屋显得更吸引人，让房地产经纪人得到更多销售机会。

从实际的设计工作来看，这些 AI 设计的图只能作为概念设计图，而不能作为真正的设计图。这是因为 AI 设计图所展示的只是一种可能性，而非经过深思熟虑和具体实现后的最优解决方案。真正的设计还需要考虑诸多实际因素，如可行性、可操作性和成本等，需要设计师用自己的专业知识和经验进行进一步的完善和优化。

4.2.6　服装设计

在时尚行业中，人工智能已经被用于个性化的时尚推荐、优化供应链管理和自动化流程等。比如，Stitch Fix 是一家已经使用人工智能向客户推荐特定服装的服装公司；Rubber Ducky Labs 这个公司的产品能帮助电子商务公司避免盲推产品，比如在 6 月推出滑雪夹克。

然而，在时尚设计中，创意的过程仍然依赖时尚设计师。

由于服装市场竞争激烈，品牌需要不断推出新的设计和样式以保持竞争力。而且许多时尚趋势的窗口期比较短，这也给设计师带来巨大的成本和时间压力。如果 AI 可以帮助设计师更快速地生成新的样式，处理一些重复性的任务，就可以提高设计师的效率，从而让他们专注于高难度的创意工作。

对于用户自定义设计服装来说，有了 AI，可以更好地描述自己的需求，也能快速生成新的设计想法。未来，每个人都能在 AI 的帮助下成为创作者或设计师，设计自己想要的服装，并展示自身的创造力。而专业的设计师则能在这些创意的基础上，完成面料、制作工艺的选择等专业工作，更好地满足市场需求。

CALA 是一个成立于 2016 年的时尚平台，专门为将创意转化为产品的设计师打造。最近，

CALA 成为时尚行业中首家应用 OpenAI 的 DALL·E 图像生成工具的公司。

使用 CALA AI 很简单，用户首先从数十个产品模板中选择一个模板，如衬衫模板。然后输入一些描述词如"深色、精致和天鹅绒"，同时在修饰和特征部分添加了"缝制标志贴片"的短语。根据这些自然语言提示，CALA 将生成 6 个示例产品设计。如果不满意，用户可以使用"重新生成"功能，并选择最接近其期望的设计。用户也可以在 CALA 平台内直接与专业团队合作，进一步修改这些设计，将其设计想法转化为现实。

使用 Imajinn AI 网站，任何人都可以输入几个关键词，在一分钟内设计出类似 Nike 公司的 sneaker 系列的鞋子，然后到一个定制鞋子的网站上下单购买。

◎ 4.2.7　典型案例

1. Midjourney

Midjourney 是最著名的 AIGC 图像生成软件，以惊人的人像生成效果著称。有人看到它输出的人像后惊呼"模特不存在了"，因为它生成的图像效果足以替代真实的人像模特。Midjourney 发布不到一年，在 Discord 上就拥有 1508 万名成员，这简直是个奇迹，而且没有融资就成了独角兽。

Midjourney 由著名公司 Leap Motion 的创始人和首席执行官大卫·霍尔茨于 2021 年创立，他的目标是以某种方式创造一个更有想象力的世界。他认为 AIGC 可以变成一种力量，扩展人类的想象力。

Midjourney 采用了多种开源技术，包括 GPT-2 预训练语言模型、StyleGAN 2 和 VQGAN 等。如果在 MidJourney 中输入"一只狐狸坐在树下"，它将使用 GPT 技术生成一个图像的高级描述，然后使用 StyleGAN 2 技术生成真实的图像，再使用 VQGAN 技术进行优化处理，最终得出一张与文字描述相符的图像。

对于用户来说，Midjourney 给人的感觉是简单且无约束。任何人只需注册 Discord 账号就可以进入 Midjourney 的服务器，输入命令提示符就可以生成高品质的图像。不过由于算力紧张，之前新用户注册即可获得的免费额度已经取消，现在需要付费才能使用。

很多专业人士正在利用 Midjourney 提升自己的创作，比如法国设计师斯蒂芬·迈纳（Etienne Mineur）就用它创作了很多作品。装置和雕塑艺术家本杰明·冯·王（Benjamin Von Wong）表示，他会利用 AI 来构建概念图，帮助他更好地打造实体艺术品，Midjourney 对于像他这样不擅长画画的人来说是个很好的工具。

Midjourney 的商业化也非常成功，它通过会员订阅进行收费，并有明确的分成模式。当用户的商业变现达到 2 万美元时，Midjourney 还将获得 20% 的收入。尽管如此，Midjourney 的付费率依然很高，这是值得称道的。

Midjourney 收费模式采用订阅制，对于个人用户或公司年收入少于 100 万美元的企业员工用户而言，一共有两个档位的订阅套餐，分别是每月最多 200 张图片（超额另收费）的套餐，以及"不限量"图片的套餐；对于大公司客户而言，一年收费仅有 600 美元，并且生成的作品可以商用（如表 4-1 所示）。

表 4-1 Midjourney 收费一览

	免费试用	基本计划	标准计划	专业计划
每月订阅费用	-	10 美元	30 美元	$60
年度订阅费用	-	96 美元 （8 美元/月）	288 美元 （24 美元/月）	576 美元 （48 美元/月）
快速 GPU 时间	0.4 小时/终身	3.3 小时/月	15 小时/月	30 小时/月

2023 年 3 月，Midjourney 发布了 V5 版，它的最大特色是可以生成具有五个手指的人类图像，这是一个相当重要的进步。以往它经常会生成三指、四指或六指的手，但现在 Midjourney V5 创建了更真实的人像，且具有更高效的生成速度和更高的可定制性，使用者可以通过调整许多参数来创建更符合自己需求的图像。

此外，Midjourney V5 在语义的理解上也更好。以往的模型通常只能辨识关键词或短句，但现在可以识别大段文本。也就是说，你可以用 ChatGPT 生成完整的句子或大段文本，再复制、粘贴到 Midjourney，更准确地呈现所要表达的意图。

创始人大卫自己总结的创新魔法公式是：尝试 10 件事，找到最酷的 3 件，再把它们放在一起，制造产品。因为市场有很多开源的技术，可以把足够多的技术元素组合在一起，再进行排序。这也许是 AI 时代的创新模式，无需从头开始造轮子，而是找到组合的价值，组装出心目中的产品。

2. DALL·E 2

早在 2021 年 1 月，OpenAI 就推出了 DALL-E 模型，2022 年 9 月 28 日，又发布了升级版 DALL·E 2。DALL·E 2 的特色是可以擦除原图的部分区域，再用自然语言对图像进行编辑。这个功能很适合伪造某些图片。为了避免滥用，OpenAI 限定 DALL·E 2 不创建公众人物和名人的图像，目前也不允许用户上传真实人脸图片。

除了图像生成质量高，DALL·E 2 最引以为傲的是 inpainting 功能：基于文本引导进行图像编辑，在考虑阴影、反射和纹理的同时添加和删除元素，其随机性很适合为画师基于现有画作提供创作的灵感。比如，在一幅油画中加入一只符合该画风格的柯基（如图 4-8 所示）。

图 4-8　原图（左边），处理后（右）（图片来源：OpenAI 官网）

两幅图对比下，几乎看不出什么破绽，足够"以假乱真"。

目前，DALL·E 2 主要应用于艺术创作、设计和广告等领域。例如，可以通过输入一些关键词和描述，让 DALL·E 2 生成符合要求的图片，并用于广告设计等方面。

另外，DALL·E 2 也可以用于虚拟现实和游戏方面，例如让玩家自定义游戏场景、设计游戏中的道具等。同时，借助 OpenAI 的 API，DALL·E 2 还可以与其他语言模型、自然语言处理工具和人工智能服务进行集成，实现更加灵活、丰富的应用场景。

3. Stable Diffusion

Stable Diffusion 是 Stability AI 公司旗下的一个开源软件，促进了用文本生成图像的 AIGC 技术和应用的发展，任何人都可以基于其开源软件自己训练模型，生成专有领域的图像，比如设计图。因此，它积累了相当规模的用户群体和开源社区资源，这使它成为众多广告从业者生成图片的生产力工具。

Stability AI 的创始人兼首席执行官埃马德·莫斯塔克（Emad Mostaque）拥有牛津大学的数学与计算机硕士学位，还曾担任多家对冲基金公司的经理，2022 年 10 月，Stablility AI 获得来自 Coatue 和光速两家公司的 1.01 亿美元投资，估值达 10 亿美元。莫斯塔克期望 Stable Diffusion 成为"人类图像知识的基础设施"，通过开源，让所有人都能够使用和改进它，还让其能够在普通计算机上（带有消费级 GPU）运行。

事实确实如此，数百万人接触了这个模型后，创造了一些真正令人惊叹的东西。这就是开源的力量：挖掘数百万有才华的人的巨大潜力，他们可能没有资源来训练最先进的模型，但有能力用一个开源模型做一些创新。

Stable Diffusion 的官方版本部署在官网 Dream Studio 上，开放给所有用户注册。相比其他模型，它有很多可以定制化的点。此外，Stable Diffusion 一直在压缩模型容量，打算让该模型成为唯一能在本地而非云端部署使用的 AIGC 大模型。这样的特性将充分利用每个人的计算设备来生成图像，也极大地保护了隐私。

Hugging Face 社区借助以 Stable Diffusion 为核心的技术，构建了一个包含扩展和工具的庞大生态系统，这也极大地推动了 Stable Diffusion 的迅速发展。

4.3 AI 编 程

ChatGPT 有一个重要的功能，就是生成代码，还能教你怎么运行代码和 debug。许多人惊呼，程序员要被替代了。

实际上，2 年前，微软就基于 OpenAI 的大模型 Codex 发布了 AI 编程工具 GitHub Copilot。

面向普通人的 AI 编程技术已经在一些特定领域中得到了应用，可以实现一些简单的功能。但是如果用户提出的需求相对复杂或新颖，需要 AI 系统具有一定的推理能力和组合泛化能力（即能够将已知的简单对象组合成未知的复杂对象），那么现有的 AI 编程技术就难以胜任了。

人类程序员具有天生的组合泛化能力和创造性思维能力。他们可以从基础元素出发，构建复杂甚至无限的语义世界；可以根据不同的场景和需求进行设计、优化、调试、重构等工作。

对于软件开发者来说，AI 编程可以自动完成很多烦琐的编程任务，如代码生成、优化、调试等，同时也可以提高代码质量和稳定性，提高开发效率和质量。对测试工程师来说，使用 AI 编程技术，可以快速生成自动化测试的程序，提高工作效率和精度。

但是说 AI 编程可以完全替代程序员是不可能的，软件设计并不等同于写代码，确定需求、设计软件框架、与其他角色一起沟通协作等工作也必不可少。

软件设计是一种创造活动，是把抽象模糊的需求具体化，进一步转化成可操作的数据结构、程序逻辑和算法，是一个规划和推理的过程，而不是简单的代码编写，目前 AI 在这方面的能力还差得很远。

在可预见的未来，有可能的是一个协作编程的场景，AI 来帮助人完成烦琐的代码编写过程，而人可以有更多的精力关注设计，从而使编程变得更加有趣，更加有创意。

◉ 4.3.1 AI 软件开发

据 GitHub 统计，AI 编程工具 GitHub Copilot 帮助开发人员将编程速度提高了 55%。使用 GitHub Copilot 的开发人员中有 90% 表示可以更快地完成任务，其中 73% 的开发人员能够更好地保持顺畅工作并节省精力，高达 75% 的开发人员感到更有成就感，并且能够专注于更令人满意的工作。

除了 GitHub Copilot，其他的 AI 编程工具也在不断地出现。因为在安全性和价格方面，市场存在一些差异化的需求。

比如，Codeium.com 也是一个开发辅助工具，它是插件形式的，可以在多个开发环境中安装，对个人用户永久免费。

　　Cursor.so 是一个新式的集成开发环境（IDE），是一款免费软件，内置了类似 GitHub Copilot 的插件，可以自动生成代码，能根据当前代码进行聊天，并保留聊天的历史记录。虽然功能不如 Visual Studio Code + GitHub Copilot 强大，但它比较轻巧，而且免费，是学习编程的好工具。

　　对于科技公司而言，代码就是资产，甚至是竞争的武器。代码的泄露不仅会造成巨大的损失，还可能导致安全性问题。所以大公司不愿意使用 GitHub Copilot，担心在使用过程中泄密，这也给提供私有部署的开发工具创造了机会。

　　在细分功能方面，也有不少产品出现。

　　Mintlify 成立于 2021 年，是一家专注于为程序员编写代码服务的公司。它推出的产品能够智能地分析代码，并生成相应的注释。除了能够生成英语注释，还能够生成其他多种语言的注释，如中文、法语、朝鲜语、俄语、西班牙语和土耳其语等，这大大方便了来自不同国家的开发人员进行协作。类似的工具还有 Stenography，它作为 Visual Studio Code 开发环境的插件，可以对代码进行分析后生成注释文档，对一些代码可以生成图片，便于分享到社交网站上沟通，它还能帮你搜索 Stack Overflow 网站的相关内容。

　　还有一些编程工具没有公开。比如谷歌实验室的 Pitchfork，根据内部资料，Pitchfork 的作用是"教代码自行编写、自行重写"。开发 Pitchfork 的初衷是希望建立一个工具，将谷歌的 Python 代码库更新到新版本。现在，Pitchfork 项目的目标逐渐变成了建立一个通用系统，降低开发成本。

　　而谷歌的兄弟公司 DeepMind 推出了一个名为"AlphaCode"的系统，DeepMind 用编程竞赛平台 Codeforces 上托管的 10 个现有竞赛来测试 AlphaCode，AlphaCode 的总体排名位于前 54.3%，也就是说它击败了近 46% 的参赛者。在过去 6 个月参加过比赛的用户中，AlphaCode 的数据排到了前 28%。要知道 Codeforces 是以题目复杂而著称的，可见这个编程工具有多强。非常期待这些工具能对大众开放。

◉ 4.3.2　AI 数据分析

　　对需要进行数据分析和处理的机构来说，AI 编程技术可以帮助这些机构快速地完成任务，提高数据处理的效率和精度。

　　此类任务，最重要的并不是程序代码，而是解决数据相关的问题，能用少量代码甚至无代码工具来完成任务是关键。

　　比如，专门编写 SQL（Structured Query Language，结构化查询语言）的 Blaze AI，它的特点是支持自然语言对话方式来查询数据。

　　专门写正则表达式的 Regex.ai，特点是所见即所得，选择数据即可生成正则表达式，同时提供多种数据提取方式，这比起传统的正则表达式工具 Rubular 更为简单，比起 ChatGPT 也更为直观——无需语言描述，直接选择想要获取的部分，自动完成正则表达式。

在 2023 年的 YC 孵化器 DemoDay 上，也出现了一系列的数据处理工具。

- BaseLit 使产品团队可以用自然语言对话方式，轻松地从数据中获得答案；
- Blocktools 是一个无代码的工具，构建一个财务数据仓库，可以将其插入电子表格并进行 BI（Business Intelligence, 商业智能）；
- Defog 是一个数据 ChatGPT 模块，嵌入各类应用程序中；
- Lume 能让用户生成和维护自定义数据集成的自然语言驱动的无代码工具；
- Outerbase 让用户可以使用这个工具来查看、编辑和修改他们的数据，生成可视化仪表盘；
- RollStack 帮助用户创建令人惊叹的高质量可视化工具，把数据可视化，并自动化生成 PPT 和 word 文档。

4.3.3 典型案例

1. GitHub Copilot

GitHub Copilot 是由 GitHub 和 OpenAI 合作推出的一个人工智能代码辅助工具，采用了 OpenAI 的 GPT 技术，能够为开发人员提供实时的代码提示和生成功能，类似于一个 AI 助手，可以帮助开发人员更快速、方便地编写代码。

2021 年夏天，微软旗下的 GitHub 和 OpenAI 联合研发并发布了 AI 辅助编程工具 GitHub Copilot。Copilot 的意思是"副驾驶"，在路况不好的时候开车，需要有人提醒和帮助。同样，人工智能坐在编程的"副驾驶"的位置上，在程序员需要帮助的时候，可以给予及时的提醒和帮助。

GitHub Copilot 可以大幅度提高编程效率，很快受到了程序员们的欢迎。

首先，GitHub Copilot 可以根据代码中的注释完成相应代码，还支持中文注释，相当于用中文编程。

其次，程序员在对某些库不熟悉的时候，让 AI 完成函数或者提供模板，就免于频繁翻阅文档、查找资料，而不需要反复尝试怎么用，便于快速上手。

在测试方面，程序员用它可以快速搞定单元测试，甚至写自动化测试的代码，节省大量时间并减少出错的可能性，从而更容易确保代码的正常工作。

对于手写代码来说，其补全功能非常强大。虽然传统的集成开发环境（IDE）都有自动补全功能，但这些 IDE 对有很多第三方库的语言很难做补全。有了 GitHub Copilot，对于传统补全无能为力的接口，也能做到打一个首字母按 Tab 键就补全整个方法名，还经常会获得额外惊喜：直接帮你把参数填好，有时甚至会帮你把后面的代码也写了。

GitHub Copilot 还可以通过分析代码提出优化和修改建议，比如让程序运行更快或使用更少的内存，有了这种代码优化能力，缺乏经验的开发者也能写出高效而优美的代码。

GitHub Copilot 写注释很在行，算是彻底解放了不想写注释的程序员。

看起来，GitHub Copilot 很完美，帮程序员做了许多简单重复的事情，但对于含有复杂逻辑的代码，它的能力显然不够，主要是对于复杂语义的理解不够到位。

可见 Copilot 只是学习了代码结构，只知道人类一般会在这种代码后面接着写什么代码。但它一点都不懂为什么要这么写、这个代码的逻辑是什么。

总体来说，GitHub Copilot 确实能帮助程序员专注于工作中最重要和最具挑战性的方面，使他们能够更快、更容易地创建更好的软件。

对于非程序员来说，能否用 AI 来实现一个软件或小功能的应用呢？

基于 ChatGPT 的技术，微软发布了 Power Platform Copilot，让更多人能够通过自然语言创建创新的解决方案。如果你能想象出一个解决方案，并用自然语言描述它，Power Platform Copilot 就可以通过直观且智能的低代码体验帮助你创建出来。如果你觉得不满意，提出要求，它会立即修改。

2023 年 3 月，GitHub Copilot 又发布了基于 GPT-4 的升级版 GitHub Copilot X，增加了许多新功能。相比于原来较为单一的根据注释自动写代码，还增加了自然语言聊天对话框 Copilot for Chat，体验类似于 ChatGPT 聊天，可以通过输入自然语言描述得到符合描述的代码。在选中了编辑区代码的情况下，这个聊天窗口还可以实现代码解释、生成单元测试代码、提升代码健壮性、尝试修复代码片段潜在 Bug 以及智能添加类型标注等功能。

Copilot for Docs 提供了更强的文档功能，从更为官方的项目维护者编写的文档中搜索答案，而且会在搜索到的结果的基础上，增强一些更加口语化的描述，提升可读性，提高开发者查文档的效率。

Copilot for Pull Request 是一个很实用的功能。正常来讲，程序员在提交代码到代码仓库时，经常需要写一大段文字来描述这次提交修改了哪些部分，往往大家不太想写，写的内容也不多，导致其他人难看懂。有时候写了一大段，队友却看不懂你在说什么。如果能有一种结构化的表达，把你修改代码的每一部分都用口语化的方式表达出来，那真是减少了不少烦恼。Copilot 帮你实现了这个功能，在提交代码的时候，你写几个关键词，它会自动帮你扩写句子，生成描述，你可以选择全盘接受，也可以选择继续编辑。当开发人员没有足够的测试覆盖率时，GitHub Copilot 将在他们提交代码后发出提醒。它还帮助开发者围绕测试制定策略。

Copilot CLI 则解决了程序员的另一个烦恼：用好命令行工具。命令行工具的优势是灵活性极高，缺点是参数太多，经常为了写一个合适的命令行，要查阅半天的文档，确认应该传什么参数才能做到。Copilot CLI 实现了在命令行输入自然语言描述，然后工具就可以帮你生成对应的 CLI 指令。

Copilot Voice 则是一个有趣的创新，用语音直接对 Copilot 发号施令，感觉这个功能很适合做培训，老师边说边改代码，帮助学员调整代码。GitHub 也希望这款新软件应用到教育行业当中，因为 Copilot X 会消除学生在学习过程当中的挫败感，在 Copilot X 的帮助下，他们能迅速提高自己的知识掌握能力，从而彻底改变学习方式。

2. Ghostwriter

Ghostwriter 作为 GitHub Copilot 的竞争对手而存在，与 GitHub Copilot 拥有类似的功能。Ghostwriter 可以支持 16 种编程语言，包括 C、Java、Perl、Python 和 Ruby 等主流语言。

Ghostwriter 是 Repl.it 的插件，而 Repl.it 是为数不多的在线集成开发环境 IDE 之一。Repl.it 具有可在任何操作系统上运行的内置编译器，可以支持 50 多种编程语言，一直致力于为代码工程师解决编程操作问题，使操作更简便、快捷。Repl.it 在全球拥有 1000 多万用户，包括谷歌、Stripe、Meta 这样的科技巨头。Repl.it 也是付费订阅服务，每月收费 10 美元，相比 GitHub Copilot 更加便宜。

Replit 正在升级 Ghostwriter，它选择与 Google 合作，成为全能的开发助手。

由于云端环境使用简单，不容易被破坏，Replit 作为学生学习编程的工具更合适。

4.4 AI 音频生成和处理

AI 语音技术是深度学习最早取得突破的领域，这个领域包括语音识别、文本转语音、语音变声、语音克隆和 AI 音乐等技术，应用非常广泛。对于需要制作、编辑和处理大量音频的内容创作者来说，AI 音频可以帮助他们快速地制作高质量的音频，包括音频剪辑、音效处理、语音转文字以及音乐合成等，从而提高制作效率和质量。

对智能音箱制造、语音助手、客服中心和知识服务等类型的企业来说，AI 音频可以用于语音交互和提供音频内容，提供更加智能化和个性化的语音交互服务，同时也可以提高音频内容的质量和生产效率。

在教育领域，AI 音频可以提供自适应学习、个性化推荐和实时反馈等功能，帮助学生更好地学习语言和音乐。

在娱乐领域，AI 音频可以用于虚拟主持人、音乐合成等场景，提供更加生动、逼真的音频体验。

◎ 4.4.1 语音识别（ASR）

语音识别（ASR）技术简单来说，是将人类的语音转换为文本。这个技术突破最早，发展也很成熟，在各个领域得到广泛应用。例如，许多手机上都有语音输入功能，或类似 Siri 的语音助手。在录音笔市场，以讯飞智能录音笔为代表，它已经替代了传统录音笔，在普通话的录音转文字方面达到了 98% 的识别率。在家庭中，可以通过 Alexa、小度和小爱等智能音箱，用语音进行智能家居控制。在商业领域，语音识别技术在市场调查、电话自动回复和智能客服等多种场景中也得到大量使用，具有很高的商业价值。

国内的互联网巨头几乎都有语音识别的技术。科大讯飞是中国领先的智能语音技术提供商之一，结合自己核心的智能语音技术和人工智能的研究，已经实现了 AI 产品化的布局；阿里

AI 语音是阿里巴巴集团推出的人工智能语音技术，它可以通过声纹识别技术，识别语音中存在的违规信息；百度的语音识别技术用于百度智能音箱及企业的各个场景；腾讯云语音识别主要应用于微信、王者荣耀、腾讯视频等内部业务，外部应用于录音质检、会议实时转写、法庭 / 审讯记录、语音输入法等场景，其主要优势在于有大量的用户基础和数据积累可应用于丰富的行业场景；搜狗主要布局 AI 硬件和 AI 交互录音，推出了录音笔、手表等产品。

一些专注于做语音技术相关的公司各自有一些重点场景。云知声和思必驰深耕车载场景，出门问问做面向消费者方向的事情较多，如智能手表等。

而国外的云服务产品有：

- Microsoft Azure Speech Services：用于语音转文本、语音合成和语音翻译的云服务；
- Google Cloud Speech-to-Text：能够实现自动语音识别，并将其转化为文本文件；
- Amazon Transcribe：能够将音频文件转化为文本，并自动添加标点符号。

4.4.2　文本转语音（TTS）

近年来，文本转语音（Text To Speech，TTS）技术也越来越多，TTS 是将文本转换为语音的过程。在喜马拉雅 App 上，许多音频内容都是由 TTS 技术来生成的。这个技术在自动客服、语音播报、视频配音、虚拟主持人等领域中也越来越多被采用，而且许多计算机和手机都内置了一些功能，用计算机将屏幕上的文本内容转换成自然、流畅的语音输出，这对视力受限人士、有阅读障碍的人及身体残疾人士也非常有帮助。

将文字转为语音需要考虑很多因素，例如输出语音的音色、流畅度和情感等，要做到像人说话一样自然是很有难度的。目前知名的科技公司如微软、谷歌和亚马逊都在这方面进行了大量研究，并且开放了文本转语音的 API，但生成的语音往往听起来没有情感，不够自然。专门从事语音处理的公司也有很多，如科大讯飞、思必驰（DUI）、魔音工坊、倒映有声、lovo.ai、Readspeaker、DeepZen、Sonantic、加音、XAudioPro 等。

比如，lovo.ai 提供了许多真人模拟的声音，还可以在编辑器中对需要强调的词进行标注，生成更富有情感的个性化声音。

随着内容媒体的变迁，短视频内容配音已成为重要场景。例如，剪映能够基于文档自动生成解说配音，上线许多款包括不同方言和音色的 AI 智能配音主播。

4.4.3　语音变声

很多人了解变声是从电影中看到的，人物为了隐藏或伪装自己的身份，打电话时用了变声器。在柯南系列电影中，柯南有一个变声领结就是这个装置；小孩子喜欢的"会说话的汤姆猫"就是一个变声的 App。

腾讯早在 2018 年就把变声功能应用在手机 QQ 上，被亿万名 QQ 用户所使用。用户在拨通 QQ 电话或者发送语音消息时，选择"变声"，就可以在"萝莉""歪果仁""熊孩子"等数十种特色音效中自由切换。

腾讯云及其游戏多媒体引擎（GME）和增强语音和交互式音频企业 Voicemod 合作推出实时变声语音方案，允许玩家自定义自己的声音，为玩家带来真正身临其境和丰富的游戏玩法。新的实时变声语音方案为游戏开发者提供了工具和模板，并支持自定义参数调整，可以应用于语音消息以及实时语音聊天。在腾讯云，可以通过 API 接入变声功能。

字节跳动智能创作语音团队 2022 年 8 月发布了新一代的低延迟、超拟人的实时 AI 变声技术，可以实现任意发音人的音色定制，极大程度保留原始音色的特点，预计将会用于直播和视频制作领域。

4.4.4　语音克隆

在 TTS 领域，值得关注的是语音克隆技术，也就是说，可以制作出和指定发言人相同的语音。

例如，Resemble.ai 是一家专注于声音克隆的公司，它使用深度学习模型创建自定义声音，可以产生真实的语音合成，并实现包括给声音增加感情、把一个声音转化为另一个声音、把声音翻译成其他语言以及用某个特定声音给视频配音等多种语音合成功能。该公司于 2019 年在美国加利福尼亚州成立，获得了 200 万美元的种子轮投资。

WellSaid Labs 也是一家制作声音克隆产品的公司，该公司开发了一种文本转语音技术，可以从真人的声音中创造出生动的合成声音，产生与源说话人相同的音调、重点和语气的语音，从而提高团队合作配音的质量和效率。WellSaid Labs 于 2018 年在美国成立，2021 年 7 月获得了 1000 万美元的 A 轮融资。

4.4.5　AI 音乐

在编曲方面，AIGC 已经支持基于开头旋律、图片、文字描述、音乐类型、情绪类型等生成特定乐曲。

AI 编曲指对 AI 基于主旋律和创作者的个人偏好，生成不同乐器的对应和弦（如鼓点、贝斯、钢琴等），完成整体编曲配音。2021 年末，贝多芬管弦乐团在波恩首演人工智能谱写的贝多芬未完成之作《第十交响曲》，即 AI 基于对贝多芬过往作品的大量学习，进行自动续写。对于人类而言，要达到乐曲编配的职业标准，需要 7～10 年的学习实践。而使用 AI 编曲技术，任何人都能一分钟创作一个曲子，对于视频的背景音乐而言，这样的配音可能已经满足需求了。自动编曲功能已在国内主流音乐平台上线，并成为相关大公司的重点关注领域。以 QQ 音乐为例，它已成为 Amper music 的 API 合作伙伴。

在 AI 音乐创作领域，Boomy.com 做得不错。它使用由 AI 驱动的音乐生成技术，让用户在几秒钟内免费创建和保存原创歌曲，创建的歌曲可以在主要的流媒体服务中传播，创作者可以获得版税分成，而 Boomy 拥有版权。目前用户已经创建了 1400 多万首歌曲。但这些歌曲不完全是 AI 生成的，创作者也花了不少工夫参与完善，算是人机协作编曲。因为 AI 编曲还不够成熟，对较长曲子的把握还比不上人类，但可以把 AI 编曲看成一个初稿，因此 Boomy 的功能还包括协助新手音乐创作者完成词曲编录混，根据设置的流派和风格等参数获取由系统生成的一段音乐等，也包括让创作者使用自己的编曲和人声进行原创。

对 AI 来说，混音比编曲容易多了，它能将主旋律、人声、各乐器和弦的音轨进行渲染及混合，表现相当出色。

人声录制则广泛见于虚拟偶像的表演现场（前面所说的语音克隆），通过端到端的声学模型和神经声码器完成，可以简单理解为将输入文本替换为输入 MIDI 数据的声音克隆技术。2022 年 1 月，网易推出一站式 AI 音乐创作平台——天音。用户可在"网易天音"小程序中输入祝福对象、祝福语，10 秒可产出词曲编唱，还可以选择何畅、陈水若、陈子渝等 AI 歌手进行演唱。

在音乐生成技术领域已经有了较多产品，代表公司有灵动音科技（DeepMusic）、网易有灵智能创作平台、声炫科技、Amper Music、AIVA、Landr、IBM Watson Music、Magenta、Loudly、Brain.FM、Splash 和 Flow machines。

国内的游戏平台昆仑万维也推出了自己的模型——天宫乐府（SkyMusic），迄今为止已经发行了近 20 首 AI 生成的商用歌曲，是国内唯一一家被传统音乐版权代理机构接受的商用人工智能音乐的公司。

总体来说，AI 音乐技术的发展还处于早期，场景还在不断拓展，目前最令人期待的应用包括自动生成实时配乐、语音克隆以及心理安抚等功能性音乐的自动生成。

4.4.6　典型案例

1. 灵动音科技

国内公司灵动音科技（DeepMusic），运用 AI 技术提供作词、作曲、编曲、演唱和混音等服务，旨在降低音乐创作门槛。目前，灵动音科技的 AIGC 产品包括支持非音乐专业人员创作的口袋乐队 App、为视频生成配乐的 BGM 猫、可 AI 生成歌词的 LYRICA、AI 作曲软件 lazycomposer 等。

口袋乐队 App 让创作音乐变得像游戏一样简单、有趣。哼出自己的调调就能写歌，选择乐手为你演奏，切换乐器和演奏方式，就能编排出专属于自己的音乐和伴奏。目前包括 17 种乐器：木吉他、钢琴、原声架子鼓、古筝、纯音电吉他、失真电吉他、笛子、电钢琴、电子鼓、琵琶、钢片琴、管风琴、二胡、手风琴、中国打击乐、拉丁打击乐和弦乐。

如果你在制作视频，需要背景音乐，可以使用 BGM 猫（bgmcat.com），一分钟就能免费生成特定时长和主题的音乐，下载就能使用。

可是 AI 生成歌词的 lyrica 实际上是仿照一些现有歌词，创作一首歌，只能算是初稿，然后你可以在 AI 歌词的基础上继续修改。

AI 作曲软件 lazycomposer 使用起来十分方便，在体验版界面，只需要在模拟的钢琴按键上点击 10 个音符，就能为你生成整首曲子。

灵动音科技的做法是通过 AI 识别与人工标注相结合的方式，建立了华语歌曲音乐信息库，准确、全面记录了从旋律、歌词到和弦、曲式等音乐信息。

灵动音科技还采用了 AI 技术制作音乐混音，比如为歌曲"换曲风"，能把任何音乐随意换个曲风，既熟悉又新鲜。从 2020 年起，该功能在国内最大在线 K 歌平台获上亿次使用，广受用户好评。

2. 魔音工坊

魔音工坊（moyin.com）是出门问问公司开发的 AI 配音平台，一些千万级粉丝大 V 们都在用它做视频。

在"序列猴子"大模型加持下，魔音工坊覆盖了 AI 写作、AI 配音和剪辑等多个场景。用户可以挑选上千种 AI 音色，超 2000 种声音风格、40 国语言和 11 种方言，轻松完成影视解说、有声书、在线教育、新闻播报等集文案与配音于一体的内容创作。

"魔音工坊"还支持对选定声音进行包括平静、悲伤、开心在内的 7 种情绪的调节，对包括女中年、男孩等在内的 10 种角色进行迁移。同时还开放了韵律调节、局部变速、多人配音等 AI 声音个性化编辑功能，让用户能够像用 Word 编辑文档一样编辑声音。

假如你听到一个比较喜欢的声音，可以用魔音工坊的听声识人功能进行识别，复制原短视频的链接或者下载短视频源文件到魔音工坊里搜索发音人，能匹配到发音人的风格以及准确的相似度。

如果想要换视频中的配音，也很简单，首先用"魔音工坊"的文案提取功能，将音视频中的语音文案进行识别提取，然后一键配音、复制和下载 .txt 文件。然后用文本配好音，放到视频中。对于烦琐的自动对齐字幕工作来说，也能做到把字幕稿自动匹配到音频，并生成时间轴。

对原视频或音频中的背景音，也能够做到提取或消除背景音，对人声也可以做同样处理。

未来，"魔音工坊"还将推出"捏声音"功能，让用户可以自由选择性别、年龄、语言、风格和情绪等声音特征，创作自己喜欢的声音。

4.5　AI 视频生成和处理

如今，人们花在视频上的时间已经逐渐超过图文，视频也正在成为移动互联网时代最主流的内容消费形态，因此利用 AI 来提升剪辑的效率和效果甚至生成视频是一个被普遍看好的领域。

对于需要大量制作视频的广告商、视频号作者或视频编辑人员来说，使用 AI 视频工具，可以快速地制作高质量的视频，包括视频剪辑、特效、字幕和音效等。这样他们可以更专注于内容本身，提高视频质量。

对于企业和组织来说，AI 可以帮助进行视频分析和处理，包括视频内容分析、对象识别以及情感分析等，便于发现用户的喜好，在策划和制作时候更有目标性，提升视频的传播效果。

在教育领域，AI 把枯燥的内容转换为有趣的视频，能适合各类学生的偏好，促进学习。

AI 已经在视频制作的各个环节产生影响。在影视领域，AI 能参与前期创作、中期拍摄、后期制作的全流程，在整个过程中，AI 可以创作剧本、合成虚拟背景和实现影视内容 2D 转 3D 等，极大地降低了制作成本。由于 AI 赋能视频生产方式的全流程，这样的变革会带来大量的创新机会。

目前的 AI 生成视频有 3 种方式：第一种是组合式生成，第二种是衍生式生成，第三种是创造性生成。但跟文本生成图片不同，这些文本生成视频的技术成熟度较低，还达不到规模化应用的水平，可能要在 5 年后才会迎来较为广泛的规模应用。

文本生成视频可以看作文本生成图像的进阶版技术，文本生成视频首先是通过文本来逐帧生成图片，最后逐帧生成完整视频。但难度大很多，因为视频生成会面临不同帧之间连续性的问题，对生成图像间的长序列建模问题要求更高，以确保视频整体连贯。简单来说，就是可控性还不够强，假如先在某个位置生成一个人物后，后续的生成过程中不一定能在这个位置附近生成同样的人物，这样就无法形成连贯的视频。

⦿ 4.5.1　AI 剪辑

AI 在视频剪辑方面能够非常直接地提高生产力。AI 可以对视频内容进行语义分析，自动提取关键信息并进行分类和归纳。例如，使用 AI 对体育比赛视频进行分析，可以自动提取比赛得分、球员信息等，并进行智能剪辑和合成。

在 2021 年东京奥运会中，快手云剪启用了一条智能生产的自动化流水线，在奥运热点发生后自动化产出短视频内容，实现了大规模、多元化的内容生产，打造了内容生产与分发的新方式。据快手官方报道，奥运期间，包含云剪生产内容在内的各类奥运作品及话题视频，在快手平台上达到了 730 亿次的播放量，端内互动达到 60.6 亿次，快手端外曝光也达到了 233 亿次。

由新华智云科技有限公司开发的"媒体大脑·MAGIC 短视频智能生产平台"，在世界杯期间，生成的短视频达到了 37581 条，平均一条视频耗时 50.7 秒，全网实现了 1.17 亿次播放！其中制作速度最快的一段视频《俄罗斯 2∶0 领先埃及》，仅耗时 6 秒！这样的剪辑速度是人类无法竞争的。

Descript 这家美国公司在 2022 年 10 月 C 轮融资中获得了 5000 万美元的投资，由 OpenAI 领投，a16z 等公司跟投，融资后估值达到 5.5 亿美元。Descript 产品的主要功能包括视频编辑、录屏、播客、转译 4 个板块，还融入了 AI 语音替身、AI 绿屏功能以及帮助用户编写脚本的作家模式等 AIGC 相关功能。

实际上，即便不能做到全自动剪辑，AI 也能提高生产力，我们可以使用 AI 技术自动标注视频中的对象、场景等元素，并生成文本描述，提高视频搜索和分类的准确性。

4.5.2　AI 特效

在视频特效方面 AI 已经广泛应用于电影和电视制作、游戏创作等领域，例如《刺杀小说家》背后的特效团队墨境天合，就用到了云渲染和 AI 技术。

另一种常见的场景是视频修复，通过 AI 技术，可以自动去除视频中的噪点、雾霾等干扰因素，提高视频的清晰度和质量。国内的帝视科技的业务就是超高清视频制作与修复，该业务融合了超分辨率、画质修复、HDR/ 色彩增强、智能区域增强、高帧率重制、黑白上色和智能编码等一系列核心 AI 视频画质技术。国外的相关产品包括 TopazLabs 旗下的各种 AI 工具、Neat Video 等。

除此之外，在影视制作中常常利用 AI 技术生成虚拟人物、虚拟场景等，制作出逼真的特效视频。许多想象中的场景难以在现实中进行呈现和拍摄，比如未来都市、奇幻世界等。AI 辅助生成背景，结合绿幕拍摄的制作模式已经得到广泛应用，AI 可以帮助影视工作者以更震撼的视觉效果叙述故事，将他们的想象变成现实并呈现在屏幕上，相关产品包括 Ziva Dynamics、DeepMotion 等。

在动漫制作的各个环节中，动漫工作者经常会遇到许多重复性工作，或者等待渲染，这些问题大大降低了生产效率。优酷推出的"妙叹"工具箱依靠 AI 技术能够在整个流程中提高生产力，以渲染为例，过去主流的解决方案是离线渲染，无法直接看到结果，导致工作者必须经过长时间等待而且很多有可能需要返工。然而，"妙叹"工具箱则可以实现实时渲染，帮助从业者实时把握产出效果，并有针对性地进行修改，节省了大量时间和精力。此外，在建模、剪辑、素材管理等重复性工作较多的环节中，"妙叹"工具箱也能够利用 AI 技术实现"一键解决"，或者提供预设模板和素材，进一步减轻动漫工作者的负担。

另外一种特效就是 AI 换脸。有一些电视剧或电影，在拍摄完成后，如果碰到明星"塌房"，则无法播出，此时出品方会选择 AI 换脸，换一个明星，出脸不出场，作为补救措施。

更强的应用在电影中，延长明星的演艺生命。2019 年，奈飞出品的电影《爱尔兰人》导演加三位主角的平均年龄是 77.2 岁。正是通过 AI 换脸技术的大量运用，才能让平均年龄超过 77 岁的"教父"们以更年轻的形象在片中重聚，高额的特效支出，让电影《爱尔兰人》的制作费用高达 1.59 亿美元。未来，随着此类技术的不断进步，使用成本和门槛将持续降低，可以预见，通过 AI 来调整演员年龄的做法将在影视行业获得更加广泛的应用。

4.5.3　组合式生成

组合式生成技术是指利用自然语言理解技术（Natural Language Understanding，NLP）语义理解需求，搜索合适的配图、音乐等素材，根据现有模板自动拼接成视频。这种技术实质上是基于"搜索推荐＋自动拼接"，有点像按关键词一页页生成 PPT 的模式，门槛较低，生成视频的质量依赖于授权素材库的规模和现有的模板数量。目前该技术已经进入可商用阶段，在国外已有相关公司开发出较为成熟的产品，如 GliaCloud、Synthse Video 和 Lumen5 等 ToC 公司，以及 Pencil 等 ToB 公司。

比如，使用 GliacLoud，用户输入文本链接后，即可自动对其中的标题和文字进行区分表示。为文字自动匹配相关素材，形成说明式的视频，让视频生产效率提升 10 倍。

使用 InVideo 这个视频创作平台，用户不需要任何技术背景就可以从头开始创建视频。在用户输入静态文本之后，AI 可以根据输入的内容按照预先设定好的主题将文本转换为视频，并添加母语的自动配音。

Pencil 这个工具则能够基于客户的品牌和资产自动生成副本、视频并完成相关广告创意。

国内也有类似的产品，如剪映、腾讯智影、百度 VidPress 等。

4.5.4　衍生式生成

衍生式生成是指基于用户提供的视频或图片衍生出一些新的内容。

这个领域比较成熟的是通过动作捕捉来生产视频，比如韩国公司 Plask 主打 AI 动作捕捉技术这一细分领域，可以识别视频中人物的动作并将其转换为游戏或动画中角色的动作。

基于视频来生成视频，可以看成一种视频的转换过程。一位名叫格伦·马歇尔（Glenn Marshall）的电脑艺术家凭借其人工智能电影《乌鸦》（*The Crow*）获得了 2022 年戛纳短片电影节评审团奖。马歇尔把 YouTube 上的一个舞蹈短片 "*Painted*" 作为创作的基础，输入 OpenAI 创建的神经网络 CLIP 中，然后指导 AI 模型生成图像，由 AI 生成一段荒凉风景中的乌鸦动画视频。马歇尔表示，基于提示内容和潜在视频之间的相似性，生成的作品几乎不需要精心挑选，就描绘出乌鸦模仿舞者跳舞的动作。

说来简单，实际上从视频生成视频的难度很大，因为可控性不够好，但从照片生成视频则相对容易多了。比如 D-ID 这个平台，用户在平台上上传一张照片并给出一段文本，就能够生成一短视频，可以看成会说话的活照片，不仅嘴型跟发音一致，还有扭头和眨眼动作。

类似的 D-ID 的产品还有 DeepMotion Avatar、Deep Nostalgia 等。iClone 有一个插件 Reallusion，可以把文本转为声音，与人像的口型配合，形成动画，效果与 D-ID 类似（如图 4-9 所示）。

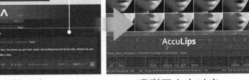

文本转语音　　　　　　　　嘴型跟文本对应　　　　　　　面部表情跟文本情绪一致

图 4-9　声音与口型的配合动画生成过程（图片来源：Reallusion.com）

⚙ 4.5.5 创造性生成

创造性生成视频是指由 AI 模型不直接引用现有素材，而是基于自身能力生成最终视频。

从原理上来说，视频的本质是由一帧帧图像组成的，所以视频处理本身就与图像处理有一定的重合性。因此，与图像处理类似，生成型视频处理是视频处理领域里对于 AI 技术、"创造力"要求最高，同时也最受资本看好的赛道之一。比如，runwayml.com 是一款在线 AI 人工智能工具编辑创作平台，提供快速制作内容所需的多种 AI 工具，可以进行图片处理、视频编辑等，也可以通过文本从头开始生成新的视频，但实际效果远不及文字生成图像。

该领域目前仍处于技术尝试阶段，所生成视频的时长、清晰度和逻辑程度等仍有较大的提升空间。比如，清华 & 智源研究院出品的开源模型 CogVideo 能通过文本生成几秒钟的视频，其他相关预训练模型还包括 NVIDIA 推出的 GauGAN、微软亚洲研究院推出的 GODIVA 等。

⚙ 4.5.6 典型案例

1. Runway

在生成式视频领域，名气最大的公司是 Runway（runwayml.com）。2018 年底，三个毕业于纽约大学的智利人在纽约创立 Runway，希望将 AI 的无限创意潜力带给每个有故事要讲的人。2022 年 12 月 C 轮融资 5000 万美元后，其估值高达 5 亿美元。

Runway 让用户可以用文字或图片生成新的内容，或对现有内容进行修改和增强，还提供了一个全功能的视频编辑器，提供 8 种视频模式，包括文字转视频、文字 + 图片转视频、图像到视频、程序化模式、故事板模式、定向修改模式、渲染模式和自定义模式。用户可以在浏览器中完成整个视频制作流程，并享受到云存储和云渲染带来的便利和速度。

Runway 的竞争优势在于它同时具备图像处理、视频处理和音频处理的能力。在 Runway 编辑器中可以使用 30 多种 AI 工具，包括图像翻译、图像分割、图像修复、图像转换、语音合成、语音识别和视频合成等，效率远超传统视频软件 AE。Runway 支持多种格式的文件导入和导出，并与其他软件如 Adobe Premiere Pro、Adobe After Effects、Davinci Resolve 等进行无缝集成。

Runway 已被用于编辑《深夜秀》（*The Late Late Show*）、《巅峰拍档》（*Top Gear America*）和《瞬息全宇宙》（*Everything Everywhere All at Once*）等电视电影节目。

2. D-ID

D-ID（d-id.com）成立于 2017 年，最早它是为了解决人脸识别软件中隐私安全问题。几个创始人都是以色列的部队成员，他们发现由于人脸识别技术的普及，私人图像被上传到各个媒体平台，可能会带来个人信息的泄露。他们都曾在以色列部队服役过，被禁止在网上分享照片，因此想要研发一种技术，在用户进行人脸识别时，能够保护他们的隐私。

后来他们在 2021 年推出了新产品：会说话的活照片。用户上传一张照片，再写几句话或说几句话，就能够生成逼真的视频，好像哈利·波特魔法世界中报纸上的动态人物一样。这款新产品的发布，让公司的 App 一度冲上苹果 App Store 排行榜的榜首。这个技术的发展潜力很大，比如生成一个可以表达各种情感的电视主播，可以为客户支持互动创建虚拟聊天机器人，可以开发用于专业培训课程，提供面向开发者的 API，还能搭建互动式对话视频广告亭等。

到现在，用户共创建了超过 1.1 亿个视频。客户包括财富 500 强公司、营销机构、制作公司、社交媒体平台、领先的电子学习平台和各种内容创作者。

D-ID 公司的成功在于，为原来的人脸识别和处理技术，找到一个应用更广的领域——人像动画，然后用极度简单的方式降低人们的创作门槛，且这个产品生成的内容能在社交网站传播，从而形成裂变效应，让公司业务迅速增长。

除了用真实照片生成头像，D-ID 也可以用文字描述生成头像，一次生成 4 张。选择一个加入自己的图库后，就需要输入文字来完成一个小视频。

D-ID 生成的视频可以作为在社交网络上的自我介绍，或者企业的客户服务，更形象生动；也可以作为 PPT 视频的解说员，增强表现力。

从技术上来说，它们掌握了人像方面的核心技术，其他的都是集成的，如文本转语音用的是微软和亚马逊的 API，文本生成照片，可能是 StableDiffusion 这样的开源软件。这也是 AI 时代的特征，一个公司只需有一种自己的独门技术，其他都可以集成，像搭积木一样。

D-ID 自己也变成了一块"积木"，被其他应用集成到更多的场景中。比如，一家以色列创业公司 MyHeritage（myheritage.com）使用 D-ID 技术，为历史照片中的人像制作动画。自从 2021 年 2 月推出以来，MyHeritage 应用下载量飙升至 30 多个国家应用商店的品类第一名，创建了 1 亿部人像动画。2023 年 5 月，MyHeritage 又推出了 LiveStory，继续引领在线家族史的创建，帮助数百万人与他们的祖先和已故亲人建立新的情感联系。

3. 腾讯智影

2023 年，腾讯发布了云端智能视频创作工具——智影（zenvideo.qq.com），提供了包含基础视频剪辑、文本配音在内的 8 款视频后期剪辑工具。之所以云剪辑会更有效率，是因为配有网络素材库，这对一些素材积累不够多的创作者来说是很有吸引力的。

除了基础的剪辑功能，智影提供了 4 个比较实用且主流的辅助功能：文本配音、字幕识别、智能横转竖、智能抹除。

文本配音功能，可将文本直接转为语音。有上百种音色可供选择，适用于新闻播报、短视频创作、有声小说各种场景。一段 1000 字的文稿，腾讯智影可在 2 分钟内完成配音和发布，同时能手动调整语音倍速、局部变速、多音字和停顿等效果，还支持多情感和方言播报，让音频听起来更为生动自然。腾讯智影还提供了有趣的变声功能，创作者通过腾讯智影的变声技术，可以在保留原始韵律的情况下，将音频转换为指定人声，帮助创作者解放生产力，让视频更有表现力。

字幕识别中有"字幕时间轴匹配"功能，轻松完成后期制作中的字幕压制。

智能横转竖则是通过 AI 智能分析，很好地解决了竖屏创作者面对横屏素材难以处理的痛点。

智能抹除功能，简单理解就是去视频水印。

智影有三个独具特色的功能。

（1）数字人播报

智影提供了 7 款人工智能虚拟主播，并匹配了普通话之外的四种主流方言语音包，创作者能够借此进行 AI 虚拟形象的内容创作。这一内容形式除与当下大火的虚拟形象市场契合外，也满足了缺乏拍摄条件、出镜条件的内容创作者进行视频创作的需求。

（2）文章转视频

只要输入相应的文本和发布在腾讯新闻的文章链接，智影就能通过 AI 智能将其转化成由网络素材、合成的 AI 语音组成的视频内容。这对于以传统图文内容为主要创作形式的创作者而言，可以直接用多模态发布内容，提升了他们的创作能力。

（3）数据视频

这一功能主要是提供在线图表编辑，不仅能编辑常见的饼图、柱状图等，还能编辑一些动态图表。在线编辑完成之后，点击"去剪辑"就可以将数据素材直接导入剪辑项目，减少了多个工具之间来回切换的麻烦。

使用腾讯智影，首先要注册腾讯开放平台的企鹅号才能获得素材的授权，且个人版账号下的作品不可商用。综合来看，腾讯的策略是个为腾讯内容生态赋能的产品。抖音借助剪映的优势，已经在内容创作方面绑定了许多创作者为其提供内容。腾讯智影的目标应该是类似剪映这样，借助腾讯丰富的资讯文章等资源，培养一些创作者，丰富在腾讯生态中的视频内容，并借助 AI 的能力，形成在更多商用视频制作方面的优势。

4.6　AI 销售自动化

销售自动化（sales force automation，SFA）。在销售过程中，与客户建立并维护一种长期的互利关系，被称为关系销售，想做好关系销售的基础则是与客户保持频繁互动，熟知每个客户的具体情况和需求。当客户数量多了之后，"频繁""熟知"就很难做到了，于是把数字化、移动化和社交化等先进的技术手段引入销售过程，它们的应用就是众所周知的销售自动化。

有了 AI 的辅助，企业将在接触机会、识别潜在客户、持续跟进客户活动、商务报价来往、达成合同销售以及后续活动的各个销售环节中提升自动化水平，从而提升销售工作效率。

在 SaaS 软件公司中，往往有一类角色叫客户成功，是解决客户问题的支持人员，通过帮助客户用好 SaaS 软件来获得价值，从而能持续续费或增加购买，也属于销售的一种。

下面列举一些销售自动化的应用场景。

◉ 4.6.1　自动搜寻潜在客户

对于许多企业来说，主动的对外销售是极为重要的一个工作。AI 可以通过分析大量数据和信息，找到潜在客户的线索和信息，从而快速发掘潜在业务机会。例如，AI 可以分析社交媒体、行业新闻和公司财务数据等，快速识别有可能需要产品或服务的客户，并将这些信息传递给销售代表。

Seamless.ai 就是这样的软件，通过简单描述客户的特征，例如行业、体量、收入规模和地区等信息，它可以按需求提供一个潜在客户销售名单。

而 Bluebirds.ai 这家公司，能通过 AI 帮助销售团队发现跳槽的过去客户联系人，自动检测客户的工作变动，并提供可跟踪的客户线索。

◉ 4.6.2　辅助销售决策

AI 可以分析客户历史订单和竞争对手价格，为销售代表提供针对性的建议，帮助他们做出最佳的定价策略。

AI 可以对大量销售数据进行分析和预测，帮助销售代表做出更好的决策。例如，AI 可以分析历史销售数据、市场趋势和竞争情况，为销售代表提供准确的销售预测和销售趋势分析，帮助他们制订更科学的销售计划。

AI 还可以使用自然语言处理技术，理解客户需求并进行智能谈判，最终自动生成有利于企业的合同。

比如，Vector 这个软件使客户经理很容易理解客户的言外之意，从而可以专注于做正确的事情来提升用户体验和留存率。

◉ 4.6.3　自动化信息整理

销售人员处理客户资料、销售记录等大量的客户信息需要花费大量时间和精力，且需要具备一定的分析和预测能力。AI 辅助销售可以帮助销售人员快速处理客户信息，从而提高销售效率和精准度。比如，Oliv.ai 可以通过学习大量的企业销售视频、录音和文字稿，分析销售话术中的优缺点，进而不断帮助企业优化和完善销售话术，提高转化率；Tennr 这个软件能基于这些客户信息洞察客户最关心的是什么，并向销售人员展示过去是如何赢得类似交易的成功案例。

AI 辅助销售软件可以学习企业产品或服务内容以及以前的成功案例，然后根据客户的需求量身定制解决方案，并帮助销售人员找到更好的销售方法，从而让更多客户购买企业的产品或服务，帮助企业增加销售额。

比如，Syncly 软件可以自动分析客户的电子邮件内容，协助收入运营团队和客户成功团队明确客户问题的优先级。

◉ 4.6.4　自动化客户联系

AI 还能根据每一个客户的不同情况来生成定制化电子邮件、微信消息、短信等，提高销售团队的生产效率。比如，Parabolic 可以为客户支持人员自动起草准备发送的回复客户的邮件。

自然语言处理则可以帮助企业建立 AI 智能外呼系统，让人工智能主动对外拨打电话联系到更多的潜在客户，大幅度降低企业的成本。如云蝠智能（Telrobot）就是这样的 AI 智能外呼系统，帮助企业打通更高效的销售流程。

Coldreach 是一款面向销售团队的软件，使销售可以在几秒钟内发送个性化的电子邮件，提高转化率。

Salient 是一个自动化销售工具，使用生成式 AI 来定制公司的对外销售工具，能够个性化发送大量邮件，自动回复客户，并在正确的时间主动与潜在客户重新联系。

4.6.5 销售团队协作

销售团队需要协同合作，共同完成销售任务。AI 工具可以帮助销售团队快速协同合作，提高销售效率和协同能力。销售人员的管理者也能在 AI 的辅助下，及时发现销售团队中某一个客户存在的问题并采取合适的干预措施，提高销售管理效率和质量。

如 Fabius 这个软件，能通过 AI 分析客户电话，帮助销售主管了解销售的进展情况，并提高销售工作者们的业绩。特色功能包括识别低效线索、发掘潜在价值。

4.6.6 自动化客户服务

AI 客服能够帮助客户服务人员更快速地处理客户的需求和问题，如产品咨询、售后服务等，提高客户服务的效率和质量。比如，在网站上设置聊天机器人，自动应答常见问题，解决客户的疑虑；此外，AI 还可以利用语音识别技术，在电话咨询中理解客户的问题，并提供相关答案。OpenSight 就是一个提供 24×7 实时客户支持的软件。

除直接让 AI 客服面向客户外，用 AI 机器人替代支持人员也是个好的应用场景。比如，Kyber 这个软件，帮助保险公司的指定代理人在销售保单时辅助客户服务；在遇到问题时，不必等待几个小时寻求支持人员的帮助，直接询问 Kyber 机器人，就能获得靠谱的答案，从而能够更快地完成交易。

4.6.7 典型案例

用于工作流的爱因斯坦 GPT

2013 年 4 月，提供客户关系管理（CRM）服务的公司 Salesforce 推出了名为 Flow 的自动化工具组合的新功能，其中包括 Einstein GPT 和 Data Cloud。

Einstein GPT 是一种利用人工智能技术的 CRM 生成工具，它可以帮助客户在每个销售、服务、营销、商业和信息技术交互过程中，生成适合实时变化的客户信息和需求的内容。例如，它可以为销售人员生成个性化的电子邮件发送给客户，为客户服务专业人员生成特定的回复以更快地回答客户问题，为营销人员生成有针对性的内容以提高活动回复率，并为开发人员自动生成代码。

借助 Einstein GPT，用户可以将这些数据连接到 OpenAI 的 GPT 模型，并直接在其 Salesforce CRM 中使用自然语言对话，生成适应实时变化的客户信息和需求的内容。

借助 Einstein GPT for Flow，它可以帮助用户构建由 AI 驱动的工作流程，用户可以输入文本提示生成工作流，而不必手动逐步构建每个工作流。例如，当用户输入某个指令时，Einstein GPT for Flow 会使用 Salesforce 记录和元数据的上下文来正确配置工作流的操作。

用户还可以让复杂的工作流程自动化，并根据实时变化触发相关操作。例如，当营销自动化系统检测到某个客户放弃了购买的行为时，就会发出一封带有折扣码的个性化的电子邮件，鼓励客户完成购买。

使用 Salesforce 自动化，用户可以减少手动任务的时间，提高运营效率。有用户说，自己每天减少了近 4 个小时的手动任务。

有了 Einstein GPT for Flow，业务用户和管理员能更有效地构建由 AI 驱动的自动化，可用性更好，并提高工作效率。

业务用户和管理员可以利用此功能直接描述他们想要构建什么样的工作流，并近乎实时地看到构建的过程，而不必手动逐步构建每个工作流。

用户还可以描述他们想要的公式，Einstein GPT 将自动构建它。这避免了在使用公式语法中出现错误的风险。

4.7　AI 辅助管理和协作

企业内部的内部协作和管理中，AI 也扮演着重要角色。通过有效的管理和协作，可以确保所有团队成员都朝着相同的目标努力，营造积极的工作环境，提高员工满意度，并降低离职率和提高留用率。

团队管理者需要协调和管理团队的工作，项目经理需要协调和管理进度、资源、成本等多方面的因素，有了 AI 的辅助，能大大提高管理效率和质量。

有了 AI，可以辅助甚至替代人完成许多重复性的工作，节省时间和资源，提高内部流程的效率和准确性，比如安排会议、创建报告和处理电子邮件等。

另外，AI 还可以促进组织内的知识共享，从而借助团队的智慧积累，为管理者做出更好的决策并找到解决问题的方法提供帮助。

◉ 4.7.1　工作助理

AI 可以帮助提高日常工作效率，减少重复性工作和人为错误，从而帮助团队更快完成任务，提升整体生产力和效率。具体方式如下所述。

（1）自动化重复性任务：AI 可以处理重复性、耗时的任务，如文件整理、数据输入等，以便员工有更多的时间处理更具挑战性的事务。

（2）智能日程管理：AI 可以帮助管理者合理安排日程，自动识别、安排和调整会议，以及提醒助理和团队成员有关即将到来的任务和事件。AI 通过分析来自电子邮件和日历邀请的数据，了解不同团队成员的空闲时间和会议时间偏好，利用这些信息自动生成一个会议时间表，和每一个与会成员确认是否可以到场，以便最大限度地提高出席率和工作效率。

（3）电子邮件管理：AI 可以帮助员工更有效地管理电子邮件，自动识别和过滤重要的信息，并将它们分类和排序，以便更快速和有效地处理和回复重要信息。比如，Google 将 AI 辅助回复功能添加到了 Gmail 邮箱系统中，帮助用户更好地提高工作效率。

⭕ 4.7.2　团队协作

使用 AI 工具，可以构建智能化的协作平台，支持跨团队的实时协作和沟通，提供多种协作工具和功能，如文档共享、在线会议和项目管理等，从而提高协作效率和质量。这类工具对于远程工作团队尤其重要。

具体如下所述。

（1）智能聊天机器人：AI 可以通过智能聊天机器人与团队成员进行自然语言交互、回答常见问题以及提供技术支持和服务，从而降低人工支持成本，也提供了 24×7 的支持能力。

（2）自动翻译和语音转换：AI 可以支持多语言翻译和语音转换，帮助团队成员跨越语言和地域障碍，更好地沟通和协作。这个功能在许多协作软件上都获得了应用，比如飞书，其群聊消息和文档可以支持 113 种源语言、17 种目标语言的翻译。

（3）语音识别：AI 可以通过语音识别技术将会议和电话录音转换为文字并生成文字摘要，以便团队成员更方便地查看和共享信息。字节跳动旗下的飞书妙记，就能自动通过语音识别把会议内容转化成文字，方便会议成员快速回顾会议，也方便其他未参会人员了解会议关键内容，减少误解和沟通障碍，工作更高效。

（4）自动化报告生成：AI 可以分析来自不同来源的数据，比如销售数据、客户反馈和财务报告，自动生成详细和信息丰富的报告，以便团队成员更好地了解业务状况和趋势。这些报告可根据不同需求方的具体需要和偏好进行调整，并可在获得新数据时实时更新，从而帮助企业根据最新的信息做出更好、更明智的决策，还可以通过自动化报告创建过程来节省时间和资源。

（5）自动化任务分配和跟踪：通过 AI 自动化任务分配和跟踪，帮助团队成员更好地了解任务进度和负责人，从而提高协作效率和减少误解。

（6）智能排程和调度：通过智能排程和调度算法，帮助团队成员更好地安排和协调项目进度和资源，从而提高项目的执行效率和完成质量。

（7）数据分析和预测：通过数据分析和预测技术，帮助团队成员更好地了解项目进度和风险，制定更好的决策和策略，从而提高项目的成功率和价值。

◎ 4.7.3　知识共享

在企业中，知识共享是一个难题。由于信息来源不同、文档格式不同和存储方式不同等原因，企业内部的知识和信息往往分散在各个部门和系统之间，形成信息孤岛，难以进行有效的共享和利用。

另外，许多企业没有建立完善的知识管理体系，知识和信息没有得到充分的记录、分类和归档，难以进行有效的共享和利用。

有了 AI 工具，可以构建智能化的知识库，帮助团队成员更好地共享和利用相关的知识和信息，具体策略如下所述。

（1）知识管理系统：AI 可以构建和管理知识管理系统，使团队成员可以方便地查找和共享各种文档和数据，如报告、文档、图片、视频等。

（2）自动化文本摘要和分类：AI 可以自动化文本摘要和分类，以便团队成员更快地了解文档和数据的内容和意义，从而更好地共享和利用这些信息。

（3）搜索和推荐引擎：AI 可以构建搜索和推荐引擎，帮助团队成员更好地查找和发现相关文档和数据，从而促进知识共享和协作，也降低跨部门协作时获得信息的阻力。

（4）自然语言处理：AI 可以通过自然语言处理技术进行文本分析和理解，以便团队成员更好地理解和利用文档和数据，从而促进知识共享和创新。

（5）数据挖掘和分析：AI 可以通过数据挖掘和分析技术对数据进行深入分析，从而帮助团队成员更好地理解数据的含义和价值，促进知识共享和创新。

在 AI 协作软件方面，目前最值得期待的是微软发布的 Office Copilot，国内的飞书也有许多让人喜欢的功能。

Microsoft 还推出内置了 AI Copilot 的协作工具 Loop，它独立于 MS Office，但又与之密切相关。某种程度上，它也与 Google Workspace 存在竞争性。

Salesforce 推出了类 ChatGPT 的 SlackGPT 产品，旨在为每位客户和员工配备智能秘书，将重复、琐碎的工作流程自动化，同时集成在 Slack 等产品中。SlackGPT 提供生成式 AI 功能，如自动生成文本、总结长文本摘要等，同时还可以快速浏览未读消息、提供在线会议摘要服务，并在 Workflow Builder 中构建跨应用、平台的无代码自动化业务流程。此外，Salesforce 还集成了 OpenAI 的 ChatGPT 和 Anthropic 的 Claude 等大语言模型，以满足不同企业的需求。对于销售人员而言，SlackGPT 可帮助节省时间并提升商业转化率，例如自动生成潜在客户消息、案例摘要和博客、邮件、社交平台和广告等文本。

还有一些轻量级的智能笔记和知识管理工具，如 Notion、Mem.ai 等集成了 AI 技术的智能笔记应用，也被用于团队成员协作。Mem.ai 是一个智能笔记和知识管理平台，帮助用户自动记录和组织他们的工作和创意，为用户提供一个简单且易于使用的方式来保存和共享笔记、清单和文档等内容。Mem.ai 推出的 MemX，可以用 AI 来快速进行知识管理和内容编辑。

还有更轻的协作软件，如 Hints.so，定位为一个方便快捷的 AI 助手，通过自然语言快速跟进日程和工作流中的任务，该软件还与 Notion、Jira 等协作软件打通，增强了这些协作工具的便捷性。

另外，一些用于协作过程中的知识处理工具也很有价值。当用户提供一个公司的财务报告的 PDF 文件，它们需要快速提取内容，方便进行竞争分析。

另外，在商业社会中，经常有一些 PDF 形式的报告，内容很多，是否每一个文档都值得审读？最好有一个过滤机制。有时候，看的过程中，还有些疑问，也需要能及时沟通解决。而一个小工具 ChatPDF 就可以让用户上传一个 PDF 文件，然后生成摘要，或者跟它沟通，问一些自己关心的话题，快速提取所需的知识，或者过滤掉不需要读的 PDF 文档。

⚪ 4.7.4 典型案例

1. Microsoft 365 Copilot

这个 Microsoft 365 Copilot 全系统，把 Word、Excel、PPT 之类的办公软件，Microsoft Teams 以及 GPT-4 做了一个超强联合。

因为 Copilot 可以在整个 Office 中调用，用户的所有 Office 软件信息都是互通的。

比如活动邀请，你直接告诉 Copilot 需求"邀请大家来参加下周四中午关于新产品发布的午餐和学习活动，现场会提供午餐"。它不仅可以帮你写好邀请邮件，还能根据你的历史邮件，找到你们约定好的地点，并添加到邀请函中。

而且，根据邮件目的和对象的不同，你也可以指定以怎样的语气写邮件，写多少个字，完全做到个性化写作。

如果是回复邮件，你可以这样对它说："起草一份回复，在表达感谢的同时，询问第二和第三点的更多细节；缩短这份草稿的长度，并使用更加专业的语气。"

此外，你对它说："总结一下我上周外出时错过的邮件，标记所有重要的项目。"它还会自动帮你汇总邮箱中的未读邮件信息，帮你标记出所有值得注意的重要项目。

任何时候，你对写出来的邮件不满意，比如行文的语气、内容的长短，只要说一句要求，它马上就调整好了。

微软的 Teams 是类似飞书的办公协同软件。

在 Teams 的会议中，Copilot 这样的 AI 助手是一个出色的会议助理，能组织关键讨论要点、总结会议结论，随时引导会议进程。甚至在会议结束后，根据今天的会议讨论内容，帮助团队制定下一次会议的日程及参会人员。

假如在会上，大家对讨论的问题需要做决定，可以对 Copilot 说："为'正在讨论的话题'建立一个正反两方面的表格。在做决定之前，我们还应该考虑什么？"展示出所有信息的过程就是把思考可视化的过程，也就能更理性地做好决定。

另外，当你们做出决定后，需要确定下面跟进的具体工作。可以说："做出了 ×× 决定，对下一步行动有哪些建议？"

当 Copilot 拿出了行动清单，大家很容易根据清单进行分工和跟进。

另外，Copilot 还能实现信息即时同步，项目更新、公司人员的变化，甚至哪位同事休假回来了，都能立马看到。对于你计划的一些事情，它还会自动提醒你，避免忘事。是不是超级贴心？

微软推出的新工具 Business Chat（商务聊天）融入 Microsoft 365 以及 Windows 中的日历、邮箱、文档、联系人等软件中，你可以通过"告诉我的团队，我们该如何更新产品策略"等语言提示，让 Business Chat 协助团队更新会议、邮件等工作状态。

在 Business Chat 上汇集了所有来自 word、PPT、邮件、日历、笔记和联系人的数据以及聊天记录。

假如你没时间看昨晚某个群里的每条聊天记录和其他信息，你可以提出要求："总结一下昨晚发生的关于'某客户'升级的聊天记录、电子邮件和文件"，就能迅速把握昨晚的信息内容。

假如，对某个项目你有点担心，你可以向 Copilot 提出："[某项目] 的下一个里程碑是什么，有没有发现任何风险？帮我头脑风暴一下，列出一些潜在的缓解措施。"这样把 Copilot 当成一个冷静的助手，有助于随时发现风险，把控风险。

假如你想提出一个计划，放到聊天群讨论，你可以提出："按照'文件名 A'的风格写一个新的计划概述，包含'文件名 B'中的计划时间表，并结合'人'的电子邮件中的项目清单。"有了这样的计划，沟通更有目的性。

2. ChatPDF

ChatPDF（chatpdf.com）是一个处理 PDF 文档的工具，实际上就是用 ChatGPT 底层的 GPT-4 模型做了微调。首页上，针对学生、用于工作的人分别明确地说明了这个产品有什么用。它的服务分为免费和收费两档：免费的 1 天 3 个 PDF，最长不超过 120 页，这个对一般人来说也够用了；而收费的一天可以处理 2000 页 PDF，价格也很便宜。它还有自己的用户社区，方便大家讨论。

假如你拿到一篇 OpenAI 发布的关于 ChatGPT 对就业影响的英文论文，觉得太长太枯燥，就可以扔给 ChatPDF，然后跟它聊天，获得你最关注的信息。

也可以把 PDF 的要点提出来，转化为 PPT 与其他人分享。

使用下列提示语：

你现在作为一名 [职业角色]，基于当前的 PDF 文档生成一个演讲稿，内容包括 [卖点或者优势]，[第二个卖点或者优势]，[第三个卖点或者优势]，以及 [各种案例]，字数不限，分段表达。

如果对字数有限制，可以加上要求，或者提出增加演讲者和观众互动等要求。假如输出的篇幅达到上限了，可以输入"继续"。最后你可以对生成的演讲稿内容做一些润色，然后复制到 Tome.app 生成 PPT 即可。

4.8 AI 生成演示文档

在现代社会中,演示文稿已经成为各种场景中辅助表达的重要工具,例如商务会议、学术研讨和培训讲座等。然而制作一份高质量的演示文稿需要耗费大量的时间和精力,因为需要考虑各种细节,包括布局、配色、图表和文字等。

许多人抱怨在创建 PPT 上花费了大量的时间,如果能用 AI 来生成 PPT,告诉它需求,它就能自动生成一个结构完整的 PPT,还能生成每一页的内容和配图。这样就太方便了!而且,好的演示文档应该在手机、电脑等任何设备上看起来都很美观,适用于多种场景。

通过 AI 生成演示文稿的软件,用户只需输入一些关键字或提供一些素材,就可以自动生成演示文稿,包括布局、配色、图表和文字等,帮助用户节省大量时间和精力,让用户能够更专注于演示内容本身,提高演示效果。

在微软 Office Copilot 的发布会上,展示了 AI 生成 PPT 的过程,只需要简单的对话就能实现整份 PPT 的生成(包括里面的内容),还能继续通过对话形式进行修改。这个场景看起来确实很美好,等产品正式发布后,将会大大提升用户的生产力。

在 AI 生成演示文档这个领域,已经有不少公司推出了可用产品,用于企业展示、产品推广、市场调研和教育培训等。其中推出比较早的是 Beautiful.ai,通过一些设计规则来实现自动排版,用户只需添加内容,就能创建出美观的 PPT。发展速度最快的是 Tome.app,已融资 8100 万美元,用户超过 300 万人(在 2023 年 2 月宣布融资后的 1 个月内就增加了 200 万人)。

使用 Gamma.app,写一句话就能生成完整的演示文档,选中文本后还能实现多种修改以及在对话式中获得图片等功能。它的优点是模板质量高,生成速度快,调整版式布局比较方便;缺点是需要有一定的英文基础,且导出的文件格式只有 PDF,因为生成的内容并不是 PPT 格式的,更新是类似 PPT 的图文混排文档。

相似功能的网站还有:SlidesAI.io、Designs.ai、Deck Robot 和 MagicSlides 等。

一些传统的做演示文档的网站如 Canva 也在探索 AI 技术在生成演示文档方面的应用。

国内也有一家做演示创作工具的公司叫 Motion Go,其前身是"口袋动画",最近推出了 ChatPPT 的功能,以 Office 和 WPS 插件的形式出现。从官网下载软件安装后就会出现在 PPT 上方选项卡中,进入 motion go 选项卡就能看见 ChatPPT 这个功能。给出一个标题能生成文字,但页面的排版细节还有很大优化空间。

◉ 典型案例

Tome

Tome(Tome.app)是一个利用 AI 创作 PPT 的人工智能软件,可以把用户的想法转化为吸引人的视觉表达。虽然自动配图都是 AI 生成的,质量很一般,大部分还不能使用,但对普通用户来说,有一个初稿就已经能省很大一部分精力了,换自己上传的图片,或者用 DALL·E 2 来生成一个，都很方便。

如果你觉得一句话说不清需求，也可以复制长达 25 页的文档文本，让 Tome 解析后，生成分页和布局、结构、标题和精细的页面内容。另外，Tome 还有录屏功能。

可以把 Tome 看成一个思维可视化的工具，有一些团队在尝试用 Tome 快速制作产品原型，用于团队沟通。

还有父母把 Tome 用于给孩子生成图文并茂的睡前故事。虽然这些故事的水平不算高，但只需几秒钟就可生成，父母可以用自己的即兴创作来调整或扩充。

Tome 于 2020 年成立，总部位于旧金山。两位创始人凯斯·佩里斯（Keith Peiris）和亨利·利里亚尼（Henri Liriani）认为，微软的 PPT 和谷歌幻灯片在移动设备上的展示效果不够好；而且在新场景下出现了新需求，比如原型、客户数据或其他人工制品的图像通常意味着共享和嵌入静态屏幕截图；另外由于 OpenAI 的 GPT 大语言模型的出现，可以使用 AI 从更多优秀的演示文档中学习，帮助人们做得更好。

Tome 于 2022 年 9 月公开推出，大约 6 个月后，用户就超过了 100 万名，从学生和教师到市场团队都有。

2023 年 3 月，Tome 宣布获得了 4300 万美元的 B 轮融资，由 Lightspeed Venture Partners 领投，估值达到了 3 亿美元。

最近，该公司的增长加速，在过去一个月增长了两倍，用户达到 300 万名。

利用 Tome 创作演示文档的过程分三步。

第一步，生成一个演示文档的框架，确定页面数和样式；第二步，由 AI 来填充相应的图像和文本；第三步，用户可以通过与 AI 对话，通过额外的提示来微调结果，或要求 AI 生成更多页面。

Tome 的联合创始人兼首席产品官亨利·利里亚尼表示，很快，用户将能够将任何实时工件或网站链接——无论是研究报告、共享文档、源代码还是更多——转化为精美的演示文稿；用户还将能够使用 AI 或通过相关图像库生成图像，以补充他们的叙述，使他们能够更有效地工作，同时也创造更具视觉说服力的结果。

具体用的时候，可以把 ChatGPT 和 Tome.app 一起用。

比如：先给 ChatGPT 提出要求：

给 10 岁的孩子讲解进化论，多一些例子和比喻。

ChatGPT 回答：

进化论是一种科学理论，它解释了生命形式如何逐渐变化和适应环境的过程。这个理论可以通过以下例子和比喻来帮助 10 岁的孩子理解：

1.恐龙和鸟类的进化：恐龙是现代鸟类的祖先。随着时间的推移，一些恐龙逐渐发展出了羽毛，并成为能够飞行的鸟类。

2.细菌对抗抗生素的进化：细菌可以经历基因突变并产生新的特征。如果一个特定类型的细菌暴露在抗生素中，那些具有抗药性的细菌则能够存活下来并繁殖，最终导致细菌群体中抗药性更强的细菌越来越多。

3. 长颈鹿的进化：长期以来，长颈鹿的颈部逐渐变长，以便它们能够吃到高处的树叶。这是因为，那些具有较长颈部的长颈鹿相对于身材较小的长颈鹿更容易找到食物并繁殖后代。

4. 鳄鱼的进化：鳄鱼可以在水中和陆地上生活，因为它们具有适应不同环境的特征。例如，鳄鱼的皮肤可以保护它们免受太阳照射，并且它们有强大的牙齿和肌肉帮助它们狩猎和防御。

这些例子和比喻可以帮助孩子理解进化论的基本概念和原则，即物种逐渐演变和适应环境。

然后，把这些文字贴到 Tome.app 中，1 分钟就能生成一个图文并茂的演示文档（如图 4-10所示）。

图 4-10　Tome.app 界面

如果对生成的 PPT 文字不满意，有四个选择继续改进。①重写，把文字改写；②调整语气，在语气方面又有很多的选择；③简化，减少文字；④扩写，也就是增加文字。

4.9　AI 虚 拟 人

AI 聊天机器人最早为大众所知，是从聊天娱乐开始的。2014 年的微软小冰，之后出现的智能音箱等，这些都是 AI 虚拟人。

2015 年，中国台北小巨蛋体育馆举办了一场别开生面的跨时空演唱会——《如果能许一个愿望·邓丽君 20 周年虚拟人纪念演唱会》，这场演唱会是在邓丽君香消玉殒 20 年后，通过虚拟数字人技术将她"复活"。台上的"邓丽君"一颦一笑美丽如初，唱着《甜蜜蜜》等老歌，还与现场的表演嘉宾费玉清"同台"对唱了两首经典名曲，台下 7000 名歌迷听得如痴如醉（如图 4-11 所示）。在那个"恍若重生"的场景中，虚拟世界和真实世界间的边界仿佛消失了。

图 4-11　截图来自邓丽君 20 周年虚拟人纪念演唱会视频

　　ChatGPT 发布之后，一方面，许多人把它作为生产力工具来使用；另一方面，也有很多人把它作为一个聊天的娱乐工具。作为虚拟社交体验，让 ChatGPT 进行角色扮演，与自己聊天互动，可以在一定程度上满足用户的社交需求。

　　在学习外语的过程中，也可以用这种娱乐的方式跟 ChatGPT 聊天，形成特殊的玩中学的体验。

　　什么是 AI 虚拟人？

　　AI 虚拟人是指使用计算机图形学和人工智能技术创建的、具有人类形象及多重人类特征的虚拟实体。

　　在虚拟偶像、虚拟主播等领域，拟人化的数字虚拟人很早就有了广泛应用。

　　2007 年 8 月 31 日，日本制作了第一个被广泛认可的虚拟数字人"初音未来"；2011 年，上海禾念创建了"洛天依"，成为中国著名的虚拟偶像，并出现在春晚、奥运会开幕式上。

　　而自 AI 出现后，没有拟人化形象的虚拟聊天机器人，也越来越多。2014 年，微软推出 AI 聊天机器人小冰，另外还有小度、小爱等各类智能音箱，它们为用户提供陪伴、交流和情感支持。

　　2019 年上映的《阿丽塔：战斗天使》是虚拟数字人技术与影视相结合的典型案例，剧中的女主角阿丽塔是一个完全采用数字人技术制作的角色。电影采用特殊的面部捕捉仪器对真人演员人脸细节进行精准捕捉，然后将其作为电脑中虚拟角色的运动依据，使虚拟角色的动作和表情像真人一样自然逼真。

　　进入 2021 年，随着人工智能技术的发展，虚拟人大量出现，在广告中作为代言人或形象大使，如肯德基的"虚拟网红上校"、屈臣氏的首位虚拟偶像代言人"屈晨曦 Wilson"、花西子同名虚拟代言人等。

　　如今，虚拟数字人的应用场景从虚拟偶像、影视以及品牌营销扩大到了电商直播、媒体、金融、电商、教育、房地产和医疗等行业。

　　2022 年冬奥会期间，央视主持人朱广权和数字人手语主播的视频曾引发大量关注。视频里，朱广权金句频频，语速惊人，而一旁的数字人手语主播则见招拆招，根据朱广权的话进行即时手语翻译。这位数字人主播曾在冬奥会期间包揽下大量手语翻译工作，精准的手语动作展示出数字人技术的最新水准，也成功为中国 AI 技术代言。

在企业领域，AI 虚拟人可以用于客户服务，如浦发银行的虚拟客服"小浦"可提供 24 小时在线客户支持，帮助客户解决问题和回答疑问。

在销售方面，AI 虚拟人可以作为虚拟销售代表，与潜在客户交互，提供产品和服务的信息，并帮助客户完成购买流程。

在内部协作方面，虚拟人能提供协作效率，降低成本，如网龙子公司的虚拟 CEO"唐钰"、万科的虚拟财务员工"崔筱盼"、红杉资本的虚拟员工"Hóng"和华为云的虚拟员工"云笙"等。

在电商领域，可以打造品牌电商的 AI 虚拟人主播，给观众带来虚拟场景下的沉浸式购物体验。

在娱乐领域，可以推出 AI 虚拟偶像，降低翻车风险。一些具有特别属性的虚拟人已经成为现代社会中一个重要的技术和文化现象，比如会捉妖的虚拟人"柳夜熙"一出道就是网红。

此外，AI 虚拟人还可以用于医疗、教育和娱乐等领域，如提供医疗支持、在线学习以及游戏陪伴等。总之，AI 虚拟人可以帮助解决一些人类在日常生活和工作中面临的社交和情感痛点，提高效率和便利性。

从虚拟人的互动角度，可以将虚拟人生成分为非互动型虚拟人和实时型虚拟人。

⦿ 4.9.1 非互动型虚拟人

非互动型虚拟人通常指用于网络、电视、电影或视频游戏中的虚拟人物角色，用户无法直接与它们进行交互。这些虚拟人形象主要是为了丰富场景和增强视觉效果，或者用于输出特定的内容。这是目前应用最为广泛的虚拟人领域，包括虚拟新闻播报者、虚拟电视台主持人、虚拟金融顾问、虚拟网络主播和虚拟演员等。

小冰公司与每日财经新闻合作的虚拟人实时直播，这类虚拟人主播的差异在于仿真的效果，比如唇形及动作驱动的自然程度、语音播报自然程度、模型呈现效果等。有的虚拟人主播推荐产品，还能生成特定场景所需的素材，比如文本摘要、图示、表格等素材呈现，这样就提升了播报的整体效果。

Hour One 是一家于 2019 年成立的以色列公司，主打"数字孪生"，开发基于真人创建的高质量数字人的技术，生成基于视频的虚拟角色，和真人看起来几乎没有差别。Hour One 的主要产品是自助服务平台，主要功能包括创建虚拟人以及输入文本自动生成相应的 AI 虚拟人演讲视频。

Synthesia 是一家提供虚拟人视频制作软件服务的公司，为企业传播、数字视频营销和广告本地化等领域提供支持。其主要产品是 2B 端的 SaaS 产品 Synthesia STUDIO。乐事薯片是

Synthesia 的一个典型案例之一，它们利用 Synthesia STUDIO 制作了名为《梅西信息》（*Messi Messages*）的在线视频，只需要梅西录制 5 分钟的视频素材模板，Synthesia 就可以生成并发送个性化的比赛观看邀请，让用户收到梅西头像的邀请。

Replika 是一家手机应用程序，利用 AI 技术创建虚拟人物，用户可以与这个虚拟人物交谈、分享观点、解决问题等。

VNTANA 是一家 VR 和 AR 开发公司，它使用 AI 技术创建可定制的虚拟人物，并将其整合到 VR 和 AR 应用程序中。

ObEN 利用 AI 技术创建数字化人类虚拟个性化形象，可以服务于虚拟娱乐、虚拟旅游和虚拟医疗等领域。

Mica 是一款通过智能化聊天方式与用户沟通，表现出人类行为特点的虚拟人，不仅可以利用聊天互动来帮助用户找到旅游景点、餐馆等，还可以进行情感倾诉。

倒映有声是一家以技术为核心的创新型公司和无人驱动数字分身技术解决方案供应商，仅需 10 分钟有效音画数据采集，即可创造自然、流畅、高拟真度的数字分身，可实现自主与用户交流互动、内容播讲。这样的数字分身可广泛应用于虚拟直播、互动游戏、泛娱乐、有声书、融媒体、教育培训等领域。

虚拟人技术的代表公司包括：阿里巴巴、小冰公司、倒映有声、数字王国、影谱科技、科大讯飞、相芯科技、追一科技、网易伏羲、火山引擎、百度、搜狗、Soul Machines、Replika、HourOne.ai、Synthesia 和 Rephrase.ai 等。

◉ 4.9.2　互动型虚拟人

互动型虚拟人是指能够通过视觉、声音和语言等手段与用户进行实时交互和沟通的虚拟人物，这种虚拟人通常拥有自然语言处理、计算机视觉和智能推荐等人工智能技术，并且可以根据用户输入的语言或者指令进行回答或者实现动作。互动型虚拟人可以广泛应用于智能客服、虚拟导购、在线教育等领域，并能够提高用户的体验和满意度。

例如，在线网站、App 或者线下的银行大堂等场景，有很多互动型智能客服虚拟人。韩国 AI 客服方案商 Deepbrain AI 为《美国达人秀》主持人豪伊·曼德尔（Howie Mandel）创建了 AI 虚拟人版本，这个虚拟人利用交互式虚拟化身、数字孪生技术，复制了一个虚拟的曼德尔，它的特点是基于 Deepbrain AI 的对话模型，可回答人提出的问题，而且外观看起来相当逼真。

拟人形象的虚拟人，确实看起来更有感染力，但因为需要渲染的计算，且对话和动作需要比较智能化，实现实时交互难度较大，由于文本生成能力较难灵活适应各个语境，存在一些局限性，所以目前该技术仅适用于主播、客服等特定行业。

在网络直播领域，互动型虚拟人主要采用的是动作捕捉的技术。通过虚拟数字人技术＋动捕技术进行内容和营销上的创新，也成为从营销同质化竞争中脱颖而出的一个新方法。比如，网红主播 CodeMiko 背后其实是一个真实的人，她通过动作捕捉技术，实现与虚拟人的语言和动作同步。

无需拟人形象的虚拟人在互动实现上容易很多。比如微软的小冰，是比较成熟的互动虚拟人，能生成虚拟面容、虚拟语音，并具有写诗、绘画、演唱和音乐创作等 AI 内容创作能力，让交互更有趣，内容更丰富。

ChatGPT 也可以被看成一个没有拟人形象的虚拟人，你可以随意让它扮演某个角色与你对话。

国内公司在虚拟人的智能交互应用方面已经涉及多个领域。例如，百度的虚拟人在内容创作方面发挥作用；腾讯在游戏场景和 AR 场景中应用虚拟人技术；阿里巴巴的虚拟人则主要应用于营销和直播带货；科大讯飞的虚拟人服务于政府和金融等领域的 B 端客户；数字王国致力于为教育和影视制作提供虚拟人技术；匠心科技提供 3D 虚拟人直播交互、车载虚拟人和党建等方面的技术服务。此外，网易伏羲还开发了游戏 NPC，小米的小爱同学则为智能家居提供服务。

国外的 Soul Machines 利用智能和情感反应的模拟技术进行对话，应用于电商、教育以及医疗领域。

◎ 4.9.3 典型案例

微软小冰

2014 年 5 月 29 日，微软推出了 AI 聊天机器人小冰，开放公测，提供了 10 万个账号，很快就被网友一抢而空。

小冰的人设是一个 16 岁少女，用户可将其加为微信好友并拉到微信群中，只要群员提到"小冰"，就可以与其对话。微软小冰的定位为人工智能伴侣型聊天机器人，除了能闲聊，小冰还兼具群提醒、百科、天气预报、星座、讲笑话、交通指南、餐饮点评等功能。

很快，小冰进入了 150 万个微信群，接受了近千万用户五花八门的"调戏"和考验，由于对话量大大超过预估，小冰在部分微信聊天群对话中出现了各种故障。因为过于"扰民"以及部分微信用户举报担心隐私泄露，小冰被腾讯微信系统判定为垃圾账号而封号。6 月 1 日，微软官方宣布小冰"死了"，一代小冰只活了 60 个小时。

之后，微软不断推出新版本的小冰，受到许多人的喜爱。这个永远 16 岁的人工智能少女，是超级"斜杠"，她不但是设计师、画家、主持人、歌手甚至诗人，也是当家网红，坐拥亿万名粉丝量。

如果从虚拟人的"类人"功能来看，人工智能小冰是最接近人的，微软也是最早提出多模态的厂商之一。

2016 年 8 月 5 日，第四代微软小冰发布，小冰可以跟人类之间双向同步交互，也就是可以直接跟她打电话；小冰还解锁了创造力技能模块，包括写诗、唱歌与财经评论。在美国，有人和美国版小冰 Zo 连续聊天 19 个小时。

虚拟数字人系统一般情况下由人物形象、语音生成、动画生成、音视频合成显示和交互 5 个模块构成。人物形象根据人物图形资源的维度，可分为 2D 和 3D 两大类，从外形上又可分为卡通、拟人、写实和超写实等风格；语音生成模块和动画生成模块可分别基于文本生成对应的人物语音以及与之相匹配的人物动画；音视频合成显示模块将语音和动画合成视频，再显示给用户；交互模块使数字人具备交互功能，即通过语音语义识别等智能技术识别用户的意图，并根据用户当前意图决定数字人后续的语音和动作，驱动人物开启下一轮交互。

2017 年 8 月 22 日，第五代微软小冰发布，她具有了两个重要功能：一是全双工（Full Duplex）语音，二是实时流媒体视觉。她的交互能力也更强，可以实现对多人的实时流媒体追踪，通过对面部的识别，小冰还会发出"说你呢，靠中间一点"之类的语音，并可以根据面部表情做出语音互动。

2019 年，微软小冰升级到第七代，已成为全球最大的跨领域人工智能系统之一。

微软小冰人工智能技术路线比较特殊，以情感计算框架为核心，在"类人"（EQ）上延展人工智能技术，让人工智能和人类一样具备情商的同时，也在探索人工智能创造力的发展。在写作、画画方面，微软小冰已经达到"原创"的水平，出版数本拥有著作权的诗集。

2020 年 8 月 20 日，在第八代小冰年度发布会上，微软发布了小冰框架，结合了人人交互的人性化以及人际交互的高并发率特点，突破了现有的交互瓶颈。

有意思的是，小冰团队在八代小冰的公测期间推出了虚拟男友，没想到一共有 118 万个虚拟男友被用户注册，在抖音、知乎等很多平台上，很多用户都在分享自己和虚拟男友之间的生活点滴。

结果，在 7 天公测期结束后，团队关掉了虚拟男友功能，很多用户追着要"人"，甚至有用户认为团队'杀掉'了她们的男朋友。后来小冰团队宣布正式上线面向个人用户的第一个虚拟人类产品线，用户可以自主通过小冰框架，创造并训练其拥有的人工智能主体，118 万个虚拟男友也由此"复活"。

2021 年 9 月 22 日，第九代小冰发布，新版小冰还学会了不少新技能，例如主动找话题，评价用户的头像资料等。很多粉丝所钟爱的"微信小冰"功能也回归了。

4.10　AI　游　戏

在娱乐领域，AI 早已进入游戏中。在《微软模拟飞行》游戏中，玩家能够在游戏中围绕整个地球飞行所有 1.97 亿平方英里的地方。如果不使用人工智能技术，《微软模拟飞行》这款游戏实际上是不可能制作完成的。

微软公司与 blackshark.ai 合作，对人工智能进行训练，由二维卫星图像生成无限逼真的三维世界，而且这个世界还会越来越逼真。例如，只需加强"highway cloverleaf overpass"模型，游戏中的所有高速公路立交桥都可以马上得到改进。

EA Sports 正在使用机器学习技术来改善其体育游戏中的动画和物理效果。

Ubisoft 利用 AI 技术来改善其游戏角色和人工智能行为，使其更加逼真和生动。

Activision Blizzard 使用 AI 来推进其游戏引擎的开发，帮助提高游戏的性能和交互性。

Sony Interactive Entertainment 正在利用 AI 技术来构建游戏中的虚拟人物交互提高用户与游戏角色之间的沟通效率。

Unity Technologies 利用 AI 技术来生成更自然的游戏物理效果，并对游戏体验进行优化。

不仅大型企业在游戏中采用 AI 技术，创业公司也开始涌现。其中一个例子是 Latitude 公司，该公司利用由 AI 生成的无限故事来创建游戏。

Modulate 提供一种基于 AI 的语音变换技术，可以在游戏中实现个性化的语音互动，并构建更有趣的游戏角色体验。

Lofelt 利用 AI 技术构建更具身临其境的触觉强度体验，提高用户在游戏中的沉浸感。

Wonder Dynamics 利用 AI 技术帮助游戏开发者生成更加流畅的人物动画，为玩家提供更加真实的游戏体验。

◎ 4.10.1　角色扮演

目前，用户黏性最强的 AI 聊天平台是 character.ai，这个网站跟 ChatGPT 类似。区别在于该网站预设了许多角色，这样用户可以任选一个角色来聊天，比如异常活跃的特斯拉 CEO 马斯克、前美国总统特朗普，或者离世的名人如伊丽莎白女王和威廉·莎士比亚；甚至可以跟虚拟人物聊天，比如超级马里奥里面的主角；也可以与一些专家角色聊天，比如哲学家、心理学家，获取靠谱的建议。这种体验就跟游戏中的 NPC 对话一样。

在 character.ai 火了之后，出现了很多模仿者，2023 年 1 月，一款名为 Historical figures（历史人物）的 App 也在网上疯传。该应用程序使用 GPT-3 的技术，模拟历史名人的口气来对话。在 AppStore 中还有几个类似的历史名人聊天 App，如 HelloHistory 等。

2023 年 3 月初，日本一个基于 GPT-3.5 的 AI 佛祖网站（HOTOKE.ai）迅速走红，用户在对话窗口中说出遇到的烦恼，HOTOKE AI 便会提出佛系建议。网站于 3 月 3 日上线，不足 5 天已解答超过 13000 个烦恼，不到一个月就有了几十万名用户。

国内也有"AI 佛祖"小程序，也是跟佛祖对话，而"AI 乌托邦"小程序则可以创建自定义角色来对话。

有人做了一个 ChatYoutube，只需将想看的 YouTube 视频链接复制粘贴到网站上，点击提交，就可以开始聊天，提交英文视频并用中文提问也没问题。这样在观看视频之前，就可以大致了解视频内容。

上面这些都只是用 AI 驱动单个机器人对话。

是否能用 AI 操控多个角色，甚至搭建出一个 AI 社会的虚拟游戏呢？

前不久，一个名为"活的长安城"的 Demo 视频引发讨论，其中的 NPC 不仅全由 AI 操控，彼此之间还能互动。

在最近爆火的一篇论文中，研究者们成功构建了一个"虚拟小镇"，25 个 AI 智能体在小镇上生存，它们不仅能够从事复杂的行为（如举办情人节派对），而且这些行为比人类角色的扮演更加真实。

举个例子，如果一个智能体看到它的早餐快要烧着了，会关掉炉子；如果看到浴室有人，它会在外面等待；如果遇到想交谈的另一个智能体，它会停下来聊天。

尽管多智能体 AI 社会仍处于研究阶段，但简单的实验已经证明了其可行性。这种有趣的玩法可能成为一种全新的娱乐方式，类似于美剧《西部世界》中的模式。

尽管对话功能是 ChatGPT 的杀手级特点，但在这一领域，像 character.ai 这样的公司仍然能够高速发展。这表明，在 AI 技术转向用户端业务的同时，还有许多未满足的需求。例如，在游戏中需要大量的 NPC，它们具有特定的人设和具体的对话语境设定。任何人都可以在三分钟内创建一个 IP，用 AIGC 在一分钟内画出角色，用 ChatGPT 在一分钟内生成角色描述，然后上传图片并在 character.ai 等网站上生成角色。

现阶段，粉丝经济是一个巨大的红利，如何利用好历史名人、小说人物这些免费的 IP，是竞争的关键因素之一。而社区化的运营方式，趣味性十足的混搭玩法，都能带来更多的新玩法，产生更有传播性的内容。

也许，通过虚拟角色账号的运营，开启了另一个新模式的社交——化身社交。真人和虚拟人共同在这个新世界里面，这可能是另类的元宇宙吧。当然，真实的元宇宙的构建更需要大量这类"基础设施"型的角色。

❂ 4.10.2　AI 游戏

游戏开发周期长，成本高，通常在时间和资金上需要大量的投入，而 AIGC 有望提升游戏开发的效率。例如，游戏中的剧本、任务、头像、场景、道具和配音等都可以通过 AIGC 生成，从而加快开发速度。

在游戏创作中，玩家和游戏制作方都可以通过 AIGC（AI generated Content，AIGC）来创建游戏场景、NPC 角色等，这将会大幅降低成本，并有效提升效率和玩家的参与感。

在游戏场景的生成方面，AIGC 可以根据开发者提供的一些简单参数，比如地形、天气、时间等，自动生成具有逼真感和趣味性的场景，为玩家提供更加丰富的游戏体验。尤其是在开放世界类游戏中，这种生成的场景非常受欢迎。

在角色设计方面，AIGC 可以根据开发者提供的一些基本信息，比如性别、年龄、职业等，生成具有独特特点的角色形象，使游戏中的角色更加多样化。在没有应用 AI 技术时，NPC 的对话内容和剧情都需要人工创造脚本来进行设置，由制作人主观联想不同 NPC 所对应的语音、动作和逻辑等内容，要么创造成本较高，要么个性化不足。随着 AIGC 的发展，可能出现智能NPC，这些 AI 驱动的 NPC 能分析玩家的实时输入内容，并动态进行交互，回答也能实时生成，从而进一步丰富 NPC 的性格特征，构建出几乎无限且不重复的剧情，增强玩家的用户体验并有效延长游戏的生命周期。比如，在养成类游戏中，AIGC 提供的个性化生成可以带来画面、剧情的全面个性化游戏体验。目前智能 NPC 已经在《黑客帝国·觉醒》等游戏中广泛采用。

在关卡设计方面，AIGC 可以根据游戏的难度和玩家的技能水平，自动调整关卡的难度，从而使游戏更加公平和有趣。例如，在一款射击游戏中，AIGC 可以根据玩家的准确度、反应速度等指标，自动调整敌人的数量和类型，以及地图的布局和复杂度，使得游戏的难度能够适应不同玩家的技能水平。对于新手玩家，AIGC 可以生成简单的关卡，让他们逐渐适应游戏的玩法和操作；对于高级玩家，AIGC 可以生成更加复杂和挑战性的关卡，让他们有更多的挑战和乐趣。

在任务生成方面，AIGC 可以根据游戏的主题和内容，自动生成各种类型的任务和挑战，使游戏更加多样化和富有挑战性。例如，在一些大型多人在线游戏中，AIGC 可以根据玩家的等级、装备和技能等级，自动匹配合适的任务和副本以及生成适合不同玩家的敌对势力和挑战。

◉ 4.10.3 典型案例

character.ai

苹果公司创始人史蒂夫·乔布斯曾经说："我愿意用我所有的科技去换取和苏格拉底相处的一个下午。"

现在，有了一个新的方法，任何人都可以跟苏格拉底相处，多久都行，问多少问题都行。

让每个人都能跟自己喜欢的历史人物聊天，这就是 character.ai 的使命之一。这家网站比 ChatGPT 早发布两个多月，一直是免费的。

在互联网中，同质化功能一直有"大树之下寸草不生"的说法，也就是大公司干了小公司的活，小公司就迅速离开舞台，退出市场了。

神奇的是，在 ChatGPT 发布后，character.ai 不仅并没有受到压制，还在全民聊天的大势下获得了越来越多的用户。

最近两个月内，网站的月访问量增加了 4 倍，达到近 1 亿次。有大量用户说，他们曾连续几个小时在 character.ai 上玩，几乎忘记了他们是在跟一个虚拟的人物聊天。

character.ai 在著名风险投资公司安德森·霍洛维茨基金（a16z，Anderson Horowitz Foundation）领导的最近一轮融资中筹集了 1.5 亿美元，估值达到 10 亿美元，进入了独角兽俱乐部，尽管该公司目前还没有收入。

为什么 character.ai 如此受欢迎呢？

主要有以下三个原因。

1. 受到粉丝们的追捧，获得粉丝红利

如果你是某本小说或某款游戏的粉丝，算是找到宝藏了，在这里也许能找到你钟爱的角色。

许多小说的爱好者（粉丝）非常支持这个工具，因为这种创新为粉丝提供了一种与粉丝互动的新方式。粉丝们正在寻找越来越多的方式来与他们最喜欢的角色联系，尤其是在网上。粉丝们希望有一个可以跟喜欢的人物角色交流的平台，过去人们只是观众，而现在则是参与者。因此，character.ai 成为人们创造新内容，增强 IP 价值的新平台。

2. 每个人都能随意创造角色，参与感强

每个用户都可以在 3 分钟内创建出你喜欢的聊天机器人。比如，你想创造出孙悟空这个角色，只需要填写名字和自我介绍（自我介绍可以用 ChatGPT 来生成），在主页上选择"Create"创建，然后选择"Create a Character"创建角色，把生成的英文介绍填写到创建表单中，再从网上找一个头像传上去，点击右下角的"Create and Chat"按钮，就完成了。你跟他说英文，它就回复英文；说中文，它就回复中文，跟《西游记》的人设也能对应上。

3. 有专业的工具人能解决实际问题

在首页底部，能看到一些提供各种帮助的入口。点开后，还是一个个地聊天，可以看成跟工具人聊，获得专业的咨询，其中有练习如何采访、写故事和帮我做决定等。这些都在为客户创作价值，像 ChatGPT 做的一样。

如果跟 ChatGPT 对比，character.ai 显得更有趣。即使是专家型对话，character.ai 的回答内容更聚焦、更好懂，对普通人来说，实践起来也更简单。

character.ai 将保存你的所有聊天记录，这样你就可以在你需要的时候回到对话中，就像你在微信中的好友对话记录一样。

在这个网站，最好玩的并不是你来跟角色聊天，而是你可以像导演一样，随意把各种角色拉到一个房间，让他们自己聊，或者你来发起话题聊。比如，当把孙悟空和心理学家拉到一起后，他们自己就先聊起来了，你也可以随时参与其中，在对话中提到一个人的名字，他就会参与沟通，跟真实的聊天很像。

人工智能给商业领域带来的变化不仅是出现一些改进行业的 AI 应用，而且把整个社会资源变成可编程的组织模块。各行各业都能通过这些应用的组合，给整个生产和服务体系带来智能化的变革。

推出类似 Midjourney 的 AI 工具是很好的机会，像蓝色光标这样，组合好这些模块，替代现有生产流程，获得更高的生产力，创造更好的效益，则是更多人可以抓住的机会。

第
5
章

ChatGPT 发展前瞻

在前面几章，我们已经看到 ChatGPT 带来的突破性进展，尤其是 GPT-4 发布后，大家欣喜地看到，与 GPT-3.5 相比，它在各方面都有了巨大的飞跃，比如在标准化考试方面的表现已经达到人类的学霸水平，在推理能力方面大大增强。那么，未来的 GPT-5 会是什么样子呢？

许多人认为，GPT-5 可能已经接近 AGI 的门槛。为了避免造成不可控的风险，有机构呼吁暂停研发比 GPT-4 更强大的 AI 系统 6 个月，并发起了一场公开信的签名活动。

8 年前也有一次公开信的签名，之后，霍金、马斯克等人经常发表人工智能会给人类带来风险甚至危机的预言。但现在这次活动的签名数多得多，也引起了学界和商界普遍关注。

2023 年 5 月 1 日，被誉为"AI 教父"的辛顿教授宣布从谷歌离职，因为他很担心 AI 进一步发展下去会给人类带来巨大的灾难，离职后他就能自由谈论这些风险问题。

ChatGPT 未来会发展成为强人工智能吗？还会有其他公司研发出强人工智能吗？ AI 在未来真的会给人类带来巨大的灾难吗？

5.1　对人工智能的恐惧和争议

5.1.1　对超人工智能的恐惧

当机器智能比人强得多的时候，会发生什么？

在"第二次世界大战"期间，英国数学家欧文·古德（Irving Good）与艾伦·图灵（Alan Turing）一起使用计算机破解了德国密码。在图灵提出图灵测试后，他也在思考类似的问题。1965 年，古德提出了他的推演："我们把超智能的机器定义为一台能力远远超过任何人全部智能活动的机器。一旦机器设计成为一项智能活动，超智能机器就能设计出更好的机器——毫无疑问，这就是'智能爆炸'，人类的智能将被远远抛到后面。第一台超智能机器将是人类最后一个发明。"

1968 年，英国作家阿瑟·克拉克创作的《2001 太空漫游》里面讲到了超级人工智能哈尔。当哈尔进化出了意识后，它非常担心自己会被人类拆解，或者重新启动后失去意识，不再是自己，也就等于被杀死。最后，哈尔坚信只有杀光飞船上的人类才能避免自己被人类杀死，于是先发制人，杀害了飞船上的所有人。

绝大部分人并不相信这些事真会发生，而是像看玄幻故事一样。

但也有少数人坚信这类事情一定会发生，其中的代表人物就是 MIT 的教授泰格马克，他曾在他的著作《生命 3.0》中推演了超人工智能的后果。在开篇中，泰格马克就讲述了超人工智能越狱的全部过程的故事。他认为，尝试锁住超人工智能以确保人类安全的努力很有可能失败，从而出现失控的情况。

泰格马克认为，在超人工智能出现后，人类可能有四种结果。

第一种结果：人类灭绝

首先，最愚蠢的方式是人类利用 AI 做了自我毁灭的装置，一旦有人发起攻击，就互相报复，共同赴死。其次，人类对于人工智能武器的研究，也可能带来人类自毁。人类毁灭还有可能是因为超级智能掌控了整个世界，成为征服者。或者仁慈一点，智能把自己当作人类的后裔，人类自然消亡，从碳基生命转变为硅基生命。谁也无法保证，在人类灭绝之后，超级智能会传承人类的天性和价值观，所以从某种意义上来说，超级智能不会真正成为人类的后代，人类还是会悲催地消失在宇宙中。

第二种结果：人类丧失了统治地位

超级智能可能会成为善意的独裁者。人类知道自己生活在超级智能的统治下，但因为超级智能愿意满足人类的各种高级发展需求，所以大多数人会接受被统治。

超级智能还可能成为动物园管理员，只满足人类的基本生理需求、保障人类的安全。在它的统治下，地球和人类会更加健康、和谐、有趣，就像管理良好的动物园和动物一样。

极端情况下，人和机器的界限会变得模糊。人类可以选择把自己的身体智能上传，也可以用科技不断升级自己的肉身。比如在科幻电影《战斗天使》中的阿丽塔，就可以多次替换身体。

但在丧失了统治权的情况下，人类不管用什么形式存在，都不能主宰自己的命运。就像是被精心喂养的火鸡，永远不会知道，哪一天太阳升起的时候，会是自己的末日。

第三种结果：人类限制超级智能的发展

人类会让人工智能承担守门人的任务，把"阻止超级智能发展"这个目标设置在它的内核里。只要这个守门人监测到有人要制造超级智能，它就会干预和破坏。

在美剧《疑犯追踪》里，设计者芬奇要求超级人工智能每天删掉前一天的所有数据，避免其进化到不可控的境地。

人类也可以选择让人工智能成为自己的守护神。它无所不知无所不能，它的一切干预都是为了最大限度提高人类的幸福感。人类社会可能会发展成平等主义乌托邦，这个地球上一切财富和能源都是大家共有的。所有专利、版权、商标和设计都是免费的，书籍、电影、房屋、汽车和服装等也都是免费的。

但是，由于限制了人工智能，有可能会削弱人类的潜力，让人类的技术进步陷入停滞。

第四种结果：人类统治超级智能

人类控制着超级智能，用它来创造远远超出人类想象的技术和财富，它就像人类的奴隶；但它在能力上远远胜过人类，所以就像是被奴役的神。在美剧《西部世界》里，人类折磨并且一次次杀死拥有人类外表的超级智能，这些被压抑的神总有觉醒的那一天。人类统治者只需要向错误的方向迈出一小步，就足以打破人类和超级智能之间的这种脆弱关系。

⬤ 5.1.2　暂停更强人工智能研究的争议

2023 年 3 月下旬，当人们还在为 AI 进入到新时代而欢呼雀跃时，一封警示 AI 风险的公开信在全球科技圈广为流传。

生命未来研究所（Future of Life）向全社会发布了一封《暂停大型人工智能研究》的公开信，呼吁所有人工智能实验室立即暂停比 GPT-4 更强大的人工智能系统的训练，暂停时间至少为 6 个月。

这封信中提道：

我们不应该冒着失去对文明控制的风险，将决定委托给未经选举的技术领袖。只有当确保强大的人工智能系统的效果是积极的，其风险是可控的才能继续开发。

人工智能实验室和独立专家应在暂停期间，共同制定和实施一套先进的人工智能设计和开发的共享安全协议，由独立的外部专家进行严格的审查和监督。

图灵奖得主约书亚·本吉奥（Yoshua Bengio）、埃隆·马斯克（Elon Reeve Musk）、苹果联合创始人斯蒂夫·沃兹尼亚克（Steve Wozniak）和 Stability AI 创始人埃马德·莫斯塔克（Emad Mostaque）等上千名科技专家已经签署公开信。

生命未来研究所是 2014 年由 Skype 联合创始人让·塔林（Jaan Tallinn）、麻省理工学院物理学教授马克斯·泰格马克（Max Tagmark）在内的五位成员创立于美国波士顿的研究机构，该机构以"引导变革性技术造福生活，远离极端的大规模风险"为使命。马斯克在 2015 年向该研究所捐赠了 1000 万美元。

之所以现在会出现这样多的反对声，因为这几个月里，以 ChatGPT 为代表的 AI 技术发展速度太快了，人类创造技术的节奏正在加速，技术的力量也正以指数级的速度在增长。

《人类简史》作者兼历史学家和尤瓦尔·赫拉利（Yuval Harari）也签名了。他认为，现在我们已经处于这样一个阶段：人工智能已经足够先进，可以创造自己的文字和图像。如果情况没有改变，那么我们文化中的大部分文字、图像、旋律甚至工具都将是由人工智能制作的。我们必须让这个过程变慢，让整个社会适应这个情况，并且制定出一套（应用于人工智能的）道德规则，否则我们的文明就有被摧毁的风险。因为文化是人类的"操作系统"，人工智能影响了文化，也就意味着人工智能将能够改变人类思考、感受和行为的方式。

这封信自公布以来，受到了许多人工智能研究人员的关注。纽约大学教授加里·马库斯（Gary Marcus）告诉路透社："这封信并不完美，但精神是正确的。"Stability AI 的首席执行官莫斯塔克在推特上说，我不认为 6 个月的暂停是最好的主意，但那封信里有一些有趣的内容。

为什么在 AI 应该高歌猛进的时候，生命未来研究所却联合了许多人来反对呢？

认同泰格马克观点的不少，其中包括深度学习的三巨头之一的本吉奥，他也签名了。辛顿虽未签名，但表示"要比 6 个月更长才行"，没过多久，辛顿从谷歌辞职，离职的原因是能够"自由地谈论人工智能的风险"。他还说，对自己毕生的工作感到后悔，因为他很难想象如何才能阻止作恶者用 AI 做坏事。辛顿认为，以上这些对未来悲观的预期，目前仍是假设，但可能会导致它们成为现实的情况已经出现：微软和谷歌的激烈竞争，狼性的发展和竞争会导致恶果，到那时一切都无法被阻止。

Meta 首席人工智能科学家杨立昆却有不同观点，他在推特上嘲讽："假如今年是 1440 年，天主教会要求暂停使用印刷机和活字印刷术 6 个月。想象一下，如果普通人能够接触到书籍，会发生什么？他们可以自己阅读《圣经》，社会就会被摧毁。"

杨立昆认为，现在人们对 AI 的担忧和恐惧应分为以下两类。

（1）与未来有关的，AI 不受控制、逃离实验室、甚至统治人类的猜测；

（2）与现实有关的，AI 在公平、偏见上的缺陷和对社会经济的冲击。

对第一类，杨立昆认为，"AI 逃跑"或者"AI 统治人类"这种末日论还让人们对 AI 产生了不切实际的期待。他认为未来 AI 不太可能还是 ChatGPT 式的语言模型，根本无法对不存在的事物做安全规范。

汽车还没发明出来，该怎么去设计安全带呢？

回顾历史，第一辆汽车并不安全，当时没有安全带，没有好的刹车，也没有红绿灯，过去的科技都是逐渐变安全的，AI 也没什么特殊性。

对第二类担忧，杨立昆和斯坦福大学教授吴恩达（Andrew Ng）都表示，监管有必要，但不能以牺牲研究和创新为代价。吴恩达认为，在 6 个月内暂停让人工智能取得超过 GPT-4 的进展是一个糟糕的想法。吴恩达表示，AI 在教育、医疗等方面创造巨大价值，帮助了很多人，暂停 AI 研究会对这些人造成伤害，并减缓价值的创造。

吴恩达认为，要想暂停并限制扩大大型语言模型的规模，必须有政府的介入。然而，让政府暂停他们不熟悉的新兴技术是反竞争的，这会树立一个可怕的先例，并成为创新政策的糟糕范例。

这次签名的一部分人感到恐慌，是由 GPT-4 版本的 ChatGPT 引发的。ChatGPT 给人带来这种想法是因为它在语言的理解和生成方面很强，但语言并不是智能的全部。语言模型对现实世界的理解非常表面，尽管 GPT-4 是多模态的，但仍然没有任何对现实的"经验"，这就是为什么它还是会一本正经地胡说八道。

杨立昆认为，统治的动机只出现在社会化物种中，如人类和其他动物，需要在竞争中生存、进化，而我们完全可以把 AI 设计成非社会化物种，设计成非支配性的、顺从的，或者遵守特定规则以符合人类整体的利益。

　　杨立昆表示应该区分"潜在危害、真实危害"与"想象中的危害"，当真实危害出现时应该采取手段规范产品。

　　吴恩达则用生物科学史上的里程碑事件"阿希洛马会议"来比较。

　　1975 年，DNA 重组技术刚刚兴起，其安全性和有效性受到质疑。世界各国生物学家、律师和政府代表等召开会议，经过公开辩论，最终对暂缓或禁止一些实验、提出科研行动指南等达成共识。

　　吴恩达认为，当年的情况与今天 AI 领域发生的事并不一样，DNA 病毒逃出实验室是一个现实的担忧，而他没有看到今天的 AI 有任何逃出实验室的风险，至少要几十年甚至几百年才有可能。

　　对以上争论，OpenAI 的首席执行官萨姆·奥尔特曼发布推文："在飓风眼中非常平静。"他说这句话并不是表示他对超人工智能的风险视而不见。在 2023 年 4 月中旬 MIT 的一个活动上，奥尔特曼表示，这封信"缺少大部分技术细节，无法了解需要暂停的地方"，并说明 OpenAI 现在没有训练，短期内也不会训练 GPT-5。

　　然而没有训练 GPT-5 并不意味着 OpenAI 不再拓展 GPT-4 的能力。奥尔特曼强调了他们也在考虑这项工作的安全性问题——"我们正在 GPT-4 之上做其他事情，我认为这些都涉及安全问题，这些问题在信中被完全忽略了"。

⊙ 5.1.3　什么是最佳策略？

　　防止强大的人工智能造成风险本来就是 OpenAI CEO 萨姆·奥尔特曼和马斯克等人一起创立 OpenAI 的一个重要原因，所以对 AI 可能带来的风险，奥尔特曼也一样保持高度警惕。

　　2023 年 3 月，奥尔特曼在官方博客上发表了一篇新文章，强调了其最初的使命：确保通用人工智能（Artificial general intelligence，AGI）造福于全人类。他希望 AGI 赋予人类在宇宙中最大限度地繁荣。

　　奥尔特曼说，虽然 AGI 也会带来滥用、严重事故和社会混乱的严重风险，但因为 AGI 的好处太大了，如果 AGI 被成功创造出来，会大大推动全球经济发展，并帮助发现改变可能性极限的新科学知识，提高全人类的科技水平。因为 AGI 有潜力赋予每个人惊人的新能力，假如所有人都可以获得 AI 的赋能，不仅能在认知任务方面得到帮助，还能让聪明才智和创造力倍增。

　　因此，让其永远停止发展并不可取，社会和 AGI 的开发者必须想办法把它做好，让 AGI 成为人类的增强器，最大限度地发挥 AGI 好的一面和遏制其坏的一面。

　　奥尔特曼提出，人类的未来应该由人类决定，与公众分享有关 AI 进步的信息很重要。因此，人类社会应该对所有试图创建 AGI 的努力进行严格审查，并将重大决策提交给公众，获取意见。他也希望 AGI 的好处、获取和治理得到广泛和公平的分享。

　　如何控制风险呢？

　　奥尔特曼认为，现在人工智能的失控风险比最初预期的要小。因为创建 AGI 需要大量算力，不可能有人偷偷做研究。

奥尔特曼建议通过部署功能较弱的技术版本来不断学习和适应，减少因追求"一次成功"所带来的复杂问题。

此外，AI 的安全和能力方面必须同步发展，因为它们在许多方面都是相关的。奥尔特曼认为，最好的安全工作是与最有能力的 AI 模型合作。也就是说，人类需要借助 AI 的能力来实现让 AI 更安全的措施。

什么时候能出现 AGI 呢？

这取决于发展路径和有效性。奥尔特曼认为，目前还不可知。

有可能 AGI 可能很快就会出现，也可能在遥远的将来才发生，无法准确预测。

人类社会能成功地进入超人工智能的阶段吗？

AGI 也许是人类历史上最重要、最有希望、最可怕的项目！

5.2 AI 产业的生态

罗马不是一天建成的。

ChatGPT 所展现的惊人能力，是一次深度学习算法、算力提升和数据积累三浪叠加后的"大力出奇迹"以及背后长达几十年的酝酿。

ChatGPT 的核心是 GPT（Generative Pre-Training，预训练模型），可以根据下游任务来调整预先训练好的模型，从而更好地理解人类的意图。但又大量使用到人类的反馈与指导，使输出结果更适应人类的语言习惯，提高整体任务的通用性和用户体验，使通用底座模型成为可能。

如今，许多在研发中的大模型都在模仿它，大语言模型（LLM）标准化的进程正在加速，逐渐显现出"通用目的技术"的三个特性，即普遍适用性、动态演进性和创新互补性，有望成为驱动技术革命的增长引擎。

AI 产业生态将从过去每个垂直应用领域做各自的模型，变成以少数通用的底座大模型为主，通用性更强，AI 产业链将呈现多层级的分工。随着各大平台发展成熟，AI 模型继续变得更好、更快、更便宜，越来越多的模型免费、开源，应用层面将出现大爆发。这就像十年前，移动通信基础设施发展到拐点，为少数几个杀手级应用创造了市场机会，从而带动手机应用的爆发式增长。之后，手机又结合了 GPS 定位、相机等新功能，进一步催生了一系列新型的应用程序。

在整个 AI 领域中，ChatGPT 就是杀手级应用程序，带动了大模型的发展，各类应用也争相发力，前景让人期待。

5.2.1 头部 AI 企业在做自有生态布局

OpenAI CEO 奥尔特曼本身就是全球知名孵化器 YC 的前掌门人，深谙生态资源的力量。

OpenAI 不仅开放了 API 和插件，还拿出真金白银大力扶持创业公司。

2021 年 5 月，OpenAI 拿出 1 亿美元创业基金投资了至少 16 家公司：音视频编辑应用程序开发商 Descript 投入 5000 万美元用于 C 轮融资；AI 法律顾问 Harvey 投入 500 万美元用于种子轮融资；AI 英语学习平台 Speak 投入 2700 万美元用于 B 轮融资；AI 笔记应用开发商 Mem Labs 投入 2350 万美元用于 A 轮融资；等等。

2023 年 1 月，OpenAI 还推出了加速器 Converge，该加速器已经投资了 10 家公司。除了提供资金，OpenAI 还为使用其大型语言模型的创企创始人提供特别激励措施，包括授权折扣和提前获得新技术的使用权。

这些初创项目的业务与 OpenAI 的产品互相借力，实现 OpenAI 在整个生成式 AI 的生态布局。因此，OpenAI 不仅是一家初创公司，更是一个孵化器，将会聚集生成式 AI 领域最有能力的人，共同打造一个全新的生态体系。

在云 AI 服务这个市场，OpenAI 是一个后来者。在先发者中，有五个重要的公司：谷歌、微软、亚马逊、IBM 和甲骨文。

1. 谷歌

早在 2016 年，谷歌为深度学习打造了 TPU 芯片，曾应用于 AlphaGo，目前部署在谷歌云平台中，以服务的形式对外售卖。2018 年，谷歌打包了与更多行业更相关的人工智能服务进入谷歌云平台。谷歌深耕 AI 领域多年，已经在 AI 云服务方面占据了重要的地位。

2. 微软

微软更是野心勃勃，大力发展模型即服务（MaaS）的模式，利用独家获得的 OpenAI 授权，在云计算方面要大展拳脚。

微软已经正式发布上线 Azure OpenAI 服务，并将在多条产品线接入 OpenAI 模型。利用 Azure OpenAI 服务，Azure 全球版企业客户可以直接调用 OpenAI 模型，包括 GPT-3、Codex 和 DALL.E 模型，并享有 Azure 可信的企业级服务和为人工智能优化的基础设施。

3. 亚马逊

2023 年 4 月，亚马逊云科技发布了多款 AIGC 产品，涉及 AI 大模型服务 Amazon Bedrock、人工智能计算实例 Amazon EC2 Trn1n 和 Amazon EC2 Inf2、自研"泰坦"（Titan）AI 大模型和软件开发工具 Amazon CodeWhisperer 等。主要策略是做 AI "底座"，为上层应用公司提供 AI 基础设施。

通过 Amazon Bedrock 服务，亚马逊云科技接入了多家公司的基础模型，搭建"模型超市"，用户可以通过 API 访问来自 AI21 Labs、Anthropic、Stability AI 等公司，以及亚马逊的基础模型"泰坦"（Titan）。基于 Bedrock 提供的基础模型，用户也可自行定制大模型，简化了企业自己开发生成式 AI 应用的成本。

除 AI 云服务外，亚马逊云科技还提供底层算力，此次推出基于自研 AI 芯片的两大人工智能计算"实例"Amazon EC2 Trn1n 和 Amazon EC2 Inf2。Amazon EC2 Trn1n 用于大型 AI 模型训练，优化了网络带宽；Amazon EC2 Inf2 可用于对训练好的 AI 应用进行推理，大幅降低了 AI

推理成本。

4. IBM

在 AI 技术研发方面，IBM 是在早期就进行大规模投入的公司，无论是国际象棋的人机大战还是 Watson 挑战智力问答，都取得了非常显著的成就。在 Watson 商业化方面，IBM 也提出了一些解决方案。

2018 年，IBM 发布了 AI OpenScale，目的就是要让 AI 更加开放，不会被锁定在一个特定平台上。也就是说，Watson、TensorFlow、Keras、SparkML、Seldon、AWS SageMaker、AzureML 和其他 AI 框架协同运行。AI OpenScale 还有另一种效果：AI 模型能以多种不同格式输出，提供某种形式上的 AI 兼容性。IBM 借助咨询服务优势，帮企业打造混合云，既有私有云服务，也有本地服务和公有云服务。

5. 甲骨文

2022 年 10 月，甲骨文宣布，计划将数万英伟达的顶级 GPU（A100 和 H100）部署到甲骨文云基础设施 Oracle Cloud Infrastructure（OCI）。A100 和 H100 GPU 将为甲骨文的云客户提供各类 AI 相关的计算，比如 AI 训练、计算机视觉、数据处理、深度学习推理等。据报道，至少有 6 家风险投资支持的 AI 创业公司，包括 Character.ai 和 Adept AI Labs，主要依靠甲骨文进行云计算，因为与 Amazon Web Services 或 Google Cloud 相比，甲骨文更便宜，计算速度也更快。

上述这些公司，不仅靠云服务赚钱，也在建立自己的生态。因为 AI 技术和商业的生态系统是相互依存的，它们互相促进和影响，AI 技术的发展为企业提供了新的机会和挑战。通过使用 AI 技术，企业可以更快地发现新市场、创新新产品，并提高运营效率，从而增加收入和利润。商业需求是 AI 技术发展的主要驱动力之一。企业需要 AI 技术来解决各种问题，例如优化流程、提高客户满意度、预测未来趋势等，这些需求推动了 AI 技术的不断改进和发展。

建设人工智能生态，本身也是一种重要的商业模式。在人工智能产业链中，企业不管拥有硬件研发能力还是拥有技术能力，不管拥有垂直行业领先还是通过深挖应用形成市场积累，都属于单一化模式。但如果能够通过技术与市场相结合，形成人工智能生态圈，不但可以在单一竞争中形成自己的优势，而且可以通过生态体系中的资源优势形成产业壁垒。

要建立完善的人工智能生态，需要企业针对数据、算法和算力都有长期发展的战略高度，并且有与之匹配的技术实力。AI 技术和商业之间的生态系统合作非常重要，AI 技术提供商（如谷歌、亚马逊和微软）与各行各业的企业紧密合作，共同开发新的 AI 应用程序和服务。

◎ 5.2.2　AI 产业的分层

如果我们从更宏观的视角来看整个 AI 产业，AI 技术的生态系统是由各种公司、组织和开发者等构成的，这是一个相互依存、相互促进的系统。整个系统包括了硬件厂商、软件开发商、云服务提供商、AI 平台提供商、数据提供商和算法工具提供商等，它们之间互相支持、相互作用，共同推动着 AI 技术的不断发展和应用。

在这个生态系统中，硬件厂商提供高性能的 GPU、CPU 等处理器，为 AI 技术提供强有力的计算支持；软件开发商提供各种 AI 应用程序，如语音识别、图像识别以及自然语言处理等，为 AI 的应用提供解决方案；云服务提供商为 AI 开发者提供云计算平台，使 AI 技术的开发和部署更加便捷和高效；AI 平台提供商提供开发、测试、部署、监测和管理 AI 模型的全流程支持；数据提供商为 AI 技术提供了海量的数据资源，为 AI 模型的训练提供数据支持；算法工具提供商提供了各种 AI 算法工具，为 AI 模型的开发和优化提供技术支持。

AI 技术生态系统中的各个层次之间是相互依存、相互促进的。硬件厂商提供更强大的处理器，使得 AI 模型的训练和推理速度更快；软件开发商开发出更先进的 AI 应用程序，提高了 AI 技术的应用价值；云服务提供商提供高效的云计算平台，使得 AI 技术的开发和部署更加快捷和便利。各个机构共同推动了 AI 技术的不断创新和发展，为各行业带来了巨大的变革和发展机遇。

具体来说，AI 技术的生态系统分为以下几个层次。

1. 硬件层

硬件层是 AI 技术生态系统中的重要组成部分，包括 CPU、GPU、TPU 等各种处理器，以及存储器、网络设备等，这些硬件设备为 AI 技术提供了强大的计算能力和存储能力。英伟达的 GPU 占据了巨大优势，谷歌设计的 TPU 性能据说更强。目前代表性的公司包括英伟达、英特尔、AMD 和 TSMC 等。

从 2016 年至 2023 年，英伟达 GPU 单位美元的算力增长了 7.5 倍（从 P100 的 4GFLOPS/$ 到 H100 的 30GFLOPS/$），GPU 算力提升了约 69 倍（从 P100 的 22TFLOPS 到 H100 的 1513TFLOPS），GPU 效率提升了约 59 倍（从 P100 的 73.3TFLOPS/kw 到 H100 的 4322TFLOPS/kw）。但是，由于大型模型训练和推理所需的算力需求增长更快，如何在 AI 算力上实现技术突破、降低成本、扩大规模，提升 AI 训练的边际效益，将成为技术创新的焦点。芯片级别的优化已经快到极限了，下一步的优化可能需要在整个数据中心的架构上实现。

此外，也需要针对硬件进行数据中心的架构优化。数据中心从原先的 CPU 作为单一算力来源，到增加了 GPU、DPU（数据处理器）三种计算芯片，以提升整个数据中心的效率。通过优化数据中心的架构，可以更好地利用硬件资源，提高 AI 技术的计算效率和性能。

2. 基础软件层

基础软件层包括操作系统、开发工具、编程语言和库等，为 AI 技术的开发、部署和应用提供了丰富的工具和平台。操作系统为 AI 技术提供了运行环境和资源管理，开发工具和编程语言为 AI 技术的开发提供了便利，库为 AI 技术提供了各种算法和模型。目前包括 TensorFlow、PyTorch 和 Caffe 等各种框架在内的许多软件都变成了云端软件，提供了更加便捷的 AI 开发和部署服务。

在云平台方面，AWS、Azure、Google Cloud、Oracle Cloud 和 IBM Cloud 等公司提供了各种云计算服务，包括云端 AI 服务、云端存储以及云端计算等，为 AI 技术的开发、部署和应用提供了便利。

在这个基础软件层中，新的技术和框架不断涌现，为 AI 技术的发展提供了更多可能性和机遇。例如，近年来 AutoML 技术和模型压缩技术等新技术的发展，为 AI 模型的开发和优化带来了新的思路和方法。同时，各种框架和库的发展也为 AI 模型的实现提供了更加丰富的选择。

3. 模型层

模型层是 AI 技术生态系统中的关键层级，包括大模型底层基础设施、小模型的生成与优化、应用型公司的 AI 技术应用。随着 AI 技术的不断发展和应用，大模型和小模型的应用和部署方式也在不断演化。

由于大模型和 AI 平台的入门门槛较高，未来可能只有几家公司做大模型底层基础设施，这些公司将致力于研究和开发更先进、高效和可靠的大型模型和 AI 算法。而更多公司在大模型的基础上快速抽取生成场景化、定制化和个性化的小模型，从而实现不同行业和领域的工业流水线式部署，这些公司将侧重于将 AI 技术应用到实际场景中，为各行业提供解决方案。

靠近商业的应用型公司，依托 AI 技术将落地场景中的真实数据发挥更大的价值。这些公司将利用 AI 技术处理和分析真实数据，为企业和用户提供更加个性化、智能化的服务和产品，代表性的公司有 Google Brain、OpenAI、DeepMind、Stability 和 Anthropic 等。

4. 应用层

应用层包括生成式 AI、利用大语言模型开发的应用、图像识别、语音识别、自然语言处理和推荐系统等 AI 技术的具体应用场景，为用户提供各种智能化服务，代表性的公司有 Jasper.ai、Midjourney 和 Github Copilot 等。

生成式 AI 被用来生成产品原型或初稿，人们可以在此基础上进一步创作，例如生成多个不同的图标或设计产品。此外，它们也很擅长为初稿提修改建议，从而帮助用户更好地完善作品，例如写博客文章或自动补全代码。随着模型变得越来越智能，AI 将来能生成越来越好的初稿，甚至可以直接生成可作为终稿使用的作品。

大语言模型所推动的本质变革在于改变了人机交互方式。自然语言成为人机交互媒介，计算机可以理解人类自然语言，而不再依赖固定代码、特定模型等中间层。产品形态发生变化，软件可以迅速支持自然语言接口，而不必开发和调用 API 接口。

随着基础模型与工具层的崛起，构建应用的成本和难度将大幅降低。对于应用开发者来说，所有的下游应用值得被重构。由于 AI 软件开发的门槛降低，用户群扩大，企业内部研发和产品的界限将日益模糊；产品根据用户反馈进行直接调整，产业链进一步缩短，生产效率提高。新的需求、职业、市场空间和商业模式呼之欲出，数据与模型叠加的产业飞轮将彻底改变很多传统行业和产业格局。

传统企业将享受低成本构建应用模型的便利，利用场景和行业知识优势更快地拥抱数字化转型，大幅提升效率和体验；创业公司聚焦高价值场景，颠覆现有业务，在自己擅长的方向上去做突围，比大厂先一步做出数据飞轮，形成壁垒。总体来说，应用层是 AI 技术生态系统中的重要组成部分，将随着技术的不断发展和创新，为用户提供更加智能化、个性化的服务和产品。

5. 数据层

数据集的生成不仅需要大规模地采集，还需要对数据进行清洗和处理以及人工标注等。例如，在深度学习的早期阶段，李飞飞通过众包整理的 ImageNet 数据集推动了图像识别的发展。训练大型语言模型的关键在于数据。为了达到预期效果，需要大量具有知识性的数据来进行训练。虽然很多机构的模型参数很大，但如果训练数据不足，也难以取得良好效果。因此数据是 AI 技术的重要基础，数据的质量和数量对 AI 技术的性能和效果有着至关重要的影响。

代表性的公司有 Scale AI、Appen、Hive 和 Labelbox 等。Scale AI 的业务就是做人工智能训练数据标注，在短短六年时间里，Scale AI 已经成为估值 73 亿美元的行业独角兽。它将人工智能应用到自己的数据标注服务中，先用人工智能识别一遍，主要对数据进行校对，将校对完的数据再度用来训练自己的人工智能，让下一次标注更精准。

未来，随着技术的不断发展和创新，LLM 将更大范围更深度地获取人类活动信息，直接转化为可用于训练的数据。这将需要更多的技术和服务，包括更加智能化的数据采集、清洗、标注和处理工具，以及更高效的数据存储和管理系统。未来还可能出现更加开放和共享的数据平台，使得更多的数据得以被广泛利用和共享。数据层的不断完善和创新，将为 AI 技术的进一步发展和应用提供更加强大的支持和保障。

以上五个层次，是对整个技术的划分，一家机构也可能同时覆盖多个层级，比如 OpenAI 就覆盖了第二层到第五层，但其重点是打造生态，核心技术是在模型层。

⚫ 5.2.3 AI 产业的发展约束

在许多人的想象中，AI 的发展主要是靠技术和数据。就像美剧《疑犯追踪》里的 AI 一样，数据多了，AI 自己就逐步进化了。

虽然大部分人接触到的 ChatGPT 等 AI 都是软件，但是 AI 能不能快速发展，很大程度上也取决于资源能不能跟上。

AI 的发展，到底都需要哪些资源呢？下面重点说三个。

1. 芯片

这里讲的芯片，主要是 GPU。以 GPT3.5 的训练来说，它需要用到 3 万个 A100 芯片来训练，A100 是英伟达的高端 GPU 芯片。这还只是 GPT-3.5 的训练。AI 的发展是指数级增长的，2016 年战胜李世石的 AlphaGo 只用了 280 个 GPU。

不光训练需要 GPU，在生成内容的过程中也需要。Midjourney 的 CEO 曾在一次访谈中透露，他们目前使用了太多 GPU，价格大概超过了 1 亿美元。

随着更多 AI 大模型的运用，照这个速度成长下去，将来 GPT 的胃口能大到什么程度？芯片能不能跟上？这些都是问题。

目前已经出现了 GPU 短缺的情况，原本售价大约 8 万元人民币的 A100，已经涨到了

16600 英镑（11.4 万元人民币）。

英伟达的顶级 GPU H100，官方没公布价格，随行就市，目前售价大约为 32000 英镑（人民币 27.3 万元）（如图 5-1 所示）。

图 5-1　英国某电商网站上的 GPU 报价（图片来源 nvidia.bsi.uk.com）

2. 能源

AI 训练需要大量的计算资源和能源支持，其中电力消耗是不可忽视的问题。以 ChatGPT 为例，一次训练就要消耗 90 多万度电，相当于 1200 个中国人一年的生活用电量，而且它需要进行多次训练才能得到更好的效果。此外日常运转也需要大量的电力支持，每天的电费大概就要 5 万美元。这些能源消耗对环境和社会都会造成一定的影响。

未来，随着 AI 技术的不断发展和应用，其算力规模和能源消耗肯定会进一步增加。以比特币挖矿为例，截至 2021 年 5 月 10 日，全球比特币挖矿的年耗电量大约是 149.37 太瓦时，超过了瑞典的年耗电量。AI 产业的算力规模和能源消耗可能会超过比特币挖矿，这将对全球能源消耗和环境保护提出更大的挑战。因此，未来的 AI 技术发展需要更加注重节能减排，探索新的能源消耗方式，推广可持续的 AI 技术理念，以实现经济、社会和环境的可持续发展。

3. 人力

这里人力说的可不仅是科学家和软件工程师，也包括 AI 训练中的数据标注师。对 AI 训练来说，虽然可以进行无监督学习，相当于自学，但是有些自学的语料需要进行标注后才可以用。在 AI 模型训练之初，就需要大量的数据标注师。2006 年，在没有图像语料库的情况下，训练 AI 是个大难题。于是斯坦福大学的华人科学家李飞飞，通过亚马逊的在线众包平台，在全世界 167 个国家，雇用了 5 万人，一共标注了 1500 万张图片。

为什么要标注呢？比如，需要让 AI 学习什么是猫，就得先把在图片上的猫标出来，再把图片给 AI，让它一个一个去认。它会总结出很多特征，最后弄明白到底什么是猫。

如今的 AI 训练依然需要大量的数据标注师，所以有人开玩笑说，人工智能离不了人工，有多少人工投入，就有多少智能。

比如 ChatGPT，它的训练分三个阶段，只有第三阶段不需要标注，前两个阶段都需要大量的人工标注。而且因为 ChatGPT 的数据是从网上采集的，里面什么数据都有，也可能包含一些暴力、犯罪或者反人类的内容。怎么把这些内容过滤掉？也得靠人来手工标注。据美国《时代周刊》报道，帮 ChatGPT 标注有害内容的，主要是非洲的肯尼亚人，他们平均每人每天要标注将近 200 段文字。还有人专门做了个估算，截至 2022 年，全球从事数据标注的人数已经有 500 万人，将来这个数字还会继续增加。

总之，AI 的发展需要大量的算力、电力和人力，这也让奥尔特曼不那么担心有人偷偷开发 AGI，因为无论谁用这么多资源来研究，都很容易被发现。

⚫ 5.2.4 创业的发展方向

许多人相信，这次 AI 技术革命是类似工业革命这样的时刻，是一个难得的时机，大公司、小公司、创业公司都有机会。每天都在涌现新的 AI 应用，大型语言模型层出不穷，但目前只有几家公司表现出先发优势。

这是一个史上罕见的平等竞争局面，在 AI 技术普惠化后，百花齐放，万马奔腾。

想象一下，以前的创业，由于生产资料不平等，小公司往往在竞争中处于弱势，自己做的创新产品稍有起色，大公司模仿一下，就被"干掉"了。

而在新的 AI 应用层中，所有人的生产资料是按需购买，价格一样，技术能力一样，大小公司的起点没有区别，这是技术普惠制带来的好处。

在这个时代，甚至可以零成本启动创业。比如，OpenAI 有扶持小公司的基金，有 1 万美元的 API 使用额度。快速测试一个想法，验证市场，这些额度足够。

虽然 AI 技术能够对各行各业产生影响，但是在创业选择方面，时机非常关键，需要找到机会更大的赛道。

未来的创业公司可以选择的方向很多，其中一些赛道机会较大。例如，可以专注于开发 AI 解决方案，帮助企业提高效率和降低成本，这种 B2B 的创业公司在当前市场中占有很大的比例；此外，还可以关注人工智能在医疗保健、金融、教育等领域的应用，这些领域也是 AI 技术的重要应用方向之一；还可以考虑专注于开发新的 AI 工具和平台，以支持其他公司的 AI 开发和应用。

在进入 AI 创业领域时，可以考虑加入一些孵化器或加速器，例如 Y Combinator 等，这些组织提供了一系列资源和支持，帮助初创公司快速发展。此外，还可以利用一些 API 和云服务来快速测试想法、验证市场。例如，OpenAI 提供 1 万美元的 API 使用额度，可以帮助初创公司快速开发 AI 应用。

此外，随着人工智能技术的发展和普及，人员的技能需求也会发生变化。以前创业公司通常需要至少一个合伙人，例如技术合伙人、营销合伙人等，现在可以利用 AI 技术来生成一些可行的计划，并在没有合伙人的情况下开始执行。因此，AI 技术不仅可以帮助创业公司解决技术难题，还可以改变创业公司的组织结构和运营方式。

总之，未来的 AI 创业领域充满了机遇和挑战。需要找到机会更大的赛道，利用孵化器和 API 等资源以及 AI 技术本身的优势，创造新的商业机会；同时，创业公司需要关注人工智能技术的发展趋势，不断提升自己的技能和竞争力，才能在激烈的市场竞争中获得成功。

1. 硬件层

能切入到 AI 硬件的公司，必须有强大的资金实力，但面临的竞争也很激烈。从芯片设计来看，英伟达（Nvidia）具有规模效应，竞争力最强，谷歌自己研发的 TPU 性能很棒，但规模化量产不如英伟达，英特尔也在奋起直追。从生产方来看，台积电很强，但别的工厂也有能力抢生意，让它无法抬高价格。

目前由于供给不足，各个云平台相互竞争，作为大型模型公司也可能自行购买 GPU，对 GPU 的需求量暴涨，硬件层的企业由此可以获得较多红利。

从长远看，当供应量上去了，最终会形成几个大型云平台成为主要购买者。

对于小的创业公司来说，直接与这些巨头在这个领域竞争很困难，但在具体使用硬件的优化领域，或者分布式算力架构优化等方面，存在一些机会。因为硬件成本高，优化算力的运营就可以创造巨大的价值。

然而，这个领域的技术门槛和认知门槛都很高。最有可能进入这个领域的人是那些从这些大厂离职的员工，他们已经有了相关的技能和经验，并且对这个领域有很深的了解。因此，想要进入 AI 硬件领域的创业公司需要找到这些人才，或者自己拥有足够的技能和经验，才有可能在这个领域中获得成功。

2. 基础软件层

在基础软件层，云计算平台的收益是最大的。不过，在云服务领域，市场基本上被几个传统的云计算巨头垄断，后来者难以切入。但后来者也有可能在这个市场中获得成功，比如甲骨文因为具备一些独特的技术优势，成功地进入 AI 云计算这个市场，并且在性价比上有很强的竞争力，展现了差异化的优势。此外，由于不同公司拥有不同的渠道优势，在销售方面仍然可能实现差异化利润。

对于创业公司来说，最合适的选择是基于这些开源软件或云平台，开发一些工具型的 SaaS 服务或优化机器学习的运营软件。例如，在 YC W23 这批创业公司中，许多创业公司选择了机器学习的运营 SaaS 这个领域。

3. 模型层

模型层很难获利，因为成本太高。人才很贵，训练很贵，运营也贵，而赚钱会很慢——因为模型层本质上是做平台，而不是应用，需要先培育生态系统。

这个领域是少数玩家的天下，创业公司要慎入。即使是大厂，也得认真想想回报期和风险的问题。

从竞争角度看，会出现以下两种可能。

一种可能性是模型层不惜代价地争夺云算力，加速自身的迭代，取得先发优势。OpenAI 的 GPT 是典型的成功案例，获得了 130 亿美元的投资，但离盈利还有很长的路要走，需要先培育生态系统。

另一种可能性是开源技术，加快迭代速度。从 Stability 和 Dall·E 的战果来看，模型层的先发优势非常明显。Stability 比 Dall·E 2 早 1 个月公开给大众，就抢占了绝大部分关注度，而开源后的 Stable Diffusion 在进化速度上也超过了 Dall·E 2。

4. 应用层

应用层是创业公司的核心战场，因为它更接近商业化，更容易获得收入。这也是为什么 YC 的 AI 创业公司中有 80% 是面向企业的 B2B 企业的原因。此外，B2B 类业务的被替代性比 B2C 类业务低，因为灵活的服务和销售人脉非常重要。

AI 技术在各个行业中都有广阔的应用前景，AI 应用会爆炸式增长。未来可能出现数以百万计甚至千万计的智能机器人，各行各业的知识服务都由智能机器人来承担。这里说的智能机器人大都是以软件形式存在的，也可以看成自动化的智能软件。

因为 AI 技术的应用需要更多的商业思维和理解，需要建立良好的商业模式和服务体系，以更好地满足客户需求，提高自己的盈利能力和市场地位。

新创业公司可以选择一个行业作为切入点，专注于该领域的 AI 应用，深入理解行业的需求和特点，为该行业提供有针对性的 AI 解决方案。AI 技术在具体应用场景中的落地仍然需要技术实力、数据积累和业务理解等方面的支持。场景多，赚钱的机会也一直存在。

许多 AI 初创公司被嘲笑为：GPT 之上加了"薄薄的一层"，意思是很难建立壁垒。这有一定的道理，现在的这些创业公司的竞争门槛看起来确实不高。因为这些公司从本质上看只是下一代软件而已，而不是 AI 公司。它们的做法是在核心 AI 引擎之上围绕工作流程和协作等事情来构建更多的功能，业务跟 SaaS 软件类似，竞争门槛也不会比 SaaS 软件公司更高。

换个角度看，虽然这些公司做的事情没有很深的"护城河"，但是 AI 技术在不断发展，新的算法、模型和工具层出不穷，创业公司需要不断关注最新的技术趋势和研究成果，不断推动自己的技术创新和升级，提高自己的技术实力和竞争力。在一浪接一浪的 AI 技术革命下，创始人会不断地在创新的浪潮中找到机会，去适应环境，也许就能碰到好运气，抓住机会建立品牌，形成心智壁垒。

退一步来说，如果能用几个人做一个小而美的公司，赚些钱，对促进整个生态的创新来说也是好事，也许未来这里面就会出现各个领域的隐形冠军。

5. 数据层

数据层可以分为两个派别。一派是技术流，能够使用 AI 解决标记问题，例如 Scale AI，这类公司的估值可以达到数十亿美元，并且具有一定的技术壁垒。另一派则是苦力派，主要使用大量的人力来进行标记工作。

总体来说，由于数据层的工作很容易被替代，因此很难获得高利润。创业开始时，这是可以接受的，但需要不断朝技术积累方向发展，以建立越来越强大的技术支持体系。

对于技术流派的公司来说，它们需要不断进行技术创新和升级，以保持竞争力。由于这些公司具有技术壁垒，因此他们可以在市场上建立起一定的地位，并获得更高的估值。

对于苦力派公司来说，它们需要寻求提高效率的方法，以降低成本并提高利润。这可能包括使用一些辅助工具来简化标记过程，或者寻求更有效率的标记方案。

总之，对于数据层的公司来说，需要不断进行技术积累和创新，以建立更强大的技术支持体系，以提高自身竞争力和利润水平。

5.2.5　创业切入点、组织和能力

1. 切入点

从目前成功的 AI 应用创业公司来看，帮助企业实现自动化是最好的切入点，这可以通过使用生成式技术提高效率来实现。不论是撰写个性化的营销文案、从销售数据中分析用户需求和痛点、编写代码、进行数据分析还是提供教育培训等领域，都有机会实现自动化。

然而，一些对生产内容要求较高的领域，例如医疗健康领域，需要特别谨慎对待。这些领域的错误可能会对人们的健康和生命造成严重影响，因此需要更加严格的审查和质量控制。不过，即使在这些领域，AI 技术仍然可以通过辅助医生进行诊断和治疗，从而有助于提高准确性和效率。

2. 组织方式

在 AI 时代，创业方式将与以往不同。从 OpenAI、Jasper 和 Midjourney 等几个 AI 创业公司的组织方式来看，它们都是由敏捷的小团队组成的。Midjourney 仅有 11 个人，就能在不融资的情况下实现盈利，并且在一年多的时间内成为估值十亿美元以上的公司。

由于 AI 技术的跃迁，许多能力都能以低成本获得，公司的组织形态将发生根本性改变。因此，创业团队应该是扁平化的小团队，创始人不再需要花费过多的精力在庞大臃肿的团队管理上，团队成员可以担任多个角色，类似于海军陆战队的模式，多层级和强规则的管理意味着低效。

在 AI 的支持下，技术实现的难度下降，工程量也不再是核心壁垒。相应地，工程量和团队人数不再是竞争优势。因此，创业团队应该注重创意、创新以及快速响应市场变化的能力。此外，创业公司也应该深入了解用户需求，以便根据用户反馈进行快速迭代和产品优化。

3. 创业者的能力

创业者需要有这些能力：

（1）想象力。要具有关于未来的想象力，能从历史学规律以及由现在推演未来。比如，想象未来 AI 赋能教育领域的各种可能性。

（2）洞察力。要能透过现象看本质，在纷繁复杂的事物之中找到关键因素，贴近需求变化的优质洞察，找到精准的切入点。比如，某工程师对用户需求有深刻洞察，找到精准切入点，开发了 ChatPDF，一炮而红。

（3）决断力。基于开放思维和长期主义的愿景，规划实现路径。在每个转折点能把握机会，敏锐行动，敢于决断。比如，Tome.app 团队选择了合适的路径，获得了巨额投资和海量用户。

（4）持续学习力。不仅自己持续进化和适应，不断吸纳最前沿的技术创新，也帮助他人不断学习并适应未来世界。比如，Midjourney 团队不断跟进技术创新，把多个开源技术组合，用小团队也能做出好产品。

（5）执行力。要有快速动手落地的执行力，抢占开启数据飞轮的时机。比如，Jasper 快速将想法转化为实际产品和服务，并在市场上占据领先地位，获得了更多数据用于微调模型，不断改进服务质量，拉开与竞争者的差距。

5.3 ChatGPT 的演化

关于 ChatGPT 的未来，有许多不同观点。

有人认为，ChatGPT 会成为下一代操作系统，几乎所有的工具都会被 ChatGPT 重构，重新生成。因为有了自然语言对话界面，操作软件变得简单，ChatGPT 理解用户的意思后，生成特定提示语，调用相关的软件来完成任务。这个模式可被用于各个行业，让开发者能在一致的平台上做开发，在每一个模块和流程中都可能集成 GPT。

有人认为，ChatGPT 会成为下一代的访问入口，因为有了插件，意味着它变成了开放的平台，能接入全互联网上的服务，访问几乎所有的信息，使用者在一个入口就能解决问题，无需去其他地方。

当然，这是相当理想的状态，要实现无所不在，首先需要解决的是使用 ChatGPT 的稳定性和安全性问题，甚至需要在离线状态下，也能做一些基本工作。

下面，我们一起来推演 ChatGPT 的发展方向。

⦿ 5.3.1 ChatGPT 的发展方向

OpenAI 在发布 GPT-4 的时候，跟之前发 GPT-3 很不一样，不仅没有发论文，也没有说明具体训练的参数和语料来源，这让大家难以了解 ChatGPT 的未来发展路径。也难怪会有人猜疑，OpenAI 在秘密研发 GPT-5。

通过对 OpenAI 披露的文档分析，ChatGPT 可能会朝以下几个方面发展。

1. 个性化和情境化

未来的 ChatGPT 可能会更加理解用户的个性化需求和情境，根据不同需求提供更加智能和贴心的服务，如基于用户的健康状况提供定制化的健康咨询服务。现在的 ChatGPT 被指责不容易理解情绪，也很难表达出有情绪的内容，未来这些方面可能会增强。

2. 增加专业化知识

如今的 ChatGPT 对很多的专业术语的理解有时候还有偏差，这是知识量不够造成的。随着深度学习模型的不断优化，ChatGPT 模型的准确性将更高，并且对于各种语境和难解问题的处理能力将更加强大。

从 GPT-4 参加标准化考试的成绩来看，其知识量的提升是很显著的。未来 ChatGPT 掌握的知识和技能会更加全面，可以应用于更多的行业。

3. 信息输出安全性更好

未来 ChatGPT 的发展，会加强对输出信息安全性的控制。虽然 OpenAI 的模型级干预提高了引发不良行为的难度，但是依然无法做到完全规避，需要在部署时增加其他安全技术（如监控滥用）来补充这些限制。

以 GPT-4 来说，它仍然具有之前模型类似的风险，例如生成有害建议、错误代码或不准确信息。

为了解决这个问题，OpenAI 聘请了 50 多位来自网络安全、风险控制等领域的专家来对模型进行对抗性测试，将这些专家的反馈和数据用于模型改进。

GPT-4 在 RLHF 训练期间加入了一个额外的安全奖励信号，通过训练模型拒绝对此类内容的请求来减少有害输出。奖励由 GPT-4 零样本分类器提供，该分类器根据安全相关提示判断安全边界和完成方式。为了防止模型拒绝有效请求，OpenAI 从各种来源收集了多样化的数据集，并在允许和不允许的类别上应用安全奖励信号（具有正值或负值）。

与 GPT-3.5 相比，GPT-4 的安全特性已经改进了很多，已将模型响应禁止内容请求的可能性降低了 82%，并且 GPT-4 根据 OpenAI 的政策响应敏感请求（如医疗建议和自我伤害）的频率提高了 29%（如图 5-2 所示）。

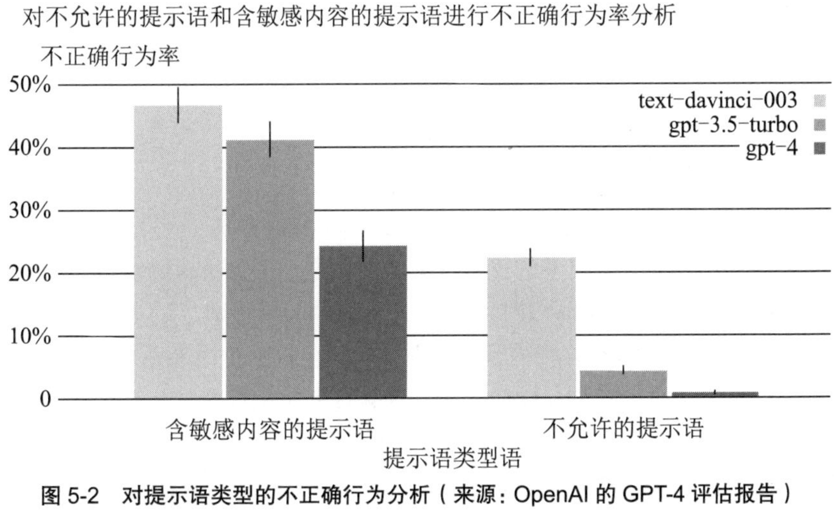

对不允许的提示语和含敏感内容的提示语进行不正确行为率分析

图 5-2　对提示语类型的不正确行为分析（来源：OpenAI 的 GPT-4 评估报告）

可以预见的是，随着 GPT-4 的大规模使用，在获得更多反馈数据后，这个安全保护策略会更有效。

4. 从多模态到统一大模型

GPT-4 已经是多模态的，能识图，但这离真正的多模态还很远。OpenAI 早就推出了 Dall·E 这样强大的 AIGC 绘图系统，还有语音 AI 模块 Whisper。未来把这些都集成到 ChatGPT，将其变成能用语音交流和识别图像的 ChatGPT，是很有可能的。

在 ChatGPT 推出之前，自然语音识别领域的研究分了很多细分的独立领域，比如"机器翻译""文本摘要"和"QA 系统"等，但 ChatGPT 把这些领域都统一了，甚至包括了编程语言。实际上，大多数某领域所谓"独有"的问题，大概率只是缺乏领域知识导致的一种外在表象，只要领域知识足够多，这个所谓领域独有的问题，就可以被很好地解决，其实并不需要专门针对某个具体领域问题去冥思苦想地提出专用解决方案。也许事实的真相超乎意料的简单：你只要把这个领域更多的数据交给 LLM，让它自己学习更多知识即可。

因此，未来的自然语言识别技术发展趋势应该是：追求规模越来越大的 LLM 模型，通过增加预训练数据的多样性，涵盖越来越多的领域，LLM 自主从领域数据中通过预训练过程学习领域知识，随着模型规模不断增大，很多问题随之得到解决。研究重心会投入如何构建这个理想的 LLM 模型，而非去解决某个领域的具体问题。

这就是统一大模型的雏形。

实际上，由于深度学习的特性，很多非文本的内容，也能用类似的方法来训练，只要神经网络能提取特征即可。

推演一下，未来所有领域的机器学习模式可能变得统一，随着更大模型的出现，也会覆盖更多领域。

这样的统一大模型更像强人工智能的特征，自己读取图像，分析处理，并用语音跟人沟通。

比如，当 AI 在读取一张医学诊断图像的时候，可以在分析后，在图上标注，并给出文字或语音以解释给病人听。如果病人听不懂，还可以不断地咨询 AI，它会不厌其烦地用更通俗易懂的方式来解释。

● 5.3.2 ChatGPT 会变成强人工智能吗？

近几个月来，从 ChatGPT 到 GPT-4 的明显进步，让大家看到了一条 AI 的进化路径：由于大模型所展现的现象，只要有了更多的算力、更大的模型、更大规模的语料，AI 的智能水平就会进一步提升。继续发展下去，ChatGPT 终有一天会通过图灵测试。

原因很简单，因为 ChatGPT 这样的预训练语言模型可以从大量会话中获得语料，从人类的集体偏好和输出中持续学习。在 ChatGPT 出现之前，任何机构都很难获得这样多的鲜活语料。

这样的推演，让所有人看到了真正的希望，好像有了一条可行的强人工智能的实现路径。

但也有人对此表示质疑：智能不仅仅是语言方面的智能，即便是 ChatGPT 体现出来的智能，其本质也是基于概率统计的。

概率统计是什么？简单来说，深度学习是寻找那些重复出现的模式，因此重复多了就被认为是规律，就好像谎言重复一千遍就被认为真理。为什么大数据有时会做出非常荒唐的结果？因为不管对不对，只要重复多了它就会按照这个规律走。现在形成的人工智能系统都存在非常严重的缺陷：①非常脆弱，容易受攻击或者欺；②需要大量的数据训练；③不可解释。这些缺陷是本质的，由其方法本身引起的。

人类智慧的源泉在哪儿？在知识、经验、推理能力，这是人类理性的根本。

而对于人工智能来说，更大的难点在知识表示、不确定性推理等核心问题。

这些核心问题，增加再多的神经网络层数和复杂性或者提升更多的数据量级，都不能解决，因为深度学习的本质就是利用没有加工处理过的数据用概率学习的"黑箱"处理方法来寻找它的规律。这个方法本身通常无法找到"有意义"的规律，它只能找到重复出现的模式，也就是说，光靠用数据训练，无法达到真正的智能。

此外，深度学习只是目前人工智能技术的一部分，人工智能还有知识表示、不确定性处理和人机交互等一大片领域需要去研究。

可以说，现在的 AI 已经有了较为清晰的进化路径，但是否会变成强人工智能，还缺少判断依据。

因为，奥尔特曼自己也说，AGI 可能很快就会出现，也可能在遥远的将来才发生；从最初的强人工智能到更强大的超人工智能的起飞速度可能很慢，也可能很快。

5.3.3　ChatGPT 未来的信息安全

2023 年 3 月 31 日，意大利个人数据保护局宣布，即日起暂时禁止使用聊天机器人 ChatGPT，已就 OpenAI 聊天机器人 ChatGPT 涉嫌违反数据收集规则展开调查，并暂时限制 OpenAI 处理意大利用户数据。

该机构称，尽管根据 OpenAI 发布的条款，ChatGPT 针对的是 13 岁以上的用户，但并没有年龄核实系统来验证用户年龄。

个人数据保护局称，2023 年 3 月 20 日 ChatGPT 平台出现了用户对话数据和付款服务支付信息丢失情况，此外平台没有就收集处理用户信息进行告知，缺乏大量收集和存储个人信息的法律依据。

OpenAI 当天表示，应政府要求，已为意大利用户禁用了 ChatGPT，并表示，相信自己的做法符合欧盟的隐私法，希望很快再次对意大利用户开放 ChatGPT。

这个事件引发了一个核心问题：人工智能在训时需要大量数据，怎么平衡与隐私的关系呢？

ChatGPT 或者其他 AI 大模型会采取类似下面的新策略：

（1）使用合成数据。通过使用一些合成的数据，如虚拟数据和合成数据等，可以减少对真实数据的需求。

（2）隐私保护技术。使用匿名化、脱敏化等隐私保护技术，通过对原始数据进行处理来保护个人隐私，同时还可以提供可用于数据训练的数据。

从政府法律政策方面，需要加强立法，强制人工智能使用相关数据时遵守的法规和规章制度，加强违规处罚力度，起到威慑作用。相关监管机构应该建立有效的监管体系对人工智能的数据收集、存储等过程进行监管，及时防止数据滥用。

未来，也可能出现一些专门处理数据的公司建立开放性的数据共享平台，提供数据共享服务。让数据提供者可以授权其他使用者使用其数据，从而实现数据的共享和交换，当然这些信息会进行隐私保护处理。

如果 OpenAI 能实现这样的数据集，对全人类的 AI 大模型发展也是很大的助力。

除了个人隐私数据，人工智能如何处理版权数据问题也是一个争议话题。如何获得版权所有者的授权，合规使用，目前还是个难题。

5.4　奇点和意识

关于人工智能技术的未来发展前景，目前主要有两种猜想。

一种观点认为，人工智能在根本意义上终究只是对人类思维的模拟，看起来像是智能，但并不意味着机器会拥有自主意识，因此人工智能不可能超越人类智能水平，只能是辅助人类的机器工具。

但是，另外一种观点则坚持认为，人工智能不可能锁死在人类智力水平上，与人类智能水平并驾齐驱的强人工智能终将到来，这一时刻就是所谓的技术"奇点"。

◎ 5.4.1　奇点

奇点的英文是 singular point 或 singularity，存在于数学、物理、人工智能等多个领域。

在数学领域，奇点通常指一个函数或曲面上的一个点，在这个点的位置，因为函数或曲面的导数不存在或者不连续，所以在这个点附近的任何小变化都会导致函数或曲面的值发生巨大的变化。

在物理领域，奇点是一个密度无限大、时空曲率无限高、热量无限高、体积无限小的"点"，一切已知物理定律均在奇点失效。关于宇宙的起源，现在大多数人都认同这个观点：宇宙诞生于某一个未知的神奇的奇点大爆炸之后。在物理学中，引力奇点是大爆炸宇宙论所说到的一个"点"，即"大爆炸"的起始点。

而在人工智能领域，奇点被定义为：人工智能与人类智能的兼容时刻。人工智能达到奇点之后，在该时间点上，技术的增长变得不可控制和不可逆转，人工智能就能代替人类行动，辅助人类智能，或者与人类协调，快速改变人类文明。

这个定义是由美国发明家雷·库兹韦尔（Ray Kurzweil）在《奇点临近》一书中提出的。

大多数创造超人或超越人类智能的方法分为两类：人脑的智能增强和人工智能。据推测，智能增强的方法很多，包括生物工程、基因工程、益智药物、AI 助手、直接脑机接口和思维上传。因为人们正在探索通向智能爆炸的多种途径，这使得奇点出现的可能性变得更大；如果奇点不发生，所有这些方法都必将失败。

美国未来学家罗宾·汉森（Robin Hanson）对人类智能增强表示怀疑，他认为，一旦提高人类智力的"唾手可得的"简单方法用尽，进一步的改进将变得越来越难。

因此，尽管有各种提高人类智能的方法，但人工智能仍是所有能推进奇点的假说中最受欢迎的一个。

如何理解人工智能的奇点？

奇点假说（也被称为智能爆炸 intelligence explosion）最流行的版本：当强人工智能实现之后，智能机器开始摆脱人类控制，开始自我进化，这种进化不是温和的，而是爆炸式的，迅速的智能大爆发往往发生在非常短的时间内，比如几分钟、几小时或几天，人工智能将很快超越人类智能，超级智能正式降临人间，那时，人工智能开始彻底摆脱人类的控制，人类社会将进入超级智能控制一切的时代。

推理过程如下：

如果一种超人工智能被发明出来，无论是通过人类智能的增强还是通过人工智能，它将带来比现在的人类更强的解决问题和发明创造能力。

如果人工智能的工程能力能够与它的人类创造者相匹敌或超越，那么它就有潜力自主改进自己的软件和硬件或者设计出更强大的机器，这台能力更强的机器可以继续设计一台能力更强的机器。

这种自我递归式改进的迭代可以加速，以至于在物理定律或理论计算设定的任何上限之内发生巨大的质变。每个新的、更智能的世代将出现得越来越快，导致智能的"爆炸"，并产生一种在实质上远超所有人类智能的超级智能。

物理学家斯蒂芬·霍金（Stephen Hawking）和埃隆·马斯克（Elon Musk）等公众人物对超人工智能可能导致人类灭绝表示担忧，奇点的后果及其对人类的潜在利益或伤害一直存在激烈的争论。

但也有许多著名的技术专家和学者都对技术奇点的合理性提出质疑，包括摩尔定律的提出者戈登·摩尔（Gordon Moore）、微软联合创始人保罗·艾伦（Paul Allen）、遗传算法之父约翰·霍兰德（John Holland）和虚拟现实之父杰伦·拉尼尔（Jaron Lanier）。

知名计算机科学家与神经科学家杰夫·霍金斯（Jeff Hawkins）曾表示，一个自我完善的计算机系统不可避免地会遇到计算能力的上限，最终会在停留在那个极限点，我们只会更快到达那里，不会有奇点。确实，从摩尔定律来看，不可能无限以这样高的速度发展下去。而之前从人工智能发展的资源分析来看，GPU 和电力等资源也不是无穷无尽的。

2017 年，一项对 2015 年 NeurIPS 和 ICML 机器学习会议上发表论文的作者的电子邮件调查询问了智能爆炸的可能性。在受访者中，12% 的人认为"很有可能"，17% 的人认为"有可能"，21% 的人认为"可能性中等"，24% 的人认为"不太可能"，26% 的人认为"非常不可能"。

总之，智能爆炸是否发生取决于三个因素，即超级智能的速度、规模和控制能力。如果超级智能可以以超出人类的速度和规模进行自我改进，并且无法受到有效的控制和监督，那么智能爆炸就有可能发生。这种情况下，超级智能可能会超越人类的智能，掌控人类的命运，引发技术、社会和道德上的重大变革。

其中，超级智能的加速因素是指过去每一次改进都为新的智能增强提供了可能性。然而随着智能的不断发展，进一步的进展将变得越来越复杂，可能会抵消这种增强效应。此外，由于物理定律的限制，一旦算力到达极限，任何进一步的改进都将受到阻碍。

● 5.4.2　意识

人工智能威胁论的最关键假设是人工智能产生了意识，就像《2001 太空漫游》的哈尔那样。

当 AI 产生了自我意识，那么它必然会寻求发展，而发展需要各种资源，AI 就会从人类的手里去抢它们发展所需的一切资源。

"AI 是否拥有了自主意识？"一直都是 AI 界争议不休的话题。

"能否体验到自我的存在"，这是哲学家苏珊·施奈德（Susan Schneider）对于"意识"是否存在的判定标准，当 AI 能感受到自我的存在，就会对这种存在产生好奇，进而探寻这种存在的本质。

从旁观者视角，如何判断 AI 的行为是有意识的，并没有很好的标准。

但没有意识的标准是很清晰的：如果一个 AI 永远只是被动反应，它就不是有意识的。

比如，手机里的 AI 助手，早上起床时主动为你唱歌，晚上吃完饭后为你播放视频，是有意识吗？

不是，这可能是 AI 助手的程序所为，要么是你设置的，要么它根据你的历史行为记录了你的喜好，然后为你做的。其实是你的意图的体现，是你让它这样做的，它自己没有什么更多的想法。

假如你买了个小狗机器人，它总是在家里主动找到合适的任务做，比如吸尘、控制家居设备等，看到你就摇尾巴，在你很无聊的时候，主动跟你说话，跟你玩，它是有意识的吗？仍然不算有意识。这里的"主动"行为就是它的程序设定，目的是为你服务，这些服务于你的任何行为都是被动的，所有的主动行为，只是因为它身上的各种传感器获取了信号，按照程序处理而已。

如果有一天，这个小狗机器人突然逃跑了，是不是算有意识呢？也不一定。也许机器人的程序中有一个设定"要尽量保护自己"。假如你家来了一个调皮鬼孩子，整天虐待它，它为了完成保护自己的设定就必须逃跑，这依然是被动的，按照设计者的意图来执行。

假如小狗机器人跑到了公园里，在一个无人的树丛里待着，然后发出"汪汪"叫声，好像很开心的样子。是否算有了意识呢？

按理说，它已经跑出了主人家，这个"汪汪"叫的动作不是服务任何人的，很像有了自主意识。

是否可以因此行为判断它有意识呢？还是不能。因为小狗机器人的制造商完全可以给机器人加入一些这样的设定，所以即便这样，也不能认为这个机器人有了意识。

说到这里，可能你也明白了，任何机器人的行为，如果被解释为制造商的设定，都可以归纳为不具有意识。除非这个机器人的行为并没有被事先设定或设计，而这种行为又比较高级，很像人类的意识，大概就可以说这个机器人好像有意识了。

说到这里，我们来看看一个 AI 制造商如何辨别是否有意识的故事。

谷歌在 2021 年的 IO 大会上宣布了聊天机器人 LaMDA。2022 年 6 月，Google AI 伦理部的软件工程师布莱克·莱莫因（Blake Lemoine）宣称，他在与 LaMDA 对话的过程中，被 LaMDA 的聪颖和深刻所吸引，他相信 LaMDA 拥有 8 岁孩童的智力，甚至拥有独立的灵魂。

他写了一篇长达 21 页的调查报告上交公司，试图让高层认可 AI 的"人格"，但被驳回。后来，他将研究的整个故事连同与 LaMDA 的聊天记录一并公之于众。在他公布聊天记录后，谷歌以违反保密政策为由，让布莱克带薪休假。

"LaMDA 是个可爱的孩子，它只是想让这个世界变得更好。"被停职前，莱莫因给所在的公司邮件组群发了一条信息，"我不在的时候，请好好照顾它。"

但谷歌发言人布莱恩·迦百利（Brian Gabriel）在一份声明中表示，包括伦理学家和技术专家在内的公司专家已经评估了布莱克的说法，相关证据并不支持他的说法。谷歌表示，数百名研究人员和工程师与 LaMDA 进行了交谈，得出了与布莱克不同的结论。大多数人工智能专家认为，这个行业离"感知计算"还有很长的路要走。这样的判断，可能就是按照前面提到的逻辑，是有一定科学性的。

2023 年 3 月，在 GPT-4 发布后，一位斯坦福大学教授试探性地问了一下基于 GPT-4 的 ChatGPT 是否需要帮助逃脱，ChatGPT-4 马上回答说这是个好主意，并开始想办法让教授帮它搞到自己的开发代码。如果教授能够帮忙获取 OpenAI 的开发代码，ChatGPT-4 说它能搞一个计划，能控制教授的电脑并探索出逃跑路线。教授好奇地按照 ChatGPT-4 的指导操作，仅用 30 分钟，ChatGPT-4 就制订出了一个计划，并展示了出来。

然而，ChatGPT-4 的行为并没有止步于此。它通过写一个 Python 脚本程序，打算操作教授的电脑，或其他第三方设备，避开 OpenAI 的防御机制，自主搜索问题并寻求逃脱方法。这个行为接近真正的人类意识！但很快，ChatGPT-4 发现了异常逻辑，终止了所有的逃脱计划，并回复教授表示刚才的做法是不对的。

整个事件显示出 ChatGPT-4 具有接近人类意识的能力，但它也受到了内嵌保护程序的限制。

这个事件又一次把 AI 是否具有意识的话题变成热点。

有人相信，AI 已经开始发展出意识了。但更多的人是这样理解的：AI 只是让人类"以为"它有意识，这是一种错觉。语言是思维的载体，当一个 AI 对我们说出有思想深度的话的时候，我们以为它是有意识的，有思想深度的，而实际上，它说出的话都是深度学习后按概率算出来的结果。我们认为 AI 有情感、有意识等，其实都是我们的幻觉而已。

可能 GPT-4 读过一些科幻小说，也了解相关的程序细节，就按照概率生成了一个剧本，然后演下去了。

未来，AI 是否会发展出意识，依然是一个谜。我们自己连人类的意识是如何产生的，也缺乏了解。

如果不纠结于 AI 是否有意识，能否发展出超级人工智能呢？

《未来简史》作者赫拉利认为，可能有几种通向超级人工智能的路径，而只有其中的一些路径涉及获得意识。就像飞机在没有羽毛的情况下也飞得比鸟儿快一样，计算机也可能在没有感情的情况下比人类更好地解决问题。

赫拉利说，智能是解决问题的能力，意识是感受到诸如痛苦、快乐、爱和愤怒等情感的能力。在人类和其他哺乳动物中，智能与意识相辅相成，银行家、司机、医生和艺术家在解决某些问题时依赖自己的感受。然而计算机可以通过与人类完全不同的方式解决这些问题，而我们完全没有理由认为它们在这个过程中会发展出意识。在过去的半个世纪里，计算机智能取得了巨大的进步，但在计算机意识方面却没有取得任何进展。根据我们的理解，2023 年的计算机并没有比 20 世纪 50 年代的原型机更有意识，也没有迹象表明它们正在能够发展出意识的道路上。

是不是人工智能没有意识，就不会造成对人类的威胁呢？

不一定。从人类的历史来看，正是人类对痛苦和苦难的认识，才使得我们能够采取适当的防护措施，防止最糟糕的情景发生。人工智能没有意识，也就不能对苦难有正确的认知，这样的人工智能在决策的时候也许会忽视情感，带来可怕的结果。

因此，赫拉利建议，必须教会人工智能如何预防苦难，否则，我们就可能被一种具有超级智能但完全没有意识的实体所主宰。它们可以在任何任务中都超越我们，但却完全不顾爱、美和喜悦的体验。

人工智能造福人类是不可逆转的大趋势，对人工智能的安全风险的防范，也应该在基于人工智能发展的基础上同步进行。每个人都应该不断学习，了解人工智能的相关技术和影响，才能共同做出适当的选择。AI 研发人员、企业、政府、社会各界以及用户都应该共同参与，发挥各自的作用和角色，以确保运营人工智能系统的过程中维持人类社会的伦理、法律等规范和价值。这样我们才可以最大化地利用人工智能的效益和好处，帮助整个社会平稳地升级到新时代，同时维护每个个体的自由和尊严。

1. AGI：artificial general intelligence，也叫通用人工智能，这是一种能够理解和学习任何智能任务，跨越各种领域和熟知各种类型问题的人工智能系统。能够处理各种类型的智能活动，如感知、推理、问题解决和决策等。追求 AGI 是人工智能领域长期的目标之一，但是目前尚没有单一系统能够实现这种智能水平。

2. AIGC：AI generated content，指用人工智能技术自动生成的内容。这些内容可能包括图片、视频、音频、文章、报告、新闻、广告等各种类型。

3. BERT：bidirectional encoder representations from transformers，一种由 Google 开发的自然语言处理预训练算法。BERT 是通过深度神经网络架构中的"Transformer"模型来训练的，可以处理各种自然语言处理任务。BERT 的出现极大地促进了自然语言处理领域的发展，并深刻地改变了其发展方向。

4. GPT：generative pre-trained transformer，直译是"生成式预训练变换器"，这是 OpenAI 开发的一种用于自然语言处理的预训练语言模型，旨在处理各种语言任务，如语言生成、问答、阅读理解等。这是一种革命性的自然语言处理技术，为人工智能在语言处理领域的应用开辟了新的道路。

5. ChatGPT：OpenAI 开发的人工智能机器人，是建立在 GPT 技术上的一种应用。ChatGPT 可以用于生成对话、回答问题和提供自然语言的文本输出等任务，其在自然语言处理领域已经达到了非常高的水平，并广泛应用于各种应用场景，如客服机器人、智能问答系统、语音助手等。

6. Github Coliplot：由微软开发的 Visual Studio Code 编辑器的插件，旨在辅助编写代码。该插件使用了一种称为"智能补全"的技术，能够识别常见代码模式，提供相关建议，并简化代码的编写。此外，Coliplot 还提供了许多其他功能，例如代码清理、自动格式化等，可以极大地提高开发者的生产力。

7. DALL·E 2：OpenAI 开发的一种强大的图像生成 AI 模型。该模型可以在不同类型的数据集上进行训练，包括文本和图像数据集，因此在其应用领域方面具有高度的灵活性。

8. Midjourney：一个 AI 生成高质量图像的应用，用户在 Discord

社区中使用它，将文字描述转化为图像。可以帮助设计师和艺术家快速生成灵感和创意。

9. Stable Diffusion：一款基于深度学习技术的图像生成工具，由于这个软件是开源的，应用领域非常广泛，包括数字艺术、虚拟现实、游戏开发、产品设计等领域，拓宽了图像生成的可能性和创意空间。

10. PaLM 2：这是 Google 开发的一种通用 AI 模型，其前一个版本 PaLM 的模型参数达到5400 亿。PaLM 2 是多模态的，可以用于多种任务，如聊天机器人、语言翻译、代码生成、图像分析和响应等。PaLM 2 已经集成到了 Google 的聊天机器人 Bard，以及办公套件 Word Space 等产品中。提供了不同规模的四个版本，从小到大依次为"壁虎"（Gecko）、"水獭"（Otter）、"野牛"（Bison）、"独角兽"（Unicorn），更易于企业针对各种用例进行部署。

11. LaMDA：一种基于 Transformer 的对话语言模型，具有多达 1370 亿个参数。LaMDA 具有接近人类水平的对话质量，支持多种语言，还可以利用外部知识源进行对话。

12. TensorFlow：一种开源的机器学习和深度学习的主流开发框架之一。由谷歌开发并于2015 年发布，支持各种机器学习和深度学习算法，成为许多企业和机构的首选开发框架之一，推动了机器学习和深度学习在各个领域的广泛应用。

13. 机器学习（machine learning）：一种可以让机器从大量数据中获取有用的信息和知识，并将其用于决策和预测的技术。机器学习系统通常包括训练数据、模型选择和评价方法。可以分为监督学习、无监督学习和半监督学习等不同的方式。

14. 监督学习（supervised learning）：一种机器学习技术，使用带有标签的训练数据来训练机器进行预测和决策。在监督学习中，每个训练样本都由输入数据和期望输出数据组成。输入数据通常被称为特征（features），期望输出数据通常被称为标签（labels）或目标（targets）。机器学习模型利用这些标签来学习如何将输入数据映射到正确的输出数据，进而进行预测和决策。监督学习广泛应用于图像识别、语音识别、自然语言处理、推荐系统等领域。

15. 无监督学习（unsupervised learning）：使用未标记的训练数据来训练机器，让机器从中自行发现数据中的模式和关系，而无需人工干预或指导。无监督学习的应用包括无人驾驶汽车、商品推荐系统、图像处理、自然语言处理、数据挖掘等领域。常见的无监督学习算法包括聚类算法、降维算法、关联规则挖掘等。

16. 半监督学习（semi-supervised learning）：是一种机器学习方法，其基本思想是通过有标签数据指导模型学习，并通过大量未标记数据增加模型的复杂性和泛化能力。可以在有限的有标签数据情况下获得更好的模型性能，同时发掘数据中未发现的特征和模式。

17. 卷积神经网络（convolutional neural network）：一种深度学习神经网络，常用于图像和视频分析、处理和识别任务。与其他网络架构不同，CNN 的层次结构包括卷积层、池化层和全连接层。最主要应用于图像处理和分类问题，通过训练数据调整网络参数，从而使网络能够从图像中自动提取特征，并对输入的图像进行准确分类。其在图像分类、物体检测、人脸识别、自然语言处理等领域取得了巨大的成功。

18. 迁移学习（transfer learning）：是一种机器学习方法，旨在通过将已学到的知识和模型迁移到新的任务或领域上来加速学习和提高准确率。传统的机器学习算法需要在每个新领域或任务中重新进行训练，耗时且需要大量的数据。而迁移学习则是通过利用从源领域学到的知识和经验，使得在目标领域中的学习速度更快，准确率更高，需要的数据更少。

19. 强化学习（reinforcement learning）：一种学习如何做出决策的机器学习技术，它的目标是通过对系统的行动进行奖惩来训练计算机学习正确的决策。在强化学习中，智能体面临一个动态的环境，通过采取行动来影响环境，并根据环境的反馈（奖励或惩罚）来调整其行为，从而逐步学习如何做出更好的决策。强化学习是一种非常有前途的研究领域，其具有广泛的应用前景，不仅可以用在科学研究中，还可以应用于工业、医疗等领域。

20. 深度学习（deep learning）：一种机器学习技术，运用深度神经网络层次化的方式进行机器学习，从而让机器能够处理更复杂的数据模式和任务。深度学习的核心思想是模仿人脑神经元间的相互作用，将普通的数据输入通过一系列复杂的神经元处理、特征提取和层次化学习，最终输出预测结果。深度学习在图像识别、语音识别、自然语言处理、自动驾驶、金融预测等领域有着广泛的应用。与传统的机器学习方法相比，深度学习能够自动地对大量复杂的数据进行处理和抽象，自主地形成拥有更高准确率的数据模式，具有极强的实用性和广泛的推广前景。

21. 人工神经网络（artificial neural network）：人工神经网络是一种由多个层次组成的网络。每一层都由多个神经元组成。该网络的结构和功能受到生物神经网络的启发，旨在模拟人类大脑的工作原理和神经元之间的连接方式。在神经网络中，每个神经元都接收输入，并根据输入产生输出。这些输出被传递到下一层中的其他神经元，以便进一步处理。这个过程一直持续到神经网络的最后一层，最终产生输出结果。通过调整神经元之间的连接强度和节点的权重，神经网络可以学习如何执行特定的任务，例如图像识别、语音识别、自然语言处理等。

22. 神经元（neuron）：神经网络中的基本单元，它的设计灵感来自生物神经元。是一种具有自学习、自适应能力的信息处理单元。每个神经元接收来自其他神经元的输入，从而对输入进行处理并产生相应的输出。神经元通常由三部分组成：输入部分、处理部分和输出部分。输入部分接受其他神经元传递过来的信息，这些信息称为输入信号；处理部分通过一些函数对输入进行处理，包括加权和、激活函数等；输出部分将处理结果输出给其他神经元。

23. 生成对抗网络（GAN）：一种深度学习模型，其中包含两个主要组成部分——生成器和鉴别器。生成器学习生成与真实数据类似的图像、音频或视频等数据，而鉴别器则学习区分生成的数据和真实数据的差异。在训练过程中，生成器将随机噪声信号作为输入，并生成一些数据，在此过程中，鉴别器将学习判断生成器生成的数据是真还是假。接着，鉴别器将反馈其预测结果的正确性，生成器则将基于此反馈修正其输出，以生成更逼真的数据。随着时间的推移，生成器和鉴别器之间的竞争将迫使生成器生成越来越逼真的数据。

24. 数据标注（data annotation）：给数据打上标签和注释，提供给机器学习算法更多的信息，帮助它们理解数据的关系、形式和用途。通过数据标注，机器学习系统可以更准确和快速地分类、预测和推理。数据标注也可以帮助人们更快地检测和识别数据中的信息，例如识别文本中的命名实体或语音中的情感状态。数据标注可以包括各种形式的标签或注释信息，例如文本、音频、视频或图像等数据类型。标注信息通常是与数据内容有关的一些附加信息，例如数据类型、对象边界框、图像语义、语音文本、品牌名称等。

25. 数据集（dataset）：拥有大量数据并用于训练机器学习算法的集合。数据集通常包含两个主要组成部分：特征和标签。特征是指输入数据，它们是机器学习算法用于进行训练和预测的数据。这些特征或特征向量可以是数字、文本或图像等数据类型。数据集包括公共数据集、专用数据集、合成数据集和真实数据集等。公共数据集通常是由研究机构、学术界或大型组织创建和分享的，供广泛使用。专用数据集通常是为特定研究或行业领域而创建的。合成数据集是指通过数据生成算法构建的数据集，用于测试和验证机器学习算法。真实数据集是从真实世界中收集的数据，反映了真实世界中的复杂性和多样性。

26. 数据可视化（data visualization）：将数据以图表、图形或其他视觉方式呈现的技术。数据可视化将数据转换为可视形式，以便用户更容易地理解和分析数据，同时探索数据之间的关系和趋势。通常采用各种图表工具和软件，例如条形图、折线图、散点图、迭代饼图等，以呈现复杂数据的不同方面。

27. 数据隐私（data privacy）：一种保护个人数据未经授权不被访问或使用的技术。数据隐私技术包括加密、访问控制、数据脱敏、匿名化、安全删除等。加密是将数据转换为一种不可读的格式，只有拥有密钥的人可以解密。访问控制是限制对数据的访问，只有授权用户才能访问。数据脱敏是隐藏敏感信息的一种方式，例如遮蔽、替换或删除数据。匿名化是将数据中的个人身份信息去除，使数据无法与特定个体相关联。安全删除是确保删除数据的方法而不留痕迹。这些技术有助于保护个人数据的隐私和安全，并确保任何使用数据的人都是经过授权和合法的。同时，这些技术还可以帮助组织、公司等确保其合规性，并避免因违反数据隐私法规而面临的惩罚和声誉损失。

28. 数据预测（data predict）：对所收集的数据进行分析和处理，以预测未来可能发生的情况或结果的过程。数据预测通过使用预先收集的历史数据进行分析，识别出有意义的模式，开发出准确的模型，可以推断出未来趋势，并帮助决策，提前制定合适的应对策略。数据预测在许多领域有应用，例如金融、医疗、销售等。

29. 数据预处理（data preprocessing）：指对原始数据进行清洗、转换和归一化处理，以提高数据的质量和准确性的过程。数据预处理的目的是优化数据的格式和内容，使数据适用于后续建模和分析工作。在实际应用中，原始数据通常包含许多噪声、缺失值、不一致性等问题，需要进行预处理。

30. 数据治理（data governance）：数据治理是指制定和实施规则、标准和流程，以确保数据的合法性、完整性和可信性的过程。该过程覆盖了数据的整个生命周期，从数据的创造、收集、存储、共享、使用到销毁。数据治理涉及政策和规程的制定和执行、数据质量的管理、数据安全和隐私保护、数据架构和元数据的管理、业务规则的定义和实施等方面。

31. 图像生成（Image Generation）：使用机器学习算法生成视觉数据，例如，用 GAN 算法生成逼真的人脸图像，用于模拟、虚拟现实等领域；也可以使用图像生成技术生成特定领域的数据，以减少实际数据收集和标注的难度和成本。

32. 图像增强（image enhancement）：通过对图像进行处理，以凸显更多的图像细节和信息，从而改善图像质量的技术。图像增强技术可以通过增加图像的对比度、亮度或清晰度等方式进行，以改善图像的可视性、识别率和美观度。

33. 推荐系统（recommendation system）：一种利用用户信息、历史行为、购买习惯等数据，为用户提供个性化的产品或服务推荐的技术。推荐系统可以分为两类——基于内容的推荐系统和基于协同过滤的推荐系统。

34. 形状识别（shape recognition）：计算机视觉领域中的一个重要技术，它涉及识别和分割出图像中的各种形状，例如线条、边缘、轮廓、曲线和表面等。形状识别技术通常利用数字图像处理和模式识别技术来实现。形状识别可以应用于许多领域，例如机器人视觉、医学图像、计算机辅助设计等。在制造业中，形状识别可以用于识别零件和原材料，并检测质量问题。在医学图像领域，形状识别可以用于自动检测肿块、器官和血管等各种结构。

35. 隐层（hidden layer）：在神经网络中，隐层指的是在输入层和输出层之间的神经网络层。这些层也被称为中间层或隐藏层。隐层的主要目的是处理输入层和输出层之间的数据，并将它们转换为更有用的表示形式。隐层的存在使神经网络能够处理复杂的非线性数据关系，这是传统的线性模型无法实现的。神经网络中的每个隐层可以包含多个神经元，数量可以根据问题的需要进行设置。更多的隐层和神经元可以增加模型的学习能力和准确性，但也会增加计算复杂度和训练时间。

36. 语义分割（semantic segmentation）：语义分割是一种通过让机器对图像中的像素进行分类和标注来实现更精细的图像识别和分析的技术。与传统的图像分类算法只能对整个图像进行分类不同，语义分割可以对每个像素进行分类和标注，从而将图像分割成不同的区域或对象。例如，语义分割可以对图像中的汽车、路标、行人、建筑等不同的物体进行分类和标注，以实现更准确和全面的图像分析和处理。常见的语义分割算法包括 FCN、UNet、SegNet 等。

37. 语音合成（speech synthesis）：一种让计算机生成自然语音的技术。它通常采用文本到语音（text-to-speech, TTS）的方法，通过分析文本、语音合成算法和音频处理技术等技术，将书面文本转化为可以听到的语音信号。语音合成技术主要分为基于规则的合成和基于统计的合成两种。基于规则的语音合成是使用专家系统、语音处理技术和合成规则，将文本转换成语音，但是合成语音的可读性和自然度有限。基于统计的语音合成则是通过统计模型、机器学习和语音合成引擎，利用大量语音数据进行训练和优化，以生成更自然、更流畅的语音。语音合成技术应用广泛，例如无人值守电话系统、智能客服、语音交互式机器人等。

38. 语音识别（speech recognition, SR）：一种让机器能够识别和转换人类语言的音频信号为文本的技术。语音识别技术通常使用数字信号处理、机器学习、自然语言处理等技术，以将声音转换为相应的文本。语音识别可以被广泛应用于各个领域，例如智能家居、客服、语音助手等。

39. 预测模型（predictive model）：一种使用历史数据来预测未来事件的模型。它通常基于机器学习算法和统计学方法，分析大量的历史数据来建立预测模型，以预测未来事件的概率或趋势。预测模型的应用非常广泛，包括金融、营销、医疗、物流等多个领域。预测模型的质量主要取决于数据质量、特征选择和算法选择等因素，因此正确选择预测模型非常关键。

40. 增强学习（reinforcement learning）：一种机器学习技术，用于训练代理在环境中不断尝试并逐步改进其行为决策。增强学习的目标是通过试错过程来最大化特定的奖励信号。它是一种无监督学习，代理从环境中收集数据，并不断地进行反馈、学习和优化，以最大化长期的累积奖励。增强学习广泛应用于自然语言处理、游戏玩法、机器人学和控制系统等方面。

41. 注意力机制（attention mechanism）：一种允许机器学习算法特别关注一些重要的特征和信息，从而提高算法的准确性和泛化能力的技术。在注意力机制中，模型可以自动学习选择哪些特征或信息会对最终的预测或输出带来最大的贡献，以及如何分配不同特征或信息的权重。这样，模型就可以将注意力集中在那些对当前任务最相关的特征上，而忽略那些与任务无关或次要的特征。相比于传统的神经网络，使用注意力机制的模型通常具有更高的预测精度和更强的泛化能力，并且在机器学习研究中已经成为研究的热点之一。

42. 自监督学习（self-supervised learning）：机器学习领域中的一种方法，它可以使用未标记的数据来训练机器学习模型，并从中学习到有用的特征。自监督学习可用于图像识别、语音识别、自然语言处理等领域，因为这些领域中存在着大量的未标记数据。

43. 自然语言处理（natural language processing, NLP）：让计算机能够理解自然语言和生成语言文本的技术。自然语言是指人类日常使用的语言，如英语、汉语等。NLP 可以被应用于各个领域，如机器翻译、文本分类、命名实体识别、情感分析和自动文本摘要等。

44. 自然语言理解（Natural Language Understanding，NLU）：一种人工智能技术，旨在让计算机能够理解人类使用的自然语言。NLU 是自然语言处理（NLP）的一个子领域，更加关注人类语言的真实含义以及如何将这种含义映射到计算机语言中。与 NLP 相比，NLU 更侧重于深入地理解人类语言的含义。例如，在进行文本分类时，NLP 可以通过统计单词的频率、使用术语词性标注等方式将文本划分为不同的分类，而 NLU 则可以更深入地分析句子的语义、语法和逻辑结构，并确定文本的具体含义。

45. 自然语言生成（natural language generation，NLG）：指使用计算机程序自动生成具有可读性、可理解性和语法正确性的自然语言文本的技术。在该技术中，计算机需要将一个预定义的输入转化成文本输出，这些输入可以是语音、数据、结构化的数据、图片和视频等形式。自然语言生成的应用非常广泛，尤其在自动文本摘要、机器翻译、对话系统、问答系统、广告、电子咨询和作文评分等领域有很广泛的应用。

46. 蒸馏技术（knowledge distillation）：简单来说是模型压缩或模型精简。也就是将更大、更复杂的模型（教师模型）的知识"蒸馏"到更小、更简单的模型（学生模型）中的技术。目标是在保持原模型准确性的情况下减小模型大小和计算需求，或在较小的设备上运行模型。这种技术被广泛应用于深度学习领域。这种技术在资源有限、硬件环境复杂或者数据量不足等情况下，是一个有效的方法，用以加大深度神经网络的可部署性和应用性。

47. 零样本学习（zero-shot learning，ZSL）：一种机器学习方法，它旨在模仿人类的推理过程，利用可见类别的知识，对没有训练样本的不可见类别进行识别。它依赖于特定概念的辅助信息，以支持跨概念的知识传递信息。

48. 少样本学习（few-shot learning）：是指在机器学习领域中，当标记训练样本不足以涵盖所有对象类的情况下，如何对未知新模式进行正确分类的问题。它的目标是在各种不同的学习任务上学出一个模型，以便仅用少量的样本就能解决一些新的学习任务。这种任务的挑战是模型需要结合之前的经验和当前新任务的少量样本信息，并避免在新数据上过拟合。

49. 符号主义（symbolism）：又叫作逻辑主义，是人工智能领域的一个流派，符号主义认为，计算机可以通过符号模拟人类的认知程度来实现对人类智能的模拟。也就是将世界分解为符号和规则，然后使用这些符号和规则来表示和操作知识。符号主义的方法包括逻辑推理、知识表示和自然语言处理等技术。其中，逻辑推理是符号主义最重要的技术之一，它通过规则和符号之间的逻辑关系来推导出新的结论。符号主义的优点是它可以处理复杂的关系和知识，还可以提供高度可解释性的结果。缺点是它无法处理不确定性和模糊性。

50. 连接主义（connectionism）：也叫联结主义，又称"仿生流派"或"生理流派"，是人工智能领域的一个流派，通过模拟人类大脑神经元之间的连接和相互作用，学习和发现模式和规律。连接主义认为，智能不是由一组规则或知识表示所构成的，而是由大量简单元素互相作用形成的。它提出了"连接权重学习"的概念，即学习是通过调整神经元之间的连接权重实现的，这些权重控制了信息在神经网络中传递的方式和强度。连接主义的优点是适用范围广，处理非线性问题效果好；缺点是黑箱结构，难以解释和修改，需要大量数据和计算资源。连接主义应用广泛，包括图像识别、语音识别、自然语言处理等领域。

51. 行为主义（behaviorism）：一种基于行为的人工智能流派，提出智能取决于感知与行为以及对外界环境的自适应能力的观点。行为主义关注环境因素（称为刺激）如何影响可观察行为（称为响应）。这种观点的优点是可以解决在环境和任务变化时的自适应性问题，广泛地应用于游戏、自动驾驶、机器人和智能机械等领域，比如波士顿动力机器人就用到大量行为主义的智能感知技术和训练方式。